Daniel F. Pinnow

# Führen

Daniel F. Pinnow

# Führen

## Worauf es wirklich ankommt

5. Auflage

GABLER

Bibliografische Information der Deutschen Nationalbibliothek
Die Deutsche Nationalbibliothek verzeichnet diese Publikation in der Deutschen Nationalbibliografie; detaillierte bibliografische Daten sind im Internet über <http://dnb.d-nb.de> abrufbar.

1. Auflage 2005
2. Auflage 2006
3. Auflage 2008
4. Auflage 2009
5. Auflage 2011



Lektorat: Ulrike M. Vetter

Gabler Verlag ist eine Marke von Springer Fachmedien.
Springer Fachmedien ist Teil der Fachverlagsgruppe Springer Science+Business Media.
www.gabler.de



Umschlaggestaltung: KünkelLopka Medienentwicklung, Heidelberg
Druck und buchbinderische Verarbeitung: MercedesDruck, Berlin
Gedruckt auf säurefreiem und chlorfrei gebleichtem Papier
Printed in Germany

ISBN 978-3-8349-2838-2

# Inhaltsverzeichnis

# Vorwort zur 5. Auflage

Führungskräfte und Autoren haben viele Gemeinsamkeiten. Sie teilen die Einsamkeit der Entscheidungen ebenso wie die öffentliche Wirkung ihrer Worte. Mindestens in einer Hinsicht haben es Autoren aber etwas einfacher: Sie bekommen schneller und spontaner Feedback. Autoren sind beliebte Adressaten sowohl für Kritik als auch Anerkennung und in den meisten Fällen auch begeisterte Lobempfänger. Natürlich habe auch ich mich über die gute Aufnahme von „Führen. Worauf es wirklich ankommt" sehr gefreut – nicht nur über die Resonanz in der Fachpresse und Managementwelt, sondern auch über die vielen positiven und wertvollen Kommentare von Seminarteilnehmern, Lesern und Kollegen. Diese ganz persönlichen Urteile sind für mich ebenso Maßstab für den Erfolg eines Buches wie die Tatsache, dass nun bereits die fünfte Auflage notwendig und möglich wird.

Die Veröffentlichung der chinesischen Ausgabe dieses Buches im renommierten Verlag „China Machine Press" im Mai 2008 empfinde ich als große Auszeichnung. Die Erstauflage war bereits nach sechs Monaten vergriffen. Ein klarer Beleg für die Bedeutung, die Manager im Reich der Mitte dem „Faktor Führung" beimessen.

Für die chinesische Fassung mussten keine inhaltlichen Anpassungen oder Erklärungen hinzugefügt werden. Das Erfolgsprinzip und die Wirkungsmechanismen der systemischen Führung, wie sie vor allem im zweiten Teil beschrieben werden, bleiben gleich, auch wenn die kulturellen, sozialen und historischen Voraussetzungen in China grundsätzlich anders sind. Führung ist die Kunst, eine Welt zu gestalten, der andere Menschen gern angehören wollen. Dieses eherne Führungsprinzip gilt in Europa ebenso wie in China und jedem anderen Land der Erde. Ich bin überzeugt, dass sich diese Welt nur gestalten und ertragen lässt, wenn die Führungskräfte weniger auf Autorität und formale Insignien der Macht pochen und stattdessen Wertschätzung, Vertrauen und Netzwerkbildung in den Fokus ihrer Aufmerksamkeit setzen.

Viel Spaß beim Lesen!

Ihr
Daniel F. Pinnow

Überlingen, im Januar 2011

# Vorwort zur 2. Auflage

Jedes Buch ist irgendwann einmal zu Ende. Die Ideen und Gedanken, die es weiter gegeben hat, aber bleiben bestehen und setzen sich fort. So haben mich viele gute Bücher dazu angeregt, „Führen. Worauf es wirklich ankommt“ zu schreiben. Und dieses Buch wiederum hat wohl seinen Beitrag dazu geleistet, die Diskussion um das Wichtigste in der Beziehung zwischen Menschen am Arbeitsplatz zu erweitern und zu bereichern. Das zeigen mir die vielen sehr positiven Rezensionen, die detaillierten Leserbriefe und die vielen zustimmenden persönlichen Kommentare von Führungskräften vor, während und nach meinen Seminaren. Als Autor freue ich mich darüber sehr.

Führung bleibt ein wichtiges Thema, und die Diskussion darüber geht weiter. Deshalb haben sich der Verlag und ich bereits wenige Monate nach Erscheinen des Buches entschlossen, eine zweite Auflage zu veröffentlichen. Mein Dank geht an die vielen Leser, Führungskräfte, Seminarteilnehmer und Trainer, die die Einladung zum Dialog angenommen und vielen Anregungen und Verbesserungsvorschläge beigesteuert haben. So konnten wir die formale Struktur verbessern und die Graphiken aussagekräftiger gestalten. Mehr noch: Der Überblick über wesentliche Führungsansätze ist breiter geworden und geht mehr in die Tiefe.

Gerne habe ich zum Beispiel den Hinweis aufgenommen, ausführlicher auf das von Professor Dr. Reinhard Höhn entwickelte „Harzburger Modell“ einzugehen. Sicher, die Zeit dieses Modells ist vorbei. Aber es hat geradezu historischen Verdienst, dazu beigetragen zu haben, dass wesentliche Prinzipien wie Zielvereinbarungen, Delegation und Eigenverantwortung nicht halbherzig, sondern mit hohem Stellenwert von nachfolgenden Führungsansätzen berücksichtigt wurden und werden. Noch heute sprechen mich Seminarteilnehmer an, die ihre ersten Erfahrungen in der Verantwortung als Führungskraft mit den Grundsätzen des Harzburger Modells gesammelt haben. Gerade im Vergleich von alten und neuen Führungsprinzipien wird deutlich, was zeitlos ist und deshalb den „Kern der Führung“ ausmacht. Keiner hat diesen Kern in seiner Klarheit und Brillanz so gut herausgearbeitet wie der im November 2005 verstorbene Peter F. Drucker, dem ich in tiefem Respekt meine Referenz erweise.

Keine Frage, der Alltag der Führungskräfte ist heute viel viel chaotischer, sprunghafter, vernetzter und unberechenbarer als noch in den 60er und 70er Jahren des vergangenen Jahrhunderts. Diese Vielschichtigkeit beschreibt der heutige Ansatz der „systemischen Führung“. Der systemische Blick erweitert den Fokus von der Person oder dem Problem auf die gesamten Zusammenhänge und konzentriert sich weniger auf einzelne Größen als vielmehr darauf, was zwischen den einzelnen Größen bzw. Akteuren geschieht. Das mag vielen neu erscheinen. Und doch steht auch der Ansatz des systemischen Führens im Einklang mit vielen Erkenntnissen aus früheren Zeiten. Deshalb gilt für mich immer noch mein Leitsatz: „Führen heißt eine Welt gestalten, der andere Menschen gerne angehören wollen!"

Ich wünsche Ihnen viel Freude beim Lesen!

Ihr

Daniel F. Pinnow,

Überlingen, im November 2006

# Danksagung

Dieses Buch ist nur Wirklichkeit geworden, weil mich viele Menschen unterstützt haben. Deshalb möchte ich an dieser Stelle herzlich Danke sagen: den Beratern, Trainern und Mitgliedern des Programmbeirats der Akademie für Führungskräfte der Wirtschaft GmbH (Bad Harzburg & Überlingen), im Folgenden kurz „die Akademie“ genannt, die mich ermutigt haben, den Ansatz der systemischen Führung einmal ausführlich darzustellen. Den Seminarteilnehmern, die uns geholfen haben, diesen Ansatz immer wieder zu schärfen. Den Kolleginnen und Kollegen, die mich durch ihr Nachfragen herausgefordert haben.

Besonderen Anteil am stetigen Wachsen dieses Buches hatten Professor Peter Müller-Egloff, mein systemischer Lehrer, und Alexander Höhn, Impulsgeber und Freund. Dank geht auch an meine Trainerkollegin Marita Koske, meine Mitstreiterin im Seminar für Top-Führungskräfte, für die sich wunderbar ergänzende Zusammenarbeit. Dem Journalisten und Berater Dr. Bernhard Rosenberger und seiner Frau Dagmar danke ich für ihre wertvolle Unterstützung bei Redaktion und Recherche. Dr. Lars-Peter Linke, Pressesprecher der Akademie, war stets offener und kritischer Feedbackgeber.

Zu Dank verpflichtet bin ich auch allen Mitarbeiterinnen und Mitarbeitern der Akademie: Sie stellen mich in meiner Verantwortung als Führungskraft und Geschäftsführer täglich auf den Prüfstand.

Nicht zuletzt möchte ich all den Führungskräften danken, die meine Führungsseminare besucht haben. Sie haben mich immer wieder herausgefordert und ermutigt, dieses Führungsbuch zu schreiben.

Überlingen/Bad Harzburg, im September 2005 — Daniel F. Pinnow

# Danksagung

*„Alles Gute ist schon gedacht, man muss nur versuchen, es noch einmal zu denken."*

*(Johann Wolfgang von Goethe)*

# Vorwort zur 1. Auflage

Warum noch ein Buch über Führung? So beginnen seit vielen Jahren, wenn nicht Jahrzehnten, die Bücher über das Phänomen Führung, und jedes Mal führt der Autor – aus seiner Sicht – gute Gründe an, warum es einfach noch ein weiteres Buch über Führung geben muss. Alles scheint in der Tat schon gedacht, gesagt und geschrieben. Von Sun Tsu und Machiavelli über Drucker und Mintzberg bis zu Malik und Sprenger: Die Bibliotheken, die sich mit Führungsbüchern füllen ließen, könnten wir nicht mehr zählen.

Warum also höre ich an dieser Stelle nicht einfach auf, lege mein Buchprojekt zu den Akten und verweise auf die vorhandene Literatur? Weil es trotz der Fülle an *Informationen* meiner Ansicht nach an kompaktem, verwertbarem *Wissen* über diesen zentralen Gegenstand der Betriebswirtschaftslehre namens „Führung" mangelt.

Offenbar gibt es kein Ideen- und Konzeptdefizit, sondern ein Erkenntnis-, Anwendungs- und Handlungsdefizit – gerade bei den „Usern", den Führungskräften selbst. Wir sind Informationsriesen, aber Realisierungszwerge. Führung scheint so schlecht und so problematisch zu sein wie nie zuvor. Die Klagen über miserable Manager und demotivierte Mitarbeiter nehmen zu. Nach neuesten Umfragen scheint sich nur einer von zehn Beschäftigten seinem Arbeitgeber wirklich verpflichtet zu fühlen. Scharen von Führungskräften pilgern nach wie vor in Seminare, um die Essenz guten Führens kennen zu lernen – und in der Unternehmenspraxis bleibt alles beim Alten. Es kommt nicht nur auf Hören und Verstehen, sondern auch auf Ausprobieren und Umsetzen an. Ich habe den Eindruck gewonnen, dass heutzutage nicht nur das seit vielen Jahren beschworene kooperative Führen *noch nicht* recht funktioniert, sondern dass darüber hinaus die Vorzüge des autoritären Führens *nicht mehr* funktionieren.

Was fehlt? Es ist Klarheit über das, was wirklich wichtig und praxistauglich ist, was sich bewährt hat und was an zukunftsträchtigen Ideen relevant wird. Und was von den zahlreichen Veröffentlichungen der vielen „Gurus" können Sie gebrauchen? Welche Aspekte gehen immer wieder unter, sind aber für das moderne Führen bedeutsam? Welche Führungsansätze sind wichtig, welche können Sie eher vernachlässigen? Was brauchen Sie für Ihren Führungsalltag? Was ist neu und trotzdem schon überholt, was vielleicht schon alt, aber dennoch aktuell?

Damit Sie mich nicht missverstehen: Ich erhebe jetzt nicht durch die Hintertür den Anspruch, das ultimative Führungsbuch geschrieben zu haben. Frei nach dem Motto:

„Vergessen Sie alles, was Sie vorher gehört und gelesen haben. Nur ich habe den einzig richtigen Ansatz entwickelt." Ich möchte Ihnen vielmehr ein praxisnahes Angebot machen und lade Sie ein, mir auf eine ungewöhnliche Reise durch die Führungsliteratur zu folgen. Die Stationen auf dieser Reise möchte ich gern mit meinen persönlichen Anmerkungen versehen und bewerten. Subjektiv, aber dennoch mit dem Blick für das Ganze und auf der Basis meiner langjährigen Erfahrung als Führungskraft, Trainer und Berater für Führungskräfte.

Ich vertrete keine bestimmte Schule, sondern mir kommt es darauf an, alle Ansätze zu überprüfen und aus ihnen das Wesentliche, das Brauchbare und das Bemerkenswerte herauszufiltern. Allerdings bin ich der Meinung, dass das, was wir unter dem Begriff „Systemisches Führen" seit fast zehn Jahren an der Akademie für Führungskräfte praktizieren, einem ganzheitlich-integrativen Entwurf entspricht. Systemisches Führen ist beziehungsorientiert, entwicklungsbezogen, offen, pragmatisch – und unideologisch. Dieses Konzept lässt andere Ansätze gelten, zeigt aber auch die Zusammenhänge sowie die Paradoxien auf, die zum Führungsalltag notgedrungen dazugehören. Es verbindet Führungsperson und Führungsmethodik, Sach- und Beziehungsebene, harte und weiche Faktoren, Psychologie und Betriebswirtschaft. Und es verkauft keine Patentrezepte, die es nicht geben kann. Im Sinne des systemischen Ansatzes heißt „Führen" für mich, eine Welt zu gestalten, der andere Menschen gerne angehören wollen.

Gemeinsam mit Alexander Höhn und Bernhard Rosenberger habe ich mit dem Buch „Vorsicht Entwicklung: Was Sie schon immer über Führung und Change Management wissen wollten" bereits ein erstes Konzept vorgelegt, das den Ansatz der systemischen Führung in schriftlicher Form dokumentiert (vgl. Höhn, 2003). Damals ging es um einen lebendigen Dialog mit Führungskräften, jetzt geht es vor allem um das systematische Aufarbeiten anhand der existierenden Managementliteratur.

Aus dieser Absicht und diesem Verständnis heraus ist ein zeitgemäßes Führungskompendium aus nicht-akademischer Sicht, aber unter Berücksichtigung der akademischen Forschung entstanden. Meine Sichtweise ist eingebettet in die Erkenntnisse und Erfahrungen anderer Managementautoren und wird abgerundet mit Praxisbeispielen und aktuellen Umfragen und Daten. Eine Führungskraft soll in diesem Buch alles finden, was sie für ihre Arbeit mit den Menschen im Unternehmen braucht. Dies schließt nicht aus, dass bestimmte „Klassiker" unter den Autoren sehr ausgiebig im Zusammenhang referiert werden. Solche national wie international bedeutsamen Schlüsselautoren sind für mich u. a. Peter F. Drucker, Sumantra Ghoshal, Daniel Goleman, Manfred Kets de Vries, Fredmund Malik, Henry Mintzberg, Rosabeth Moss Kanter und Reinhard K. Sprenger.

Eine besondere Referenz möchte ich bereits an dieser Stelle Peter F. Drucker erweisen. Was die Frankfurter Allgemeine Zeitung (FAZ) anlässlich des 95. Geburtstags von Peter F. Drucker geschrieben hat, kann ich nur unterstreichen. Diese „lebende Vordenker-Legende" hat es wirklich geschafft, das Thema Führung nicht in (scheinbar) einfache Schlagworte zu fassen, sondern von allen Seiten zu beleuchten. So hat Drucker z. B. das

Prinzip „Management by Objectives“ schon zu einer Zeit formuliert, als viele der heutigen Top-Manager gerade geboren wurden. Mir gefallen an Drucker nicht nur seine Vollständigkeit, sondern auch seine Unaufgeregtheit und sein interdisziplinärer Ansatz. Er berücksichtigt nicht nur Erkenntnisse aus der Betriebswirtschaftslehre, sondern vor allem auch aus den Sozialwissenschaften. Sein Satz „Führen heißt vor allem eine Person zu führen: sich selbst“ hat mich sehr geprägt und ist für mich zu einem Leitmotiv geworden.

Ich starte mit einem Blick auf die zentralen Rahmenbedingungen, denen Führungskräfte (und Mitarbeiter) heute unterliegen. Dabei geht es vor allem um den Wandel, der zur Gewohnheit wird, und darum, wie man als Führungskraft zum Jongleur des Wandels in schwierigen Zeiten wird (Teil I). Dann erörtere ich die Frage, was gute Führung im Kern ausmacht, aus verschiedenen Perspektiven und nach verschiedenen Theorien. Dabei spanne ich den Bogen vom Führungshandwerk über die Führungskraft und die Führungsbeziehung zur Führungssituation und zum Unternehmensumfeld, in dem Führung stattfindet (Teil II).

An der nächsten Station meiner Reise „destilliere“ ich aus den besprochenen Ansätzen und Lehren neun Leitsätze heraus, die die Aufgaben, Eigenschaften, Werkzeuge und Stile guter, d. h. für mich beziehungsorientierter, Führung auf den Punkt bringen. Dabei wird vor allem auch der Ansatz des systemischen Führens, wie wir ihn im Rahmen der Akademie-Seminare anwenden, im Gesamtkontext dargestellt. Er bewegt sich im Energie- und Spannungsfeld zwischen dem „Ich“ der Führungskraft, den Geführten und der Organisation, das ich das „magische Dreieck“ nenne (Teil III).

Beim letzten Stopp greife ich zu einigen Führungsinstrumenten, die aus meiner Erfahrung sehr wirksam sind und Ihre Führungsarbeit gerade durch häufigen und regelmäßigen Gebrauch bereichern. Dabei geht es um das zentrale Instrument „Mitarbeitergespräch“ genauso wie um die Etablierung einer breiten Feedbackkultur im Unternehmen (Teil IV). An der Endstation angekommen, möchte ich Ihnen in einem kurzen „Schlusswort“ noch ein paar Thesen vorstellen, die das Wesen von Führung auch in Zukunft bestimmen werden.

Ein Satz zur Terminologie: Ich spreche in diesem Buch von „Führungskräften“. Eine gute Führungskraft vereint für mich die Fähigkeiten des Managers und die des Leaders. Ich betone dabei bewusst diese Unterscheidung. Andere Autoren, die im Folgenden zitiert werden, haben ihre eigenen Definitionen und sprechen möglicherweise von Managern oder Leadern in anderem Sinn oder auch ganz verallgemeinernd. Ich bitte Sie, dies beim Lesen zu berücksichtigen.

Und noch ein Satz zur Terminologie: „Humankapital“ wurde zum Unwort des Jahres 2004 gewählt. „Humankapital“ klingt in den Ohren vieler Leute menschenverachtend, weil sie meinen, dass es die Persönlichkeit nur auf ihren wirtschaftlichen Wert reduziert und damit abwertet. „Humankapital“ als wirtschaftstheoretischer Terminus jedoch beschreibt genau das Gegenteil: die Aufwertung der menschlichen Leistungskraft und -bereitschaft und des Wissens jedes einzelnen Arbeitnehmers, die in unserer Zeit zum kostbarsten Wirtschaftsgut geworden sind. Die Unternehmen müssen den Bedürfnissen und Interessen der Menschen „Rechnung tragen“. Sie dürfen deren Kraft und Motivation nicht verschwenden, sondern müssen diese fördern. Allein in diesem Sinne soll der Begriff „Humankapital“ in diesem Buch verwendet und verstanden werden.

# Teil I:
# Führung im 21. Jahrhundert
# Oder: Führung in der Krise?

***„Wer immer nur das tut, was er schon immer getan hat,***

***wird auch immer nur das erreichen, was er schon immer erreicht hat."***

***George Bernard Shaw***

Führung im 21. Jahrhundert bedeutet Führen unter verschärften Bedingungen. Die heutigen Märkte und Menschen sind andere als die vor 20 Jahren. Führungskräfte und Mitarbeiter sehen sich neuen Herausforderungen gegenüber, haben andere Ziele und Interessen, leben in einem anderen Umfeld, und sie definieren sich und ihre Arbeit anders als noch die Generation vor ihnen. Bevor es um das Thema Führen selbst geht, möchte ich deshalb zunächst kurz die wichtigsten gesellschaftlichen und wirtschaftlichen Rahmenbedingungen skizzieren. Dabei kann es sich nur um eine vereinfachte Momentaufnahme handeln, denn das 21. Jahrhundert ist neben der zunehmenden Komplexität und Beschleunigung vor allem durch einen Trend geprägt: Wandel.

# 1. Beständig ist nur der Wandel

Jedes Unternehmen durchlebt naturgemäß langsame, allmähliche Modifizierungen im Laufe seiner Geschichte. Hinzu kommen jedoch in unregelmäßigen Abständen regelrechte Veränderungsschübe, ausgelöst durch neue Techniken, Konkurrenten, rechtliche Rahmenbedingungen, ökonomische Entwicklungen, Firmenübernahmen oder einen Wechsel an der Spitze der Organisation. Diese Abstände werden in der mobilen, hochtechnisierten Wissensgesellschaft immer kürzer. Veränderung ist im 21. Jahrhundert kein Ausnahme-, sondern der Normalzustand, und die Rahmenbedingungen für Führung sind keine traditionellen, stabilen Größen mehr.

Führungskräfte sind in doppelter Hinsicht mit Wandlungsprozessen konfrontiert: Zum einen müssen sie Veränderungen ihrer eigenen Tätigkeit und ihres Umfeldes verkraften, und zum anderen sollen sie als Agenten des Wandels Veränderungen initiieren und vorleben und die Kultur, die Strategie und die Struktur der Organisation an die neuen Umweltgegebenheiten anpassen. Wie beim Jonglieren müssen also immer mehrere Bälle gleichzeitig in der Luft gehalten werden. Das erfordert Mut, Aufmerksamkeit, Geschick und Übung.

„Die Führungsarbeit unterliegt derart weitgehenden und schnellen Veränderungen, dass viele Manager ihren Beruf praktisch neu entdecken. Es gibt kaum etwas Vergleichbares, an das sie sich halten können, und so erleben sie, wie die Hierarchie verschwindet und die klaren Unterscheidungen bei Titeln, Aufgaben, Abteilungen und sogar den Unternehmen verschwimmen. Sie stehen vor außergewöhnlich komplexen und voneinander abhängigen Fragen und sehen, wie die traditionellen Quellen der Macht versiegen und die alten Anreize ihren Zauber verlieren." (Moss Kanter, 1998, S. 52). So skizziert Rosabeth Moss Kanter, Wirtschaftsprofessorin an der Harvard Business School, die aktuelle Situation der meisten Führungskräfte.

Um das Knäuel von plötzlichen und langfristigen, geplanten und ungeplanten, greifbaren und unterschwelligen Veränderungen auf persönlicher, unternehmensinterner, nationaler und internationaler Ebene, mit denen Führungskräfte heute konfrontiert sind, zu entwirren, möchte ich diese Veränderungen im Folgenden zu einigen wenigen Entwicklungstrends verdichten. Diese Entwicklungslinien sind eng miteinander verwoben und beeinflussen sich wechselseitig.

## 1.1 Per Anhalter durch die globale Arbeitswelt

In Zukunft werden sich Unternehmen nicht mehr als deutsche oder europäische Firmen positionieren, sondern als global agierende Konzerne. Und das gilt nicht nur für die ganz großen, sondern auch für mittelständische und kleine Unternehmen sowie für Individuen. Eine weltweite Kooperation ist dank Internet und globaler Logistik nicht mehr nur den Multis vorbehalten – und sie wird auch von immer mehr Branchen und Sparten und von den unteren Hierarchieebenen der Unternehmen erwartet.

Die Globalisierung hat also nicht nur die Kapital- und Warenmärkte, sondern auch den Arbeitsmarkt erfasst und wird sich schnell weiterentwickeln. Die Grenzen von Ländern und Kontinenten werden schon heute täglich unzählige Male unbemerkt und wie selbstverständlich überschritten, wenn es um Angebot und Nachfrage für Waren und Dienstleistungen oder um die Zusammenarbeit von virtuellen Teams bei Projekten geht. In naher Zukunft werden diese Grenzen ganz fallen.

Auch die alte Aufteilung der Welt in Industrienationen und Entwicklungsländer gilt nicht mehr auf allen Gebieten. Der demografische Faktor wird die Wirtschaftswelt in den kommenden Jahren maßgeblich verändern: Die entwickelten Länder werden in der Zukunft an grassierender Unterbevölkerung leiden. Wachstum entsteht hier nicht mehr dadurch, dass mehr Menschen arbeiten oder die Nachfrage steigt. Nur Produktivitätssteigerungen in der Wissensarbeit werden noch Wachstum erzeugen (vgl. Drucker, 2000).

Die wirtschaftliche Globalisierung hebt zwar Ländergrenzen auf, die lokalen Kulturen bleiben daneben jedoch größtenteils bestehen. Zeitgemäße Führung muss diesen Dualismus berücksichtigen. Es darf kein Bruch entstehen zwischen globaler und lokaler Führung oder zwischen Denken und Handeln, wie in der oft zitierten, deshalb aber nicht weniger falschen Parole „Think global, act local".

Doug Investor, ehemaliger CEO von Coca-Cola, hat vor einigen Jahren eine Entwicklung der US-amerikanischen Wirtschaft beschrieben, die wir heute und in den kommenden Jahren in der wachsenden Europäischen Union zu spüren bekommen. „As economic borders came down, cultural barriers go up, presenting new challenges and opportunities in business." Während Schlagbäume und Kontrollpunkte an den Grenzen nach Süd- und

Osteuropa abmontiert werden, wachsen in den Köpfen vieler Deutschen neue Grenzzäune aus dem Boden. Grund dafür sind, neben Mentalitätsunterschieden und der angeborenen menschlichen Skepsis gegenüber dem Anderen und Neuartigen, vor allem die Angst vor Produktionsstättenverlagerung und Preisdumping.

Es ist die Aufgabe der Führungskräfte, eine Unternehmenskultur zu schaffen, die die Identität der Mitarbeiter bewahrt und sie gleichzeitig offener für die Zusammenarbeit mit anderen Unternehmen, anderen Ländern und anderen Kulturen macht. Es gilt, eine Unternehmensform zu finden, die interne Marktsteuerung – z. B. über Profit-Center – und internen Karrierewettbewerb mit interner sozialer Netzwerkbildung verbindet. Rolf Wunderer, Professor an der Hochschule St. Gallen bis 2002, nennt diese Form des fairen, kooperativen Wettbewerbs „coopetition". Und was für die Binnenperspektive gilt, gilt auch für die vielfältig vernetzte Unternehmenswelt insgesamt.

Bei den Global Players gilt es darüber hinaus, das Spiel, das Spielfeld und die Spielregeln sowie die Anforderungen an die Spieler im weltweiten Wettbewerb eindeutig und einheitlich festzulegen und dafür zu sorgen, dass alle den Geist des Spiels verinnerlichen. Zeitgemäße Führung auf internationaler wie auf lokaler Ebene muss die Balance zwischen sach-, ziel- und ergebnisorientiertem Management sowie personen- und emotionenorientierter Führung finden (vgl. Wunderer, 2002, S. 40-45).

Die Internationalisierung bringt es mit sich, dass ein erheblicher Teil der Menschen ein Leben mit zwei Sprachen führen wird. Im Beruf spricht man Englisch, im Privatleben seine jeweilige Muttersprache. Die Corporate Language verändert auch die Corporate Leadership, denn Sprache und Kommunikation sind ein ganz entscheidender Bestandteil von Führung.

## 1.2 Wissen ist Wirtschaftsmacht

Agrargesellschaft – Industriegesellschaft – Dienstleistungsgesellschaft – Wissensgesellschaft. Das sind die Stationen der sozioökonomischen Entwicklung. Die technologische Entwicklung ist der Katalysator der Wissensgesellschaft und der Motor des Wandels. Information ist der Brennstoff. Moderne Organisationen sind somit Wissensorganisationen, ihre Mitarbeiter sind Wissensarbeiter. Wissens- oder informationsbasierte Unternehmen haben eine andere Struktur, andere Arbeits- und Kommunikationsweisen und müssen dementsprechend auch anders geführt werden als traditionelle Firmen.

Peter F. Drucker, der Vater des modernen Managements, prognostiziert, dass die Informationstechnologie in Wissensunternehmen fast das komplette mittlere Management überflüssig machen wird, da die Mitarbeiter, die bisher hauptsächlich damit beschäftigt sind, Informationen zu sammeln und weiterzugeben, jedoch keine wirkliche Führungs- und Entscheidungsverantwortung tragen, durch Computersysteme und interne Information Highways ersetzt werden. In wissensbasierten Organisationen kommunizieren Spezialisten, die ihr Fach besser beherrschen als ihre Vorgesetzten, direkt mit dem höheren Management. Sie benötigen die Organisation nur noch als Struktur bzw. Plattform, auf der ihr Wissen mit dem Wissen anderer Spezialisten zusammengeführt und in Werte umgesetzt wird.

Wissensarbeiter tragen ihre Produktionsmittel ständig mit sich herum und definieren sich über sie, nicht mehr über die Organisation, für die sie arbeiten. Sie sind mobil, individuell, motiviert und nicht im traditionellen Sinn zu managen, sondern nur durch ein gemeinsames Ziel, eine Vision, an der sie eigenverantwortlich mitwirken, und durch die Integration in den Informationsfluss und in Entscheidungsprozesse (vgl. Drucker, 2000).

Ich meine darüber hinaus, dass Wissensarbeiter sich in Projekten und Teams immer wieder neu zusammenfinden. Deshalb wird die Bedeutung von Teamarbeit und von Projektmanagement weiter zunehmen – ein Thema, das heutzutage zwar in Seminaren angeboten wird, aber in der Unternehmensrealität bei den Funktionsträgern mit ihren Machtinsignien noch längst nicht angekommen ist.

## 1.3 Im Strudel von Dynamik und Komplexität

Innovationszyklen werden immer kürzer und folgen immer schneller aufeinander. Die Zeit der Produktentwicklung schrumpft. Das bedeutet, dass die Unternehmen ein ideales Klima für neue, kreative Ideen schaffen müssen, das ihren Mitarbeitern Anreize und Raum bietet, außerhalb der alten Gleise zu denken. Die Zwickmühle: Obwohl der Innovationsdruck steigt, müssen die Führungskräfte Rechtfertigungs- und Erfolgsdruck von den Schultern der Mitarbeiter nehmen, denn kein Mensch kann unter Zwang und auf Knopfdruck kreativ und innovativ sein. Eine neue Herausforderung für viele Führungskräfte.

Die Beschleunigung der Arbeitswelt wird außerdem vorangetrieben durch die fortschreitende Internationalisierung und Globalisierung und die sich rasend schnell verdichtende virtuelle Vernetzung. Das bedeutet, dass mit der Dynamik auch die Komplexität des Arbeitsumfeldes und der Tätigkeiten steigt. Informationstechnologien brechen Abteilungsgrenzen auf, holen in wenigen Sekunden Zulieferer und Kunden vom anderen Ende der Welt ins Haus, und immer mehr Leistungsprozesse, die früher aufeinander folgten, laufen jetzt parallel ab. Heijo Rieckmann, Professor für Organisationsentwicklung, hat dieses „Duo Infernale" aus Dynamik und Komplexität in einem Begriff zusammengefügt: Dynaxity (vgl. Rieckmann, 2003, S. 36 ff.).

Eine dynamische Umwelt verlangt nach dynamischen Organisationsstrukturen und -prozessen, die die Selbstorganisation und Eigendynamik der Mitarbeiter fördern. Die traditionellen Führungsinstrumente wie Zielvereinbarungen und Controlling sind an stabile Rahmenbedingungen und Strukturen gebunden. Wenn sich die Umwelt innerhalb und außerhalb des Unternehmens jedoch ständig verändert, hilft Steuern und Regeln nicht weiter, sondern blockiert nur. Ein Denken und Handeln in schematischen Begriffen wie „Vorgesetzter", „Abteilung" oder „Zuständigkeit" führt in modernen Wissensorganisationen zum Stillstand. Daher ist auch ein Begriff wie „Lernende Organisation", der von Peter M. Senge vom weltberühmten Massachusetts Institute of Technology maßgeblich geprägt wurde, nicht nur theoretisch, sondern auch praktisch relevant (vgl. Senge, 1996).

## 1.4 Der Verlust der Sicherheit

Das 21. Jahrhundert ist außerdem geprägt von der Auflösung altbewährter sozialer Sicherungssysteme und tradierter Werte. Institutionen wie Familie, Kirche, Verein, Dorfgemeinschaft oder Nation verlieren ihren Stellenwert und ihre Funktion als Vermittler eines verbindenden Lebenssinns. „Die Periode, in der wir leben, ist eine Periode wachsender Unsicherheit. Alles rutscht: die moralischen Standards, die überlieferten Strukturen, die vertrauten Formen und Familien, Religion, Technik, Wirtschaft. Sogar der real existierende Wertekanon bricht zusammen. Die Welt, in deren Rahmen wir uns und die anderen verstanden haben, funktioniert nicht mehr. Die Pachtzeit ist abgelaufen, ihre Ordnung zerbröselt." So beschreibt es der Physiker Carl Friedrich von Weizsäcker.

An ihre Stelle treten Freunde, Peer Groups, Lebensabschnittsgefährten – und nicht zuletzt die Firma. Führung muss deshalb heute und in Zukunft nicht mehr nur „Lohn und Brot" geben, sondern auch Sinn vermitteln. Die Führungskräfte können sich dieser Aufgabe und dieser Verantwortung immer weniger entziehen, auch wenn ihnen die Rolle des Sinnstifters nicht gefällt. Im Gegensatz zu Fredmund Malik, Leiter des Management Zentrums St. Gallen, bin ich – wie viele andere – sehr wohl der Meinung, dass Arbeit Spaß machen und Erfüllung und Befriedigung bringen muss. Das gilt für die Angestellten wie auch für die Führungskraft.

Eine Spitzenkraft verbringt drei Viertel ihrer (aktiven) Lebenszeit mit Arbeit, und zwar mit einer enorm Energie raubenden Tätigkeit, die den Menschen als Ganzes fordert. Dafür muss die Arbeit auch etwas zurückgeben, muss positive Energie, Motivation und Erfolgserlebnisse, Anerkennung, Sinnerfüllung, Lebensfreude und Wachstum bringen. Diese Parameter haben bei der neuen Generation von Wissensarbeitern die alten Statussymbole als Lohn der Arbeit abgelöst und damit auch das gesamte Führungsverhalten verändert. Dicke Autos, ein klangvoller Titel auf der Visitenkarte und flauschige Teppiche im Büro bringen im „War for Talent" keine Siege mehr und locken die Top-Leute nicht mehr hinter dem Ofen hervor.

Diese hoch qualifizierte, gebildete, mobile, kosmopolitische, kommunikative, geistig enorm bewegliche, wissensdurstige und engagierte Generation lebt nicht mehr, um zu arbeiten, sondern arbeitet, um zu leben. Nicht umsonst lautet das Motto der erfolgreichen Firma Gore (bekannt durch ihr Produkt „Gore-Tex“): „Make money and have fun.“ Immer mehr Unternehmen bieten ihren Mitarbeitern Gelegenheit zur gemeinsamen Freizeitgestaltung und werden dabei für einige von ihnen zu einer Art Ersatzfamilie. Und dies gilt – darauf lege ich Wert – auch für die Ära nach der so genannten New Economy.

Doch der Verlust der Sicherheit greift auch innerhalb der Unternehmen um sich: „Wir gehen Zeiten größter Unsicherheit entgegen, Unsicherheit materieller und immaterieller Art, Unsicherheit beim Kooperationspartner, Verlust der ‚Firma‘ als ortsfestes, physisch vorstellbares Unternehmen, Verlust der langfristigen Perspektive, der Fünfjahrespläne, auch der Karriereplanung.“ (Sprenger, 2000, S. 18-24). Diese Unsicherheit schürt bei vielen Menschen in unserem Land Angst und Resignation, dabei können aus diesem Umbruch große Chancen erwachsen für die Arbeitswelt als Ganzes und für den Einzelnen.

Auch Führungskräfte sind in erster Linie nur Menschen und erleben die Veränderungen der Organisationsstrukturen wie das Abflachen von Hierarchien, die Aufweichung von Abteilungsgrenzen und die Neupositionierung von Mitarbeitern als Mitunternehmer oft zunächst als Machtverlust. Sie müssen erst lernen, ohne die traditionellen „Krücken“ wie Stellung, Titel und Autorität auszukommen und sich neue Machtquellen zu erschließen.

Ihre Durchsetzungsfähigkeit und Umsetzungskompetenz können sich nicht mehr aus dem Gehorsam der Untergebenen oder aus einem großen Wissensvorsprung speisen, sondern hängen heute von der Zahl der Netze ab, in denen sie an zentraler Stelle vertreten sind, und von der Herstellung von entscheidenden Schnittstellen. Die Aufgabe, das Unternehmensumfeld nach Ideen, Chancen und Ressourcen abzusuchen, gewinnt zunehmend an Bedeutung. Außerdem vergrößert sich die relevante interne und externe Umwelt im Zuge der Globalisierung und der Digitalisierung von Tag zu Tag (vgl. Sprenger, 2000, S. 18-24).

### 1.4.1 Nestflucht nach vorn

Nicht nur die nationalen Grenzen von Märkten weichen auf, sondern auch die Organisationsgrenzen selbst. Viele Firmen definieren sich bereits heute nicht mehr (allein) über die Zahl der Schreibtische, die in einem Bürogebäude in einer süddeutschen Kleinstadt stehen. Dieser Trend wird durch die Zunahme der dezentralen Arbeitsformen wie Tele- oder Heimarbeit oder die bereits angesprochenen virtuellen Teams verstärkt. Viele Mitarbeiter kommen nur noch sporadisch in die Firma und haben dort statt eines festen Arbeitsplatzes einen Rollcontainer stehen, mit dem sie sich dorthin setzen, wo gerade Platz ist. Mit dem Bezug zu einem bekannten, vertrauten Ort, zu einer „festen Burg“, die Geborgenheit, Beständigkeit und Sicherheit vermittelt, geht auch eine traditionelle Quelle der Bindung und Identifikation für die Mitarbeiter verloren.

Mitarbeiter und Führungskräfte sind nicht mehr mit ihrem Unternehmen verheiratet. Eine durchschnittliche Erwerbsbiografie kennt schon heute nicht nur ein oder zwei Arbeitgeber, sondern eher sieben oder acht. 25-jährige Firmenjubiläen, bei denen der Chef seinem treuen Angestellten feierlich eine vergoldete Taschenuhr überreicht, werden in Zukunft Seltenheitswert bekommen. Diese Zukunft wird gekennzeichnet sein durch ein Heer von individuellen Spezialisten, die wie Nomaden von einer Firma zur nächsten oder von einem Auftrag zum anderen wandern. Unternehmen werden sich auf einen kleinen „harten Kern" fest angestellter Mitarbeiter konzentrieren und einen Großteil der anfallenden Arbeiten bei Bedarf „outsourcen" oder für bestimmte Projekte freie Spezialisten von draußen hereinholen.

### 1.4.2 Die Nomaden der Arbeitswelt

Die klassische „abhängige" Arbeit wird so von neuen Formen der Selbstständigkeit abgelöst. Reinhard K. Sprenger prognostiziert die Zukunft der Arbeit so: „Was am Ende zählt, sind die Wissensarbeiter, ihre Ausbildung und bis zu einem gewissen Grad ihr Preis. (…) Nicht die Arbeitskraft vieler, sondern das Wissen weniger wird Produktivität erzeugen. (…) Für den Einzelnen bedeutet das: Das wichtigste Kapital der Zukunft ist der eigene Kopf." (Sprenger, 2000, S. 21). Formale Zuständigkeit wird nicht länger das entscheidende Kriterium sein, sondern Leistungsfähigkeit und -wille. Diese Vision vom „Wissenssöldner" scheint mir angesichts der heutigen Arbeitsmarktlage keinesfalls überzeichnet.

Sie gilt natürlich genauso für die Führungsebene. Es wird immer mehr „Wandermanager" geben, die eine Organisation eine Zeit lang führen und dann auf der Suche nach neuen Herausforderungen, Entwicklungs- und Karrierechancen weiterziehen. Heute München, nächstes Jahr Bangkok, danach ab nach Warschau. Ob diese Glücksritter gute Führungsarbeit leisten, sei an dieser Stelle dahingestellt. Unbestreitbar ist jedoch, dass das Verhältnis von Mitarbeiter und Führungskraft mit der Qual der unbegrenzten Wahl von Jobs und Mitarbeitern aus dem weltweiten Pool der Wissensarbeiter lockerer werden wird, was wirksame Führung erschwert.

Eine weitere Entwicklung, die der zunehmenden Selbstständigkeit auf den ersten Blick zu widersprechen scheint, können wir in Japan bereits seit langem beobachten: der Trend zur Arbeit in Gruppen und Teams. Die hochkomplexen Aufgaben und Probleme, die in immer kürzerer Zeit bewältigt werden müssen, setzen Kompetenzen, Fähigkeiten und eine Bandbreite von Wissen voraus, die ein Einzelner allein nicht mitbringen kann. Neben der Fachkompetenz wird also in Zukunft auch die soziale Intelligenz, d. h. die Fähigkeit, durch Kommunikation und Handeln schnell tragfähige Beziehungen zu Fremden aufzubauen und aufrechtzuerhalten, eine wachsende Rolle spielen. Mit dem Slogan „Toll Ein Anderer Macht's" als pfiffig-zynische Abkürzung für das Wort „Team" wird man selbst in der Mitte Europas immer weniger Kopfnicken ernten.

## 1.5 Von der Egalisierung zur Individualisierung

Im gesellschaftlichen Bereich ist eine Entwicklung zu beobachten, die sich am besten mit dem Begriff „Individualisierung“ beschreiben lässt. Der Trend geht zum „Ich“: eigene Vorsorge statt Generationenvertrag, Single-Dasein statt Großfamilie, individuelle Laufbahn statt standardisierte Kaminkarriere, Spezialistentum statt Generalistenwissen, Klasse statt Masse, Selbstdefinition statt Rollenverhalten, Ideologie oder politisches Lager. „Den Menschen ist heute an ihrer Individualität gelegen, sie sind selbstbewusster, besser ausgebildet, mit größeren Freiräumen und unter den Bedingungen verinnerlichter Demokratie aufgewachsen. Diese Entwicklung muss sich auch in den Unternehmen widerspiegeln.“ (Sprenger, 2001, S. 82-83).

Die globale Kompetenz-Gesellschaft, die internationalen Märkte und die heterogenen Zielgruppen fordern die deutschen Unternehmen zum Wettbewerb heraus, den sie nur gewinnen können, wenn es ihnen gelingt, Menschen nicht als Rohmasse zu betrachten, sondern das einzelne Individuum mit seinen Fähigkeiten, Eigenschaften und seinem ganz persönlichen, einzigartigen Potenzial optimal zu fordern und zu fördern. Dabei geht es nicht darum, eine Gesellschaft von Egoisten und Ich-AGs zu schaffen, deren einziges Lebensziel die eigenen Interessen sind und die den Grundsätzen des Darwinismus huldigen. Es geht vielmehr darum, eine individualisierte, resolidarisierte Netzwerk-Gesellschaft anzustreben, wie Reinhard K. Sprenger es nennt (vgl. E-Interview mit Reinhard K. Sprenger, Competence Site 1/2004).

Ich-Stärke und Eigeninteresse sind nicht grundsätzlich rücksichtslos und egoistisch, sondern bringen auch Kreativität, Freiheit, Selbstverpflichtung, persönliches Engagement und Eigenverantwortung für den privaten und beruflichen Erfolg hervor – Eigenschaften, die von der Sense der Gleichmacherei gekappt werden. Das Streben nach Individualismus schließt damit das Wohl der anderen nicht aus, denn: „Erst das Bewusstsein, ein Individuum in meiner individuellen Besonderheit zu sein, macht es möglich, auch den anderen in seiner Individualität zu erkennen.“ (E-Interview mit Reinhard K. Sprenger, Competence Site 1/2004). Individualismus ist geprägt von Wertschätzung und Respekt gegenüber dem einzelnen Menschen und dessen Leistungen und Talenten und führt zu einem neuen Wertepluralismus. Aus diesem Grund stärkt ein gesundes Maß an Individualismus auch den Zusammenhalt und erleichtert die Integration.

### 1.5.1 Keine Kunden von der Stange

Die Internationalisierung der Märkte führt dazu, dass die Zielgruppen von Organisationen heterogener werden, was Geschlecht, Alter, Bildung, Kultur usw. angeht. Neue Kundenstrukturen und Nischenmärkte entstehen, und das Leistungsangebot wird mehr und mehr für bestimmte Zielgruppen maßgeschneidert. Und das in rasendem Tempo.

Homogene, klar abgrenzbare und durch allgemein gültige Parameter definierbare Zielgruppen spalten sich auf in kleine und kleinste Einheiten – bis hin zur Einzelperson –, die maßgeschneiderte Produkte und Dienstleistungen erwarten, keine Massenware und keine 08/15-Lösungen.

Auf diese „Parallelkäufer" mit multioptionalem Kaufverhalten, die mal per Internet, mal im Geschäft, mal per Telefon einkaufen, die ihr Obst im Tante-Emma-Laden Stück für Stück auswählen, Kleidung bei Armani kaufen und gleichzeitig für einen PC bei Aldi Schlange stehen, müssen sich die Unternehmen einstellen. Sie müssen flexibel in Service und Produktion, in Werbung und PR werden. Die Bindung der Kunden an ein Unternehmen und eine Marke wird schwieriger. Kunden sind auch kaum noch zu kategorisieren, sie sind in einer Person zugleich Konsumverweigerer und Luxuskäufer, sie sind mobil und anspruchsvoll, fordernd und dank Internet bestens über Angebote und Preise informiert.

Diese Herausforderung müssen moderne Unternehmen – und an ihrer Spitze die Führungskräfte – annehmen. Denn genauso wie Krankenhäuser nicht für die Ärzte und Pflegekräfte, sondern für die Patienten da sind, existieren Unternehmen nicht für Manager und Mitarbeiter, sondern für die Kunden, wie Peter F. Drucker in diesem Vergleich so treffend formuliert hat.

### 1.5.2 Keine Mitarbeiter von der Stange

Der Typus des Wissensarbeiters macht völlig neue Maßstäbe der Führung notwendig. Wissensarbeiter kann man nicht überwachen, nur unterstützen. Jeder Wissensarbeiter ist eine Führungskraft, und zwar seiner selbst. Er muss sich eigenständig motivieren, seine Zeit selbstständig einteilen, seine Ziele kennen und managen, ständig dazulernen und bereit sein, mehrere Karrieren zu durchlaufen.

Der Wissensarbeiter ist beitragsorientiert, d. h., sein Blick ist weniger auf Posten und Bezahlung, als vielmehr auf seinen Beitrag für die Ziele des Unternehmens bzw. des Projektes gerichtet. Management by Objectives, das Führen mit Zielen, scheint das Rezept für die Führung solcher Mitarbeiter zu sein (vgl. Drucker, 2002, S. 45-47). Das Problem ist nur: Es kann kein Patentrezept geben, da die modernen Mitarbeiter extrem individualisiert sind.

Der Erfolg eines Unternehmens wird in Zukunft also von Faktoren abhängen, die mit Menschen und nicht mit Organisationsstrukturen oder Kapitalentwicklungen zusammenhängen. Solche Faktoren heißen Commitment, Kreativität, Unternehmertum, Mut, visionäres Denken und emotionale Intelligenz. Führung kann immer weniger über Druck und Zwang ausgeübt werden. Sie muss den Mitarbeitern mehr Freiheit, mehr persönliche Entfaltungs- und Partizipationsmöglichkeiten bieten. Die Führung von Unternehmen ähnelt immer stärker der Leitung von Freiwilligenorganisationen wie Vereinen oder karitativen Einrichtungen.

Die traditionellen Organisationsstrukturen und Managementlehren erweisen sich jedoch als äußerst veränderungsresistent und verhindern eine systematische, umfassende Kompetenzförderung des Einzelnen. Sie haben sich seit den 50er Jahren nicht oder kaum weiterentwickelt und sind den radikalen und rasanten Veränderungen des 21. Jahrhunderts nicht gewachsen. Das Individuum stößt in vielen Unternehmen auf standardisierte Funktionen und Abläufe und auf überholte Führungsweisen, die noch auf die autoritäre Lenkung von Kollektiven zugeschnitten sind. Individuelle Führung dagegen nimmt das Anderssein an und weiß es einzusetzen. Sie nutzt und fördert Unterschiede, statt die Mitarbeiter in ihrem Auftreten und ihrem Können zu uniformieren.

Aber auch bei den Geführten gibt es große Ressentiments, Beharrungskräfte und Ängste vor Selbstbestimmung und Selbstverantwortung. Die meisten von uns wurden in einem Land sozialisiert, in dem der Staat seinen Bürgern die Verantwortung für persönliche Entwicklung, Absicherung und Vorsorge abgenommen hat. Wir empfinden es als gerecht und solidarisch, die Folgen unseres Tuns oder Nichtstuns auf die Gemeinschaft abzuwälzen und anderen die Verantwortung für das eigene Glück aufzubürden, angefangen bei dem Kindergarten-, Studien- und Ausbildungsplatz, der Absicherung gegen Krankheit und Arbeitslosigkeit bis hin zum bequemen Altersruhekissen. Wir sind daran gewöhnt, von unseren Vorgesetzten mit materiellen Anreizen oder mehr Freizeit motiviert und „gepampert“ zu werden.

„Es sind die vielen kleinen Entmündigungen, gegen die wir uns wehren müssen – die aber im Gewand von Schutz und Wohlfahrt daherkommen. In Wirklichkeit zermürben sie alles, was an dem Einzelnen besonders und wertvoll ist“, kritisiert Reinhard K. Sprenger. Die Führungskräfte dürfen nicht mehr vom Unternehmen her denken und „passende“ Menschen für vorgegebene Jobs suchen, sondern müssen beim Individuum ansetzen und maßgeschneiderte Aufgaben bieten, die die persönlichen Bedürfnisse und Talente nutzen und fördern. Es gilt also, die Organisation mit ihren Strukturen um die Menschen herum zu bauen und wachsen zu lassen. Diese flexiblen Strukturen werden nicht durch Kontrolle von oben, sondern durch Vertrauen und Selbstmotivation zusammengehalten (vgl. Sprenger, 2001, S. 82- 83).

### 1.5.3 Keine Führung von der Stange

Die Individualisierung wirkt sich noch auf eine dritte Art auf die Führung im 21. Jahrhundert aus: Wir müssen uns von der wunderbar einfachen Vorstellung vom klar definierbaren Standardtypus „erfolgreiche Führungskraft“ verabschieden. „Individuelle Führung erlaubt auch sich selbst den eigenen Weg – und lässt dem Kollegen den seinen“ (vgl. Sprenger, 2001, S. 82-83). Eine Führungskraft, die den Einzelnen in den Mittelpunkt stellt, führt nicht nur nach einem bestimmten Stil, sondern baut eine Beziehung zum Geführten auf und lässt ihn als Mensch gelten.

An diesem Menschen mit seinen Bedürfnissen und Fähigkeiten richtet der Manager die Art und Weise aus, nach der er ihn führt. Und genauso wenig, wie ein Mitarbeiter dem anderen gleicht, gibt es eine Schublade mit der Aufschrift „gute Führungskraft". Gute Führungskräfte sind Unikate, sind unverwechselbare Persönlichkeiten. Auch sie sind eine knappe Ressource, um die der Wettbewerb einer Zukunft ausgetragen wird, die schon begonnen hat.

Eine Umfrage der Akademie für Führungskräfte, bei der 225 Führungs- und Führungsnachwuchskräfte befragt wurden, zeigt, welche Fähigkeiten für das Management des 21. Jahrhunderts wichtig sind. An der Spitze stehen:

1. die Bereitschaft, Verantwortung an Mitarbeiter abzugeben,
2. die Fähigkeit, Probleme im Team zu lösen,
3. das ehrliches Interesse am Mitarbeiter,
4. die Freude an selbstständiger Arbeit und großer Verantwortung
5. und hohe Selbstmotivation.

Die moderne Führungskraft betrachtet das Unternehmen als lebendigen Organismus und sich selbst nicht als Außenstehenden, der das System von oben lenkt, sondern als Architekt, der zusammen mit seinen Mitarbeitern am und im System wirkt. Die Führungskraft entwickelt eine Unternehmenskultur, die individuelle Entfaltung, Selbstverantwortung und Eigeninitiative der Mitarbeiter fördert. Dabei pflegt sie intensiv die internen und externen Kommunikationsnetze. Die zukunftsfähige Art der Führung bewegt nicht nur Geld, Daten oder Waren, sondern vor allem Menschen.

Dazu bedarf es einer hohen emotionalen Intelligenz und sozialen Kompetenz, gepaart mit visionärem Denken und einer großen Portion Mut. Erfolgreiche Führungskräfte sind heute keine Verwalter des Erreichten mehr, sondern Change-Agenten, die querdenken und vordenken, im Sinne von weiter und in die Zukunft denken und nicht im Sinne von vorgeben, vorschreiben oder bevormunden.

Moderne Führung bedeutet den Wechsel vom Chef zum Partner. Die Manager der Zukunft – und der Gegenwart – müssen lernen, ohne Hierarchie-Krücken auszukommen, ein gewisses Maß an Demut zu besitzen und zu wissen, wie man so konkurriert, dass die Zusammenarbeit gefördert und nicht verhindert wird. Sie müssen in der Lage sein, Befriedigung aus guten Ergebnissen zu ziehen, nicht aus dem eigenen Machtgebaren, und bereit zu sein, die eigene Entlohnung von diesen Ergebnissen abhängig zu machen (vgl. Moss Kanter, 1998, S. 46).

Die modernen Führungskräfte dürfen keine Angst vor chaotischen Übergangssituationen und weiten, wüsten Feldern haben. Sie müssen das Herz und den Verstand haben, Chaos, kreative Unruhe und Unbekanntes als Quelle neuer Ideen zu nutzen und ihren Erfahrungsrahmen zu überwinden. Gleichzeitig müssen gute Führungskräfte über das Wissen und die Management-Werkzeuge verfügen, um ihr Unternehmen fit zu machen für die Veränderungen, die es in Gegenwart und Zukunft auf verschiedenen Gebieten zu bewältigen gilt.

# 2. Durch das Tal der Tränen

Die Zeiten der Feste und Feiern in den Unternehmen sind – vorerst – vorbei. Incentives werden gestrichen, die beliebten Obstkörbe und Gratis-Getränkeautomaten werden nicht mehr nachgefüllt. Stattdessen: Krisensitzungen, Kostensparprogramme, Personalabbau, „Gesundschrumpfen“, die Zahlen nach unten korrigieren. Die Großsprecher, Mutmacher und lautstarken Motivationstrainer sind verstummt. Allgemeines Krisenbewusstsein macht sich breit. Wobei Ausnahmen hier natürlich die Regel bestätigen.

Das Tal der Tränen, in dem sich die deutsche Wirtschaft nach dem Gipfelsturm der New Economy befindet, scheint endlos zu sein, und seine Durchquerung legt sich bleischwer auf die Gemüter von Arbeitgebern, Arbeitnehmern und Investoren, die keine mehr sind, und lähmt in vielen Unternehmen die Personalentwicklung fast völlig.

Keine gute Zeit, um sich bei Mitarbeitern beliebt zu machen. Doch neue Patentrezepte für Führen in Krisenzeiten gibt es nicht. Umso wichtiger ist die Besinnung auf die Urprinzipien. Wer ohne Wertschätzung führen will, wird auch mit den ausgeklügelsten Charts, Rhetorikkünsten und Personalführungsinstrumenten sein Unternehmen und seine Mitarbeiter nicht heil durch die Krise bringen. Da sich die Rahmenbedingungen für Führung stark verändern und dabei eher verschlechtern, kommt der Ausstrahlungskraft eines Managers höhere Bedeutung zu. Führungskräfte sind mehr gefordert und sie stehen mehr denn je im Rampenlicht. Sie sind Hoffnungsträger und Buhmänner in Personalunion.

Eine Studie der Akademie für Führungskräfte aus dem Jahr 2003, bei der 267 Führungskräfte zu ihrer aktuellen Situation befragt wurden, zeigt, dass 80 Prozent den „Soft Facts“ (Stichwort „Unternehmensklima“) besondere Bedeutung zumessen und dass für die Mehrheit die persönliche Kompetenz einer Führungskraft entscheidender ist als Branchen-Know-how und fachliche Expertise. Rund 60 Prozent sind der Meinung, dass sich die Anforderungen an sie im Zuge der wirtschaftlichen Talfahrt grundlegend geändert haben. Jeder zweite Manager musste schon feststellen, dass die Angst der Mitarbeiter vor dem Verlust des eigenen Arbeitsplatzes den Führungsalltag erschwert. Trotzdem sind 88 Prozent der Managerinnen und Manager, die Personalverantwortung haben, mit ihrer Leistung als Führungskraft zufrieden. Wohlgemerkt geht es hier um das Selbstbild von Führungskräften, das – wie später noch vertiefend dargestellt wird – deutlich von den Sichtweisen abweichen kann, die Mitarbeiter ihrer Führungskraft entgegenbringen (vgl. Akademie-Studie, 2003).

Gerade dann, wenn der Wind der Wirtschaftskrise allen rau ins Gesicht bläst, sind Führungskräfte gefordert – auch wenn strikte Zahlenvorgaben, Krisensitzungen, Bilanzen und Erfolgsdruck scheinbar kaum Zeit und Raum für echtes Beziehungsmanagement lassen. Das Argument: „Wenn wir hier erst einmal durch sind, haben wir auch wieder mehr Zeit für Gespräche und Kontakte“, ist eine gefährliche Killerphrase, denn vielleicht gibt es kein „später“. Das Vertrauen, das man durch diese Haltung bei Mitarbeitern und Kunden verliert, ist unendlich schwer zurückzugewinnen, wenn überhaupt.

Fazit: Deutsche Führungskräfte sehen ihr Unternehmen der allgemeinen Wirtschaftskrise ausgesetzt, von einer generellen „Führungskrise“ sprechen sie jedoch nicht. Sie sind sich größtenteils einig, dass nur authentische Führung auch erfolgreiche Führung ist. Die Führungskraft ist also nicht nur als Manager, sondern auch als Mensch gefragt. Wer seine Firma und seine Leute durch Krisen bringen will, muss sich zwei Maximen verpflichten. Erstens: Wertschätzung ist kein Schönwetterparadigma, sondern gerade in Krisenzeiten die conditio sine qua non. Und zweitens: Führung ist mehr als das Delegieren und die Kontrolle von Aufgaben. Sie setzt eine Persönlichkeit voraus, die die Menschen im Unternehmen zu bewegen vermag.

## 2.1 Die Paradoxien unserer Zeit

„Der Fortschritt hat uns Profit und Effizienz gebracht, aber der Preis, den wir bezahlen müssen, heißt Sinnverlust.“ So lautet die Bilanz von Charles Handy, Gründervater der London Business School, in seinem Buch „Die Fortschrittsfalle“. Nur ein neues Verständnis von Arbeit und Organisation kann den Sinn in einer Welt, die von neun großen Paradoxien regiert wird, wiederherstellen. Diese Paradoxien beschreiben auf reduzierte und zugespitzte Art unsere moderne Arbeitswelt in ihrer Gespaltenheit, Widersprüchlichkeit, Dynamik und ihrer Komplexität. Sie formulieren gleichzeitig die Ansprüche an zeitgemäße Führung (vgl. Handy, 1995):

### 1. Die Paradoxie der Intelligenz

Mitarbeiter gelten als die wichtigste Ressource. Intelligenz ist die neue Form des Eigentums, doch lässt sich dieses Eigentum von niemandem erwerben und von niemandem veräußern. Die wichtigsten Produktionsmittel liegen damit in den Händen der Mitarbeiter.

### 2. Die Paradoxie der Arbeit

Auf die Herausforderung der Effizienz reagieren die meisten Organisationen mit Entlassungen oder Lohnkürzung und berauben sich damit ihrer eigenen Wirtschaftsgrundlage: der motivierten Brainpower. Die einen sagen, Leistung muss hoch bezahlt werden. Andere meinen wiederum, Leistung ist unbezahlbar und Top-Performer sind nicht mit Geld zu ködern.

### 3. Die Paradoxie der Produktivität

Produktivität bedeutet nichts anderes als immer mehr und bessere Arbeit durch immer weniger Menschen. Aber wo ist deren Leistungsgrenze und was geschieht mit den anderen?

### 4. Die Paradoxie der Zeit

Zeit ist heute ein knappes Gut und ein entscheidender Wettbewerbsfaktor. Doch Geld ist eine widersprüchliche Währung: Die einen geben Geld aus, um Zeit zu sparen, und die anderen investieren Zeit, um Geld zu sparen.

### 5. Die Paradoxie des Reichtums

In den Wohlstandsgesellschaften sinkt die Geburtenrate kontinuierlich, sodass auch die Zahl der potenziellen Kunden in Zukunft rückläufig ist. Die reichen Länder müssen also in ihre Konkurrenz, die Niedriglohnländer, investieren, um das Wachstum anzukurbeln und neue Käuferschichten zu erschließen.

### 6. Die Paradoxie der Organisation

Unternehmensführung zielt heute nicht mehr nur auf lokalen, sondern auf internationalen oder globalen Erfolg. Klassische Strukturen und Grenzen weichen auf. Mitarbeiter sollen selbstständig und teamfähig arbeiten, Führungskräfte besser delegieren und kontrollieren. Die Herausforderung für die Chefs von morgen ist die Leitung eines Unternehmens, das schon heute im üblichen Sinne gar nicht mehr existiert.

### 7. Die Paradoxie des Alterns

Sie besteht darin, dass sich jede Generation von der vorangegangenen unterscheiden will und das Gegenteil tut und denkt. Das Verhalten der folgenden Generation wird dadurch jedoch dem Verhalten jener ursprünglichen Generation wieder entsprechen (A→ B→ A). Mit anderen Worten: Auf Materialismus folgt Post-Materialismus folgt Materialismus usw.

### 8. Die Paradoxie des Individualismus

Diese Paradoxie wurde am besten von C. G. Jung beschrieben, der sagte: „Wir müssen jemand anders sein, um wirklich wir selbst sein zu können." Das „Ich" braucht das „Wir", um vollkommen „Ich" sein zu können. Und so möchte ich Handy und Jung noch ergänzen, um der Kompliziertheit der heutigen Zeit gerecht zu werden: Das „Ich" kann nur zum echten „Wir" werden, wenn es ganz „Ich" ist.

9. Die Paradoxie der Gerechtigkeit

Schließlich geht es in einer Gesellschaft auch immer um die Frage der Verteilungsgerechtigkeit: Sollen die Menschen das bekommen, was sie brauchen, oder das, was sie verdienen?

Der Schlüssel zum Umgang mit diesen Paradoxien liegt für Charles Handy in einer neuen Definition von Organisation, Arbeit und Kapital. So sind Organisationen heute keine starren Gebilde aus Regeln und Funktionen, aus Vorgesetzten und Angestellten, sondern vielmehr organisierte Gemeinschaften von Mitgliedern. Die Kapitalgrundlage der modernen Organisation ist nicht mehr das Geld, sondern sind das Wissen und die Fähigkeiten der Menschen. Führungskräfte können jedoch nicht erwarten, dass die Inhaber dieses Kapitals, also die Mitarbeiter, selbst in die Vermehrung ihres geistigen Vermögens investieren. Hier ist die Führung gefordert, Potenziale zu erkennen, zu fördern und richtig einzusetzen.

Der Sinn für Kontinuität, der Sinn für Verbundenheit und der Sinn für Zielgerichtetheit bilden zusammen das Wertefundament für die Organisation und die Arbeitswelt des 21. Jahrhunderts, so Handy. Der Sinn für Kontinuität bedeutet, dass sich die Menschen nicht als haltlose Individuen im Strudel von Veränderung, Komplexität und Geschwindigkeit erleben, sondern als Glieder einer Kette. Beständigkeit und Verankerung geben den Menschen den nötigen Halt, um die Paradoxien unserer Zeit zu bewältigen. Mit Sinn für Verbundenheit meint Charles Handy ein Gefühl von Zugehörigkeit und ein gemeinsames Ziel anstelle rein egoistischer Bedürfnisse. Neben Kontinuität und Verbundenheit brauchen Menschen eine Richtung, eine Zukunftsvision.

Die perfekte Antwort auf eine Welt im Umbruch kann es für Handy nicht geben: „Das Geheimnis der Ausgewogenheit in einer Zeit des Paradoxen liegt darin, Vergangenheit und Zukunft in der Gegenwart gleichzeitig existieren zu lassen." (Handy, 1995).

## 2.2 Der „Return of Leadership"

Wer also kann moderne Unternehmen und Menschen in die Zukunft führen? Unangefochten an erster Stelle der Liste von Eigenschaften, die eine erfolgreiche Führungspersönlichkeit auszeichnen, steht für die meisten Manager Wahrhaftigkeit. Mit wenig Abstand folgen Begeisterungsfähigkeit, Belastbarkeit, Sozialkompetenz, Charisma und Vertrauensbildung. Gerade in schwierigen Zeiten vor allem auf Autorität qua Amt, hartes Durchgreifen und strenge Disziplin zu setzen, halten die meisten Führungskräfte für falsch, sie räumen jedoch ein, dass Vorgesetzte in Krisen oft dazu neigen, autoritär zu führen. Das lässt sich in der Praxis immer wieder beobachten: Wenn die Umsätze bröckeln und der eigene Sessel wackelt, zeigen sich viele Manager unwillig, Macht an Mitarbeiter abzutreten und Aufgaben zu delegieren. Sie monopolisieren Informationen, statt sie weiterzugeben. Sie wollen für alles selbst die Verantwortung tragen und jeden kontrollieren. Auch die Mitarbeiter suchen nach dem starken Kapitän, der ihnen sagt, wo es langgeht, und ihnen das ersehnte „Land in Sicht!“ zuruft. Man kann also von einem „Return of Leadership“ sprechen. Wobei Leadership sehr unterschiedlich ausgelegt wird.

Ich kenne viele solcher Geschichten: Chefs, die zu Kontrollfreaks werden, oder Manager, die sich mangels Argumenten allein auf ihre Position in der Firmenhierarchie berufen. Für sie ist der drohende Kontrollverlust schlimmer als der Schaden, der im Unternehmen durch ihr Verhalten entsteht. Ob ein Unternehmen in der Krise in wirtschaftliche Schwierigkeiten gerät oder gesundet, hängt maßgeblich vom Verhalten des Mannes oder der Frau an der Spitze ab. Wo statt echter Führung nur Kosmetik betrieben wird, offenbaren sich im Ernstfall schnell Sollbruchstellen. Mitarbeiter finden tausend Gründe, die geforderte Leistung nicht zu erbringen und stecken dann Energie in Ausweichmanöver statt in anstehende Aufgaben. Für Unternehmen, die unter Führung in erster Linie Personalabbau verstehen, hat das gravierende Folgen: Die besten Mitarbeiter gehen zuerst.

# 3. Aufforderung zum Tanz

Eine wandlungsfähige Organisation ist die beste strategische Waffe für das Informationszeitalter sagt Rosabeth Moss Kanter sehr treffend (vgl. Moss Kanter, 1989). Doch gerade für Großkonzerne, die schon seit Generationen wie Ozeanriesen behäbig durch die Meere der Weltwirtschaft ziehen, ist eine Kurskorrektur oder gar ein Richtungswechsel kein kurzes Wendemanöver. Sie müssen erst Strukturen für den Wandel herausbilden, und genau das ist die Aufgabe der zukunftsorientierten Führungskraft mit hoher Beziehungsorientierung: Nicht im letzten Moment das Steuer herumreißen, sondern auf der Brücke stehen, weit vorausschauen und frühzeitig erkennen, was kommt.

Es ist nicht unmöglich, Riesen das Tanzen beizubringen, doch dazu bedarf es gebündelter Kräfte und Anstrengungen (vgl. Moss Kanter, 1989). Oder, um bei unserem Bild mit dem Ozeanriesen zu bleiben: einer guten, eingespielten Mannschaft, die geschlossen den neuen Kurs ansteuert. Deshalb ist es eine der wichtigsten Aufgaben des Veränderungsmanagements, andere für die anstehenden Neuerungen zu begeistern und zu engagieren, ihre Innovationsfreude zu wecken und ihre Beharrungstendenzen zu überwinden.

Großkonzerne haben bei Veränderungsprozessen sogar einen gewissen Vorteil gegenüber kleineren Unternehmen, wie Johnson & Johnson, 3M, Citibank oder Aventis (vorher Hoechst) beweisen: Bei den Branchenriesen läuft das Geschäft fast von allein – sonst wären sie nicht so erfolgreich. Wer sich dagegen ständig und ausschließlich um das

Tagesgeschäft kümmern muss, hat kaum Zeit, bahnbrechende Ideen hervorzubringen. Das Zauberwort heißt deshalb „Entkopplung“ des Think Tanks vom Tagesgeschäft (vgl. Drucker, 2002).

Der unternehmerische Umgang mit Veränderungen vollzieht sich auf drei Ebenen: Die erste Ebene stellen konkrete Veränderungsprojekte dar, die Mitarbeiter und Führungskräfte im Team realisieren. Hier können kurzfristig Ergebnisse erzielt werden, in denen der Wandel als Fortschritt sicht- und greifbar wird. Sie vermitteln den Mitarbeitern die motivierende, bestätigende Erfahrung, selbst etwas bewegen und ihre Innovationsideen einbringen zu können.

Die zweite Ebene bilden umfassendere, mittel- oder langfristige Veränderungsprogramme, die eine größere Zahl von Bereichen und Personen einbinden und die darauf abzielen, die Strukturen und die Kultur des Unternehmens auf Wandel einzustellen. Auf der dritten Ebene steht schließlich die wandlungsfähige Organisation als Einheit, die leicht und schnell auf Veränderungen reagiert und einen Wandel in der Umwelt früh wahrnimmt und von selbst agiert.

Auf allen drei Ebenen und in jeder Phase des Veränderungsprozesses muss die Führungskraft gegen Zukunftsangst, Verunsicherung, Selbstzufriedenheit, Bestandsdenken und Engstirnigkeit ankämpfen – in den Köpfen und Herzen der Mitarbeiter und in ihrem eigenen. Ein anderer Umgang mit Risiko und Ungewissheit ist nötig.

Das bedeutet nicht, dass die Führungskräfte ihre Mitarbeiter zu unnötigen Risiken anstacheln sollen. Ihre Aufgabe ist vielmehr, es für die Mitarbeiter weniger riskant zu machen, etwas anders zu machen, als sie es schon immer gemacht haben. Und dazu braucht eine Führungskraft Geduld und einen langen Atem, um ein Projekt nicht gleich wieder einzustampfen, nur weil es nicht schon im ersten Monat mehr Umsatz generiert. Wandel muss wachsen. Ein Unternehmen kann nicht über Nacht etwas völlig anderes aus sich machen. Es muss bestehende „Plattformen in Sprungbretter umwandeln“ und den Wandel akzeptieren und antizipieren, bevor er ihm von der Umwelt aufgezwungen wird. Die Maxime des Prozesses sollte nach Moss Kanter sein: „In der Mitte darf alles wie ein Fehlschlag aussehen.“

Gerade das freiwillige Agieren, bevor die Organisation von den Zeichen der Zeit überrollt und zur Anpassung gezwungen wird, zeichnet erfolgreiche Unternehmen aus: „Verändern heißt immer eine Lücke schließen. Doch zu viele Veränderungsprojekte und -programme sind nichts weiter als auf die Vergangenheit abgestimmte Problemlösungen oder Umschwünge, statt auf die Zukunft ausgerichtete Bildung von Aktivposten, das Kennzeichen der wandlungsfähigen Organisation.“ (vgl. Moss Kanter, 1998, S. 17).

Wandlungsfähige Organisationen sind dynamische, offene Systeme, die möglichst vielen Mitarbeitern die Möglichkeit geben, neue, bessere Ideen zu entwickeln und zu verwirklichen, sie zu Ideen-Scouts zu machen. Sie bieten schnelle Rückmeldungsschleifen innerhalb und außerhalb der Organisation und verfügen über drei entscheidende immaterielle Vermögenswerte: Konzepte, Kompetenz und Verbindungen.

Diese drei Vermögenswerte stützen sich auf Fantasie, Mut, Kreativität, Umgänglichkeit, diplomatisches Geschick und Vertrauen – also all das, was wir unter emotionaler Intelligenz verstehen. Der Mensch ist zwar der wertvollste Rohstoff eines Unternehmens, zum Vermögenswert wird er aber erst durch seinen effektiven Einsatz. Sonst bleiben die besten Mitarbeiter bloßes Potenzial.

Mehr zum Thema „Veränderungsprozesse managen“ bietet Teil III, in dem es konkret um die Aufgaben von Führung geht.

## Fazit: Führung im Zeitalter der „Dynaxität“

Führung im 21. Jahrhundert bedeutet, sich von tradierten Werten und Sicherheiten zu verabschieden. Es bedeutet, eine hohe Komplexität und Dynamik zu managen. Es bedeutet, selbst mobil und veränderungsbereit zu sein und mit unterschiedlichsten, anspruchsvollen und „ungebundenen“ Individuen auf der ganzen Welt zusammenzuarbeiten, auf der realen und der virtuellen Ebene. Und es bedeutet, Mitarbeiter als wertvolles Kapital zu betrachten und auch so zu behandeln. Führungskräfte müssen nicht mehr nur Managementtechniken beherrschen, sondern Leadership leben.

Die zunehmende Dynamik und Komplexität (Dynaxität) der Produkte, Dienstleistungen, Strukturen und Prozesse bringen es mit sich, dass heute kaum noch einer allein die anstehenden Probleme und Aufgaben lösen kann. Wir brauchen Menschen, die ihr verschiedenes Wissen und ihre sich ergänzenden Fähigkeiten in den gemeinsamen Problemlösungspool einbringen und über Hierarchieebenen hinweg gemeinsam am gleichen Strang ziehen.

# Teil II: Beruf oder Berufung Oder: Was macht gute Führung aus?

***„Management ist die kreativste aller Künste.***

***Es ist die Kunst, Talente richtig einzusetzen."***

***Robert S. McNamara***

John F. Kennedy, Mahatma Gandhi und Sir Winston Churchill stehen für vorbildliche Führungskompetenz, wie eine Umfrage der Personalberatung Heidrick & Struggles ergeben hat. Aber was ist gute Führung? Eine komplexe, philosophisch anmutende Frage, auf die unzählige Managementschulen und Theorieansätze zum Teil diametral entgegengesetzte Antworten geben. Sie nutzen Führungskräften in der Praxis nur wenig und sorgen mehr für Verwirrung als für Orientierung.

Einen praktischen Mehrwert bietet dagegen die Frage: Wovon hängt gute Führung ab? Anhand dieser Frage lässt sich der Berg von Managementliteratur sichten und das herausfiltern, was für Führungskräfte heute von Interesse und von Belang ist. Begibt man sich mit der Frage: „Wovon hängt gute Führung ab?" auf einen Streifzug durch die Führungslehre, kristallisieren sich vier Faktoren bzw. Antworten heraus, die die unterschiedlichen Ansätze betonen: das Führungshandwerk, die Führungskraft, die Beziehung zwischen Führungskraft und Geführten und die Führungssituation.

Im Folgenden werden *exemplarisch* die bekanntesten bzw. wichtigsten Ansätze, die hier stellvertretend für die vier Faktoren stehen, vorgestellt. Es geht mir dabei nicht darum, eine im wahrsten Sinne des Wortes „erschöpfende" Aufstellung aller Managementtheorien und -ansätze zu liefern. Davon gibt es bereits genug. Genauso wenig geht es darum, eine lehrbuchartige Systematik zu erstellen. Auch davon gibt es genug.

Die Auswahl einiger Konzepte in unserem kleinen Frage-Antwort-Spiel dient vielmehr als Grundlage und Abgrenzung für das Konzept der *beziehungsorientierten Führung,* denn schließlich entsteht kein Führungsansatz im luftleeren Raum. Ich hielte es außerdem für kontraproduktiv und borniert, die bisher erbrachten Arbeiten und Erkenntnisse auf dem weiten Feld der Führung einfach links liegen zu lassen.

Um das Fazit bereits vorwegzunehmen: Alle vier Antworten auf die Frage, wovon gute Führung abhängt, sind für sich genommen richtig. Doch sie sind für die Praxis nicht ausreichend. Warum sonst wären heute die Verunsicherung unter den Führungskräften und der Bedarf an Trainings, Handbüchern und Seminaren so groß wie noch nie? Beschäftigen wir uns also mit der Frage: „Wovon hängt gute Führung ab?", und sehen wir, was alte und neue Vordenker der Führungslehre darauf antworten.

# 1. Das Führungshandwerk

***„Gute Führung hängt davon ab, dass die Führungskraft ihr Handwerk gelernt hat und beherrscht."***

Zu dieser Kategorie zähle ich zunächst eine Reihe von traditionellen und z. T. auch überholten Führungsansätzen mit einer mechanistischen Sichtweise, wie z. B. den Taylorismus, der sich mit der Standardisierung und der Rationalisierung des Betriebes beschäftigt. Frederick W. Taylor entwickelte zwischen 1885 und 1910 die Theorie der wissenschaftlichen Betriebsführung, die kurz danach auch in Unternehmen angewandt wurde (vgl. Taylor, 1913). Tätigkeiten wurden analysiert und in einzelne Handgriffe zerlegt, die leicht zu erlernen waren. Taylor meinte einmal: „Man arbeitet so intelligenter statt härter."

Weitere Managementpioniere aus Theorie und Praxis sind Thomas Watson von IBM, Robert E. Wood von Sears sowie George Elton Mayo von der Harvard Business School.

Außerdem möchte ich hier den verwaltungsorientierten Ansatz von Henri Fayol erwähnen, der fünf Aufgabenbereiche des Managers definiert hat: Planung, Organisation, Anweisung, Koordination und Kontrolle (vgl. Fayol, 1916). Ebenso sei ein Hinweis erlaubt auf die bürokratische Führung von Max Weber zum Thema Amtspflichten, Amtshierarchie und Amtskompetenz (vgl. Weber, 1956). Genauer aufgeschlüsselt werden die Aufgaben einer Führungskraft im (moderneren) integrierten Management-Modell, nach dem der Problemlösungsprozess in Firmen in sechs Schritten vollzogen wird: Analyse der Ausgangslage, Formulierung der Ziele, Festlegung der Maßnahmen, Bestimmung des Mitteleinsatzes, Durchführung (Realisierung) und Evaluierung der Resultate. Die Führungstätigkeit an sich wird in die Steuerungsfunktionen Planung, Entscheidung, Aufgabenübertragung und Kontrolle zerlegt (vgl. Thommen, 2001, S. 834, und Rühli, 1996).

## 1.1 Die alte Schule des modernen Managements

Der bedeutendste und visionärste Managementtheoretiker und Zukunftsanalytiker ist Peter F. Drucker. Das meiste von dem, was heute zum Thema Führung, Management oder Leadership diskutiert, praktiziert und gefordert wird, geht auf ihn zurück. Ich möchte im Folgenden darstellen, warum ich der Meinung bin, dass Drucker auch und gerade für heutige Führungskräfte einen Fundus an wertvollen Erkenntnissen bereithält. Dazu stütze ich mich auf mehrere Werke von ihm, die erstmals in den 40er Jahren erschienen sind und seitdem immer wieder neu aufgelegt werden – ein Zeichen für ihre Aktualität und ihren großen Nutzen (vgl. als kompakte Zusammenfassung Drucker, 2004 – die einzelnen Werke sind im Literaturverzeichnis am Ende dieses Buches aufgeführt).

Nur drei Beispiele seien dafür genannt: Die Legitimation des Managements in den 40er Jahren – heute ist „Corporate Governance“ in aller Munde. Führen mit Zielen in den 50er Jahren – „Management by Objectives“ ist längst zu einem wichtigen Führungsinstrument geworden. Und die Entdeckung des „Knowledge Workers“ in den 60er Jahren – heute redet jeder von immateriellen Werten, von Wissensarbeit und der Wissensgesellschaft. Peter F. Drucker hat nicht nur schon immer eine geradezu „prophetische Treffsicherheit“ (vgl. Drucker, 2004, S. 9) bewiesen, sondern er denkt einfach in größeren Zusammenhängen. Das macht seine besondere Stärke aus.

Drucker hat sich selbst einmal als „Sozial-Ökologe“ bezeichnet. Dies macht deutlich, dass er Management und Führung interdisziplinär betrachtet. Er deckt mit seinen Arbeiten nicht nur die Unternehmen und seine Akteure ab, sondern berücksichtigt auch den gesellschaftlichen Rahmen. Außerdem geht er auf geschichtliche Aspekte ein.

Peter F. Drucker hat die Grenzen zwischen den beiden Kulturen, den schönen Künsten auf der einen und den Naturwissenschaften auf der anderen Seite, aufgehoben. Er sieht Management sowohl als Kunst als auch als Wissenschaft. Er betont sowohl die technische wie auch die humanistische Seite des Managements. Management ist für ihn Beruf, aber auch Berufung. Und Drucker prognostiziert ebenfalls, dass das Management sich zusehends in Richtung „Humanwissenschaften“ entwickeln wird. Ich formuliere es heute so: Führung ist Beziehungsmanagement.

### 1.1.1 Was ist Management?

Drucker stellt fest, dass sich in der Geschichte der Menschheit kaum eine Funktion derart schnell durchgesetzt hat wie das Management. In weniger als 150 Jahren hat das Management die soziale und wirtschaftliche Struktur der Industrieländer komplett verändert. In neuerer Zeit geht es allerdings in der Managementpraxis weniger um die Steuerung einer weitgehend ungelernten Belegschaft, sondern um die Steuerung einer „Gemeinschaft ausgezeichnet ausgebildeter Wissensarbeiter“ (Drucker, 2004, S. 20). Die Entwicklung des Managements hat das Wissen von einem sozialen Schmuck und Luxus in ein wirtschaftliches Kapital verwandelt.

Dabei bleibt die grundlegende Funktion des Managements unverändert: Menschen durch gemeinsame Werte, Ziele und Strukturen, durch Aus- und Weiterbildung in die Lage zu versetzen, eine gemeinsame Leistung zu vollbringen und auf Veränderungen zu reagieren. Für mich ist dies eine der besten Definitionen von Führung und zwar aus drei Gründen:

Erstens müssen sich Führungskräfte von Werten leiten lassen. Zweitens sind sie immer auch Personalentwickler. Und drittens müssen sie ständig mit Veränderungen leben.

An anderer Stelle betont Drucker, dass die Hauptaufgabe einer Führungskraft das Erzielen von Ergebnissen ist – eine Tatsache, die heute nur zu oft in Vergessenheit gerät, weil sie so unspektakulär ist: „Der Daseinsgrund des Managements sind die Ergebnisse der Einrichtung." (Drucker, 2004, S. 120). Und diese Resultate sind außerhalb der Firma, nämlich in deren Umwelt, zu suchen, vor allem bei den Kunden und Nicht-Kunden. Der einzige Zweck eines Unternehmens ist es also, einen Kunden zu finden, der einen Nutzen kaufen will. Der Kunde definiert somit letztlich die Unternehmenstätigkeit – und damit auch die Führung, wie ich ergänzen möchte. Die Rentabilität eines Unternehmens ist folglich nicht der Zweck der Unternehmenstätigkeit, sondern nur ein Faktor, der die Unternehmenstätigkeit einschränkt. Eine wichtige Klarstellung im Zeitalter des oft blinden Shareholder-Value-Strebens.

Peter F. Drucker formuliert ganz klar: „Alles, was die Leistung und die Ergebnisse einer Institution betrifft, ist Gegenstand des Managements und liegt in seinem Verantwortungsbereich. (…) Es ist somit eine der besonderen Aufgaben des Managements, die Ressourcen der Organisation im Hinblick auf die im Außenverhältnis möglichen Ergebnisse zu verwalten. (…) Die Ergebnisse stehen im Mittelpunkt der Bemühungen des Managements." (Drucker, 1999, S. 63).

Weder die Produktionsmenge noch das Finanzergebnis allein können die Leistungen des Unternehmens richtig messen. Es kommt auch auf Aspekte wie Marktpositionierung, Innovationsfähigkeit, Produktivität, Qualität und Mitarbeiterentwicklung an – also genau das, was heute die Balanced Scorecard zusammenführt. „Das Ergebnis der Tätigkeit eines Unternehmens ist ein zufriedener Kunde." So Drucker in bemerkenswerter Klarheit.

Vom Unternehmenszweck unterscheidet Drucker die Unternehmensziele. Diese werden in acht Schlüsselbereiche aufgeteilt: Marketing, Innovation, Humanressourcen, Finanzressourcen, materielle Ressourcen (z. B. Produktionsanlagen), Produktivität, gesellschaftliche Verantwortung sowie Gewinnerfordernisse. Dazu wiederum Drucker wörtlich: „Die Ziele sind kein unabänderliches Schicksal, sondern weisen uns die Richtung. Sie sind keine Befehle, sondern stellen ein Bekenntnis dar. Sie legen die Zukunft nicht fest, sondern dienen dazu, die Mittel und die Energie des Unternehmens freizusetzen, um die Zukunft zu gestalten." (Drucker, 2004, S. 51). Wenn heutzutage Führungskräfte im Zielvereinbarungsprozess ersticken und Mitarbeiter mangelnde Vorgaben beklagen, dann sollten sie sich diesen Satz in Erinnerung rufen.

Damit ein Unternehmen gute Resultate erzielt, müssen sämtliche Tätigkeiten auf die Ziele des Unternehmens abgestellt sein. Und damit sind wir beim Thema „Management by Objectives" angelangt. Dies ist ebenfalls eine bahnbrechende Grundidee, die auf Peter F. Drucker zurückgeht. Gern wiederhole ich hier die Geschichte von den drei Steinmetzen, die auch Drucker erzählt: Sie werden gefragt, was sie tun. Der erste Steinmetz antwortet: „Ich verdiene meinen Lebensunterhalt." Der zweite erklärt: „Ich mache die beste Steinmetzarbeit im ganzen Land." Und der dritte erwidert mit leuchtenden Augen: „Ich baue eine Kathedrale."

Was sind tatsächlich die entscheidenden Ziele für Führungskräfte? Jede Führungskraft – ob als Meister in der Produktion, als Marketingleiter oder Finanzvorstand – braucht klar definierte Ziele, die stets sauber und konsequent von den Zielen des Unternehmens abgeleitet sein sollten. Dies gilt inzwischen als Banalität, ist aber auch Jahrzehnte nach Druckers „Erfindung" der Unternehmensführung durch Zielvereinbarungen in der Praxis vielfach noch nicht erfüllt.

In der Praxis wird häufig durch ein „Management durch Feldzüge" eine ruhige und ausgewogene Zielerreichung verhindert. Drucker dazu: „Alle Beteiligten scheinen zu wissen und zu akzeptieren, dass drei Wochen nach dem Feldzug der Status quo wiederhergestellt wird." (Drucker, 2004, S. 145). Und trotzdem werden solche Aktionen von Führungskräften immer wieder aufs Neue durchgezogen. Für Drucker ist „Management durch Feldzüge" nichts anderes als „ein sicherer Hinweis auf Verwirrung und ein Eingeständnis der Inkompetenz". Es zeigt, dass das Management nicht planen kann.

Summa summarum: Das Prinzip des „Management by Objectives" bietet Spielraum für individuelle Stärken, individuelle Bedürfnisse und individuelle Verantwortung und lenkt gleichzeitig die (individuellen) Bemühungen aller Beteiligten in eine gemeinsame Richtung.

### 1.1.2 Wissensarbeiter führen

Im Mittelpunkt des Managements steht für Peter F. Drucker der Mensch. Die Aufgabe des Managements besteht darin, Menschen in die Lage zu versetzen, gemeinsam Leistungen zu erbringen. Nur so können Resultate erzielt werden. Diesen Prozess bezeichnen wir heute mit dem Begriff „Empowerment". Also auch hier wiederum etwas, was Drucker vorgedacht hat.

Eine Organisation setzt sich aus Menschen mit verschiedensten Fähigkeiten und Interessen zusammen. Damit alle zusammenspielen, muss das Management sich um Kommunikation und individuelle Verantwortlichkeit kümmern. Es muss außerdem alle Mitarbeiter dabei unterstützen, sich weiterzuentwickeln. Drucker wörtlich: „Jedes Unternehmen ist sowohl eine Lern- als auch eine Lehreinrichtung." Fast schon überflüssig zu erwähnen, dass hier der Gedanke des lernenden Unternehmens, lange vor Peter Senge, formuliert ist.

Gibt es die einzig richtige Methode zur Menschenführung? Drucker sagt ganz klar: Nein. Dennoch wird – und dies kritisiert er mehrfach – immer noch nach der einen Heilslehre im Bereich Führung gesucht. Drucker bezieht sich auf Maslow, der demonstriert hat, dass unterschiedliche Menschen unterschiedlich geführt werden müssen. Und der gleiche Mitarbeiter muss auch zu unterschiedlichen Zeitpunkten unterschiedlich geführt werden. Damit führt Drucker die X- und die Y-Theorie (insbesondere das von Douglas McGregor formulierte Entweder-Oder) ad absurdum.

Drucker hat schon sehr früh eine Entwicklung erkannt, die in Teil I bereits beschrieben wurde: Aus Angestellten mit schwerpunktmäßig körperlicher Arbeit sind in den letzten Jahrzehnten Mitunternehmer geworden, deren Kapital ihr Wissen ist. Sie sind selbst bestimmte Wissensarbeiter, Partner statt Untergebene. Und sie müssen geführt werden, als handelt es sich dabei um freiwillige Mitarbeiter. Drucker weiß, dass Freiwillige eine größere Befriedigung aus ihrer Arbeit ziehen müssen als die klassisch bezahlten Angestellten. Freiwillige suchen Herausforderungen, eine spannende Mission und Entwicklungspotenziale.

Intelligenz, Vorstellungskraft und Wissen sind wichtige Ressourcen, doch gerade Wissensarbeiter, die keine Körperkraft oder keine manuellen Fertigkeiten mehr einsetzen, müssen trotz allem effektiv sein. Der Wissensarbeiter, so beschreibt es Drucker, bringt nichts hervor, was an sich effektiv wäre. Er produziert Ideen, Information, Wissen. Das bedeutendste Wissen ist wertlos, wenn es nicht angewandt wird. Die Idee der „wirksamen" Führung ist geboren. Eine Idee, die später von Fredmund Malik aufgegriffen wird.

Auch haben die heutigen Vorgesetzten vor ihrem Aufstieg im Normalfall niemals die Tätigkeit ihrer „Untergebenen" ausgeübt, was zur Folge hat, dass der Wissensarbeiter mehr über seine Tätigkeit weiß als jeder andere im Unternehmen. Peter F. Drucker betont deshalb, dass jeder Wissensarbeiter eine Führungskraft ist, sofern er einen Beitrag zu leisten hat, der sich auf die Leistungsfähigkeit und die Ergebnisse der Organisation auswirkt. Aufgrund seines Wissens ist er besser als jeder andere geeignet, die richtigen Entscheidungen zu fällen. Mit Bezug auf die Analogie zwischen Militär und moderner Wirtschaft sagt Drucker: „In einem Guerillakrieg ist jedermann eine Führungskraft." Hier spielt er auf das Prinzip Selbstverantwortung an, das Reinhard K. Sprenger Jahre später wieder ins Rampenlicht der Führung gerückt hat.

Bleiben wir noch einen Moment bei diesem Thema: Nach Drucker sind Wissensarbeiter und Führungskräfte einer gleichartigen Realität ausgesetzt, die von mehreren Merkmalen bestimmt wird. So haben beispielsweise beide Gruppen zumeist keine Kontrolle über ihre Zeit. Jedermann kann ihre Dienste jederzeit in Anspruch nehmen und dies geschieht häufig auch. So oder so: Es geht stark um Effektivität.

An einer Stelle kann ich Drucker nicht zustimmen: Ob Wissensarbeiter – und Führungskräfte – gute zwischenmenschliche Beziehungen unterhalten, hängt für ihn nicht davon ab, ob sie ein Gespür für Menschen haben, sondern allein davon, ob sie sich auf ihre Beiträge zum Unternehmenserfolg konzentrieren. Dies finde ich irreführend. Das Gespür für Menschen ist und bleibt entscheidend. Denn dabei geht es um mehr als um die Frage, ob eine Führungskraft einen warmherzigen oder einen rauen Umgangston anschlägt, wie Drucker unterstellt. Es geht hier um nichts anderes als um situatives und individuelles Führen – etwas, was Drucker selbst ebenfalls bejaht.

Effektive zwischenmenschliche Beziehungen in modernen Wissensorganisationen sind für Drucker durch vier grundlegende Erfordernisse gekennzeichnet: Erstens geht es um Kommunikation. Hier merkt Drucker an, dass Kommunikation praktisch unmöglich ist, wenn sie auf einer hierarchischen Beziehung beruht. „Je mehr sich der Vorgesetzte bemüht, seinem Untergebenen etwas mitzuteilen, desto wahrscheinlicher wird es, dass der Untergebene ihn *falsch* versteht. Er wird nicht hören, was gesagt wurde, sondern was er zu hören erwartete." (Drucker, 2004, S. 253 f.). Wissensarbeiter müssen sich gegenseitig kluge Fragen stellen und auf gleicher Augenhöhe kommunizieren, um einschätzen zu können, was der eine vom anderen erwartet.

Zweitens muss Teamarbeit möglich sein. Dabei darf die Zusammenarbeit, die wiederum seitwärts gerichtete Kommunikation, aber auch eine gute Selbstorganisation erfordert, nicht der formalen Struktur der Zuständigkeitsbereiche unterworfen sein, schreibt Drucker. Drittens wird eine individuelle Selbstentwicklung der Führungskräfte (und Wissensarbeiter) möglich. Und wiederum müssen sie sich dazu Fragen stellen: Worin besteht der wichtigste Beitrag, den ich zu den Ergebnissen dieser Organisation leisten kann? Wie muss ich mich dazu weiterentwickeln? Welche Standards muss ich mir setzen? Damit regt die Führungskraft viertens die Entwicklung anderer – von Untergebenen über Kollegen bis zu Vorgesetzten – an.

Drucker hält fest: Wir wissen noch sehr wenig über die Selbstentwicklung. Gegen dieses schwerwiegende Manko möchte ich mit dem vorliegenden Buch angehen. Drucker selbst fokussiert sich in diesem Zusammenhang weniger auf die Persönlichkeit der Führungskraft oder des Wissensarbeiters, sondern eher auf Themen wie Zeitmanagement, Kommunikation, Innovation, Bildung oder Effektivität (vgl. Drucker, 2004, S. 156-256).

### 1.1.3 Personalentscheidungen treffen

„Führungskräfte verbringen mehr Zeit mit der Führung der Mitarbeiter und mit Personalentscheidungen als mit jeder anderen Tätigkeit. Und das ist richtig so." Und trotzdem, so Drucker, sind die meisten Personalentscheidungen falsch. Nach seiner Erfahrung erweisen sich höchstens ein Drittel dieser Entscheidungen auf lange Sicht als richtig.

Welche Grundregeln sollten Führungskräfte anwenden, um gute Personalentscheidungen treffen zu können? Hier ist die ultimative Liste von Peter F. Drucker (Drucker, 2004, S. 158 f.):

1. Bewältigt eine Person ihre Aufgaben nicht, so liegt der Fehler bei der Führungskraft. Sie hat kein Recht, sich zu beklagen.
2. Die Führungskräfte sind verpflichtet, dafür zu sorgen, dass die Verantwortlichen in ihrem Unternehmen gute Leistungen erbringen.
3. Die wichtigsten Entscheidungen einer Führungskraft sind die Personalentscheidungen, denn von diesen hängt die Leistungsfähigkeit der Organisation ab.
4. Neulinge sollten nie mit einer wichtigen Aufgabe betraut werden, denn dies erhöht das Risiko unnötig. Sie sollten zunächst vor allem unterstützt werden.

Peter F. Drucker weiß, dass Personalentscheidungen in Unternehmen immer große Aufmerksamkeit auf sich ziehen und bewertet werden. Dies kann natürlich auch so ablaufen: Eine Führungskraft, die als ein geschickter Politiker gilt, wird befördert. Also werden sich die anderen Führungskräfte sagen: „Das ist die richtige Methode, um in dieser Firma aufzusteigen.“ Und auch wenn sie dann dem Top-Management vorwerfen, dass man als Führungskraft zu politischen Machtspielen gezwungen wird, werden diese Führungskräfte mittelfristig entweder ausscheiden oder selbst zu Politikern werden.

### 1.1.4 Der innere Antrieb

Zum „Management by Objectives“ gehört für Drucker auch die Selbstkontrolle. Sie ist der „möglicherweise bedeutsamste Vorzug der zielgesteuerten Unternehmensführung“. Die Selbstkontrolle der Führungskräfte und Mitarbeiter führt zu größerer Motivation, weil das Bedürfnis der Menschen geweckt wird, das Beste zu geben, statt nur Dinge zu beherrschen. Doch muss eine Führungskraft nicht nur ihre Ziele kennen, sondern auch in der Lage sein, ihre Leistung an diesen Zielen zu messen.

Drucker führt dazu ein Beispiel von General Electric an: Reisende Auditoren unterziehen sämtliche Geschäftseinheiten des Konzerns regelmäßig einer sorgfältigen Prüfung. Doch die Berichte gehen nicht an die übergeordneten Stellen, sondern an die jeweiligen Führungskräfte dieser Geschäftseinheiten. Damit werden die Informationen bewusst für die Selbstkontrolle verwendet, und es wird vorab Vertrauen seitens der Unternehmensspitze investiert. Dass es auch anders – und leider oft ohne großen Erfolg – geht, davon zeugt die ausufernde Reporting-Praxis in deutschen Unternehmen.

Problematisch ist, so Drucker, wenn Führungskräfte beginnen, ihr Verhalten gegenüber den Mitarbeitern nach Lehrbuch übermäßig zu kontrollieren. „Tatsächlich hat jeder, der mit dem modernen Unternehmensleben vertraut ist, schon Situationen beobachtet, in denen der Versuch eines Managers, durch eine Verhaltensänderung eine Fehlausrichtung zu vermeiden, eine durchaus gute Beziehung in einen von Peinlichkeit und Missverständnissen erfüllten Albtraum verwandelte.“ (Drucker, 2004, S. 143). Der Manager wird durch die Bemühung, sich auch ja immer korrekt zu verhalten, letztlich unglaubwürdig, sodass „natürliche“ und „lockere“ Beziehungen zu den Mitarbeitern unmöglich werden. Dies ist aus meiner Sicht jedoch kein Widerspruch zu der Notwendigkeit, auch verhaltensorientierte Trainings anzubieten. Sie dürfen nur keine schematischen Patentrezepte verkaufen, sondern sie müssen den Führungskräften helfen, ihren eigenen Führungsstil zu entwickeln und sich und ihren Mitarbeitern zu vertrauen. In Teil III wird erläutert, wie dies mit dem Systemischen Ansatz umgesetzt werden kann.

Als „Lehrmeister des Unternehmens“ betrachtet Peter F. Drucker gemeinnützige Einrichtungen in den USA. Die Pfadfinder, das Rote Kreuz und die Kirchen haben eine Vorreiterrolle in der Anwendung moderner Managementpraktiken übernommen. Insbesondere wenn es um die Themen Strategie, Effektivität der Führungsgremien, Motivation und Produktivität der Wissensarbeiter geht.

Greifen wir beispielsweise das Thema Motivation heraus: Weil die freiwilligen Helfer nicht bezahlt werden, muss die Befriedigung, die sie aus ihrer Tätigkeit ziehen, groß genug sein und die fehlende finanzielle Entlohnung ausgleichen. Was verlangen Mitarbeiter dort? Eine klare Mission und eine umfassende Ausbildung. Und sie wollen Anerkennung, Verantwortung, Perspektiven und Rechenschaftspflicht. Sprich: Sie bestehen darauf, dass ihre Leistungen an genau definierten Zielen gemessen werden. Drucker ist der Meinung, dass diese Freiwilligenorganisationen den klassischen Unternehmen zeigen können, wie man Wissensarbeiter optimal einsetzt und motiviert (vgl. Drucker, 2004, S. 51 ff).

Drucker zieht folgendes Fazit: Mitarbeiter werden nicht „gemanagt". Die Aufgabe muss darin liegen, sie zu führen. Und das Ziel lautet dabei, die spezifischen Stärken und Kenntnisse jedes einzelnen Mitarbeiters produktiv einzusetzen. Das ist jedoch nur möglich, wenn die Führung bei der Führungskraft selbst beginnt.

### 1.1.5 Sich selbst führen

Peter F. Drucker hebt die „Kunst" hervor, „sich selbst zu managen". Er betont, dass es in der heutigen Wissensgesellschaft verstärkt darauf ankommt, ob jemand seine spezifischen Stärken, Werte und bevorzugten Arbeitsweisen kennt (vgl. Drucker, 1999, S. 9-19). Mit diesem Thema nähert er sich meinem besonderen Anliegen, der Ich-Perspektive der Führungskraft (vgl. Drucker, 2004, S. 257 ff.). Er befasst sich auch mit dem Management der eigenen Stärken. Eine Anmerkung zum Verständnis: Wenn er von „Management" spricht, meint Drucker meistens das, was ich als „Führung" bezeichne.

Drucker vertritt die These, dass eine wachsende Zahl von Erwerbstätigen sich in Zukunft selbst wird managen müssen. Er sieht dieses Thema aber zunächst eher strukturell und volkswirtschaftlich, in dem Sinne: Die Wissensarbeiter müssen Entrepreneurs und Vermarkter ihrer eigenen Leistungen sein. Hier greift Druckers Perspektive jedoch zu kurz. Selbstmanagement ist nicht nur eine Frage der Selbstvermarktung, sondern auch der Selbsterkenntnis. Daneben fehlt mir hier die Einbeziehung der Führungskraft im Besonderen. Auch sie ist ein Wissensarbeiter, der sich selbst führen muss. Von ihren Stärken und Schwächen, Eigenschaften und Prägungen hängt ihr Führungsstil ab.

Um die eigenen Ressourcen zu entwickeln und zu pflegen, gibt Drucker folgende Empfehlungen: Zunächst muss eine Führungskraft und/oder ein Wissensarbeiter herausfinden, wo die eigenen Stärken liegen. „Die meisten Menschen glauben zu wissen, worin sie gut sind. Zumeist liegen sie damit falsch. Die Menschen wissen noch eher, worin sie *nicht* gut sind – wobei sie sich auch diesbezüglich mehrheitlich täuschen." Für Peter F. Drucker gibt es nur einen Weg, um herauszufinden, wo die eigenen Stärken liegen. Er nennt diesen Weg „Feedbackanalyse": Wann immer man eine Schlüsselentscheidung trifft, soll man aufschreiben, welche Ergebnisse man erwartet. Und nach maximal zwölf Monaten überprüft man diese Erwartungen an den tatsächlich eingetretenen Ergebnissen.

Innerhalb von zwei bis drei Jahren kann man so herausfinden, wo die eigenen Stärken liegen. Drucker selbst wendet diese Methode seit 20 Jahren an, wie er schreibt.

Aus der Feedbackanalyse – nicht zu verwechseln mit dem klassischen mündlich vorgetragenen Feedback – lassen sich diverse Schlüsse ziehen. Hier einige Kostproben: Konzentriere dich auf deine Stärken. Entwickle deine Stärken. Stelle fest, wo dich intellektuelle Arroganz zu lähmender Ignoranz verurteilt. Trenne dich von deinen schlechten Gewohnheiten. Verbessere deine Umgangsformen. Verschwende möglichst wenig Anstrengung auf die Verbesserung in Bereichen, in denen deine Kompetenz gering ist.

Um sich selbst managen zu können, muss man auch seine Werte kennen. Persönliche Werte müssen mit den Werten der Organisation kompatibel sein, sonst entsteht Frustration. Drucker meint, dass es nur selten einen Konflikt zwischen Stärken und Vorgehensweisen einer Führungskraft gibt. Doch manchmal entsteht ein Konflikt zwischen den Werten einer Person und ihren Stärken. Schließlich kommt es noch darauf an, dass Menschen ausfindig machen, wo sie hingehören. In eine große Organisation? In eine kleine Firma? An die Universität? In die Wirtschaft? Dies ist ein weiterer Punkt, den Drucker im Zusammenhang mit dem Management der eigenen Stärken beschreibt.

Peter F. Drucker sieht uns alle auf dem Weg in die „Unternehmergesellschaft“. Jeder Mensch – nicht nur die Führungskräfte – muss zunehmend selbst die Verantwortung für sein lebenslanges Lernen, seine Entwicklung und seine Karriere übernehmen. In dieser zukünftigen Gesellschaft wird der freie Markt eher den Informationsaustausch als den klassischen Handel betreffen. Die zukünftigen Wachstumssektoren werden zwei Wissensbereiche sein: das Gesundheits- und das Bildungswesen. „Das Wichtigste ist jedoch, dass die kommende Gesellschaft eine vollkommen andere soziale Zusammensetzung aufweisen wird. Es wird eine Wissensgesellschaft sein, in der die Wissensarbeit die größte und kostspieligste Beschäftigtengruppe darstellen wird. Tatsächlich hat sich dieser Wandel bereits in allen entwickelten Ländern vollzogen.“ (Drucker, 2004, S. 398).

### 1.1.6 Das Prinzip Verantwortung

Drucker kritisiert, dass in der Literatur die soziale Funktion des Managements unterbelichtet sei. Zentrale Fragen wie: „Wofür ist die Unternehmensführung verantwortlich?“, „Wem gegenüber ist sie verantwortlich?“, oder: „Worauf beruhen ihre Macht und Legitimation?“ werden häufig nicht beantwortet. Dabei handelt es sich auch um politische Fragen. Hiermit zielt Drucker schon auf die Frage von Shareholder Value versus Stakeholder Value. Die soziale Verantwortung einer Organisation ergibt sich einerseits aus den Auswirkungen der Organisation auf die Gesellschaft und umgekehrt aus den gesellschaftlichen Auswirkungen auf die Organisation: „Ein gesundes Unternehmen, eine gesunde Universität oder ein gesundes Krankenhaus können nicht in einer kranken Gesellschaft existieren. Eine gesunde Gesellschaft liegt somit im Eigeninteresse der Unternehmensführung, selbst wenn diese nichts mit den Ursachen der gesellschaftlichen Krankheit zu tun hat.“

Für Drucker ist es Sache des Managements, für beabsichtigte, aber auch unbeabsichtigte Auswirkungen des unternehmerischen Handelns Verantwortung zu übernehmen. „Die Frage lautet nicht, ob das, was das Unternehmen tut, richtig ist. Sie lautet: Ist das, was wir tun, auch das, wofür uns die Gesellschaft und der Kunde bezahlen?“ Dabei dürften Gesellschafts- und Unternehmensziele nicht gegeneinander ausgespielt werden. Insofern ist die wirtschaftliche Leistungsfähigkeit der eigenen Firma immer die wichtigste Voraussetzung für gesellschaftliches Wirken (vgl. Drucker, 2004, S. 33 ff.).

Drucker fordert von Führungskräften „die einfache, alltägliche Ehrlichkeit“. Hierbei geht es um Probleme der Moral und der Erziehung, was den Einzelnen, die Familie und die Schule betrifft. Daher wird eine eigene Wirtschaftsethik nicht benötigt – wohl aber strenge Strafen. Und er fordert auch, dass Führungskräfte den Grundsatz *primum non nocere* – nicht wissentlich schaden – beherzigen.

Darauf aufbauend definiert Peter F. Drucker die *drei Dimensionen des Management*s:

1. Eine Organisation – und er bezieht ausdrücklich auch öffentliche und gemeinnützige Einrichtungen wie Krankenhäuser oder Universitäten mit ein – braucht eine spezifische Mission, die zu wirtschaftlicher Performance führt.
2. Eine Organisation muss für produktive Arbeit und effektive Arbeitskräfte stehen. Dabei geht es im ersten Schritt um die Organisation der Arbeit und im zweiten Schritt um die sehr viel schwierigere Aufgabe, die Arbeit den Menschen anzupassen.
3. Eine Firma hat eine soziale Wirkung und eine soziale Verantwortung, die durch Führungskräfte gesteuert werden müssen. Sie ist ein „gesellschaftliches Organ“ und existiert „im Dienst der Gesellschaft“. Drucker weiter: „Ein Unternehmen existiert nicht, um Arbeitskräften und Managern Arbeitsplätze zu bieten oder Dividenden an die Aktionäre auszuschütten, sondern um dem Markt Güter und Dienstleistungen zur Verfügung zu stellen (...) Um seine Aufgabe zu erfüllen, muss das Wirtschaftsunternehmen Einfluss auf Menschen, Gemeinschaften und auf die Gesellschaft nehmen.“ (Drucker, 2004, S. 33 f.).

Der Gegensatz zwischen „Management“ und „Unternehmertum“ ist konstruiert, sagt Drucker. Das wäre genauso, als ob sich die Griff- und die Führhand des Geigers gegenseitig ausschlössen. Tatsächlich benötige der Geiger beide Hände in jedem Augenblick – und zwar gleichzeitig.

### 1.1.7 Ehrliche Arbeit

Wovon hängt also die Qualität von Führung ab, wenn man Peter F. Drucker fragt? In erster Linie von harter Arbeit, lautet seine Antwort. Führen bedeutet Entscheiden und Handeln. Effektive Führungskräfte treffen dabei nicht außergewöhnlich viele Entscheidungen, sondern sie konzentrieren sich lediglich auf die wichtigen. Dabei kommt es darauf an, dass nicht die akzeptable, sondern die richtige Entscheidung den Ausgangspunkt bilden muss. Kompromisse müssen am Ende immer wieder gefunden werden, doch wäre es ein Fehler, seine Analyse am Anfang schon dadurch zu verwässern. Und ist eine Entscheidung gefallen, dann muss sie auch in die Tat umgesetzt werden. Drucker ganz direkt: „Dies ist das Problem so vieler Mission Statements: Sie beinhalten keine Verpflichtung zur Umsetzung.“ (Drucker, 2004, S. 292).

Effektive Führungskräfte sind sich bewusst, dass man nicht mit den Fakten, sondern mit Meinungen – eingekleidet in Hypothesen – beginnt. Und zu einem guten Entscheidungsprozess gehört immer auch Uneinigkeit. Führungskräfte sollten skeptisch bleiben, wenn zu schnell Einigkeit erzielt wird, sagt Drucker. Denn Uneinigkeit schützt die Führungskraft davor, zum „Gefangenen der Organisation“ (Drucker, 2004, S. 299) zu werden. Außerdem eröffnet Uneinigkeit die Chance zu Alternativen, und sie regt die Vorstellungskraft an. Daher, so Drucker, fördert der effektive Entscheidungsträger die Uneinigkeit. Auf der anderen Seite gibt es Situationen, die sich von allein regeln werden. Ebenso wenig sollten Führungskräfte eingreifen, wenn eine Entwicklung zwar störend ist, jedoch wahrscheinlich keine Konsequenzen für das Unternehmen haben wird. Der effektive Entscheidungsträger handelt auch schnell. Er nimmt sich nur kurz Zeit, um sich mit seinen Zweifeln zu befassen, und handelt dann rasch, „ob es ihm nun gefällt oder nicht“ (Drucker, 2004, S. 304).

Darüber hinaus nennt Drucker folgende Erfolgsfaktoren für gute und effektive Führung:

- Ein gutes Zeitmanagement
- Die Konzentration auf die Ergebniserfüllung
- Das Stützen auf die Stärken der Mitarbeiter, statt ihre Schwächen in den Mittelpunkt zu stellen
- Das Treffen von einfachen, fundierten und überlegten, d. h. nicht überhasteten Entscheidungen
- Die Fähigkeit zur Analyse, Definition und Umsetzung einer klaren Aufgabenstellung für das Unternehmen
- Das Setzen von Zielen, das Festlegen von Prioritäten und das Bewahren und Einhalten der bereits erreichten Standards
- Die Bereitschaft zum Kompromiss und die Erkenntnis, dass die Führungskraft selbst in ihrem Wissen unvollkommen ist („Tatsächlich ist effektiven Führungskräften vollkommen klar, dass sie das Universum nicht beherrschen.“)
- Die Vorbildfunktion
- Das Bewusstsein der Führungskraft, dass sie die alleinige Verantwortung hat (Fehler der Mitarbeiter sind ebenso Fehler der Führungskraft).
- Keine Furcht vor starken Kollegen und Mitarbeitern
- Die Fähigkeit, die Energien und Vorstellungskräfte der Menschen zu wecken

Außerdem meint Drucker: Man muss sich das Vertrauen der Mitarbeiter „verdienen“: „Ohne Vertrauen bildet sich keine Gefolgschaft.“ (Drucker, 2004, S. 316). Dabei müssen die Untergebenen ihren Vorgesetzten nicht mögen, um ihm zu vertrauen. Es ist auch nicht erforderlich, dass sie seine Meinung teilen. Vertrauen entspringt der Überzeugung, dass der Vorgesetzte meint, was er sagt: Es geht also um Integrität.

Ob eine Führungskraft überzeugte oder heuchlerische, effektive oder mittelmäßige Mitarbeiter hat, hängt von den gelebten Standards der Führungskraft ab. Das schlechteste Zeugnis muss man derjenigen Führungskraft ausstellen, deren Organisation nach ihrem Ausscheiden zusammenbricht. Unzureichende Führungskräfte versuchen auch stets, sich der kompetenten und damit „gefährlichen“ Personen in ihrer Umgebung zu entledigen.

Drucker zeigt damit, dass Management mehr ist als eine Sammlung von Techniken, Tricks und analytischen Werkzeugen. Letztlich kommt es auf wenige unverzichtbare Prinzipien an. Bei den genannten Faktoren handelt es sich um eine Kombination von „harten“ Faktoren, die auf Prozesse, Strukturen und in Zahlen ausgedrückte Ergebnisse abzielen, und von „weichen“ Faktoren, die sich auf den Aufbau und die Pflege von Beziehungen richten.

Drucker fordert von einer Führungskraft nicht nur, dass sie bestimmte Instrumente beherrscht, dass sie z. B. eine Bilanz erstellen, eine Sitzung leiten oder ein Budget erstellen kann, sondern auch, dass sie moralischen Werten folgt und bestimmte charakterliche Eigenschaften und Fähigkeiten mitbringt, die wir heute unter den Begriff „emotionale Intelligenz“ zusammenfassen, wie Empathie, Verantwortungsbewusstsein, Mut, Ehrlichkeit, Bescheidenheit und Kontaktfähigkeit.

Insofern geht Druckers umfassender, ganzheitlicher und vorausschauender Führungsansatz über die Dimension des reinen Handwerks hinaus. Aufgrund seiner systematischen, handlungsorientierten Betrachtungsweise und seiner Grundaussage, dass Führung erlernbar ist, habe ich ihn trotzdem unter diese Kategorie gefasst. Man könnte ihn jedoch auch mit gleicher Berechtigung zu den Ansätzen rechnen, die die Person der Führungskraft mit ihren Eigenschaften, Entscheidungen und ihrem Verhältnis zu den Geführten ins Zentrum guter Führung stellen. Wir werden seinen Einsichten deshalb an verschiedensten Stellen in diesem Buch begegnen.

## 1.2 Management als Massenberuf

Ein aktueller und wichtiger Vertreter der „Handwerker“, der auf der Lehre von Peter F. Drucker aufbaut, ist Fredmund Malik, habilitiert in Unternehmensführung und seit 1984 Leiter des Management Zentrums St. Gallen. Ich halte Fredmund Malik für einen wichtigen Denker und Lehrer in Sachen Führung, da sein Ansatz praxisorientiert, auf das Wesentliche reduziert, klar strukturiert und angenehm unaufgeregt ist. Er bringt grundlegende Bedingungen und Notwendigkeiten der Führungstätigkeiten auf den Punkt, ohne Führung als magisches Flammenschwert zu glorifizieren. Er formuliert auch das entscheidende Kriterium von Führung: Wirksamkeit. Er liefert damit einen handfesten Beitrag für die moderne Führungspraxis. Deshalb möchte ich seinen Ansatz der wirksamen Führung im Folgenden ausführlich darstellen. Mit Fredmund Malik verbindet mich – bei manchen Differenzen – neben der Aussage „Führung muss wirksam sein" vor allem die Bewunderung für Peter F. Drucker.

Management ist für Malik das „gestaltende und bewegende Organ einer Gesellschaft und ihrer Institutionen." (Malik, 2001, S. 8). Von guter Führung hängen die Produktivität, die Innovationskraft und der Wohlstand einer Gesellschaft ab. Und im Grunde genommen gibt es keinen gesellschaftlichen Bereich mehr, der ohne Führung auskommt. Fünf Prozent der beschäftigten Bevölkerung müssen heute Führungsaufgaben innerhalb von Organisationen erfüllen; in modernen Bereichen wie im Informatik-, Finanz- und Consultingbereich sind es sogar 20 bis 25 Prozent. Tendenz: steigend. Management ist damit der wichtigste Massenberuf der modernen Gesellschaft, so Malik.

Aufgrund dieser zentralen Bedeutung wird die Führungskraft häufig – und zu Unrecht – zu einem Universalgenie hochstilisiert, das einem utopischen Anforderungskatalog gerecht werden muss, der irgendwo zwischen antikem Feldherrn, Nobelpreisträger und Showmaster liegt. Es gibt sie nicht, diese ideale Führungskraft. Es gibt wirksame Führungskräfte und echte „Leister", doch sie lassen sich nicht in eine Schablone pressen, um ein einheitliches Persönlichkeitsprofil daraus zu entwickeln. Sie sind so unterschiedlich, wie Menschen nun einmal sind, stellt Malik fest.

Was alle wirksamen Führungskräfte verbindet, ist, dass sie ihren Beruf beherrschen. Das bedeutet, dass sie gewisse *Grundsätze* haben, von denen sie sich leiten lassen. Sie erfüllen ihre *Aufgaben,* indem sie bestimmte *Werkzeuge* mit großer handwerklicher Professionalität und Effektivität einsetzen und dabei *Verantwortung* tragen. Verantwortung als Element des Führungsberufes bedeutet für Malik die Bereitschaft, für das eigene Handeln einzustehen und die persönliche Macht nicht zu missbrauchen. Verantwortung kann man im Gegensatz zu den anderen drei Elementen nicht erlernen, sie ist jedoch auch kein angeborener Charakterzug. Verantwortung ist eine Entscheidung. Wer sich nicht dafür entscheidet, ist keine Führungskraft, sondern ein Karrierist, lautet Maliks klares Urteil.

### 1.2.1 Die Grundsätze

Grundsätze sind Prinzipien, die man bei der Erfüllung einer Aufgabe und bei der Anwendung von Werkzeugen einhält und die die Qualität der Aufgabenerfüllung gewährleisten. Sie sind der „Kern managerieller Wirksamkeit" und „das Wesentliche jeder brauchbaren Unternehmenskultur." (Malik, 2001, S. 65). Für die Einhaltung von bestimmten Grundsätzen ist ein gewisses Maß an (Selbst-) Disziplin erforderlich. Das Handeln nach bestimmten Grundsätzen kann im Prinzip jeder lernen, man braucht jedoch die Einsicht in die Bedeutung des eigenen Berufs und in die Risiken, die mit Fehlern verbunden sind. Auch das ist lern- und lehrbar. Dabei ist das allgemeine Verständnis von feststehenden Grundsätzen leichter als deren Anwendung im konkreten Einzelfall, der immer wieder anders aussehen kann. Mit zunehmender Komplexität der Organisation wächst auch die Bedeutung von verbindlichen Regeln.

Malik definiert sechs Grundsätze wirksamer Führung:

### 1. Grundsatz: Resultatorientierung

Das Denken und Handeln kompetenter Manager ist auf Ergebnisse ausgerichtet. Management ist damit der Beruf des Resultate-Erzielens oder Resultate-Erwirkens. Man kann dabei zwei Arten von Resultaten unterscheiden: Ergebnisse, die mit Menschen, ihrer Auswahl, Förderung, Entwicklung und ihrem Einsatz zusammenhängen; und Ergebnisse, die sich auf Geld beziehen, d. h. auf die Beschaffung und Verwendung finanzieller Mittel.

Damit betont Malik eine einfache Wahrheit, die heute oft durch komplexe Management-Modelle und Leadership-Theorien in den Hintergrund gedrängt wird: Führung bedeutet vor allem, effektiv zu sein. Sogar viele Führungskräfte scheinen dies zu vergessen. Fragt man sie, was sie in ihrem Unternehmen tun, beschreiben 80 Prozent nur ihre Tätigkeiten und den Stress, der damit verbunden ist. Lediglich 20 Prozent sprechen davon, was sie in ihrem Unternehmen bewirken und welche Ziele sie erreicht haben. Was zählt ist der Output. Menschen, die den Grundsatz der Ergebnisorientierung ernst nehmen, konzentrieren ihre Kraft und ihre Aufmerksamkeit auf das, was geht, und nicht auf das, was nicht geht.

Häufig wird Ergebnisorientierung fälschlicherweise als Führungsstil angesehen, dabei sagt dieser Wert an sich nichts über die Art und Weise seiner Umsetzung aus. Resultate können durch verschiedene Führungsstile erreicht werden. Ergebnisorientierung steht jedoch in engem Zusammenhang mit dem Thema Motivation.

Ihre Motivation zieht die Führungskraft für Malik nicht daraus, dass ihre Arbeit ihr täglich Spaß macht, oder aus externen Anreizen: „Man muss froh sein – und das ist sogar schon ein Privileg –, wenn die Arbeit im Großen und Ganzen und während des größeren Teils der Zeit interessant ist und ein gewisses Maß an Befriedigung zu verschaffen vermag. Mehr zu erwarten ist völlig unrealistisch.“ (Malik, 2001, S. 81). Die Ergebnisse als Beitrag zum Großen und Ganzen der Organisation bringen ihr Befriedigung und den nötigen Antrieb.

Eine der wichtigsten Management-Aufgaben besteht folglich darin, die Menschen anzuleiten, mit ihnen ihren Beitrag zum Ganzen zu diskutieren und zu definieren und ihnen zu helfen, den Sinn ihrer Tätigkeit zu erkennen. Und dieser Sinn liegt in den Ergebnissen ihrer Tätigkeit als solcher, in der Wirksamkeit ihrer Ausführung. Pflichterfüllung und Pflichtbewusstsein sind laut Malik unverzichtbar für Führungskräfte, ebenso wie der Mut, sie einzufordern. Ja, Führung werde erst da wirklich notwendig, wo Arbeit keinen

Spaß macht. Gute Führungskräfte vermittelten ihren Mitarbeitern Freude an ihrer Effektivität, an ihrer Wirksamkeit, nicht Spaß an ihrer Tätigkeit, denn der sei nebensächlich.

In diesem Punkt bin ich anderer Meinung. Spaß an der eigenen Tätigkeit ist weder nebensächlich noch unrealistisch. Wenn die Arbeit keinen Spaß macht, ist der Mensch am falschen Platz, kann sich nicht entfalten und entwickeln und so auch nicht das Beste leisten. Er spürt kein wirkliches Committment, keine Motivation und keine Selbstverantwortung für etwas, das ihn langweilt oder ihm missfällt. Das ist eine unverzeihliche Verschwendung von Ressourcen. Auf Dauer verliert man so die besten Leute, denn High Potentials suchen Sinn, Erfüllung und individuelle Selbstverwirklichung in ihrem Job.

Natürlich kann Arbeit nicht immer Spaß machen. Nicht jede Facette ist spannend, und bei jeder Tätigkeit stellt sich Routine ein. Aber es darf kein Privileg sein, dass Arbeit befriedigend ist. Das ist zu wenig. Die so genannten „Hygienefaktoren" (vgl. Herzberg, 1959) allein reichen eben nicht aus, wie man schon lange weiß. Bei dem Einsatz von Lebenszeit und Energie, den Führungskräfte heute bringen müssen, muss der Job mehr als das zurückgeben.

Deshalb widerspreche ich auch Maliks Behauptung, es gäbe keinen Beweis dafür, dass Menschen das gut machen, was sie gern machen. Die Praxis liefert täglich diesen Beweis – wenn man ihn sehen will. Nur wer für etwas „brennt", wer Leidenschaft empfindet für das, was er tut, kann Spitzenleistung erbringen. Und nur wer mit Begeisterung arbeitet, bleibt konzentriert bei der Sache und engagiert sich. Ödet einen jedoch die Arbeit an, sucht und findet man tausend Ablenkungen und Wege, sie irgendwie mehr schlecht als recht hinter sich zu bringen. Das Ergebnis ist Dienst nach Vorschrift. Aber der bringt Unternehmen nicht zum Erfolg.

Das belegt eine Studie von der Akademie aus dem Jahr 2004 eindeutig, bei der rund 350 Führungskräfte (männlich und weiblich) aus verschiedenen Branchen gefragt wurden, was sie zu Höchstleistung motiviert und was ihre Leistung blockiert. Als Faktoren, die die Manager daran hindern, ihre volle Leistungskraft einzubringen, wurden am häufigsten genannt:

- unzureichende Kommunikation (54 Prozent)
- unbekannte Aufgabenstellung (42 Prozent)
- Misstrauen (31 Prozent).

Der Faktor, der die Manager am stärksten zu Leistung antreibt, ist mit

- 83 Prozent der Spaß an der Arbeit, gefolgt von
- Eigenständigkeit mit 72 Prozent und
- Anerkennung durch den Vorgesetzten mit 50 Prozent (vgl. Akademie-Studie, 2004).

Und da Führungskräfte auch nur Menschen sind, lassen sich diese Ergebnisse selbstverständlich auch auf ihre Mitarbeiter übertragen.

Wer bei seinen Mitarbeitern die Peitsche der Pflichterfüllung schwingen muss, wird von ihnen auch nicht mehr bekommen als das Pflichtprogramm. Mitarbeiter sind keine Maulesel, die sich antreiben lassen. Sie sind Mitunternehmer und Mitentscheider, heute mehr denn je. Führen heißt für mich deshalb, eine Umwelt zu gestalten, der Menschen gerne angehören wollen und in der sie gerne arbeiten – nicht nur arbeiten, sondern auch gerne leben.

„Flow" nennt die Glücksforschung den Zustand des völligen Verschmelzens mit dem eigenen Tun: Wenn man Zeit und Raum vergisst, weil man völlig aufgeht in einer Aufgabe. In diesem Zustand leistet man mühelos hervorragende Arbeit und erlebt dabei eine tiefere innere Erfüllung und Zufriedenheit. Bedingung für den Flow ist, dass die Aufgabe uns nicht über-, aber auch nicht unterfordert. Gute Führung kann Menschen in den Flow bringen.

Glück und Unternehmenserfolg gehen also Hand in Hand. Glückliche Mitarbeiter sind produktiver, engagierter und identifizieren sich stärker mit dem Unternehmen: „Flow on the job is achieved when employees feel that they are working not merely for a salary but for something greater than themselves. Managers should strive to do more than squeeze the most from every employee. Leaders must have the vision to place employees' emotional need above market share and profitability" (Csikszentmihalyi, 2004, S. 37).

Um bei der Arbeit den Flow zu erleben, müssen eine Reihe von Voraussetzungen gegeben sein: Der Mitarbeiter braucht klare Ziele, die anspruchsvoll, aber erreichbar für ihn sind und in denen er einen Sinn erkennen kann. Er benötigt Feedback auf seine Tätigkeit, und er muss sich auf seine Aufgabe konzentrieren können. Außerdem muss er seinem eigenen Zeitplan folgen können. So viel an dieser Stelle als Einwand gegen Maliks spaßfeindliches Arbeitsethos. Wir werden später noch auf den notwendigen „Spaß-Faktor" der Arbeit zurückkommen.

### 2. Grundsatz: Beitrag zum Ganzen

Wirksame Führungskräfte verstehen ihre Aufgabe nicht von ihrer Position her, sondern von dem, was sie mit ihren Kenntnissen, Fähigkeiten und Erfahrungen zum Ganzen beitragen können. Rang, Status und Privilegien sind ihnen nur insofern wichtig, als dass sie ihnen helfen, ihren Beitrag zu leisten. Diesen Grundsatz sieht Malik als Voraussetzung für unternehmerisches Handeln, ganzheitliches Denken (im Sinne von an die Ganzheit zu denken), flache Hierarchien und dauerhafte Motivation an.

Spezialisten sehen häufig nur ihre Aufgabe, kennen nur ihre Realität, aber nicht die Realität der Organisation, des großen Ganzen: „In diesem Sinne falsch verstandenes Spezialistentum ist eine der, wenn nicht überhaupt die wesentliche Ursache für die so oft beklagten Kommunikationsprobleme." (Malik, 2001, S. 92). Dabei sind Spezialisten eine besonders wichtige Ressource der modernen Gesellschaft. Sie müssen sich jedoch in das Ganze integrieren, auch mal auf den Teller des Kollegen schauen und stets ihren Beitrag für die gesamte Organisation im Blick haben.

Wie ein Orchesterdirigent macht eine wirksame Führungskraft ihren Mitarbeitern die Aufgabe, sprich die Sinfonie, als Ganzheit verständlich, damit alle Solisten bzw. Spezialisten miteinander klingen, sprich harmonieren können. Die Aufgabe, mag sie nun „Bruckners Siebente" oder „Restrukturierung des Vertriebs" heißen, bestimmt, was der Einzelne zu tun hat. Aus einer starken Beitragsorientierung erwächst unternehmerisches Denken und Handeln. Sie bedeutet, den Kunden und nicht nur das Produkt, das Unternehmen und nicht nur den Gewinn, den Patienten und nicht nur die Leber zu sehen, erläutert Malik.

Gerade für Führungskräfte ist der Grundsatz der Beitragsorientierung deshalb so wichtig. Sie müssen sich selbst immer wieder nach ihrem Beitrag zum Ganzen fragen und diese Frage auch regelmäßig an ihre Mitarbeiter richten: „Worin besteht Ihr Beitrag in unserem Unternehmen?" Und in unseren immer komplexer werdenden Organisationen ist es Aufgabe der Führungskraft, gemeinsam mit dem Mitarbeiter diesen Beitrag zu definieren und das abstrakte Ganze in den Köpfen der Menschen zu (re-)konstruieren, damit sie es sehen können.

Beitragsorientierung ist für Malik die stärkste (und einzig wahre) Antriebskraft: „Zu einem größeren Ganzen beizutragen, bewirkt auch jene Motivation, die man in einer Organisation benötigt – eine Motivation nämlich, die unabhängig ist von irgendwelchen Anreizen oder motivierenden Verhaltensweisen durch Vorgesetzte." (Malik, 2001, S. 95).

### 3. Grundsatz: Konzentration auf Weniges

Der Grundsatz, sich auf das Wesentliche zu beschränken, ist im Management von so immenser Bedeutung, wie Malik beschreibt, weil in keinem anderen Beruf die Gefahr der Verzettelung und der Zersplitterung der Kräfte so groß, so institutionalisiert und so hoffähig sei wie hier. An zehn Projekten gleichzeitig zu arbeiten und dadurch eigentlich für nichts richtig Zeit zu haben, ist zum Statussymbol des „Machers" geworden. Hektik und Aktionismus sollen Wichtigkeit und Unersetzbarkeit signalisieren, nach dem Motto: Wer nicht gestresst ist, kann nicht erfolgreich sein.

Wirksame Führung wird erst durch die Fokussierung auf eine kleine Zahl von sorgfältig ausgewählten Schwerpunkten und die Bündelung der Energien auf einige wenige Ziele möglich. Gerade in unserer vernetzten, interaktiven, globalisierten Welt ist Konzentration der Schlüssel zum Ergebnis, so Malik. Konzentration erfordert Selbstdisziplin und Prioritäten. Und sie erfordert eine klare Organisationsstruktur. So machen Matrix-Organisationen es den Menschen schwer bis unmöglich, sich auf Kernaufgaben zu konzentrieren.

Ich möchte diesen Aspekt ebenfalls betonen, weil er von so zentraler Bedeutung ist und in der Praxis immer wieder falsch gemacht wird, wie ich in vielen Unternehmen beobachten musste. „Management by Objectives" führt nirgendwohin, wenn es zu viele und zu verschiedene Ziele sind, nach denen geführt werden soll. Der Sinn dieser Methode liegt nämlich gerade darin, dass es nur einige wenige, klar vorgegebene und von allen verinnerlichte Ziele sind, die gemeinsam angepeilt und mit konzentrierter Kraft verfolgt werden. Diese Ziele spiegeln sich noch in den kleinsten Prozessen auf den untersten Ebenen. Eine Führungskraft sollte in der Lage sein, ihre Ziele für das kommende Jahr auf einer halben Seite niederzuschreiben.

Im Vergleich mit der manuellen Arbeit ist die Produktivität der Kopfarbeit noch sehr gering, zu gering. Geistige Leistung braucht große Zeiteinheiten ungestörten Arbeitens, doch gerade die gibt es im typischen Manageralltag, der von permanenten Störungen gekennzeichnet ist, immer weniger. Zeit ist eine kostbare Ressource, die von den meisten Führungskräften unzureichend genutzt und viel zu oft verschwendet wird. „Oder welcher Chirurg lässt sich durch ein Telefonat bei einer Operation am offenen Herzen unterbrechen?“, fragt Malik provokativ. Die meisten Führungskräfte haben ein Problem mit der Zeit, das heißt, sie können sich und ihre Zeit nicht richtig managen. Ihre Arbeitsbilanz in Stunden ist enorm, ihre Leistungsbilanz in Ergebnissen jedoch oft mager. Ein großes Manko, fängt Führung doch immer bei der eigenen Person an.

### 4. Grundsatz: Stärken nutzen

Es ist eigentlich völlig logisch: Man nutzt besser das, was bereits vorhanden ist, statt etwas von Null auf zu entwickeln. Trotzdem handeln die meisten Führungskräfte, vor allem Personalexperten, nicht nach diesem Grundsatz und arbeiten sich und ihre Mitarbeiter an der Beseitigung von deren Schwächen ab, statt deren Stärken richtig zu nutzen.

„Der Grundsatz der Stärkennutzung hat größte Konsequenzen für alles, was mit Menschen zu tun hat – für die Auswahl von Menschen und deren Ausbildung, für die Stellenbildung und Stellenbesetzung, für die Leistungsbeurteilung und für die Potenzialanalyse.“ (Malik, 2001, S. 114). Die konsequente Orientierung an den Stärken macht einen großen Teil des üblichen Instrumentariums im Personalwesen überflüssig. Sie macht es einfacher, schlanker, kostengünstiger und wirksamer. Die Nichtbeachtung dieser Maxime hat, diagnostiziert Malik, desaströse Folgen und lässt auch die Bemühungen des bestausgebauten Human Resources Managements verpuffen.

Die Nutzung der Stärken setzt voraus, dass die Führungskraft die Stärken ihrer Mitarbeiter überhaupt erkennt. Die menschliche Wahrnehmung ist jedoch leider von Natur aus auf Defizite, Schwierigkeiten und Schwächen ausgerichtet, nicht auf das, was funktioniert. Dabei hat jeder Mensch, auch der scheinbar unfähigste, irgendwo Stärken und Talente. Und umgekehrt haben auch Topleute Schwächen.

Eine wirksame Führungskraft weiß, wo sie einen Menschen am besten einsetzt, um seine Stärken zu nutzen. Sie weiß, was er oder sie kann. Was er oder sie nicht kann, interessiert die Führungskraft nicht, weil man darauf nichts aufbauen kann.

Mit der Beseitigung von Schwächen beschäftigt sie sich nur, insoweit diese die Entfaltung der Stärken beeinträchtigen. Nur um ihrer selbst willen sollte man sich nicht an Schwächen abarbeiten. Am richtigen Fleck eingesetzt und mit den passenden, fordernden (aber nicht überfordernden) Aufgaben betraut, geben Menschen ihr Bestes, und das ohne große Motivationsanstrengungen seitens der Führungskraft. Die Motivation kommt von allein und von innen heraus, wenn ein Mensch das tun kann, was er kann, so Malik völlig richtig.

Er plädiert damit vehement dagegen, Persönlichkeiten verändern zu wollen: „Die Aufgabe von Management ist es, Menschen so zu nehmen, wie sie sind, ihre Stärken herauszufinden und ihnen durch entsprechende Gestaltung ihrer Aufgaben die Möglichkeit zu geben, dort tätig zu werden, wo sie mit ihren Stärken eine Leistung erbringen und Ergebnisse erzielen können. Alles andere lässt sich weder moralisch noch ökonomisch rechtfertigen“ (Malik, 2001, S. 123). Ich füge hinzu: Als Führungskraft muss ich meinem Team Visionen anbieten, die zugleich das Geschäft voranbringen und die Entwicklung der Mitarbeiter fördern. Beides befruchtet sich wechselseitig.

### 5. Grundsatz: Vertrauen

„Worauf es in letzter Konsequenz ankommt, ist das gegenseitige Vertrauen! Es ist das Vertrauen, das zählt, und gerade nicht all die anderen, so oft beschriebenen und geforderten Dinge wie Motivation, Führungsstil und Unternehmenskultur.“ (Malik, 2001, S. 137). Dies ist, so Malik, die Erklärung dafür, dass es Führungskräfte gibt, die nach Lehrbuch alles falsch machen und trotzdem ein gutes Betriebsklima und wirtschaftliche Erfolge verbuchen können; und dass umgekehrt Manager, die alles richtig zu machen scheinen, scheitern. Wenn es einer Führungskraft gelingt, das Vertrauen ihrer Umgebung zu gewinnen und zu erhalten, hat sie damit eine robuste, belastbare Führungssituation geschaffen. Das bedeutet, dass die Umgebung auch mal einen Führungsfehler aushält, ohne dass die Mitarbeiter sofort die Kompetenz und die Autorität des Chefs anzweifeln.

Aber wie erreicht man das Vertrauen der Mitarbeiter? Dafür nennt Fredmund Malik einige einfache, aber wirkungsvolle Regeln. Erstens: Fehler der Mitarbeiter sind nach außen und nach oben Fehler des Chefs. Intern müssen Fehler natürlich mit (konstruktiver) Kritik und eventuell auch mit Sanktionen verbunden sein, nach außen und oben muss sich der Mitarbeiter jedoch auf die Loyalität seines Vorgesetzten verlassen können. Zweitens: Fehler des Chefs sind Fehler des Chefs, und zwar ohne Ausnahme. Jede Führungskraft muss die Größe haben, Fehler offen einzugestehen. Drittens: Erfolge der Mitarbeiter gehören den Mitarbeitern. Leider schmücken sich Vorgesetzte nur zu gern mit den Ideen und Ergebnissen ihrer Leute – ein absolutes Killerkriterium für Vertrauen. Und viertens: Erfolge des Chefs sind Erfolge des Teams, zumindest bei guten Chefs.

Wer Vertrauen schaffen will, muss zuhören können und seine Mitarbeiter ernst nehmen. Dazu gehört auch, dass Führungskräfte „echt“ sein müssen. Sie haben Aufgaben zu erfüllen und nicht Rollen zu spielen. Hier spricht Malik einen für mich zentralen Punkt guter Führung an: die Authentizität der Persönlichkeit. Sie ist Ausgangs- und Endpunkt des Ansatzes der Akademie und wird in Teil III noch ausführlicher behandelt werden. Ein weiterer Pfeiler, auf dem das Fundament des Vertrauens ruht, ist charakterliche Integrität, die eng mit Authentizität zusammenhängt. Sie bedeutet für die Mitarbeiter Verlässlichkeit, Konsistenz und Prognostizierbarkeit. Es gilt zugleich, darauf zu achten, dass das Fundament nicht durch Intriganten untergraben wird, warnt Malik. Von ihnen muss eine wirksame Führungskraft sich schnellstmöglich trennen, seien sie auch Topleute. Der Schaden, den sie anrichten, indem sie das Vertrauensklima vergiften, kann durch keine noch so gute Leistung wieder gutgemacht werden.

Wenn Malik von Vertrauen spricht, meint er nicht „blindes“, sondern „gerechtfertigtes“ Vertrauen. Das bedeutet, jedem so zu vertrauen, wie man nur kann, aber gleichzeitig sicherzustellen, dass man erfährt, wenn das eigene Vertrauen missbraucht wird, und dass dieser Missbrauch unausweichliche Folgen hat. Dies sollte allen Mitarbeitern bekannt sein.

### 6. Grundsatz: Positiv denken

Fredmund Malik sieht Führungskräfte nicht als Problemlöser. Viel wichtiger als Probleme zu lösen erscheint ihm nämlich das Erkennen und Nutzen von Chancen: „Der Grundsatz, positiv zu denken, hat die Funktion, die Aufmerksamkeit von Führungskräften auf die Chancen zu richten.“ (Malik, 2001, S. 154) Diese Sicht entspricht meiner Vorstellung einer guten Führungskraft, die nicht erst tätig wird, wenn der Karren im Dreck steckt, und die nur repariert, zusammenflickt oder herausschneidet, sondern die vorausschaut und den Karren rechtzeitig auf die richtige Bahn bringt. Die gemeinsam mit anderen etwas Neues schafft und in Erfolgen denkt.

Das hat nichts mit Gesundbeten oder dem Ignorieren von Problemen zu tun, sondern mit der Konzentration der Kräfte auf Möglichkeiten und nicht auf Unmöglichkeiten. Wirksame Menschen haben gelernt, konstruktiv zu denken. Sie sehen den Schwierigkeiten nüchtern ins Auge, aber sie lassen sich von dem Anblick nicht lähmen wie das Kaninchen von der Schlange. Sie fragen sich immer: „Wo liegt die Chance in diesem Problem?“, und sie überwinden ihre Frustration und ihre Niederlage aus eigener Kraft. Sie motivieren sich selbst zum Weitermachen und warten nicht darauf, dass ein Dritter sie aus dem Schlamassel herausholt. Die Kraft dazu ziehen sie aus ihren Erfolgserlebnissen.

Der Grundsatz des positiven Denkens führt dazu, dass man in jeder Situation, ganz egal, wo die Umstände oder das Schicksal einen hingestellt haben, sein Bestes gibt. Die widrige Situation ist keine Entschuldigung mehr dafür, nur begrenzt oder überhaupt nicht zu leisten. Positives Denken ist kein angeborenes Talent, sondern jeder kann es sich aneignen. Dabei ist mentales Training sehr effektiv, da es Emotionen, Einstellungen und unsere Deutung bzw. Bewertung von Ereignissen und Umständen sowie unser Handeln beeinflussen kann. Es gibt viele unterschiedliche Arten und Methoden des mentalen Trainings. Jeder muss für sich selbst die passende finden.

Diese sechs Grundsätze bilden für Malik zusammengenommen einen Satz verhaltenssteuernder Regeln zum Zweck der Etablierung eines wirksamen, professionellen Managements. Sie sind leicht für jeden zu erlernen, und bis zu einem gewissen Grad ersetzen sie seiner Meinung nach sogar fehlendes Führungstalent. Der Regelkanon bietet für ihn zugleich einen Maßstab, an dem sich Managementtheorien und vor allem Führende in der Praxis bewerten lassen.

## 1.2.2 Die Aufgaben

Die zentralen Aufgaben der Führungskraft unterteilt Malik in Sachaufgaben und Managementaufgaben. Während Managementaufgaben im Grunde überall gleich sind, erfordern sie in unterschiedlichen Kulturen, Branchen und Unternehmen ganz unterschiedliches Sach- und Fachwissen sowie unterschiedliche methodische und inhaltliche Kenntnisse. Organisationen, für die Information und Wissen die wichtigsten Ressourcen darstellen, sind im Gegensatz zu klassischen Industrie- und Handelsorganisationen sehr empfindlich gegen Managementfehler. Hier müssen Führungskräfte ihr Handwerk virtuos beherrschen. Man braucht hier ein präziseres, fast perfektes Management, so Malik.

Wirksame Führungskräfte erfüllen dieselben Aufgaben wie andere, aber sie erfüllen sie anders. Die Aspekte, auf die es wirklich ankommt, beleuchtet Malik ausführlicher:

### 1. Aufgabe: Für Ziele sorgen

„Die erste Aufgabe wirksamen Managements ist es, für Ziele zu sorgen." (Malik, 2001, S. 174). Dabei ist es laut Malik weniger entscheidend, ob die Ziele vorgegeben oder vereinbart werden. Das Führen mit Zielen ist eine der am frühesten definierten Managementaufgaben, erstmals formuliert 1955 von Peter F. Drucker. Dennoch funktioniert das „Management by Objectives" in der Praxis eher schlecht als recht. Die Gründe dafür sind, dass nicht auf der Ebene jeder einzelnen Führungskraft nach demselben Prinzip gearbeitet wird und dass es sehr arbeitsintensiv ist, Ziele zu definieren, zu präzisieren und ihre Umsetzung auch zu überprüfen.

Ein weiterer Stolperstein ist, dass viele Führungskräfte dazu neigen, ihre ganze Zeit und Kraft in eine Systembürokratie zur Implementierung der Ziele zu stecken statt in die Umsetzung selbst. Darüber hinaus wird oft versäumt, die Mitarbeiter über die prinzipielle Marschrichtung, die grundsätzlichen Absichten, zu informieren, beklagt Malik.

In Organisationen gibt es viele verschiedene Arten von Zielen. Malik schlägt deshalb vor, Management by Objectives als Führen mit persönlichen Jahreszielen zu verstehen. Dabei ist es wichtig, sich – im Sinne der sechs Managementgrundsätze – auf wenige Ziele zu konzentrieren. Wenige, aber große, bedeutsame Ziele, die das Unternehmen voranbringen. Wirksame Führungskräfte setzen klare Prioritäten und sorgen dafür, dass keine Nebensächlichkeiten das Getriebe blockieren. Peter F. Drucker bringt es auf den Punkt: „Effective executives do first things first and second things not at all!" (Drucker, 1955).

Hand in Hand mit der Festlegung dessen, was getan werden soll, geht auch die Entscheidung darüber, was nicht mehr getan werden soll. Die jährliche Zielsetzung ist die beste Gelegenheit, das Unternehmen systematisch zu entschlacken und zu verschlanken. Nie zu Ende gebrachte Projekte, überholte Ziele, zu komplizierte oder unnötige Arbeitsgänge müssen aufgespürt und entrümpelt werden. Sie sind unnötiger Ballast, der die Mitarbeiter an der Zielerreichung hindert.

Jedes Ziel sollte quantifizierbar sein und muss in regelmäßigen Abständen überprüft werden. Das absolute Minimum an Quantifizierung ist die Zeitdimension, d. h., es darf kein Ziel ohne festen Termin geben. Auch der angestrebte Endzustand sollte so genau wie möglich beschrieben werden, also nicht nur „Umsatzsteigerung“, sondern „eine Steigerung des Umsatzes um 20 Prozent innerhalb der kommenden 12 Monate“. Erst so wird der Erfolg sicht- und greifbar.

Je schwieriger eine Situation ist, desto kurzfristiger müssen die Ziele sein, mahnt Malik, also beispielsweise in Turnaround-Fällen, Sanierungen, Fusionen oder Führungskrisen. Außerdem müssen gerade solche kurzfristigen Ziele heruntergebrochen werden. In kleinsten, gerade noch zu überblickenden Einheiten lassen sich komplexe Situationen auch dann noch handhaben und Ziele auch dann noch erreichen, wenn man meint, im Chaos zu versinken.

Neben einem Termin und einer genauen Beschreibung dessen, was erreicht werden soll, gehört zur Definition eines Zieles auch die Angabe, wie und womit es erreicht werden kann, also der Ressourcen, und einer Person, die die Verantwortung für die Umsetzung des Zieles trägt. Denn wirksame Ziele sind persönliche Ziele, so Malik.

### 2. Aufgabe: Organisieren

Effektive Menschen warten nicht darauf, dass sie organisiert werden, sie tun es selbst, für sich und für ihren Verantwortungsbereich. „Die Strukturierung von Unternehmen und den meisten anderen Institutionen der Gesellschaft wird (…) eines der wichtigsten Themen der nächsten Jahre sein, ein Dauerproblem, für das sich zurzeit keine wirklichen Lösungen abzeichnen.“ (Malik, 2001, S. 191). Die Veränderungen, die sich in Wirtschaft und Gesellschaft abspielen, zwingen uns dazu, die Strukturen von Organisationen in immer kürzeren Abständen zu überdenken, konstatiert Malik.

Daraus folgt, dass eine große Zahl von Managern eine Strategie des ständigen Reorganisierens und Umstrukturierens verfolgt, damit die Dinge in Bewegung bleiben. Diese krankhafte „Organisitis“ produziert bei den Menschen, die wie Schachfiguren im Unternehmen hin und her geschoben werden, Lethargie und Angst. Menschen können zwar Veränderungen und Wandel verkraften, sie brauchen dazu jedoch Phasen der Ruhe und der Beständigkeit. Sonst leidet die Produktivität und damit das Unternehmensergebnis.

Malik nimmt für diese Problematik, auf die ich in Teil III noch genauer eingehen möchte, ein sehr passendes Bild zu Hilfe: „Organisatorische Veränderungen sind vergleichbar mit chirurgischen Eingriffen in einen Organismus – in einen lebenden Organismus und ohne Betäubung. (…) Gute Chirurgen haben gelernt, dass man nicht ohne Not schneidet.“ (Malik, 2001, S. 192). Und genauso halten es auch gute Führungskräfte. Sie reorganisieren nicht einfach um der Veränderung willen, sondern nur, wenn es wirklich nötig ist, und klären die Mitarbeiter vorher gründlich über Chancen, Risiken und Nebenwirkungen auf. Organisationen sind keine leblosen, abstrakten Gebilde. Organisationen sind wie Menschen, wie eindrucksvoll veranschaulicht wird

Die drei Grundfragen des Organisierens lauten für Malik: Wie müssen wir uns organisieren, damit das, wofür der Kunde uns bezahlt, im Zentrum der Aufmerksamkeit steht und dort bleibt? Wie müssen wir uns organisieren, damit das, wofür wir unsere Mitarbeiter bezahlen, von diesen auch wirklich getan werden kann? Und wie müssen wir uns organisieren, damit das, wofür das Top-Management bezahlt wird, von diesem auch wirklich getan werden kann? Die Organisation bildet die Brücke zwischen diesen drei Fragen.

Schlechte Organisation hat eindeutige Symptome, wie die Vermehrung der Managementebenen, zu viele Meetings mit zu vielen Leuten, personelle Überbesetzung, unscharfe oder zu große Aufgabengebiete und die Notwendigkeit von Koordinatoren. Malik nennt noch ein weiteres Symptom, das ich jedoch nicht als solches betrachte: bereichsübergreifendes Arbeiten. Vernetztes Denken und Arbeiten ist nämlich im Gegenteil in modernen Unternehmen zu einer Notwendigkeit geworden. Die Gründe dafür sind die in Teil I beschriebenen Rahmenbedingungen.

### 3. Aufgabe: Entscheiden

Entscheiden ist die für Führung typischste und eine ganz wesentliche Aufgabe. Wer entscheidet, ist eine Führungskraft, unabhängig von Rang, Titel und Stellung. Und wer nicht entscheidet, ist keine Führungskraft. Demnach sitzen in den deutschen Chefetagen unzählige Mogelpackungen. Entscheiden ist zugleich die kritischste Aufgabe der Führungskraft, wie Malik darlegt:

Die meisten Manager gehen nämlich viel zu schnell zur Entscheidung über, weil sie glauben, es sei klar, worüber zu entscheiden sei und wo das Problem liege. Bei Entscheidungen größerer Tragweite ist das jedoch nie der Fall. Das Problem muss erst aus dem Gestrüpp von Daten, Vermutungen und vagen Vorstellungen herausdestilliert und eingekreist werden. Ist das Problem falsch begriffen, kann es keine richtige Entscheidung geben.

Es ist eine gefährliche Illusion zu glauben, wer viele und schnelle Entscheidungen trifft, sei eine gute Führungskraft. Das Gegenteil ist der Fall: Eine gute Führungskraft trifft wenige Entscheidungen – und die mit Bedacht und nicht mit Intuition, so Malik. Sie weiß nämlich, dass jede Entscheidung neben der erwünschten auch unerwünschte Folgen mit sich bringt und dass ein Nachbessern oder eine Korrektur einer Fehlentscheidung mit mehr Arbeit und Zeitaufwand verbunden ist als gründliches Abwägen und Analysieren im Vorfeld. Und sie sucht nach Alternativen und gibt sich nicht mit den augenfälligen Möglichkeiten zufrieden.

Natürlich kann man auch zu langsam entscheiden und ein Unternehmen damit lähmen. Es gibt keine absolute Gewissheit, ein Restrisiko bleibt immer, weil man nie alle Informationen und Eventualitäten bedenken kann. Vor allem zwei Arten von Entscheidungen empfiehlt Malik, immer langsam und gründlich zu treffen: Personalentscheidungen und Entscheidungen über Entlohnungssysteme.

Wichtiger als die Entscheidung selbst ist ihre Realisierung, ein sehr bedeutsamer Punkt, den Malik anspricht. Deshalb machen effektive Führungskräfte die Realisierung zum Bestandteil des Entscheidungsprozesses und legen großes Gewicht auf Follow-up und Follow-through: „Sie bedenken im Voraus, welche Personen in der Organisation in der Realisierungsphase mit der Entscheidung konfrontiert sein werden, was diese Leute wissen müssen, damit sie die Entscheidung verstehen und dann richtig umsetzen können."
(Malik, 2001, S. 209). Entschlüsse werden durch den termingebundenen Vollzug von Maßnahmen durch verantwortliche Personen realisiert. Erst das macht aus frommen Wünschen und kühnen Visionen wirkliche Entscheidungen.

Wer entscheidet, muss Dissens suchen und aushalten können, denn ein tragfähiger Konsens muss immer erst offen ausgehandelt werden. Guten Führungskräften ist ein zu schneller Konsens suspekt, denn er legt die Vermutung nahe, dass etwas unter den Teppich gekehrt wird oder dass den Beteiligten die Folgen der Entscheidung nicht klar sind.

Folgende sieben Schritte führen nach Malik in den allermeisten Fällen zu einer guten Entscheidung:

1. Die präzise Bestimmung des Problems
2. Die Spezifikation der Anforderungen, die die Entscheidung erfüllen muss
3. Das Herausarbeiten aller Alternativen
4. Die Analyse der Risiken und Folgen für jede Alternative und die Festlegung der Grenzbedingungen
5. Der Entschluss selbst
6. Der Einbau der Realisierung in die Entscheidung
7. Die Etablierung von Feedback, Follow-up und Follow-through

Ein partizipativer Entscheidungsstil liegt im ureigensten Interesse des Unternehmens – für Malik allerdings nicht aus ideologischer Sicht oder aus Gründen der Motivation –, sondern als einziger Weg, möglichst viel Wissen, das in der Organisation vorhanden ist, in eine Entscheidung einfließen zu lassen. Aus diesem Grund sollten die Personen, die bei der Realisierung einer Entscheidung eine Schlüsselrolle zu spielen haben, auch schon am Entscheidungsprozess mitwirken können und die Lage aus ihrer Perspektive beurteilen. Auf diese Weise gelangt man zu einem ganzheitlichen und vernetzten Verständnis des Problems und seiner Lösungsmöglichkeiten. Die Entscheidung selbst muss jedoch immer von der Führungskraft getroffen werden, die die Verantwortung trägt.

### 4. Aufgabe: Kontrollieren

Die unbeliebteste und umstrittenste Aufgabe ist das Kontrollieren, weiß Malik. Die meisten Führungskräfte kontrollieren nicht gern, und irgendwie ist es auch aus der Mode gekommen. Man vertraut heute ja seinen Mitarbeitern, da braucht man doch keine

Kontrolle mehr. Doch Führungskräfte tragen Verantwortung, und deshalb müssen sie überprüfen, ob Entscheidungen umgesetzt werden und Maßnahmen greifen, ob Ziele überdacht oder die Strategie verändert werden muss. Der Kapitän muss sich vergewissern, ob Schiff und Mannschaft o.k. sind, ob die Technik funktioniert, der Kurs klar und alle Posten richtig besetzt sind.

Kontrolle kann in der Tat der Motivation schaden, doch das muss nicht so sein. Die Frage ist nicht, ob, sondern wie man am besten kontrolliert. Für viele Mitarbeiter ist Kontrolle reine Schikane, dabei sollte sie ein Zeichen von Interesse, Verantwortungsbewusstsein und Präsenz des Vorgesetzten sein, der sich nicht im Elfenbeinbüroturm verschanzt und nur per Memo kommuniziert. Kein noch so ausführlicher Bericht kann den persönlichen Augenschein ersetzen. Kontrolle ist nicht gleichbedeutend mit Freiräume beschneiden. Sie prüft vielmehr im Idealfall, ob Freiräume richtig genutzt werden und ob sie groß genug sind. Am besten ist es, Kontrolle in Form einer institutionalisierten Selbstkontrolle auszuüben. Aber selbst diese macht eine Kontrolle durch die Führungskraft nicht gänzlich überflüssig.

Zu viele Kontrollen schaffen ein Klima des Misstrauens und des Widerstandes, verursachen einen enormen Aufwand an Zeit und Geld und richten manchmal sogar mehr Schaden an, als sie nutzen. Darüber hinaus gehen sie oft ins Leere. Es ist daher, so Malik, notwendig, sich auf die kleinstmögliche Zahl an Kontrollgrößen zu beschränken, denn die Aufmerksamkeit und die Zeit einer Führungskraft sind ein knappes Gut. Wo immer möglich, sollte man mit statistisch validen Stichproben arbeiten und sich auf die wirklich aussagekräftigen Parameter des Controllings und der Qualitätssicherung konzentrieren. Eine systematische Kontrolle muss außerdem gewährleisten, dass ein Problem bereits im Anfangsstadium erkannt wird und nicht erst, wenn es sich zur Katastrophe entwickelt hat. Kontrolle muss immer auf die Einzelperson bezogen sein. Man darf nicht einen langjährigen, loyalen Spitzenmitarbeiter genauso kontrollieren wie eine neue Aushilfskraft, die sich noch nicht bewährt hat.

Ich möchte an dieser Stelle hinzufügen, dass gute Kontrolle bzw. die gute Anleitung zur Selbstkontrolle elegant mit der Methode „Führen durch Fragen“ ausgeübt werden kann. Wer als Führungskraft die richtigen Fragen stellt, kontrolliert indirekt und demotiviert nicht. Beispiele für solche Fragen, die situativ und individuell unterschiedlich eingesetzt werden sollten, sind: Wie kommen Sie mit dem Projekt voran? Brauchen Sie meine Unterstützung bei diesem Thema? Soll ich einmal einen Blick darauf werfen?

### 5. Aufgabe: Menschen entwickeln und fördern

Menschen sind das Wichtigste in einer Organisation. Deshalb gehört es zu den erstrangigen Managementaufgaben, sie zu fördern und zu entwickeln: „Auch das beste Human Resources Management kann die Erziehungs- und Entwicklungsarbeit der Manager in einer Organisation nicht ersetzen.“ (Malik 2001, S. 247-263). Ich stolpere in diesem Zitat von Fredmund Malik – wie sicherlich viele – über den Begriff „Erziehungsarbeit“, weil es die Aufgabe von Eltern und Lehrern ist, junge Menschen zu erziehen, aber nicht die Aufgabe von Führungskräften. Mitarbeiter sind keine unmündigen Kinder, die man „zurechtstutzen“, „anbinden“ oder „an die Hand nehmen“ muss. Meistens verfügen Mitarbeiter auch über mehr Fachwissen und Erfahrung in ihrem Arbeitsgebiet als die Führungskraft. Führen heißt für mich auf keinen Fall Erziehen.

Alles, was mit Mitarbeitern zu tun hat, muss individuell geschehen, so Malik weiter, und hier kann man ihm wieder folgen. Das Unternehmen ist im Idealfall ein Lernumfeld für die Menschen, in dem sie ihre Fähigkeit weiter ausbauen und neue Kompetenzen erwerben können. Wo sie Vorbilder und Mentoren finden und wo sie vor allem viel über sich selbst lernen.

Lernen in der Schule alle Kinder (gezwungenermaßen) noch gleich, entwickeln sie sich als Erwachsene auf verschiedenen Wegen: Der eine lernt durch Zuhören, der andere durch Beobachten, ein Dritter durch Lesen und ein Vierter braucht das „Learning by Doing“. Manche lernen mehr aus Fehlern und manche mehr aus Erfolgen. Viele große Personal- und Führungskräfte-Entwicklungsprogramme scheren jedoch alle über einen Kamm und arbeiten zwangsläufig standardisiert.

Malik nennt vier wesentliche Elemente, die bei der Förderung und Entwicklung von Menschen in Organisationen beachtet werden müssen: die Aufgabe, vorhandene Stärken, der Vorgesetzte und die Platzierung. Dieser Punkt liegt auch mir besonders am Herzen: Menschen wachsen mit und an ihren Aufgaben. Menschen können und müssen sich – in jedem Alter – weiterentwickeln, und dazu brauchen sie Anregungen, Chancen, Abwechslung, Herausforderungen. Sie müssen ihre „Komfortzone“ verlassen, um Neues zu lernen, neue Talente überhaupt zu entdecken. Wir würden heute noch auf den Bäumen sitzen, wenn unsere Vorfahren immer nur das getan hätten, was sie am besten konnten – nämlich von Ast zu Ast klettern –, statt es mit dem aufrechten Gang zu versuchen.

In einer Zeit des permanenten Wandels und der immer kürzeren Innovationszyklen bleiben Menschen nicht auf Dauer auf einem Arbeitsplatz in einem Unternehmen und üben ein- und dieselbe Tätigkeit aus. Arbeitsabläufe und Kompetenzstrukturen ändern sich, Organisationen und Märkte wandeln sich, und die Menschen sind heute mobiler und flexibler als vor 20 Jahren. Das müssen sie auch sein, und dabei muss gute Führung ihnen helfen. Sie muss ihnen die Angst vor der Veränderung nehmen und ihnen Impulse geben, über ihre bisherigen Grenzen hinauszuwachsen. Denn Menschen sind ihr Leben lang lern- und wandlungsfähig.

„Die Entwicklung von Menschen muss, wenn sie wirksam sein soll, von hierarchischem Aufstieg abgekoppelt werden. (…) Im Vordergrund muss die Möglichkeit stehen, eine Leistung zu erbringen und dafür verantwortlich zu sein.“ (Malik, 2001, S. 251). Diese Leistung muss eine Herausforderung sein, denn Menschen können weit mehr leisten, als sie selbst für möglich halten. Und diese Möglichzeit, etwas zu leisten, sollte per se als Privileg verstanden werden, ohne mit einer höheren Bezahlung oder einem besseren Posten verbunden zu sein. Mit der Aufgabe muss auch die direkte persönliche Verantwortung übertragen werden. Dies stellt einen starken Leistungsanreiz dar und erleichtert die Beurteilung der Leistung des Einzelnen.

Malik formuliert es sehr treffend, wenn er sagt, dass man einem Menschen, um ihn zu entwickeln, etwas abverlangen und nicht etwas bieten muss. Die Leute wollen gefordert werden, die meisten zumindest, und vor allem die guten. Auch die Entwicklung von Menschen muss, ebenso wie ihr Einsatz im Unternehmen, stärkenorientiert und auf eine ganz konkrete Aufgabe, eine bestimmte Qualifikation hin ausgerichtet sein.

Für Malik kann Management ohne die Erfüllung dieser fünf Aufgaben nicht funktionieren und langfristig keine befriedigenden Ergebnisse erzielen. Sie bilden den Kern des Managerberufes. Weitere Aufgaben können hinzugefügt werden, wenn sie wirklichen Fortschritt und nicht bloß Verwässerung bedeuten. Viele andere Tätigkeiten lassen sich jedoch unter diese fünf Aufgaben subsumieren, wie Planen, Delegieren, Menschen befähigen, Kommunizieren und Motivieren.

Was Malik nicht zu den zentralen Managementaufgaben zählt, sind die Begeisterung und Inspiration der Mitarbeiter. Meine Erfahrung zeigt jedoch, dass diese beiden Faktoren eine große Rolle spielen, wenn Führung gelingen soll. In Teil III werde ich dies ausführlich begründen und dabei Unterstützung von einigen anderen wichtigen Führungsautoren bekommen. Hier zeigen sich für mich ganz deutlich die Grenze und die Begrenztheit des „Handwerker-Ansatzes", der zwischenmenschliche Beziehungen und Gefühle sowie den persönlichen Führungsstil als Ausdruck der Individualität der Führungskraft ausklammert.

Ebenfalls ausgespart werden bei Malik Motivieren, Informieren und Kommunizieren. Informieren und Kommunizieren definiert er nicht als Aufgaben, sondern als Medium, mittels dessen Aufgaben erfüllt werden. Es sind die Inhalte, die Botschaft, auf die es im Management ankommt, nicht das Medium selbst, so Malik lapidar. Auch Innovation und Wandel managen sind für ihn keine Führungs-, sondern Sachaufgaben. Allerdings verlangt die Ausführung der beschriebenen Managementaufgaben unter Innovationsdruck besondere Anstrengungen und besonderes Geschick – wie eine alpinistische Erstbesteigung.

Über Motivation wisse man noch zu wenig, um sie als Managementaufgabe im engeren Sinn fassen zu können, meint Malik: „Das ganze Motivationsthema hat den Charakter eines Sumpfes, eines Gletschers oder von Treibsand. Oberflächlich ist alles in Ordnung; sobald man sich aber hineinbegibt, gibt es keinen festen Bezugspunkt mehr." (Malik, 2001, S. 271). Man weiß heute jedoch schon eine ganze Menge über Motivation (nicht nur dank Frederick Herzberg und Reinhard K. Sprenger), aber wenn man nicht den eng begrenzten, kleinen Bereich des Rationalen verlassen und sich nicht in den „Sumpf" des Psychologischen hineinbegeben will, übersieht man wesentliche Aspekte. Hier tut Malik seinen Lesern keinen Gefallen, indem er ihnen wertvolles Wissen und praktische Erkenntnisse vorenthält, nur weil er sie selbst für überflüssig hält. Und er versucht, den größeren Teil des „Eisbergs" (siehe Teil III Kapitel 1.1: Das Titanic-Problem), das was an Führungsthemen unsichtbar unter der Wasseroberfläche liegt, zu umschiffen. Malik geht davon aus, dass sich Motivation von allein einstellt, wenn eine Führungskraft die von ihm empfohlenen Grundsätze, Aufgaben und Werkzeuge beherrscht. Werden sie dagegen nicht oder nur schlecht ausgeführt, kann überhaupt nicht mehr motiviert werden. Malik schlägt sogar vor, auf den Begriff „motivieren" ganz zu verzichten. Hier würde Sprenger ihm sogar zustimmen, wenn auch aus anderen Gründen.

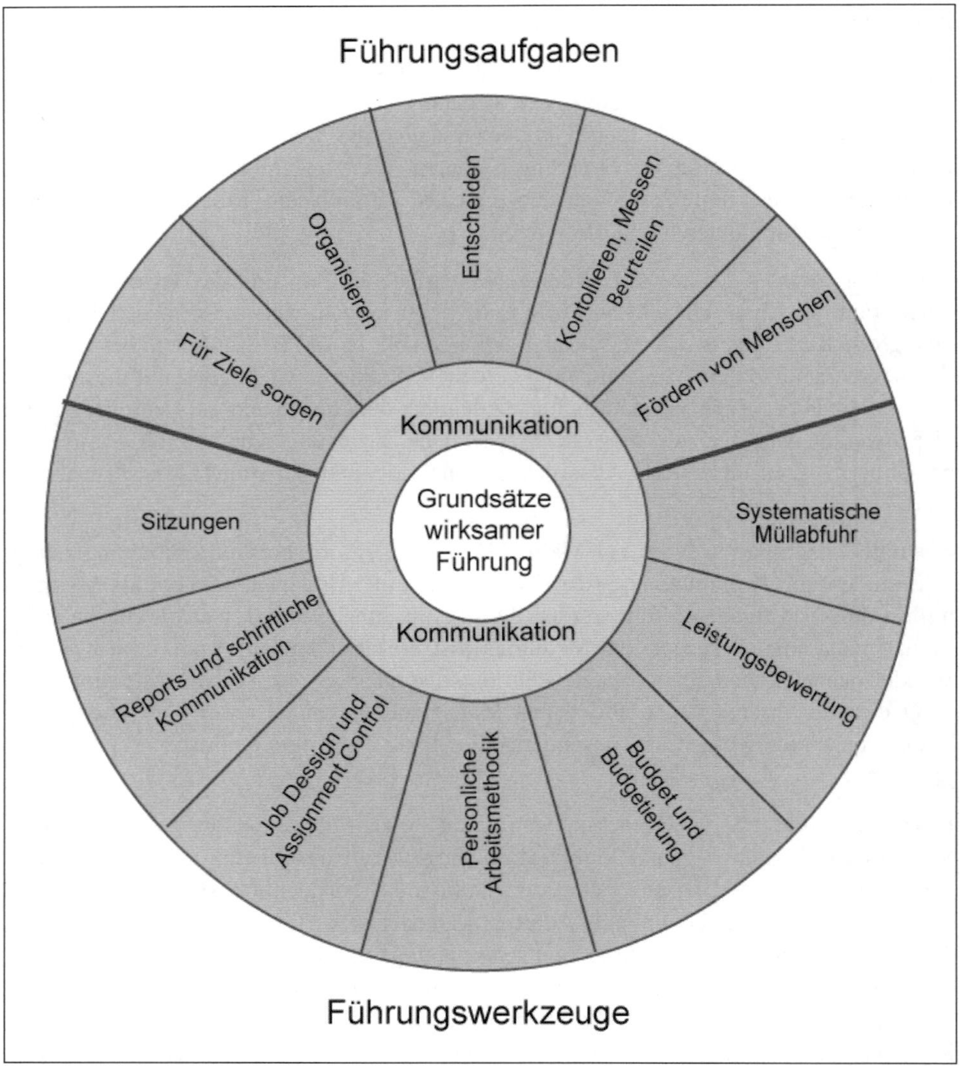


Quelle: Malik, Fredmund: Führen, Leisten, Leben, Stuttgart/München 2001
**Abbildung 1:** Das Handwerkszeug der Führungskraft

Management ist für Malik ein Lehrberuf, wie viele andere auch: „Wie man sehen kann, muss Management also nur einmal erlernt werden, dafür aber richtig und professionell. Hat man es einmal erlernt, kann man es Schritt für Schritt auf schwierigere Probleme anwenden, zur Bewältigung größerer Aufgaben und anspruchsvollerer Situationen. Damit will ich nicht behaupten, dass man jemals ausgelernt hat." (Malik, 2001, S. 274).

### 1.2.3 Die Werkzeuge

Um ihre Aufgaben zu erfüllen, bedient sich die wirksame Führungskraft einer Reihe von Werkzeugen. Die Beherrschung von bestimmten Werkzeugen definiert, neben den Aufgaben, einen Beruf. Der Weg zur Beherrschung eines Tools führt über die Übung, Virtuosität erreicht man dagegen nur mit einer gewissen Begabung, schränkt Malik wohl oder übel selbst ein. Also vielleicht doch nicht alles nur eine Frage der Technik?

Fredmund Malik nennt sieben Werkzeuge, die jede Führungskraft in jeder Organisation ständig braucht, die aber interessanterweise kaum eine spontan nennen kann, wenn man sie danach fragt: die Sitzung, der Bericht, Job Design und Assignment Control, persönliche Arbeitsmethodik, das Budget, die Leistungsbeurteilung und die systematische Müllabfuhr. Es handelt sich dabei um ganz einfache, zum Teil fast triviale Dinge, doch die Arbeitsbedingungen der Dienstleistungs- und Wissensgesellschaft vervielfachen die Bedeutung dieser Tools. Führungskräfte, die sie beherrschen, können ein sehr viel größeres Arbeitsvolumen und eine sehr viel höhere Komplexität bewältigen.

#### 1. Werkzeug: Die Sitzung

Die meisten höheren Manager verbringen 60 Prozent ihrer Zeit in Meetings. Und die meisten von ihnen geben zu, dass der überwiegende Teil dieser Meetings ineffizient und unproduktiv ist. Traurig, aber wahr. Die Verbesserung der Sitzungseffektivität beginnt mit dem Streichen von überflüssigen Sitzungen. Durch die zunehmende Arbeit in Teams und die steigende Spezialisierung ist die Zahl der Meetings sprunghaft angestiegen, in vielen Fällen jedoch völlig unbegründet. Gute Teamarbeit ist nämlich, so Malik, gerade durch die Minimierung des Sitzungsbedarfs gekennzeichnet.

Viele Führungskräfte berufen reflexartig eine Sitzung ein, wenn es irgendetwas Neues oder irgendetwas zu entscheiden gibt, oder einfach aus reiner Routine. Diese Meeting-Manie ist eine geniale Zeitvernichtungsmaschinerie. Die eigentliche Arbeit wird zudem in der Regel gar nicht in der Sitzung selbst geleistet, sondern davor oder danach. Oft wird jedoch gerade die Zeit, die eine gute Vorbereitung braucht, unterschätzt. Die Folge: unstrukturierte Meetings, mangelnder Informationsfluss, unzureichende Entscheidungsgrundlagen. Dem kann ich nur zustimmen.

Das Instrument der Sitzungsvorbereitung ist die Tagesordnung. Es darf keine Sitzung ohne Tagesordnung geben, die mit den wichtigen Teilnehmern abgestimmt sein sollte. Es bleibt jedoch die Entscheidung der Führungskraft, welche Vorschläge und Aspekte in der Sitzung dann tatsächlich angesprochen werden. Eine gute Tagesordnung hat wenige, dafür aber wichtige Punkte.

In einer Sitzung wird die Führungskraft als Leiter für alle persönlich sicht- und spürbar – oder eben nicht. Sitzungsleitung bedeutet, die Diskussion zu fördern, immer wieder zu fokussieren, wenn sie abzudriften droht, zu moderieren, sodass alle ihre Position darstellen können, und zum Schluss die Alternativen auf den Punkt zu bringen, zu entscheiden, Klarheit über die Maßnahmen zur Umsetzung zu schaffen, Verantwortlichkeiten zu übertragen und sicherzustellen, dass die Realisierung systematisch überprüft wird. Sitzungen haben nämlich nur einen Zweck: Resultate zu produzieren. Sie sind keine Kaffeekränzchen zur Pflege zwischenmenschlicher Beziehungen, auch wenn sie darauf großen Einfluss haben, warnt Malik. Von einzelnen Unternehmen weiß ich, dass dort – um die Sitzungszeiten zu minimieren – Meetings inzwischen im Stehen abgehalten werden. Keine schlechte Maßnahme, finde ich.

Die einzige Art von Sitzung, die ohne Tagesordnung auskommt, ist das jährliche Mitarbeitergespräch. Hier ist es gerade wichtig, dass keine Themen vorgegeben werden, sondern die Führungskraft mit einigen offen formulierten Fragen das Gespräch sucht und ansonsten hauptsächlich zuhört, was den Mitarbeiter beschäftigt, wie seine Wahrnehmung und seine Einstellung aussehen. Diese Sitzung dient vor allem der Pflege zwischenmenschlicher Beziehungen und dem Betriebsklima. Gute Führungskräfte überlassen die Jahresgespräche nicht dem Zufall ihrer Terminplanung, sondern tragen sie fest in ihre Agenda ein. Ich selbst wäre nie auf die Idee gekommen, das Mitarbeitergespräch als eine Form von Sitzung zu betrachten. Dennoch teile ich im Grundsatz die Meinung von Malik, was den offenen Charakter solcher Gespräche angeht. Wobei keine Tagesordnung nicht heißt, keine Vorbereitung dafür einzuplanen. Doch dazu mehr in Teil IV.

### 2. Werkzeug: Der Bericht

Das geschriebene Wort ist, laut Fredmund Malik, ein wirksames Werkzeug – und daran wird sich auch durch Elektronik und Telekommunikation nichts ändern: „Sämtliche durch die moderne Kommunikationstechnologie möglich gewordenen Formen des Arbeitens stehen und fallen mit den Regeln und der Disziplin professionellen Reportings." (Malik, 2001, S. 302).

Die Schriftform zwingt uns dazu, nachzudenken, zusammenzufassen, zu umreißen und das Ganze zu betrachten. Ob Bericht, Protokoll, Mitteilung, Aktennotiz, Geschäftsbrief oder Angebot, sie alle müssen sich dabei am Empfänger orientieren und nicht am Verfasser. Die zentrale Frage lautet: Was soll dieser Bericht beim Empfänger bewirken? Zunächst natürlich Verständnis und im nächsten Schritt Aktion.

Um in diesem Sinne wirksam zu werden, muss die Führungskraft den Bericht auf den Empfänger zuschneiden, inhaltlich und formal: Juristen mögen lieber reinen Text, Ingenieure dagegen Grafiken, während Finanzexperten Tabellen bevorzugen usw. Alle Berichte – egal ob in Papierform oder als E-Mail – müssen den Vorschriften von Grammatik, Wortwahl, Rechtschreibung und Zeichensetzung genügen, und ihr Aufbau muss logisch sein. Das klingt banal, der Alltag zeigt jedoch, dass es hier unglaubliche

Mankos gibt. Berichte oder Dokumentationen sollen die Kommunikation erleichtern und Wichtiges allgemein verständlich festhalten. Deshalb sollten Führungskräfte darauf achten, einige weit verbreitete „Unsitten“ zu vermeiden, die Malik vehement beklagt, wie das Schreiben in bloßen Stichwörtern, die übertriebene Verwendung von Schaubildern mit willkürlichen Symbolen, die jeden Interpretationsspielraum der Welt lassen und nur für Verwirrung statt für Klarheit sorgen, oder das Präsentieren in Querformat.

### 3. Werkzeug: Job Design und Assignment Control

Wirksame Ziele setzen die richtige Gestaltung der Aufgaben und Stellen für jeden Mitarbeiter voraus. Deshalb definiert Malik als drittes Werkzeug das Job Design und die Assignment Control, also die Steuerung des Einsatzes von Menschen. Doch in vielen Organisationen ist das Job Design völlig unterentwickelt oder überhaupt nicht existent: „Fehlerhaftes, nicht gründlich durchdachtes Job Design ist eine der Hauptquellen für Demotivation, Unzufriedenheit und schlechte Produktivität der Human-Ressourcen.“ (Malik, 2001, S. 306).

Der häufigste Fehler bei der Gestaltung von Stellen ist der zu kleine Job, so Malik. Die meisten Menschen sind ständig unterfordert, weil sie zu eng begrenzte Aufgaben und Verantwortlichkeiten haben. Jobs müssen den Menschen als Ganzes fordern: „Man sollte sich täglich im eigenen Interesse etwas ‚strecken’ müssen, um das Tagespensum zu schaffen. Dies allein führt zur Entwicklung und Entfaltung von Menschen, das weckt ihre inneren Kräfte und versteckten Möglichkeiten und hält sie an, über wirksames Arbeiten nachzudenken.“ (Malik, 2001, S. 307). Dies kann ich nur unterstreichen: Menschen dürfen nicht das Gefühl haben, bei ihrer Arbeit zu verblöden und sich zu Tode zu langweilen. Wer am Arbeitsplatz ständig auf die Uhr schaut oder im Internet herumsurft, hat einen zu kleinen Job. Daher dürfen die Schuhe ruhig eine Nummer zu groß sein, um eine Metapher zu gebrauchen.

Immer mehr Unternehmen setzen auf flache Hierarchien. Das bedeutet, dass die Mitarbeiter nicht mehr durch ihnen übergeordnete Menschen, sondern durch ihre Aufgabe kontrolliert werden. Noch ein wichtiger Grund, warum der Job passen muss und nicht zu klein sein darf. Er darf aber auch nicht zu groß sein und die Menschen überfordern, wie die von Malik so genannten „Killer-Jobs“, die von den Menschen zu viele und absolut nicht zu leistende Anforderungen verlangen, wie die Verbindung von Verkauf und Marketing.

Das weitgehende Fehlen von Assignment Control oder „Einsatzsteuerung“ in deutschen Unternehmen ist für Malik eine der Hauptursachen dafür, dass Unternehmen umsatzschwach und wenig effektiv sind. An dieser Stelle sei noch einmal auf die Unterscheidung von Peter F. Drucker (und später Warren Bennis) hingewiesen: Effizienz heißt, die Dinge richtig zu tun; Effektivität heißt, die richtigen Dinge zu tun (vgl. Drucker, 1955). Den Begriff „Assignment“ übersetzt Malik mit „Auftrag“ oder „Schlüsselaufgabe“. „Assignment“ ist damit spezieller und situationsgebundener als die reine Stellenbeschreibung, sie geht also über das reine Job Design hinaus. Es ist die Aufgabe mit der gerade höchsten Priorität.

Manchen Mitarbeitern ist auf einen Blick klar, worin ihr Assignment besteht, und sie handeln entsprechend. Anderen muss die Führungskraft bewusst machen, was ihre Schlüsselaufgabe ist. Sie muss sie darauf fokussieren und das Assignment am besten schriftlich formulieren, vor allem in komplexen Fällen und wenn große Veränderungen rasch vollzogen werden müssen. Mit den Tätigkeiten mit der höchsten Priorität müssen die besten Mitarbeiter betraut sein, dazu dient die Einsatzsteuerung.

Assignment Control verbindet man am besten mit der Budgetierung und der Bestimmung von Zielen, die gegen Ende einer Geschäftsperiode zu erledigen sind. Alle sechs bis acht Wochen muss die Führungskraft persönlich, d. h. im Gespräch, überprüfen, ob die Mitarbeiter auch wirklich an ihrer jeweiligen Priorität arbeiten. Wirksame Führungskräfte halten ihren besten Leuten den Rücken frei von Routinearbeiten oder weniger wichtigen Dingen. Diese Tätigkeiten delegieren sie an die zweit- oder drittbesten Mitarbeiter und schaffen so ein „shared commitment“, indem alle auf ihre Weise mithelfen, die wichtigste Aufgabe zu bewältigen, beschreibt Malik. Und solche Führungskräfte leiten ihre Mitarbeiter dazu an, selbstständig Prioritäten zu erkennen und sie umzusetzen.

### 4. Werkzeug: Arbeitsmethodik

„Die persönliche Arbeitsmethodik ist für Führungskräfte von außerordentlicher Bedeutung. Kaum etwas anderes beeinflusst ihre Wirksamkeit so direkt und so umfassend. Von kaum etwas anderem hängen die Resultate und Erfolge von Managern so sehr ab wie von ihrer Arbeitsmethodik.“ (Malik, 2001, S. 325). Talent, Erfahrung und Sachkenntnis sind nichts wert, wenn die Methodik fehlt, meint Malik. Sie ist auch ein guter Schutz vor dem Burn-out, denn durch sie wird es erst möglich, Führungsjob und Privatleben unter einen Hut zu bekommen. Die Entwicklung einer individuellen Arbeitsweise ist keine Zeitverschwendung – im Gegenteil: Sie ist eine riesige Zeitersparnis. „Don’t work harder, work smarter“ lautet die Devise.

Wie die Arbeitsmethodik konkret aussieht, hängt von der Persönlichkeit der Führungskraft und den Rahmenbedingungen, also von der Branche, der Art der Tätigkeit, der Organisation und der Stellung innerhalb der Organisation, von der vorhandenen Infrastruktur, der Reisetätigkeit, dem Chef und dem Alter ab. Deshalb muss sie auch in regelmäßigen Abständen kritisch überprüft werden: Passt meine Arbeitsmethodik noch zu meinen momentanen Aufgaben, zu meinen Prioritäten, der Situation des Unternehmens?

Mit der richtigen Methodik kann man mehr leisten und größere Aufgaben bewältigen, ohne sich dabei gesundheitlich kaputt zu machen, die Partnerschaft zu vernachlässigen oder auf die schönen Seiten des Lebens zu verzichten und sich zum Sklaven seiner Arbeit zu machen, weiß Malik aus eigener Erfahrung. Der Weg zur Wirksamkeit beginnt für ihn deshalb mit der Frage: „Wie will ich meine 5 800 wachen Stunden pro Jahr nutzen?“ Wie viel davon will ich meinem Beruf, meiner Familie, meiner Gesundheit, meinen Hobbys widmen? Wie viel mir selbst und meiner Regeneration? Und was will ich nicht mehr tun? Wer hier keine klare Entscheidung trifft, driftet durchs Leben und wird nie eine gute Führungskraft.

Es lohnt sich, die langfristigen Ziele in Etappen herunterzubrechen und wichtige Eckdaten lange im Voraus in den Kalender einzutragen. Außerdem sollte die Agenda nie so voll gestopft sein, dass sie keinen Raum für Unvorhergesehenes lässt – denn das wird garantiert eintreten. Besser man plant gleich Zeit dafür ein, auch in der Tagesagenda. Da der Strom an „Input" auf dem Schreibtisch und dem PC eines Managers nie abreißt und von Tag zu Tag anschwillt, braucht eine Führungskraft ein funktionierendes Inputverarbeitungssystem, rät Malik. Dessen Grundlagen sind die Kunst des Delegierens und die Fähigkeit, Wichtiges und Dringliches auf den ersten Blick zu unterscheiden.

Eine wirksame Führungskraft beherrscht die klassischen und die modernen Kommunikationstechniken – und nicht umgekehrt. Das bedeutet, sie wägt vorher ab, ob Telefon, Fax, Brief oder E-Mail das beste Medium sind, sie bereitet sich auf Telefonate vor und hält sie kurz, arbeitet mit fertigen Textbausteinen und Diktiergerät, wenn es um die Erstellung von Schriftstücken geht. Zur persönlichen Arbeitsmethodik gehören außerdem ein wasserdichtes Wiedervorlagensystem, die Arbeit mit realistischen To-do-Listen und zuverlässigen Check-Listen sowie festen Routinen, die Produktivität, Professionalität und Funktionssicherheit gewährleisten, sowie der Einsatz einer Sekretärin.

Unter die Rubrik „Arbeitsmethodik" fällt für Fredmund Malik auch die systematische Pflege von Beziehungen. Doch sie hat einen sehr viel höheren Stellenwert, wie ich im Laufe dieses Buches noch zeigen werde. Sie ist nicht nur ein Mittel der Arbeitsorganisation, sie ist eines ihrer Ziele. Mehr noch: Führung ist zu einem großen Teil die Pflege von Beziehungen.

### 5. Werkzeug: Budget und Budgetierung

Das Budget ist eines der anspruchsvolleren Werkzeuge des Managers, doch leider sind nicht einmal alle Absolventen von betriebswirtschaftlichen Studiengängen in der Lage, ein Budget zu erstellen, geschweige denn der Führungsnachwuchs aus anderen Fachrichtungen, beklagt Malik. Aufgrund dieses Unvermögens und einer gewissen Allergie oder Arroganz gegenüber allem, was mit Zahlen zu tun hat, geben viele Führungskräfte dieses wichtige Werkzeug nur zu gerne aus der Hand. Eine Führungskraft, die keine Ahnung von Budgets hat, ist jedoch unglaubwürdig und manipulierbar.

Peter F. Drucker ist – wie so oft – einer der wenigen, wenn nicht der Einzige, der das Budget schon immer als Management-Werkzeug, und nicht als Instrument des Rechnungswesens, angesehen hat. Vor allem Führungskräfte, die ergebnisverantwortlichen Einheiten vorstehen, wie Profit-Centern, Divisionen, Geschäftsbereichen oder Tochtergesellschaften, sollten das Budget als ihr Werkzeug etablieren.

Das Budget dient dem erfahrenen Manager dazu, seine Planung und seine Arbeit zu organisieren. Unerfahrene Manager lernen durch das Budget ihren neuen Aufgabenbereich gut kennen. Außerdem gilt für Malik: „Es ist das beste Instrument für den produktiven Einsatz der Schlüsselressourcen, insbesondere der Menschen; das Budget ist im Grunde das einzige Werkzeug, um Ressourcen überhaupt produktiv zu machen." (Malik, 2001, S. 348). Es ist, so Malik weiter, außerdem eine der wichtigsten Grundlagen für wirksame und gute Kommunikation, da erst mal klar sein muss, worüber eigentlich kommuniziert werden soll. Ich halte dies für ein völlig verkürztes Verständnis von Kommunikation. Als würden sich die Mitarbeiter in Organisationen nur über Fragen austauschen, die das Budget betreffen. Als gäbe es zwischen Menschen, die zusammenarbeiten, keine anderen zulässigen Themen, über die es sich zu sprechen lohnt! Und als müsste man all die, die keine Ahnung von Budgetierung haben, von der Kommunikation ausschließen, weil sie ja sowieso nicht mitreden können.

Aber zurück zu Malik: Die Basis für ein wirksames Budget ist die Frage: „Welche Resultate wollen wir auf unseren wesentlichen Aktivitätsfeldern erzielen?" Ein Budget darf nämlich, warnt Malik, keine Hochrechnung der Vergangenheit sein, sondern muss langfristige Vorhaben, Absichten, Strategien, Innovationen und Veränderungen auf den Punkt bringen.

### 6. Werkzeug: Leistungsbeurteilung

Viele Führungskräfte haben ein gestörtes Verhältnis zur Leistungsbeurteilung und erledigen sie nur widerwillig und halbherzig, da sie sie für unnütz halten und innerlich ablehnen. Der Grund dafür ist die mörderische Bürokratie der Beurteilungssysteme. Die gängigen Systeme sind eigentlich das Gegenteil dessen, was Führungskräfte für die Leistungsbeurteilung brauchen, behauptet Malik. Sie wurden von Psychologen entwickelt – gegen die Malik eine übermächtige, wenn auch nirgends begründete Abneigung zu haben scheint –, deren Augenmerk hauptsächlich auf Krankheiten und Defiziten liegt, sodass ihre Standardkriterien von vornherein auf Abbruch angelegt sind. Die Beziehung zu Mitarbeitern muss jedoch auf Stärken und Kontinuität angelegt sein, fordert Malik.

Eine aussagekräftige Leistungsbeurteilung muss individuell sein und die Besonderheiten von Person und Aufgabe berücksichtigen. „One Size"-Systeme sind untauglich und werden dem einzelnen Menschen nicht gerecht. So schreiben die meisten Kriterienlisten die Beurteilung von Tätigkeiten oder Fähigkeiten vor, die der Mitarbeiter bei seiner Tätigkeit überhaupt nicht ausübt, nicht unter Beweis stellen kann oder gar nicht braucht. Darüber hinaus üben zwei Menschen ein- und dieselbe Tätigkeit nie genau gleich aus. Beispiel Verkauf: Der eine Mitarbeiter erreicht seine Verkaufszahlen aufgrund seiner großen Sachkenntnis, der andere mit seiner besonderen Freundlichkeit und seinem Gespür für Kunden. Daraus ergibt sich das Problem der sehr beliebten Pseudoquantifizierung von nicht quantifizierbaren Ergebnissen. Sie gaukelt Objektivität und Genauigkeit nur vor, kritisiert Malik.

Statt also einfach nach Schema F irgendein System anzuwenden, sollten Führungskräfte auf eigenes Urteilsvermögen hören und ihre Beurteilung auf die Frage aufbauen: Was braucht man auf dieser ganz speziellen, konkreten Position in diesem konkreten Unternehmen und in dieser konkreten Situation? Wo liegen die spezifischen Stärken des

Mitarbeiters, und wie muss eine Aufgabe beschaffen sein, die diese Stärken optimal zum Einsatz bringt? Nur so entsteht ein realistisches Bild. Das hierzu nötige Urteilsvermögen lässt sich gezielt verbessern und trainieren. „Menschenkenntnis“ ist keine Hexerei, sondern gute Beobachtung.

Hand in Hand mit der Verwendung von Standardkriterien geht auch die Festlegung von Standardprofilen im Bereich des Mittelfeldes. Schublade auf, Mitarbeiter rein, Schublade zu. Sehr bequem und folgenlos für alle Beteiligten. So kommt die Führungskraft nicht in Verlegenheit, eine schlechte Beurteilung rechtfertigen oder eine besonders gute Beurteilung mit Beförderung oder Lohnerhöhung honorieren zu müssen. Doch solche nichts sagenden mittelmäßigen Bewertungen schaden allen: dem Mitarbeiter, da er sich nicht weiterentwickeln kann, der Führungskraft, die kein Feedback für ihre eigene Arbeit daraus zieht, und dem Unternehmen, das mit überwiegend unmotivierten, mittelmäßigen Mitarbeitern keinen Erfolg verbuchen kann. Echte Performer wollen aber wissen, wo sie stehen. Treffende Beurteilungen sind für sie wichtige Leistungsanreize und die Messlatte für ihren persönlichen Erfolg, schreibt Malik.

Gute Führungskräfte beurteilen ihre Mitarbeiter nicht nur einmal im Jahr, sondern notieren sich kontinuierlich Dinge, die ihnen an den Menschen, mit denen sie arbeiten, auffallen. Wie verhält sich die Person, wenn sie sich unbeobachtet fühlt? Wie benimmt sich der Mann auf dem Betriebsausflug gegenüber weiblichen Kollegen? Wie reagiert er in alltäglichen, kleinen Situationen, in denen Ehrlichkeit, Rückgrat, Offenheit und Integrität gefordert sind? Aus diesen Puzzleteilen setzen sie dann ein Gesamtbild zusammen, das sehr viel näher an der Person ist als ein punktueller Eindruck.

### 7. Werkzeug: Systematische Müllabfuhr

Weithin unbekannt, aber wichtig: Organisationen brauchen – genau wie Organismen – Systeme und Prozesse, um sich von Altem, Überkommenem und Überflüssigem zu befreien. Sie machen den Unterschied aus zwischen schlanken, effizienten, schnellen Unternehmen und langsamen, ineffizienten, schwerfälligen Unternehmen. Organisationen sind Gewohnheitstiere, die viel unnötigen Ballast anhäufen und mitschleppen, stellt Malik fest.

Die Idee der „systematischen Müllabfuhr“ stammt von Peter F. Drucker. Ausgangspunkt ist die Überlegung: Was würden wir nicht mehr anfangen, wenn wir nicht schon mittendrin steckten? Und wovon müssen wir uns daher trennen? Was müssen wir stoppen? Diese Frage stellen sich wirksame Manager in Bezug auf Produkte, Märkte, Kunden und Technologien mindestens alle drei Jahre – in Veränderungsphasen entsprechend öfter. Und alles andere, also beispielsweise Verwaltungsabläufe, Computersysteme, Listen, Berichte und Sitzungen, kommt einmal jährlich auf den Prüfstand.

Die konsequente Anwendung dieser Denkweise war in den 80er Jahren die Initialzündung dafür, dass General Electric von einem fetten, trägen und bürokratischen Koloss zu einem der bestgeführten, vitalsten und profitabelsten Unternehmen der Welt wurde, berichtet Malik. Man beschloss nämlich, sich aus allen Geschäftsbereichen zurückzuziehen, in denen man nicht Erster oder mindestens Zweiter am Weltmarkt war.

„Systematische Müllabfuhr ist der Schlüssel zu wenigstens drei weit reichenden Konsequenzen: Erstens zu wirklich wirksamem Lean Management und zur richtigen Art des Business Process Redesign; zweitens zu effektivem Management of Change und zu wirksamer Innovation; und drittens zur wirksamen Auseinandersetzung mit dem Wesenskern einer Institution, zur Definition des fundamentalen Geschäfts- oder Organisationszwecks, zur Business Mission.“ (Malik, 2001, S. 377).

Die „systematische Müllabfuhr“ ist gleichzeitig der schnellste und leichteste Weg zur persönlichen Wirksamkeit einer Führungskraft und ihrer Mitarbeiter. Führungskräfte können sich besser auf das Wesentliche konzentrieren, sparen Zeit und können Ressourcen effizienter einsetzen.

Guten Mitarbeitern wird, vielleicht nach anfänglichem Zögern, garantiert viel Ballast in ihren Abteilungen einfallen, und sie wissen auch am besten, wie man Arbeitsabläufe und Strukturen vereinfachen kann.

Diese sieben Werkzeuge und ihr professioneller Einsatz bilden für Malik die Brücke zwischen Effizienz und Effektivität: Die beschriebenen Grundsätze und Aufgaben bestimmen, welche die „richtigen Dinge“ sind, und die Werkzeuge sind die Voraussetzung dafür, sie „richtig zu tun“.

### 1.2.4 Beruf ohne Ausbildung

Aus Maliks Gebrauchsanweisung für Führung resultiert, dass man nicht als Führungskraft geboren werden muss, sondern dass Führen wie jedes andere Handwerk erlernbar ist. Eine solide Ausbildung zur Führungskraft muss auf den ersten drei Elementen, also den Grundsätzen, den Aufgaben und den Werkzeugen, aufbauen. Die dafür erforderlichen Kenntnisse lassen sich mit gewöhnlicher Intelligenz und ausreichend Übung erwerben.

Zugleich stellt Malik fest, dass Management ein Massenberuf ohne (standardisierte) Ausbildung ist. Der Führungskräftenachwuchs hat meistens eine rein akademische Laufbahn hinter sich und weiß nur in der Theorie, was es heißt, ein Unternehmen zu leiten. Der Rest ist „Training on the Job“ nach dem Prinzip „Versuch und Irrtum“, bei dem sich allerdings jeder Fehler bitter rächt und meist auf Kosten der Organisation, der Mitarbeiter und der Shareholder geht. Ein wirklicher Lerneffekt bleibt oft aus: Wer es nicht kann, muss gehen.

Wer Glück hat, hat zu Anfang seiner Karriere einen kompetenten Chef als Mentor und Vorbild, so Malik. Wieder andere Nachwuchsführungskräfte haben schon seit ihrer Kindheit Erfahrung in Sachen Menschenführung gesammelt, beispielsweise im Sportverein, bei Jugendorganisationen oder als Klassensprecher. All diese Wege beruhen auf langwierigem und wenig systematischem Erfahrungslernen. In anderen Berufen wäre es unvorstellbar, sich auf diese Art des Lernens zu verlassen.

Was wirksame Führung ausmacht, ist Maliks Ansicht nach also nicht die Person der Führungskraft: „Die Konsequenz daraus ist, dass nicht die Auswahl von Managern im Vordergrund zu stehen hat, sondern ihre Ausbildung; man sucht Manager nicht, sondern man macht, erzieht und formt sie." (Malik, 2001, S. 45). Die geborene Führungskraft hält Malik für eine Erfindung. „Man schließt von Eigenschaften auf Leistungspotenzial. Ein solcher Zusammenhang ist aber durch nichts bewiesen, und durch die Geschichte wird er klar widerlegt", behauptet Malik in apodiktischem Ton, ohne seine Aussage zu untermauern (Malik, 2001, S. 33).

Malik räumt lediglich ein, dass nicht jeder gleich gut führen kann, und dass es gewisse Eigenschaften gibt, die einigen Menschen die Führung leichter machen. Für Spitzenleistungen im Management und die Erfüllung schwierigster Managementaufgaben benötigt man mehr als nur handwerkliche Fähigkeiten. Dazu sind Talent, Begabung, Glück und Erfahrung notwendig, gibt Malik zu. Dieses Reduzieren des Faktors Persönlichkeit auf eine Randgröße halte ich jedoch für falsch und bin damit wieder beim Hauptkritikpunkt angelangt, den man dem „Handwerker" Malik entgegenhalten muss: Er vernachlässigt den nicht zu unterschätzenden Einfluss der Persönlichkeit von Führenden und Geführten mit ihren Charaktereigenschaften, Gefühlen und Beziehungen.

Verkürzt und überspitzt formuliert kann man nämlich sagen: Wenn die „Chemie" nicht stimmt und die Führungskraft keine emotionale Intelligenz besitzt, nutzen all die beschriebenen Werkzeuge und Grundsätze nichts. Dann kann sie ihr Handwerk noch so gut beherrschen, sie wird damit langfristig keinen Erfolg haben. Sie wird das Unternehmen wohl eine Weile über Wasser halten können, doch sie wird es nicht an die Spitze führen, und die Organisation wird vom Strudel von Innovation und Wandel mitgerissen werden. Für Veränderung muss man die Ängste der Menschen spüren und Energie und Zuversicht in ihnen anzünden können – Dinge, die Malik für unnötig oder unsinnig hält.

Inspiration und Begeisterung sind für ihn Scharlatanerie: „Ich greife zwei Denkweisen heraus, die fehlgeleitete und schädliche Managementauffassungen meines Erachtens nach besonders gut illustrieren. (…) Die erste Strömung kann man in ihrer allgemeinsten Form am besten als ‚Pursuit of Happiness'-Approach bezeichnen; die zweite ist die Vorstellung der ‚Großen Führungspersönlichkeit'." (Malik, 2001, S. 27).

In diesem Zusammenhang kritisiert er auch die „Psychologisierung des Managements" und führt dazu an, dass die praktische Wirksamkeit der Instrumente aus dem Einzel-, Paar- und Gruppentherapiebereich fragwürdig sei. Es komme zu einer Dominanz des Pathologischen und zu einer schädlichen Konzentration auf Konflikte, Beziehungsprobleme und auf das Neurotische. Die Arbeiten von Manfred Kets de Vries zeigen jedoch eindeutig, dass Malik mit dieser Kritik Unrecht hat und dass der psychologische Aspekt von Führung von zentraler Bedeutung für die Praxis ist. Die Erfolge der systemischen Führungstrainings der Akademie bestätigen dies außerdem eindrucksvoll.

Mein zweiter grundsätzlicher Kritikpunkt: Malik nennt als Beispiele für gute Führungskräfte vor allem Feldherren und Militärs, vornehmlich aus der amerikanischen Geschichte. Ich halte die Analogie für kritisch. Mitarbeiter sind keine Soldaten, die auf Gehorsam gedrillt sind. Armeen sind, im Gegensatz zu modernen Organisationen, streng hierarchische Gebilde. Im Krieg wurden Soldaten ganz einfach zwangsrekrutiert, wenn sie sich nicht freiwillig an die Front gemeldet hatten. Heute jedoch gilt es, die besten Talente zu finden, zu überzeugen und auf freiwilliger Basis zu binden. Dies sind zwei Hauptgründe, warum sich heutige, vor allem jüngere Führungskräfte nur noch sehr bedingt an Maliks militärischen Vorbildern orientieren können und wohl auch werden.

## 1.3 Eine Frage des Stils

Wenden wir uns nun dem Führungsstil zu, denn auch er wird häufig als Antwort auf die Frage, wovon gute Führung abhängt, ins Spiel gebracht. Also: Was ist der richtige Führungsstil? Diese Frage ist so alt wie das Phänomen Führung, und es gibt unzählige Kategorisierungsversuche, auf die ich hier nicht im Einzelnen eingehen kann und will. Eines ist jedoch sicher: Es gibt ihn nicht, den einzig richtigen Führungsstil. Deshalb ist es am besten, wenn die Führungskraft mehrere Führungsstile beherrscht und wie beim Golfen für jede Entfernung und alle Platzverhältnisse den passenden Schläger auswählen kann.

Hing diese Wahl früher hauptsächlich von den persönlichen Werten und Kompetenzen der Führungskraft und vom „Reifegrad" der Geführten ab, sind heute weitere Faktoren wie die wirtschaftliche Lage, Zeitdruck, die Komplexität der Aufgaben, die Unternehmenskultur und die Wertorientierung aller Beteiligten hinzugekommen.

### 1.3.1 Die Wahl des Stils

Die amerikanischen Wissenschaftler Victor H. Vroom und Philip W. Yetton haben in den 70er Jahren an der University of Michigan ein Führungsmodell entworfen, das der Führungskraft helfen soll, den in der jeweiligen Situation optimalen Führungsstil zu wählen (vgl. Vroom/Yetton, 1973). Der Führungskraft stehen fünf mögliche Stile zur Verfügung, die sich durch den Grad der Mitarbeiterbeteiligung voneinander unterscheiden.

Sie reichen von der autoritären Alleinentscheidung der Führungskraft bis zur kompletten Übertragung der Entscheidung auf die Mitarbeiter. Dazwischen liegen die Möglichkeit, sich von den Mitarbeitern alle nötigen Informationen zu beschaffen und dann selbst zu entscheiden; die Möglichkeit, das Problem mit einzelnen Mitarbeitern zu besprechen und deren Vorschläge vor der Entscheidung zu hören; sowie die Möglichkeit, die Entscheidung in der Gruppe von Mitarbeitern offen zu diskutieren, die Entscheidung letztlich aber doch selbst zu fällen.

Neben diesen fünf Führungsstilen unterscheiden Vroom und Yetton sieben organisatorische, technische und aufgabenbezogene Situationsaspekte, die die Art der Entscheidungsfindung bestimmen. Auf diese möchte ich hier nicht weiter eingehen, da sie für die Praxis wenig Nutzen bringen. Das Modell von Vroom und Yetton ist normativ, das bedeutet, es schreibt der Führungskraft vor, wie sie zu verfahren hat, wenn sie ein bestimmtes Unternehmensziel erreichen will. Ziele der Führungskraft oder der Mitarbeiter werden außer Acht gelassen, ebenso die Frage der Koordination, Durchsetzung und Kontrolle der Entscheidung. Ein Vorgesetzter, der zwar theoretisch weiß, welcher Führungsstil richtig wäre, ist nämlich noch lange nicht in der Lage, diesen auch umzusetzen (vgl. Neuberger, 2002, S. 501 ff.).

Darüber hinaus stört mich an diesem Modell, dass es die Führungskraft zu einem Automaten macht, der darauf programmiert ist, völlig schematisch in Situation XY den Führungsstil Z zu wählen. Die einzige Eigenleistung der Führungskraft ist die Diagnose, welche Situation vorliegt. Aber so funktioniert die Führung von Individuen durch Individuen nicht – und das ist gut so. Jede Führungskraft hat einen ganz eigenen Führungsstil, der sich nicht in eine Schublade stecken lässt und der nie identisch mit dem einer anderen Führungskraft ist, auch nicht in einer vergleichbaren Situation.

### 1.3.2 Die Klassiker

Die klassischen Führungsstile reichen vom autoritären Stil, bei dem die Führungskraft alles und der Geführte nichts zu sagen hat, über den patriarchalischen und beratenden bis hin zum kooperativen Stil, bei dem die Geführten als Gruppe entscheiden und die Führungskraft lediglich als Koordinator und Moderator dient.

Diese Beschreibung des Führungsstils auf einem eindimensionalen Kontinuum reicht allerdings nicht aus, um die Vielfalt der in der täglichen Praxis beobachtbaren Alternativen abzubilden. Weitere Merkmale des Führungsstils, abgesehen vom Entscheidungsspielraum, sind die Beteiligung der Führungskraft am Gruppengeschehen; der Grad, in dem die Führungskraft die Aufgabenerledigung verbindlich vorgibt; das Kontrollniveau; die Häufigkeit, mit der die Führungskraft Entscheidungen im Alleingang trifft, sowie das Ausmaß der Motivation der Geführten durch die Führungskraft (vgl. Heinen, 1998, S. 227).

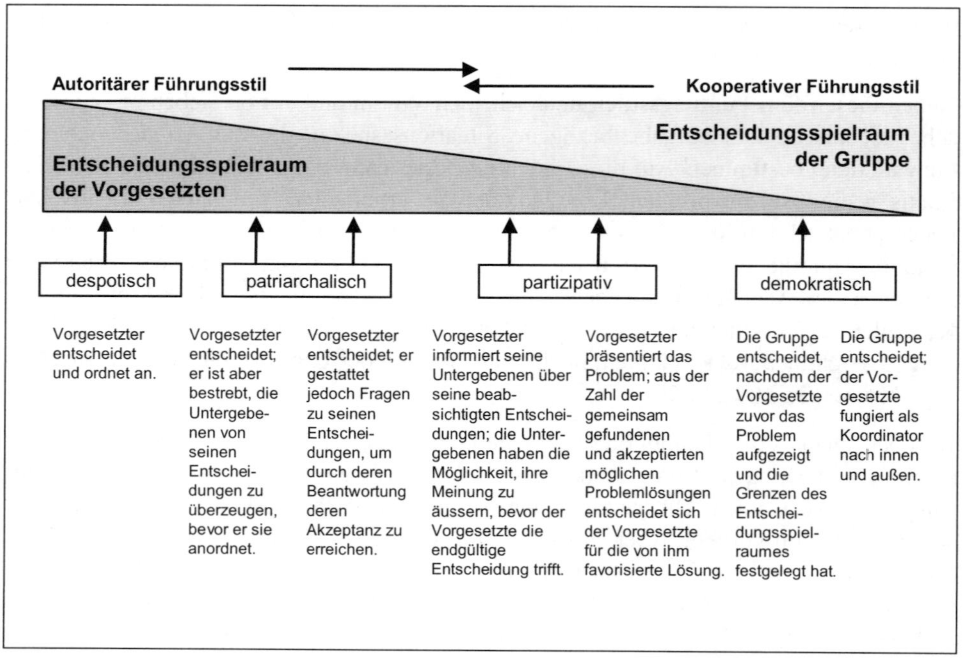


Quelle: Thommen, Jean-Paul/Achleitner, Ann-Kristin: Allgemeine Betriebswirtschaftslehre, Wiesbaden 2001

**Abbildung 2:** Führungsstile

## 1.3.3 Führungsstile mit EQ

Es kommt noch ein weiterer Faktor hinzu, der der Unterscheidung unterschiedlicher Führungsstile dient: die emotionale Intelligenz (EQ) der Führungskraft. Hierzu hat Daniel Goleman spannende Befunde vorgelegt, auf die es sich lohnt, genauer einzugehen, da sie meiner Ansicht nach „State of the Art" zum Thema Führungsstile sind. In einer Befragung von mehr als 400 Führungskräften hat Goleman sechs Führungsstile identifiziert. Erfolgreiche Führungskräfte, so auch sein Fazit, führen nicht nur mit einem Stil, sondern beherrschen den flexiblen Umgang mit unterschiedlichen Stilen, die seitens des Managers verschiedene Aspekte der emotionalen Intelligenz fordern (vgl. Goleman, 2000, S. 27-38):

Der erste der sechs, der *autoritäre Stil,* ist in den meisten Fällen ineffektiv, da er das Arbeitsklima unterkühlt und die Mitarbeiter lähmt. Sie empfinden kein Verantwortungsgefühl, da sie nur auf Anweisung und nicht aus Eigeninitiative handeln, und ihr Engagement nimmt immer weiter ab. Es gibt jedoch Situationen, in denen schnelle Entscheidungen und konsequentes „Durchziehen" nötig sind, wie bei einem Turnaround, der Drohung einer feindlichen Übernahme oder bei anderen Katastrophen. Hier ist der autoritäre Stil mitunter die einzige Möglichkeit.

Der zweite ist der *autoritative Führungsstil.* „Autoritative Führer sind Visionäre; sie motivieren die Leute, indem sie ihnen vor Augen führen, auf welche Weise ihre Arbeit zur Realisierung einer größeren Unternehmensvision beiträgt. Menschen, die für einen solchen Chef tätig sind, wissen, dass ihre Arbeit zählt und warum." (Goleman, 2000, S. 30). Die Führungskraft gibt zwar den Rahmen und das Ziel vor, doch sie schränkt die Freiräume und die Selbstverantwortung der Mitarbeiter nicht ein. Nicht empfehlenswert ist diese Art zu führen bei einer Zusammenarbeit im Team, das aus erfahrenen Personen besteht, da sie schnell als zu herrisch empfunden wird und die Kollegialität gefährden könnte.

Im Mittelpunkt des dritten Stils, des *affiliativen Stils,* stehen eindeutig der Mitmensch und seine Gefühle. Die Hauptaufgaben der Führungskraft sind das Stiften von Harmonie und von starken emotionalen Bindungen. Die Mitarbeiter erfahren viel Wertschätzung und positives Feedback. Die Kehrseite der Medaille: Schlechte Leistungen bleiben unkorrigiert, und es gehen keine Vorgaben für eine Performancesteigerung oder Orientierungshilfen von der Führungskraft aus. Führungskräfte sollten den affiliativen Stil anwenden, wenn sie Harmonie erzeugen, den Kampfgeist stärken oder die Kommunikation verbessern wollen.

Der *demokratische* und vierte *Führungsstil* hat die Vorzüge, dass die Führungskraft sich viel Zeit für die Mitarbeiter nimmt und dadurch Vertrauen, Respekt und Engagement aufbaut. Die Gefahren dieses Stils lauern in endlosen Besprechungsschleifen ohne wirkliche Konsensfindung und im Hinausschieben von Entscheidungen, was zu Konflikten führen kann. Ineffektiv ist der demokratische Stil auch dann, wenn die Führungskraft die Mitarbeiter nicht ausreichend informiert oder sie nicht kompetent sind. Dieser Stil erzielt die besten Ergebnisse, wenn neue Ideen und Leitlinien von anderen Mitarbeitern gebraucht werden, etwa um eine Vision umzusetzen.

Die fünfte Art ist die *leistungsorientierte Führung*, die jedoch eher zurückhaltend angewendet werden sollte. Ein fordernder Chef stellt dabei hohe Anforderungen an sich selbst und seine Mitarbeiter, die sich leicht davon erdrückt fühlen und über Pläne und Ziele im Dunkeln gelassen werden. Flexibilität und Verantwortung reduzieren sich auf bloße Aufgabenerfüllung. Dieser Führungsstil funktioniert nur mit hoch motivierten, kompetenten Mitarbeitern, die keine Vorgaben und Koordination brauchen.

| | Autoritär | Autoritativ | Affiliativ | Demokratisch | Leistungsbetont | Coachend |
|---|---|---|---|---|---|---|
| Der Modus operandi der Führungskraft | Verlangt, eine Anweisung sofort zu befolgen | Spornt Menschen an, eine Vision zu verwirklichen | Schaffen von Harmonie und emotionalen Bindungen | Schaffen von Konsens durch Mitbeteiligung | Setzen hoher Leistungsstandards | Bereitet Mitarbeiter für die Zukunft vor |
| Kurzcharakterisierung des Stils | „Tun Sie, was ich Ihnen sage." | „Begleiten Sie mich auf meinem Weg." | „Für mich zählen vor allem die Menschen." | „Was halten Sie davon?" | „Machen Sie es wie ich, gleich und zwar jetzt." | „Versuchen Sie das doch einmal." |
| Unterliegende Befähigungen bezüglich der emotionalen Intelligenz | Tatendrang, Tatkraft, Selbstkontrolle | Selbstvertrauen, Empathie, Katalysator bei Veränderungen | Empathie, Fähigkeit zum Aufbau von Beziehungen und zur Kommunikation | Zusammenarbeit, Teamführung, Kommunikation | Gewissenhaftigkeit, Erfolgsdrang, Tatkraft | Förderung anderer, Empathie, Selbstreflexion |
| Wann der Stil am besten funktioniert | In einer Krise, um den Turnaround anzustoßen oder bei Problemen mit schwierigen Mitarbeitern | Falls der Wandel eine neue Vision erfordert oder wenn eine klare Richtung gebraucht wird | Überwinden von Verstimmungen innerhalb eines Teams oder Motivieren von Menschen in belastenden Situationen | Um Engagement oder Konsens zu erzeugen oder um Beiträge von wertvollen Mitarbeitern zu bekommen | Wenn von einem hoch motivierten und tüchtigen Team schnelle Ergebnisse kommen sollen | Um einem Mitarbeiter zu helfen, seine Leistung zu steigern oder langfristige Stärken zu entwickeln |
| Gesamtauswirkung auf das Klima | Negativ | Am klarsten positiv | Positiv | Positiv | Negativ | Positiv |

Quelle: Goleman, Daniel: Durch flexibles Führen mehr erreichen, in: Harvard Business Manager 8/2000, S. 27-38

**Abbildung 3:** Die sechs Führungsstile im Überblick

Das *Coaching* als sechste Form des Führens wird in der Praxis kaum angewendet, da es zeitaufwändig und Kraft raubend ist, so Goleman. „Es zielt in erster Linie auf die persönliche Entwicklung des Einzelnen und nicht – oder nur indirekt – auf die Erledigung konkreter Arbeitsaufgaben. Dennoch verbessert Coaching die Ergebnisse, weil es einen fortlaufenden Dialog mit sich bringt, und der wirkt sich in jeder Hinsicht positiv auf das Klima aus." (Goleman, 2000, S. 35). Coaching ist besonders erfolgreich, wenn Mitarbeiter um ihre Schwächen wissen, aber ihre Leistung verbessern wollen. Ich möchte an anderer Stelle dieses Buches noch genauer auf das Coaching und seine Möglichkeiten eingehen (siehe Teil IV Kapitel 2.3). Hier soll dieser kurze Aufriss zunächst genügen.

Studien belegen, so schließt Goleman, dass der Erfolg einer Führungskraft mit der Zahl der Führungsstile, die sie beherrscht, wächst. Wer als Führungskraft höchst effektiv ist, wechselt je nach Situation und nach Menschen locker von einem Stil zum anderen. Effektive Führungskräfte richten ihr Verhalten dabei nicht mechanisch an einer vorgegebenen Liste von Situationen aus, sondern reagieren flexibel. Sie erkennen innerhalb von Minuten, welchen Einfluss sie auf andere ausüben, und passen ihren Führungsstil nahtlos an, um optimale Ergebnisse zu erzielen. Erfolglose Führungskräfte dagegen treten als „Machen-Sie-es-so-wie-ich"-Manager auf.

### 1.3.4 Management-by-Ansätze

Aussagen darüber, wie ein Manager führt, geben auch die zahlreichen Management-by-Modelle, jedoch aus einer anderen Perspektive. Sie konzentrieren sich nämlich nicht auf den Typus der Führungskraft, sondern darauf, mit welchen Techniken und Mitteln sie führt. Auch wenn es mittlerweile eine große Zahl von Management-by-Konzepten gibt und es ständig mehr werden, möchte ich hier nur die vier wichtigsten vorstellen. Die übrigen sind Weiterentwicklungen oder Varianten dieser vier Konzepte:

*Management by Delegation* (Führung durch Delegieren): Aufgaben, Verantwortung und Entscheidungskompetenzen werden weitestgehend von oben nach unten delegiert. Die Verantwortung des Vorgesetzten beschränkt sich auf die Dienstaufsicht. Dieses Führungsprinzip hat sich naturgemäß aus der fortschreitenden Funktions- und Arbeitsteilung in unserer modernen Gesellschaft entwickelt. In Deutschland fand dieser Ansatz in dem von Reinhard Höhn 1962 entwickelten *Harzburger Modell* eine große Verbreitung. Höhn, Professor für Staats- und Verwaltungsrecht an den Universitäten Heidelberg und Berlin sowie Gründer der Akademie für Führungskräfte der Wirtschaft in Bad Harzburg (1956), prägte mit diesem Modell hauptsächlich in den 60er und 70er Jahren bis Mitte der 80er Jahre nachhaltig das Führungsverständnis im Management und der Unternehmensführung in Deutschland. Als Modell zeigte es eine effektive und methodische Arbeitsweise für Unternehmen auf, in bürokratischer und gründlicher Weise operationale Abläufe im unternehmerischen Alltag zu organisieren und zu kontrollieren. Das Modell vermittelte Führungskräften exaktes Wissen, wie sie im Mitarbeiterverhältnis mit der Delegation von Verantwortung und der damit verbundenen Stellenbeschreibung führen konnten. Weiterhin beinhaltete das Modell Führungsanweisungen, Stellvertretungen, Dienstaufsicht und Erfolgskontrollen, Zielvereinbarungen, Mitarbeiterbesprechungen etc. Wie alle Modelle war auch dieses ein idealisiertes Abbild des menschlichen Handelns gewesen. Die Wirklichkeit komplexer Systeme konnte es jedoch nicht erfassen, sodass das Harzburger Modell heute nur noch eine untergeordnete Relevanz besitzt (vgl. Höhn, 1980).

*Management by Exception* (Führung durch Eingriffe in Ausnahmefällen): Die Mitarbeiter arbeiten so lange selbstständig und eigenverantwortlich, bis vorgeschriebene Toleranzen überschritten werden oder das Auftreten nicht vorhergesehener Ereignisse ein Eingreifen der übergeordneten Ebene erfordert. Diese behält sich jedoch nur in Ausnahmefällen die Entscheidung vor.

*Management by Objectives* (Führung durch Zielvereinbarung): Vorgesetzte und Untergebene erarbeiten gemeinsam die Ziele für alle Führungsebenen. Dabei werden jedoch keine Regeln für die Zielerreichung festgelegt. Über sie und über die Wahl der Ressourcen entscheidet der jeweilige Aufgabenträger. Grundlagen dieses Konzepts sind die Arbeitsteilung und die Delegation von Verantwortung. Dieses Konzept wurde von Peter F. Drucker entwickelt und gilt bis heute als sehr erfolgreich.

*Management by Systems* (Führung durch Systemsteuerung): Dieses Führungsmodell zielt darauf ab, durch die Integration aller Teilsysteme des Unternehmens mit Hilfe computergestützter Informations-, Planungs- und Kontrollsysteme den Führungs- und Produktionsprozess zu optimieren.

Neben diesen verbreiteten Klassikern gibt es zahlreiche weitere „Management by"-Stile, wie zum Beispiel: Management by Results (Führung durch Ergebnisüberwachung), Management by Motivation (Führung durch Motivation) oder Management by Participation (Führung durch Beteiligung am Entscheidungsprozess).

Diese Prinzipien sind vielfach fantasievoll verfremdet worden, um negative Auswüchse von Führung zu kennzeichnen. Als Kostprobe sollen einige davon genügen: „Management by Helicopter" (Die Führungskraft landet, wirbelt Staub auf und fliegt dann wieder weg), „Management by Jeans" (An allen entscheidenden Stellen sitzen Nieten) oder „Management by Champignons" (Die Mitarbeiter werden im Dunkeln gehalten, gelegentlich wird eine Fuhre Mist drübergekippt, und sobald sie die Köpfe rausstrecken, werden sie abgeschnitten).

### 1.3.5 Managing quietly

Gegen den laut rauschenden Strom der Trends bei den Führungsstilen und gegen die wissenschaftliche Sezierung des Phänomens Führung schwimmt der Hochschulprofessor und Bestsellerautor Henry Mintzberg mit seinem beachtenswerten Ansatz des *„Managing quietly"*. In dessen Mittelpunkt steht nicht der Shareholder Value, sondern der Mensch, und dieser Ansatz bildet einen Gegenentwurf zum heute immer noch oder wieder weit verbreiteten „Management by barking around", wie Mintzberg es treffend nennt.

Mintzberg ist der Ansicht, dass weniger neue Fertigkeiten von Führungskräften verlangt werden sollten als uralte und bewährte wie gesunder Menschenverstand und soziale Verantwortung. „Managing quietly" beschreibt einen ruhigen, beharrlichen und unspektakulären Stil, der darauf bedacht ist, die Dinge immer wieder in die richtige Bahn zu lenken, damit die Organisation auch in Krisenzeiten stark und stabil bleibt. Die Führungskraft hat eine schützende Funktion und verhindert Probleme, statt sie zu lösen.

Mintzberg sieht die dringende Notwendigkeit, sich „von all dem Getue um Managementtechniken und große Männer zu befreien und einem tieferen Verständnis zuzuwenden. Wir brauchen nachdenklichere Führungskräfte, die sich stärker auf Dinge und Vorgänge einlassen als derzeit üblich." (Minzberg, 1999). Die Ansprüche an gute Führung sind seines Erachtens nach zeitlos, und die grundlegenden Bedürfnisse und Interessen von Kunden und Mitarbeitern sind es auch.

Ich halte diesen Ansatz für wegweisend und wirkungsvoll. Es wird in den Firmen und auf den meisten Führungsseminaren viel zu viel Wind gemacht, viel zu viel Show veranstaltet und viel zu viel operative Hektik verbreitet, wo Wissensvermittlung, ruhiges

Nachdenken oder selbstloses Handeln im Sinne der gemeinsamen Sache gefordert sind. Führen bedeutet für mich auch dienen, demütig sein, sich selbst zurücknehmen, wenn die Mitarbeiter es besser können. Führungskräfte sollen lernen, in sich hineinzuhorchen, Stimmungen bei anderen zu erspüren, sich einzufühlen und in großen Zusammenhängen zu denken, statt nur an ihren großen Auftritt.

## Die fünf Mind-Sets eines Managers

Aufbauend auf dieser Forderung nach weniger Lärm um nichts und nach mehr wohlüberlegter Handlung und basierend auf seiner praktischen Arbeit mit Führungskräften hat Henry Mintzberg das Konzept der fünf Mind-Sets entwickelt (vgl. Gosling/Mintzberg, 2004, S. 46-59).

Ausgangspunkt des Ansatzes ist folgende Überlegung: Der Alltag eines Managers ist kompliziert und verwirrend. Um sich darin zurechtzufinden und die täglich wachsenden Anforderungen bewältigen zu können, muss er fünf verschiedene gedankliche Herangehensweisen – oder „Mind-Sets“ – beherrschen und zu einem „Big Picture“ zusammenführen können. Henry Mintzberg will den Managern keine bestimmte Denkweise einimpfen, sondern empfiehlt ihnen, ihr Denken an fünf Kernpunkten auszurichten: Analyse, Handlung, Reflexion, Kooperation und Weltgewandtheit.

Sie bilden ein Rahmenwerk, das neue Sichtweisen ermöglicht und mit denen die Führungskraft die Welt um sie herum (unternehmensintern und -extern) interpretiert. Jeder der fünf Denk- bzw. Herangehensweisen liegt ein Hauptgegenstand oder ein Hauptziel zugrunde. Der reflektierende Mind-Set zielt auf das Management des eigenen Ichs, der analytische Mind-Set auf das Management von Organisationen, der kooperative Mind-Set auf das Management von Beziehungen, der weltgewandte Mind-Set auf das Management des Kontextes, und der handlungsorientierte Mind-Set zielt auf das Management von Veränderungen.

### 1. Der reflektierende Mind-Set

Entscheidungsträger werden heute zu Seminaren geschickt, die den Charakter eines Abenteuer-Urlaubs oder eines Survival-Camps haben. Doch Führungskräfte brauchen nicht die Atmosphäre einer Vergnügungsreise, um sich zu entwickeln, kritisiert Mintzberg. Genauso wenig brauchen sie ein Bootcamp, denn dort werden Soldaten auf Marschieren und Gehorsam gedrillt, nicht auf Innehalten und Nachdenken. Doch was Führungskräfte heute tun müssen, ist genau das: Abstand gewinnen und reflektieren.

Ereignisse werden nur dann zu Erfahrungen, wenn sie verarbeitet und reflektiert werden, erklärt Mintzbeg dazu. Wenn die wahre Bedeutung nicht erfasst wird, ist das Managen gedankenlos und kurzsichtig. Unternehmen brauchen Mitarbeiter und Führungskräfte, die mehr sehen als das, was direkt vor ihren Augen steht. Das lateinische „reflectere“ bedeutet „zurückwenden“. Die Aufmerksamkeit muss zunächst nach innen gerichtet werden, damit sie dann nach außen geleitet werden kann. Eine Führungskraft muss nach innen und zurück schauen, um besser nach außen und nach vorn blicken zu können. Visionen entspringen nämlich nicht einem luftleeren Raum, sondern sind das Ergebnis der gesammelten und reflektierten Erfahrungen der Vergangenheit.

### 2. Der analytische Mind-Set

Mit einer Analyse werden komplexe Phänomene „aufgelöst", indem man sie in ihre Einzelteile zerlegt. Ohne Analyse kann keine Organisation bestehen, denn eine Organisationsstruktur ist in ihrem Wesen analytisch. Ziel des analytischen Mind-Sets ist es, den Bereich der konventionellen, oberflächlichen Analysen zu verlassen und die wesentlichen Bedeutungen von Strukturen und Systemen zu erkennen, so Mintzberg weiter. Er dient nicht dazu, komplexe Entscheidungen zu vereinfachen, sondern die Komplexität beizubehalten, ohne die Fähigkeit zu handeln einzubüßen.

In unseren Unternehmen wird nicht zu wenig analysiert, sondern zu viel – nämlich das Falsche und mit falschen Methoden, stellt Mintzberg fest. So wie der Marketingleiter, der so damit beschäftigt ist, die potenzielle Zielgruppe zu definieren, dass er die Verkaufsgelegenheit verpasst. Führungskräfte müssen aus dieser eingeschränkten Interpretationsweise ausbrechen und hinter die Zahlen schauen, die Anlage der konventionellen Analysen hinterfragen und tiefer graben.

### 3. Der weltgewandte Mind-Set

Der Trend der Globalisierung suggeriert eine gewisse Standardisierung der Welt, doch bei näherer Betrachtung ist sie alles andere als einförmig: Sie besteht aus vielen verschiedenen Einzelwelten. Wir sollten von Führungskräften verlangen, weltgewandter zu sein und mehr Welten als ihre eigene zu kennen – und zwar in intellektueller wie in praktischer Hinsicht, fordert Mintzberg. Um weltgewandt zu sein, ist keine globale Aktivität nötig, und ein globales Projekt oder ein Job bei einem Global Player führt noch lange nicht automatisch zu einem weltgewandten Mind-Set.

Führungskräfte müssen ihre Büros verlassen und mehr Zeit dort verbringen, wo Produkte erstellt, Kunden bedient und Mitarbeiter rekrutiert werden. Sie müssen die Lebensumstände, Gepflogenheiten und Kulturen anderer Völker kennen lernen, damit sie ihre eigene Welt besser verstehen. Unter einem weltgewandten Mind-Set versteht Mintzberg die Bereitschaft der Manager, ständig anderes zu erforschen, um dann nach Hause zurückzukehren und das Gewohnte neu kennen zu lernen. Die andere Welt wird so zum Spiegel der eigenen Welt. Der weltgewandte Mind-Set stellt damit den reflektierenden Mind-Set, der um das eigene Selbst und die eigene Welt kreist, in den richtigen Kontext.

### 4. Der kooperative Mind-Set

Westliche Führungskräfte haben für Mintzberg eine eingeschränkte Sichtweise: Sie betrachten Menschen als unabhängige Akteure (sie sich selbst übrigens auch), als isolierbare menschliche Ressourcen oder Aktiva, die hin- und her geschoben, ge- oder verkauft, zusammengestellt oder abgebaut werden können. Viel wichtiger als einzelne

Menschen zu managen ist es jedoch, Beziehungen zu managen, in Teams und Projekten, Abteilungen und Bündnissen.

Der kooperative Mind-Set bedeutet deshalb eine Abkehr vom heroischen Management-Stil zugunsten eines gewinnenden Stils. Gewinnende Führungskräfte verwenden mehr Zeit aufs Zuhören als aufs Reden. Sie verlassen ihren Arbeitsplatz, um mehr über die Menschen zu erfahren und präsent zu sein, statt nur im Chefsessel Gedankenspiele zu betreiben. Kooperative Führungskräfte sind Insider, sind beteiligt und managen ganzheitlich. Sie sind involviert, aber drängen sich nicht in den Vordergrund.

Die Umsetzung des kooperativen Mind-Sets bedeutet, die Verantwortung und die Initiative auf Mitarbeiter zu übertragen, sie einzubinden und sich selbst zurückzunehmen. Das ist in Mintzbergs Augen auch die eigentliche Funktion einer Führungskraft: Sie trägt dazu bei, Strukturen, Bedingungen und Einstellungen zu schaffen, damit Aufgaben erledigt werden können, aber sie macht nicht alles selbst. In Japan nennt man diesen Führungsstil „Leadership im Hintergrund", Mintzberg nennt ihn „Managing quietly".

### 5. Der handlungsorientierte Mind-Set

Mintzberg vergleicht ein Unternehmen mit einer Kutsche, die von wilden Pferden gezogen wird. Diese Pferde stehen für die Emotionen, Ambitionen und Motive der Menschen im Unternehmen. Das Kurshalten erfordert vom Kutscher ebenso viel Geschick wie das Einschlagen einer anderen Richtung. Ein handlungsorientierter Mind-Set bedeutet für die Führungskraft, die Pferde nicht mit der Peitsche zu einem rasenden Zickzackkurs anzutreiben, sondern ein Gespür für das Terrain und die Strecke zu entwickeln. Sie muss wissen, was ihr Team auf diesem Terrain leisten kann, und es dabei unterstützen, die richtige Richtung beizubehalten.

Führen ist Handeln, doch ohne Überlegung ist Handeln gefährlich. Derzeit ist eine übermächtige Betonung der Handlung auf Kosten der Reflexion zu beklagen, stellt Mintzberg fest, und ein übermächtiges Streben nach permanentem Wandel. Doch dem handlungsorientierten Mind-Set steht ein bisschen Bescheidenheit gut zu Gesicht, mahnt Mintzberg, denn Unternehmen werden letztlich nach den Produkten, die sie verkaufen, oder den Dienstleistungen, die sie erbringen, beurteilt – und nicht nach der Zahl der Veränderungen, die sie durchlaufen.

Mintzberg hat eine Bezeichnung für den Zustand, in dem sich ständig alles verändert: Anarchie. Veränderungen können nicht ohne Kontinuität durchgeführt werden. Der handlungsorientierte Mind-Set setzt deshalb darauf, Energien für das aufzuwenden, was wirklich verändert werden muss, und gleichzeitig darauf zu achten, dass der Rest erhalten bleibt. Er bedeutet nicht, Wandel um des Wandels willen, sondern die Bereitschaft, neugierig, wachsam und experimentierfreudig zu bleiben. In Teil III dieses Buches werden Sie noch mehr zu diesem Thema finden, denn Führen bedeutet auch für mich zum einen, Veränderungen zu managen, und zum anderen, Orientierung und Sicherheit zu geben.

Diese fünf Mind-Sets sind keine klar abgrenzbaren Kategorien. Ihre Übergänge sind fließend. Wie ein Weber muss die Führungskraft die Fäden der Mind-Sets miteinander verweben, bis ein Stück strapazierfähiger Stoff entsteht, so das Bild von Mintzberg. Wenn dann die Führungskräfte des Unternehmens miteinander kooperieren und ihre reflektierten Handlungen in analytischer, weltgewandter Weise miteinander verbinden, entsteht daraus der Stoff, aus dem erfolgreiche Organisationen gemacht sind: „Erfolgreiche Unternehmen schneidern überzeugende Ergebnisse aus den verwobenen Mind-Sets ihrer Manager" (Gosling/Mintzberg, 2004, S. 59).

### 1.3.6 Stillos?

Nach eigenen Angaben pflegt die Mehrheit der deutschen Manager (64 Prozent) einen kooperativen Führungsstil. Autoritär, das heißt ohne Einbindung der Mitarbeiter bei Entscheidungen, führen danach nur neun Prozent. Allerdings beteiligen bei der wichtigen Frage, wer neu eingestellt werden soll, nur 38 Prozent der Führungskräfte ihre Mitarbeiter. Das zeigt sehr deutlich die Grenzen der Kooperation in der Praxis auf (vgl. Frankfurter Allgemeine Zeitung, 18.08.2003).

Am Ende dieses Abschnitts über die Ansätze, für die Führung in erster Linie oder ausschließlich eine Frage des Handwerks ist, möchte ich noch einmal Peter F. Drucker zu Wort kommen lassen, der als einer der Ersten die Bedeutung der Beziehungen zu den Geführten und die Notwendigkeit ihrer Förderung hervorhebt. Die Beherrschung des Handwerks allein nutzt nämlich nichts, wenn es menschlich beim Manager hapert: „Doch wenn es ihm an Charakter und Lauterkeit fehlt, mag er noch so kenntnisreich, glänzend und erfolgreich sein, dann ist er verderblich. Er verdirbt den Menschen, den kostbarsten Produktionsfaktor des Unternehmens. Er verdirbt den Geist. Und er verdirbt die Leistung." (Drucker, 1956, S. 198).

Dieser Einschränkung der handwerklichen Perspektive kann ich mich nur anschließen, denn der Einfluss der Person der Führungskraft auf die Qualität der Führung ist eben nicht so locker von der Hand zu weisen, wie Malik dies tut. So gibt es denn auch ein großes Lager von Theoretikern und Praktikern, das die Person der Führungskraft mit ihren Eigenschaften, ihrem Denken, Fühlen und ihren Entscheidungen im Zentrum guter Führung sieht.

# 2. Die Führungskraft

***„Gute Führung hängt maßgeblich von der Person der Führungskraft ab."***

Die meisten Führungstheorien und -ansätze definieren gute Führung – mal mehr, mal weniger – von der Person der Führungskraft her. Ihre Charaktermerkmale und -eigenschaften, ihre Ausstrahlung, ihre Denk- und Verhaltensweisen, ihre Ziele und Entscheidungen sind nach diesen Konzepten ausschlaggebend für die Art und den Erfolg von Führung. Diese Facetten bilden eine Untergruppe der *personenbezogenen Führungsansätze* – die andere Untergruppe konzentriert sich auf die Person des Geführten und seinen Einfluss auf den Führungsprozess. Sie wird eine weitere Station auf unserem Streifzug sein.

## 2.1 Ihre Eigenschaften

Entweder man ist eine Führungspersönlichkeit, oder nicht – so lässt sich die Position der *eigenschaftsorientierten Ansätze* verkürzt darstellen. Aneignen oder erlernen lässt sich Führung für sie nicht, abgesehen von einigen Techniken oder betriebswirtschaftlichem Wissen. Hier widersprechen die Anhänger der eigenschaftsorientierten Ansätze ganz klar denen, die Führung als Lehrberuf betrachten, den jeder ausüben kann. Das Zeug zur Führungskraft haben Menschen, die über bestimmte Persönlichkeitsmerkmale wie Leistungsbereitschaft, Verantwortungsgefühl, Intelligenz, Urteilskraft, Anpassungs- und Kontaktfähigkeit, Handlungsfreude und Charisma verfügen. Die Persönlichkeit setzt sich dabei im Wesentlichen aus angeborenen und anerzogenen Charaktereigenschaften zusammen.

Der Eigenschaftsansatz ist so alt wie die Geschichtsschreibung. Schon immer rankten sich historische Berichte um große Führungspersönlichkeiten, Entscheidungsträger und Machthaber. Das große Problem bei der Anwendung im Bereich der Betriebswirtschaftslehre ist, dass ein- und dieselbe Eigenschaft mit unterschiedlichsten Begriffen betitelt werden kann, und dass die Bewertung anderer immer subjektiv bleibt.

Führung wird zudem oft auf Eigenschafts-Schlagworte reduziert und damit unzulässig vereinfacht: In einer kürzlich durchgeführten Umfrage der US-Zeitschrift Time Magazine und des US-Fernsehsenders CNN wurden die weltweit einflussreichsten Geschäftsleute ermittelt. Von den 25 genannten Top-Managern kommen elf aus den USA, vier sind Frauen. Aus Deutschland sind einzig Wolfgang Bernhard (Volkswagen, ehemals DaimlerChrysler) und Gunter Thielen (Bertelsmann) vertreten. Beide wurden in die Sparte

„Gewinnmaximierer" eingegliedert. Weitere Sparten dieser Umfrage sind z. B. „Innovatoren" oder „Aufräumer". Letztlich hätten alle genannten Führungskräfte „weltweit Standards gesetzt", heißt es dort. An der Spitze steht Jeffrey Immelt, Vorstandsvorsitzender von General Electric (vgl. www.t-online-business.de, 14.12.2004). An diesem Beispiel zeigt sich, wie beliebig und oft auch schwammig Eigenschaftsbezeichnungen sein können und wie uferlos die Möglichkeiten der Typisierung.

### 2.1.1 Charismatische Führung

Eine Eigenschaft wird im Laufe der Geschichte jedoch immer wieder mit Führung und Führerpersönlichkeiten in Verbindung gebracht: Charisma. So hat sich auch Max Weber Anfang des 20. Jahrhunderts im Rahmen seiner Herrschaftssoziologie intensiv mit dem Phänomen der charismatischen Führung beschäftigt. Er unterscheidet dabei drei Arten von Herrschaft: die rationale Herrschaft, die traditionale Herrschaft und die charismatische Herrschaft, die auch für unsere Suche nach der Quelle guter Führung interessant ist.

Der Begriff „Charisma" stammt aus dem Griechischen und bedeutet so viel wie „Gnadengeschenk". Nach Max Weber ist Charisma eine magische, übermenschliche und nicht alltägliche Qualität der Persönlichkeit, die auch auf Organisationen abstrahlen kann. Die Anhänger der charismatischen Persönlichkeit erkennen diese freiwillig als Führer an und empfinden die Gefolgschaft als Pflicht, der sich niemand entziehen kann. Charismatisch legitimiertes Handeln muss für Max Weber langfristig auf das Wohlergehen der Beherrschten abzielen, wobei sich die Führung über bestehende Ordnungen hinwegsetzt und von innen heraus eine neue Ordnung und eine neue Orientierung erschafft. Charisma ist an sich nicht auf wirtschaftlichen Nutzen aus (vgl. Weber, 1972, S. 140 ff.).

Jeder, der schon einmal einem Menschen mit Charisma begegnet ist, hat es selbst gespürt, doch das Wesen des Charismas ist schwer in Worte zu fassen. Versuchen wir es trotzdem: Charismatische Führungskräfte leben überzeugend und mitreißend vor, wofür es sich lohnt zu arbeiten und zu leben. Sie sind Modelle, denen andere nacheifern. Charismatische Führungskräfte wecken in ihren Mitarbeitern höhere Motive und Ziele. Und charismatische Führer vertrauen den Geführten und vermitteln ihnen ihre Wertschätzung. Dadurch stärken die Führungskräfte deren Selbstwertgefühl und Selbstvertrauen und damit auch deren Motivation.

Soweit das Idealbild. Charismatische Führung hat nämlich auch ihre Schattenseiten. Sie heißen Fanatismus, blinder Gehorsam, Abhängigkeit und Selbstaufgabe auf Seiten der Geführten. Und sie heißen Anmaßung, Machtmissbrauch, Willkür, Selbstüberschätzung und Narzissmus auf der Seite der Führungskraft. Darüber hinaus wäre es in unserem modernen, demokratischen Gesellschafts- und Wirtschaftssystem fatal, auf den großen Einzelnen zu setzen, denn die wechselseitigen Abhängigkeiten und Machtverflechtungen bilden ein ausbalanciertes, sich selbst kontrollierendes und beschränkendes Ganzes, das durch die Übermacht einer Person zusammenbrechen würde. Trotzdem werden gerade in Krisenzeiten die Hilferufe nach einem allmächtigen Steuermann (immer wieder) lauter, der das Schiff (ein Unternehmen oder die ganze Nationalökonomie) auf den Kurs Richtung Paradies bringen soll.

Auch für Manfred Kets de Vries ist Charisma zwar eine bedeutende Eigenschaft einer guten Führungskraft, doch es muss noch eine zweite hinzukommen: „Gute Führungskräfte spielen zwei Rollen, die charismatische und die architektonische. Mit Charisma erzeugen sie die Vision einer besseren Zukunft, begeistern und beflügeln die Mitarbeiter. Als Architekten kümmern sie sich um den Aufbau der Organisation, um Kontrollmechanismen und Anerkennungssysteme.“ (Kets de Vries, 2002, S. 223). Charisma allein reicht also nicht aus, wenn die Umsetzungskompetenz fehlt.

Für Peter F. Drucker dagegen hängen Charisma und Führung nicht zwangsläufig zusammen. Wenn eine gute Führungskraft zugleich eine charismatische Persönlichkeit ist, umso besser, doch das eine hat mit dem anderen nicht automatisch zu tun. Die Geschichte kennt, so Drucker, keine charismatischeren Führer als die drei großen Despoten des vergangenen Jahrhunderts: Stalin, Hitler und Mao. Sie zeichnen sich jedoch nicht durch einen nachahmenswerten Führungsstil aus. Umgekehrt sind Dwight D. Eisenhower, George Marshall und Harry Truman außerordentlich effektive Führer gewesen, doch jeder von ihnen hat so viel Charisma besessen „wie eine eingelegte Makrele“, stellt Drucker trocken fest. Auch Konrad Adenauer, Abraham Lincoln und Winston Churchill sind für ihn keine besonderen Charismatiker gewesen. Im Gegensatz zu John F. Kennedy – aber kaum ein US-Präsident habe so wenig bewerkstelligt wie er. Tatsächlich, so Drucker, kann Charisma sogar Schaden anrichten, weil dadurch eine „Illusion der Unfehlbarkeit“ entstehen kann und Flexibilität und Veränderungswille beeinträchtigt werden (vgl. Drucker, 1967).

Ich würde nicht so weit gehen wie Drucker: Ich kenne durchaus erfolgreiche Führungskräfte, die charismatisch sind. Wir können also davon ausgehen, dass Charisma eine wichtige, aber keine notwendige und erst recht keine hinreichende Eigenschaft für den Erfolg einer Führungskraft ist. Charisma kann Führung jedoch in bestimmten Kontexten und Situationen erleichtern, vor allem dann, wenn es nicht mit Selbstüberschätzung, sondern mit echtem Interesse an anderen Menschen gepaart ist. Dann entzündet Charisma in anderen die Flamme der Begeisterung und der Identifikation im positiven und produktiven Sinne.

### 2.1.2 Kompetenz führt

Der relativ neue interaktive Führungsansatz von Manfred Kets de Vries setzt ebenfalls bei den persönlichen Eigenschaften der Führungskraft an. Er geht nämlich davon aus, dass sich der individuelle Führungsstil aus dem „inneren Skript“, also den zentralen Bedürfnissen und Wahrnehmungsmustern des Individuums, und ihren Kompetenzen zusammensetzt. Gute Führungskräfte bringen Kompetenzcluster in drei zentralen Bereichen mit: zum Ersten *persönliche Kompetenzen* wie Erfolgsorientierung, Selbstvertrauen, Energie und Arbeitseffizienz. Zum Zweiten *soziale Kompetenzen* wie Einfluss, politisches Bewusstsein und Empathie. Und zum Dritten *kognitive Kompetenzen* wie begriffliches Denken, analytische Fähigkeiten und Überblick.

Für Kets de Vries sind insbesondere folgende Eigenschaften unentbehrlich für gute Führungskräfte:

***Forschheit:*** Eine Führungskraft muss ihren eigenen Kopf haben, etwas erreichen wollen und wissen, wie sie es erreicht. Forsche Menschen sind dominant, energisch und in höchstem Maße leistungsorientiert. Sie sind Tatmenschen mit Feuer im Bauch, die auch andere dazu bringen, etwas zu wagen oder etwas Neues zu tun.

***Soziale Ader:*** Erfolgreiche Führungskräfte haben ein Händchen für Menschen.

***Rezeptivität:*** Eine gute Führungskraft ist immer offen für neue Ideen und Erfahrungen.

***Verträglichkeit:*** Wirksame Führer sind angenehme Menschen, nett und kooperativ im persönlichen Umgang, flexibel und liebenswürdig. Sie sind gute Mannschaftsspieler und können jeder Situation etwas Positives abgewinnen.

***Verlässlichkeit:*** Auf eine gute Führungskraft kann man sich verlassen. Sie hat ein Gewissen und hält, was sie verspricht.

***Analytische Intelligenz:*** Die meisten guten Führungskräfte besitzen überdurchschnittlich viel analytische Intelligenz und denken strategisch.

***Emotionale Intelligenz:*** Erfolgreiche Führungskräfte können ihre Gefühle kontrollieren und die Emotionen anderer Menschen richtig interpretieren. Sie schätzen ihre eigenen Stärken und Schwächen realistisch ein und sind emotional stabil. Sie knüpfen und erhalten leicht zwischenmenschliche Beziehungen (vgl. Kets des Vries, 2004, S. 189 ff.).

Ich möchte diesem Kanon von Kets de Vries noch einige „preußische" Tugenden aus meiner Sicht hinzufügen: Genauigkeit auch in kleinen Dingen, Beharrlichkeit und Ausdauer, Konsequenz, Respekt, Disziplin, Bescheidenheit und Verantwortungsbewusstsein. Diese Eigenschaften sind im Gegensatz zum Führungsstil keinen Trends unterworfen, sie gelten heute noch so wie vor einhundert Jahren. Sie müssen jedoch für jede Zeit und für jedes Umfeld neu definiert werden.

Helmut Maucher, der frühere Nestlé-Chef, fordert, bei der Auswahl von Führungskräften müsse künftig verstärkt auf Charaktereigenschaften wie Verantwortungsbewusstsein, Zuverlässigkeit und langfristiges Denken geachtet werden. Er hat gemerkt, dass gerade in Deutschland ein mangelndes Vertrauen in politische und wirtschaftliche Eliten vorherrscht. Diese Einschätzung wird untermauert durch das vernichtende Ergebnis einer Umfrage des Emnid-Instituts im Auftrag des World Economic Forum. Danach halten 70 Prozent der befragten Deutschen ihre Konzernchefs für unehrlich – das miserabelste Image von Managern in Westeuropa. Das Misstrauen der Bevölkerung gegenüber Führungskräften ist sonst nur noch in Entwicklungsländern wie Albanien oder Costa Rica so schlecht. In Frankreich und Großbritannien zweifeln nur jeweils 22 bzw. 42 Prozent an der Ehrlichkeit von Unternehmenslenkern, in den USA sind es 37 Prozent (vgl. Die Welt, 19.11.2004).

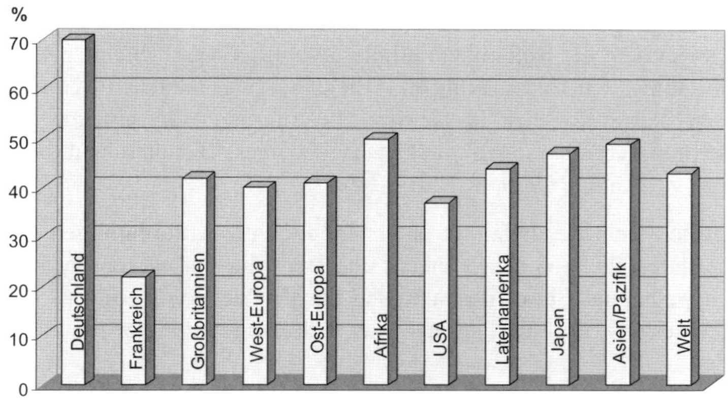


Quelle: Emnid-Umfrage, in: Die Welt, 19.11.2004

**Abbildung 4:** Misstrauen gegenüber Führungskräften im Ländervergleich

## 2.2 Ihr Verhalten

Ausgangspunkt ist hier folgende Annahme: Das Verhalten der Führungskraft bestimmt ihren Führungsstil, ihre Beziehungen zu den Mitarbeitern und ihre Wirkung auf andere. Umgekehrt wird das Führungsverhalten auch durch die Organisation geprägt: Der Führungskraft wird im Unternehmen eine bestimmte Position und eine dazugehörende Rolle zugewiesen. Ihr Erfolg hängt folglich davon ab, inwieweit sie die Erwartungen, die andere an sie stellen, durch ihr Verhalten erfüllt und inwieweit die zugewiesene Rolle mit ihrem Selbstbild vereinbar ist – so die Betrachtungsweise der *positionsorientierten Ansätze*. Die Position ist quasi eine Leerstelle in einem sozialen System, die durch eine Person zu besetzen und auszufüllen ist.

### 2.2.1 Rollenspiele

Die Rolle gibt einen ganzen Satz von Handlungsanweisungen vor und kreiert einen bestimmten Typ. Sie ist dabei nicht mit der Persönlichkeit des Menschen zu verwechseln, der die Rolle ausfüllt. „Rollen sind somit zum einen kognitive Interpretationsschemata, bei denen es um das ‚Lesen' oder Verstehen einer Situation geht. Zum anderen sind sie normative Forderungen." (Neuberger, 2002, S. 314). Rollen schematisieren und vereinfachen soziale Beziehungen, da sie ganz klar transportieren, was vom Einzelnen erwartet wird. Sie transportieren jedoch auch inhärente Konflikte zwischen Personen und zwischen der Persönlichkeit und der Rolle.

Eine Weiterentwicklung der Rollentheorie liefert George Graen, indem er die Verschränkung von role taking und role making in Arbeitsgruppen untersucht. Graen betrachtet Rollen nicht als starre Korsetts, in die sich die Führungskraft hineinzwängen muss, sondern als flexible Vereinbarungen, die zwischen Vorgesetzten und Mitarbeitern ausgehandelt werden (vgl. Graen, 1976, S. 1201-1246).

Die Rollentheorie macht deutlich, wie unterschiedlich die Anforderungen an eine Führungskraft und deren Position sein können, und stellt die Verbindung zwischen Individuum und Gruppe heraus. Sie ist deshalb auch für die Praxis von Nutzen, vor allem bei der Personalbeurteilung, bei Führungsanalysen, Schulungen und der Erstellung strategischer Leitbilder.

Heutzutage ist z. B. oft die Rede davon, eine Führungskraft müsse Coach ihrer Mitarbeiter sein. Ebenso wird häufig gefordert, dass eine Führungskraft – auch zur Entlastung des Personalbereichs – selbst als Personalentwickler tätig sein müsse. Wie auch immer: Hinter jede dieser Rollen kann man eine ganze Reihe von Anforderungen schreiben. Dies ist aber notwendige, unternehmensspezifische Detailarbeit und würde hier zu weit führen.

### 2.2.2 Typen und Typologien

Man kann Führungskräfte nicht nur nach ihren Rollen unterscheiden, sondern es lassen sich aufgrund ihres Führungsverhaltens auch bestimmte Typen identifizieren. So unterscheidet Michael Maccoby vier Archetypen von Managern: den Fachmann, den Dschungelkämpfer, den Firmenmenschen und den Spielmacher (vgl. Maccoby, 1977).

Der *Fachmann* ist rational, sparsam, ruhig, bescheiden und aufrichtig. Für den *Dschungelkämpfer* ist der Job ein Kampf, in dem die Sieger die Verlierer vernichten, nach dem Motto „fressen oder gefressen werden". Er ist stolz darauf, gefürchtet zu werden, und denkt sozial-darwinistisch. Der *Firmenmensch* definiert sich einzig und allein darüber, Teil des großen, schützenden Firmenganzen zu sein. Er unterwirft sich dem Unternehmen und idealisiert die Machthabenden. Zugleich liegt ihm sehr viel an den Gefühlen der Menschen in seiner Umgebung. Der *Spielmacher* steht ständig unter Strom, getrieben von dem Bemühen, die Dinge am Laufen zu halten. Er ist allein an der Umsetzung interessiert und denkt nur in Betriebsergebnissen, liegt im permanenten Wettbewerb mit allem und jedem und irgendwann womöglich mit einem Burn-out in der Klinik.

Eine andere Typologie erstellt der Augsburger Psychologie-Professor Oswald Neuberger auf der Grundlage seines Fragebogens zur Vorgesetzten-Verhaltens-Beschreibung. Er identifiziert sechs Gegensatzpaare von Führungskrafttypen: freundlicher Mitmensch versus Sachwalter, Allein-Macher versus Mit-Macher, Antreiber versus Loslasser, Ordner/Kontrolleur versus Monitor/Koordinator, Chef versus Partner und Beschützer versus Vermittler (vgl. Neuberger, 2002, S. 83-409). Ich denke, die Bezeichnungen sprechen für sich und müssen hier nicht weiter erläutert werden. Grundsätzlich sei noch angemerkt, dass die Typen-Perspektive eine erweiterte Form der Eigenschaften-Perspektive darstellt. Denn hinter einem bestimmten Führungstyp steckt immer – ausgesprochen oder nicht – ein Bündel von Eigenschaften.

### 2.2.3 Person und Aufgabe

Die Psychologen Robert S. Blake und Jane S. Mouton unterscheiden in ihrem Ansatz aus den 60er Jahren zwei grundsätzliche Arten von Führungsverhalten: Ein *personenorientiertes* Führungsverhalten betont das menschliche Zusammenleben und -arbeiten in der Unternehmung; ein *aufgabenorientiertes* Verhalten zielt dagegen auf ein günstiges Produktionsergebnis (vgl. Blake/Mouton, 1980).

Das Verhaltensgitter („Managerial Grid") von Blake und Mouton beschreibt die beiden Verhaltensdimensionen grafisch auf einer neunstufigen Skala. An den Eckpunkten dieses Gitters stehen vier Extreme:

1. Eine Führungskraft, die sich weder um die Mitarbeiter, noch um das Produktionsergebnis kümmert.
2. Eine Führungskraft, unter der zwar viel geredet und gefeiert, aber wenig gearbeitet wird.
3. Ein unmenschlicher Sklaventreiber, der nur Leistung sehen will, aber jeden sozialen Kontakt unterbindet.
4. Der beliebte Chef, der ein warmes zwischenmenschliches Klima schafft, in dem begeisterte und motivierte Geführte Spitzenleistungen erzielen.

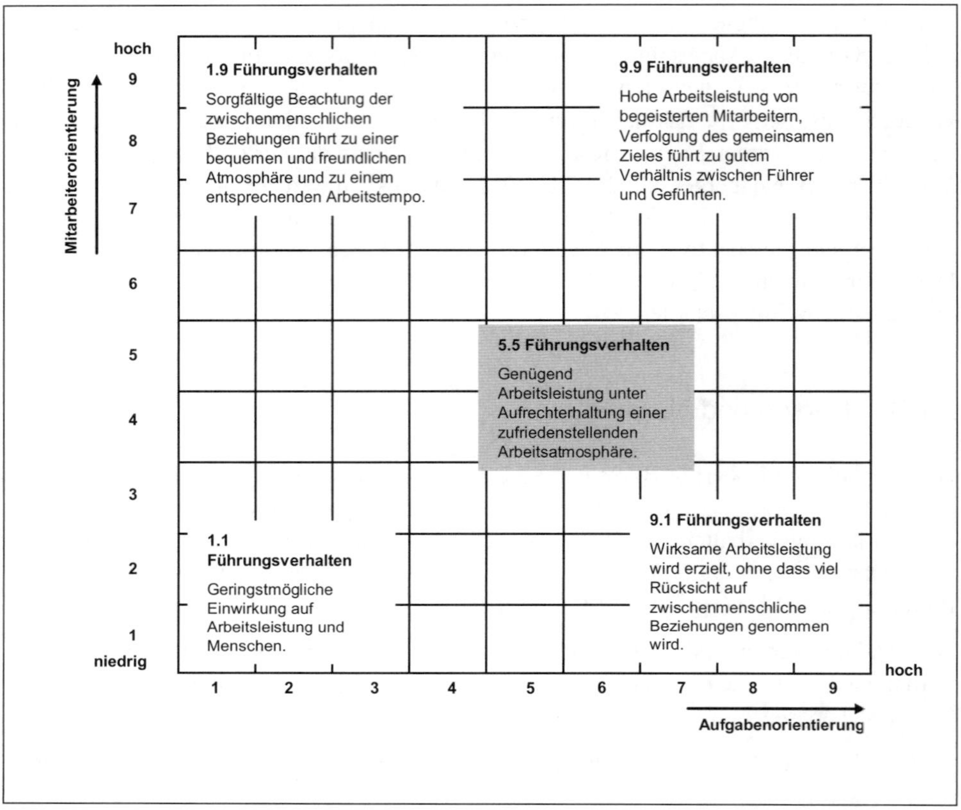


Quelle: Staehle, Wolfgang H.: Management. Eine verhaltenswissenschaftliche Perspektive, München 1989

**Abbildung 5:** Führungsverhalten im Managerial Grid (nach Blake und Mouton)

Auch Jim Kouzes, der neben seiner Dozenten- und Forschertätigkeit auch Vorstand der Tom Peters Company in den USA ist, geht davon aus, dass es vor allem auf die Führungskraft und ihr Tun ankommt. Er nennt fünf Verhaltensweisen, mit denen Führungskräfte die Mitarbeiter einer Organisation zu außergewöhnlichen Leistungen bringen können:

- Erfolgreiche Führungskräfte hinterfragen ständig den Ablauf, um ihn immer weiter zu verbessern.
- Sie regen eine verbindende, mitreißende und begeisternde Zukunftsvision an.
- Sie befähigen andere zum Handeln, indem sie die Zusammenarbeit und die Stärken der Einzelnen fördern.
- Sie leben die Vision und die Werte der Organisation und gehen dadurch den anderen als Vorbild voran.

Und sie stärken die Psyche ihrer Mitarbeiter, indem sie deren Beiträge würdigen und die Gemeinschaft derer zelebrieren, die sich leidenschaftlich für das Wohl des Unternehmens engagieren.

Diese fünf Verhaltensweisen muss zwar jede Generation von Führungskräften in ihrem wirtschaftlichen, gesellschaftlichen und kulturellen Kontext neu definieren, sie bewahren jedoch über die Zeiten hinweg ihre Gültigkeit (vgl. Kouzes, 2002).

Bei Blake und Mouton und stärker noch bei Kouzes und Mintzberg (siehe Kapitel 2.1) wird deutlich, wie wichtig es ist, dass die Führungskraft sich umgänglich, einfühlsam und offen verhält, dass sie einen „guten Draht" zu anderen Menschen hat. Das Konzept der „Emotionalen Intelligenz" trägt dieser Notwendigkeit Rechnung.

## 2.3 Ihre emotionale Intelligenz

Führung besteht in unserer modernen, demokratischen und individualisierten Gesellschaft zu einem großen Teil aus Beziehungsmanagement, und erfolgreiche Führungskräfte zeichnen sich bei allen unterschiedlichen Charaktereigenschaften und Führungsstilen durch eine Gemeinsamkeit aus: Sie haben einen hohen EQ, d. h., sie verfügen in hohem Maß über emotionale Intelligenz, wie Daniel Goleman, der Entdecker des EQ, Mitte der 90er Jahre herausgefunden hat. Ihr Verhalten ist durch Selbstreflexion, Selbstkontrolle, die Fähigkeit zur Motivation, Empathie und soziale Kompetenz geprägt (vgl. Goleman, 1999b, S. 27-36, vgl. auch Goleman, 1996, Goleman, 1999a).

*Selbstreflexion* ist die Fähigkeit, die eigenen Gefühle und Antriebe sowie ihre Wirkungen auf andere zu erkennen und zu verstehen. Sie äußert sich in Selbstvertrauen, einer realistischen Selbsteinschätzung und in einem selbstkritischen Sinn für Humor. Unter *Selbstkontrolle* versteht Goleman das Vermögen, plötzliche Impulse und Stimmungen im Zaum zu halten oder ihnen eine andere, produktive Richtung zu geben, nach dem Motto: erst denken, dann handeln. Für Selbstkontrolle sprechen Eigenschaften wie Integrität, Vertrauenswürdigkeit und die Offenheit für Veränderungen und Gegensätze. *Motivation* bedeutet Hingabe an die Arbeit aus Gründen, die über Geld oder Status hinausgehen, und die Neigung, Ziele mit Energie und Ausdauer zu verfolgen. Motivation zeigt sich in einem starken Willen zum Erfolg, einem gesunden Optimismus und in großem betrieblichem Engagement. Mit *Empathie* meint Goleman die Fähigkeit, sich in die Gefühlswelt anderer hineinzuversetzen, und das Geschick, andere rücksichtsvoll zu behandeln. *Soziale Kompetenz* schließlich ist die „Krönung der emotionalen Intelligenz" (Goleman, S. 36) und das Ergebnis der anderen Komponenten: Die soziale Kompetenz ermöglicht es der Führungskraft nämlich erst, ihre emotionale Intelligenz einzusetzen.

Golemans EQ-Konzept erklärt, warum hoch intelligente Manager mit hervorragender Ausbildung in Führungspositionen versagen, während andere mit durchschnittlicher

Intelligenz und soliden, aber nicht außergewöhnlichen fachlichen Kenntnissen eine steile Karriere machen. Emotionale Intelligenz ist für erfolgreiche Menschenführung unverzichtbar, denn nur wer seine eigenen Gefühle ebenso wie die anderer Menschen versteht, ist in der Lage, seine Mitarbeiter so zu lenken, dass die Unternehmensziele erreicht werden. Manager mit hohem EQ, so fand Goleman heraus, übertreffen die jährlichen Umsatzziele anderer Manager um bis zu 20 Prozent.

Daniel Goleman hat mit dem Konzept der emotionalen Intelligenz für mich den wichtigsten Beitrag zur Führungslehre und -praxis der letzten zehn Jahre geleistet, doch wird in den Unternehmen noch zu wenig getan, um emotionale Intelligenz zu vermitteln und zu trainieren. Genau das kann man nämlich, doch es ist ein schwieriger und langwieriger Prozess, der besondere Arten von Trainings verlangt. Die üblichen Seminare und Schulungsprogramme, die auf Fachwissen, logisches Denken und Führungstechniken ausgerichtet sind, versagen hier. Es gibt jedoch bereits neuartige Methoden der Führungskräfteentwicklung, die auf emotionale und soziale Fähigkeiten und eine beziehungsorientierte Führung ausgerichtet sind. Ich werde diese in den Teilen III und IV vorstellen.

## Der Weg zu emotionaler Intelligenz

Auch Manfred Kets de Vries hat sich intensiv mit dem Thema emotionale Intelligenz beschäftigt. Für ihn ist emotionale Intelligenz in der Geschäftswelt mindestens genauso wichtig wie die logisch-mathematische: „Ein hoher EQ (Emotionsquotient) triumphiert häufig über einen hohen IQ (Intelligenzquotient).“ (Kets de Vries, 2002, S. 37). Er verweist auf den Ursprung des Begriffes „Emotion“. Dieser leitet sich aus dem lateinischen Wort „movere“ (für bewegen) ab, und Gefühle bewegen Menschen am Arbeitsplatz ebenso wie in anderen Lebensbereichen: „Zahlreiche Organisationen haben inzwischen akzeptiert, dass ein Gramm Gefühl mehr bewirken kann als tonnenweise Fakten.“

Im Gegensatz zum IQ, der nach dem zwanzigsten Lebensjahr relativ stabil bleibt und im Alter wieder abnimmt, entwickelt sich der EQ während des gesamten Lebens weiter, mit jeder zwischenmenschlichen Erfahrung, die wir machen, und jeder Beziehung, die wir knüpfen. Jeder Mensch kann also seine emotionale Intelligenz in mehreren Schritten steigern:

Der erste Schritt auf dem Weg zu emotionaler Intelligenz und damit zu effizienter Führung ist Selbsterkenntnis. „Wer sich nicht selbst kennt, verrennt sich schnell in unangemessenen Verhaltensweisen (und schätzt andere Menschen häufiger falsch ein)“, stellt Manfred Kets de Vries fest (vgl. Keets de Vries, 2002, S. 39). In seinen Seminaren hört er immer wieder von Führungskräften, die überhaupt keinen Kontakt mehr zu ihrem eigenen inneren Erleben haben, nach dem Motto: „Ich weiß nicht, was ich fühle. Meine Frau erzählt mir, wie es mir geht.“ Ihre Tätigkeit und die damit verbundene Anpassung hat bei den Führungskräften die Grenze zwischen ihren echten Gefühlen und den Gefühlen, die man von ihnen erwartet, verwischt. Der eigentliche Mensch verkümmert, und an seine Stelle tritt ein falsches Selbst, eine Karikatur des perfekten Managers. Diese Führungskräfte sind „farbenblind“ für ihre eigenen Gefühle geworden und merken erst recht nicht, was mit anderen los ist.

Der zweite Schritt in der Entwicklung emotionaler Intelligenz ist die Steuerung der eigenen Gefühle. Führungskräfte müssen (wieder) lernen, das gesamte Spektrum ihrer Gefühle wahr- und anzunehmen. Wenn wir Zugang zu unseren inneren Prozessen haben, können wir sie in unserem Sinne einsetzen und uns selbst motivieren. Gerade für Menschen, die andere Menschen führen, ist die Moderation ihrer Gefühle bzw. die Kontrolle ihrer Stimmung entscheidend: „Führungskräfte, die mit ihren Gefühlen nicht zurechtkommen – zum Beispiel ihren Ärger in Wutanfällen abreagieren –, produzieren eine ganze Kaskade von Effekten, die bis in die untersten Schichten ihrer Organisation durchdringen.“ (Kets de Vries, 2002, S. 40). Eine gute Führungskraft wandelt Gefühle wie Ärger, Frustration und Angst in etwas Konstruktives um, statt einfach nur aus dem Bauch heraus zu agieren.

Der dritte Schritt besteht darin zu lernen, die Gefühle von Mitmenschen zu erkennen und emotional intelligent mit ihnen umzugehen. Diese Fähigkeit, sich in andere hineinzuversetzen und mit ihnen zu fühlen, bezeichnet man auch als Empathie. Emotionale Intelligenz setzt sich für Kets de Vries aus drei zentralen Einzelfähigkeiten zusammen, die eine gute Führungskraft ständig trainiert: aktives Zuhören, nonverbale Kommunikation und Empathie.

Beim aktiven Zuhören kommt es nicht nur darauf an zu hören, was der Gesprächspartner sagt, sondern es auch in seiner ganzen Bedeutung zu erfassen. Und dazu muss eine Führungskraft ganz Ohr sein – und kein von heftigem Nicken begleitetes Pseudo-Lauschen praktizieren, während sie mit ihren Gedanken schon beim nächsten Termin ist, nebenbei noch schnell ein paar E-Mails verschickt oder nur auf ihr Stichwort wartet, um das Gespräch dann an sich zu reißen. Beim aktiven Zuhören konzentriert sich der Hörer nur auf das Gespräch, er fasst in regelmäßigen Abständen kurz (!) zusammen, was er verstanden hat, um sicherzugehen, dass die Botschaft auch richtig bei ihm angekommen ist. Er vergewissert sich durch Rückfragen und reagiert auch auf die Gefühle des Sprechers, indem er Mitfühlen signalisiert. Wichtiger Bestandteil der emotionalen Intelligenz ist, so Kets de Vries, die Beachtung der nonverbalen Kommunikation, die parallel zum hörbaren Gespräch zwischen den Gesprächspartnern stattfindet: Mimik, Gestik, Blickkontakt, Lautstärke, Versprecher – all das spielt eine Rolle und wird nahezu unbewusst interpretiert.

Das Spektrum der Emotionen, zu denen wir (eigentlich) fähig sind, ist breit, und jeder emotionale Zustand hat positive und negative Aspekte: Ärger, ein als „negativ“ eingestuftes Gefühl, weil es uns Kraft raubt und uns von der Person entfremdet, über die wir uns ärgern, hat auch positive Wirkungen. So stützt Ärger unser Selbstwertgefühl und mobilisiert uns, wenn wir uns im Recht sehen. Umgekehrt bringen auch so genannte „positive“ Gefühle wie Freude oder Liebe Nachteile mit sich. Sie sind zwar angenehm und fördern gute Beziehungen, sie verleiten jedoch auch zu Übermut und (zu) hohen Erwartungen, die Enttäuschungen vorprogrammieren.

Kets de Vries attestiert Menschen mit ausgeprägter emotionaler Intelligenz intensivere menschliche Beziehungen; die Fähigkeit, sich und andere besser zu motivieren; eine aktivere, innovativere und kreativere Vorgehensweise; einen effizienteren Führungsstil; einen besseren Umgang mit Stress; weniger Schwierigkeiten mit Veränderungen und dass sie eher mit sich im Reinen sind. Je höher eine Person auf der Karriereleiter steht, desto wichtiger wird die emotionale Intelligenz und desto unwichtiger werden technische Fähigkeiten, so Kets de Vries (ähnlich wie Goleman). Damit bezieht er klare Opposition zum Handwerker Fredmund Malik. Die erste Stelle, so Kets de Vries weiter, bekommt man aufgrund fachlicher Fähigkeiten, aber sobald man aufsteigt, entscheidet mehr und mehr die emotionale Intelligenz. Sie macht den Unterschied zwischen erfolgreichen und stagnierenden Laufbahnen.

Ein hoher EQ bedeutet nicht unbedingt, dass man immer zu allen besonders nett ist oder seinen Gefühlen ungebremst freien Lauf lässt. Ein hoher EQ besagt vielmehr, dass man sich und andere realistisch einschätzt, das Menschliche in seiner Vielfalt akzeptiert und Gefühle adäquat nutzt – ohne Mitmenschen dabei auszunutzen. Es mag leichter und bequemer sein, seinen IQ durch systematisches Pauken von Wissen und Gehirnjogging zu vergrößern, als an der eigenen Sensibilität zu arbeiten und sich auf andere Menschen einzulassen. Aber der Einsatz zahlt sich aus, denn: „Der Lohn ist groß: Ein hoher EQ lässt uns die besseren Entscheidungen finden, anderen Menschen mit angemesseneren Erwartungen begegnen und weniger Enttäuschungen erleben." (Kets de Vries, 2002, S. 47).

## 2.4 Ihre Entscheidungen

Was eine Führungskraft in ihrem Wesen ausmacht, sind neben ihren Eigenschaften, ihrem Verhalten und ihrer emotionalen Intelligenz vor allem auch ihre Entscheidungen. Führen bedeutet neben Planen, Delegieren und Kontrollieren nämlich vor allem eins: entscheiden. In der betrieblichen Praxis ist täglich eine Vielzahl unterschiedlichster Entscheidungen zu treffen: innovative Entscheidungen und Routineentscheidungen, Entscheidungen bei sicheren und unsicheren Erwartungen, Kollektiventscheidungen und individuelle Entscheidungen, rationale und nichtrationale Entscheidungen, bewusste und unbewusste Entscheidungen, strategische und operative Entscheidungen

Deshalb gehören zu den zentralen Anforderungen an die Persönlichkeit einer Führungskraft Eigenschaften wie Entschlossenheit, Mut, Besonnenheit, Verantwortungsbewusstsein und eben Entscheidungsfreudigkeit, um Ideen auch Taten folgen zu lassen. Und deshalb lautet eine mögliche Antwort auf unsere Frage, wovon gute Führung abhängt, auch: von den Entscheidungen der Führungskraft.

Sie muss sich für bestimmte Ziele und Werte, für einen Führungsstil, eine Arbeitsmethodik und für oder gegen bestimmte Mitarbeiter entscheiden. Die Art und Weise, die Geschwindigkeit und die Sicherheit, mit der eine Führungskraft Entscheidungen trifft und umsetzt, und wie sich diese auf die Unternehmensziele, das Unternehmensergebnis und das Arbeitsklima auswirken, sagen viel aus über die Qualität und Wirksamkeit von Führung.

Echte *Führungsentscheidungen* können nicht delegiert werden und müssen auf der Grundlage des „big picture“ und der Verantwortung für das Unternehmen als Ganzes getroffen werden, denn sie haben große Bedeutung für die Gegenwart und die Zukunft der Firma. Zu den zentralen Führungsentscheidungen zählen Entscheidungen über die Unternehmensziele, die zur Erreichung dieser Ziele erforderlichen Maßnahmen sowie über die Verteilung der Mittel.

Bevor die Führungskraft entscheiden kann, müssen zuerst die Handlungsmöglichkeiten offen liegen und der Einfluss der Umweltbedingungen auf diese Alternativen geklärt sein. Was meint der Kunde, was tut der Wettbewerber, wie entwickelt sich der Markt? Auf dieser Grundlage ermittelt die Führungskraft die möglichen Konsequenzen der Handlungsmöglichkeiten und vergleicht sie mit den vorgegebenen Zielen. In der Praxis werden Entscheidungen jedoch nicht immer aufgrund sachlogischer Argumente getroffen. Soziale und emotionale Aspekte spielen oft eine wichtige oder sogar ausschlaggebende Rolle. Besonders zu beachten sind gruppendynamische Prozesse, das informelle Machtgefüge und die Beziehungen zwischen den Mitarbeitern auf gleicher oder unterschiedlicher Ebene. Aber auch Zeitdruck und unvollständige Information wirken sich oft erschwerend auf die Entscheidung aus.

## Entscheiden entscheidet

Aus der Studie der Personalberatung Heidrick & Struggles geht hervor, dass 57 Prozent von insgesamt 500 Befragten Entscheidungsfreude als die wichtigste Eigenschaft von Führungskräften betrachten. An zweiter Stelle mit 49 Prozent kommt Kommunikationsstärke, gefolgt von Ergebnisorientierung mit 34 Prozent. Die Bereitschaft und die Fähigkeit, (richtige) Entscheidungen zu fällen, Verantwortung zu übernehmen und die Umsetzung zu kontrollieren, sind wesentliche Voraussetzungen für gute Führung.

Führen heißt also bei allen partizipativen und demokratischen Elementen auch heute noch vor allem eins: entscheiden. Wurden alle wichtigen Positionen und Meinungen gehört und alle zentralen Faktoren abgewogen, ist es letztendlich die Führungskraft, die eine Entscheidung zu treffen hat. Und zu verantworten. Sie muss bereit und in der Lage sein, Verantwortung für das eigene Handeln und dessen beabsichtigte und unbeabsichtigte Folgen zu tragen. Sie muss sich aus dem Fenster lehnen und das Risiko tragen. Letzte Instanz sind dabei das eigene Gewissen, die persönlichen moralischen Leitsätze und die individuelle Integrität. Die Medien sind leider täglich voll von Beispielen, wo diese letzte Instanz bei Führungskräften versagt hat.

Auch die Management Appraisals der Personalberatung Egon Zehnder International, die seit Jahren systematisch Fach- und Führungskompetenzen deutscher Top-Manager untersucht, loben diese zwar für ihr Fachwissen, mit dem sie immer noch zur internationalen Spitze gehören, kritisieren jedoch ihre mangelnde Risikobereitschaft. Deutsche Führungskräfte wagen sich zu selten an neue Aufgaben und Herausforderungen heran und riskieren ungern den Sprung in einen anderen Zuständigkeitsbereich. Woran es ihnen mangelt, ist der Blick für das Ganze und das strategische Denken. Sie haben oft keine unternehmerische Ader. Und die Bereitschaft, Verantwortung für das eigene Handeln zu übernehmen, nutzt wenig, wenn die Gesamtrichtung des Unternehmens nicht stimmt (vgl. Wirtschaftswoche, 21.08.2003).

Deutsche Manager sind also vor allem eines: Fachleute. Fachleute sind jedoch oft Bedenkenträger und Beharrer ohne kühne Visionen, die Niederlagen oder Fehler als persönliches Versagen verstehen und deshalb lieber nichts wagen. Sie sind gefangen in Hierarchien, die auch das Fortkommen der Nachwuchsmanager hemmen. Und leider hat sich an diesem Bild in den letzten Jahrzehnten nicht viel geändert.

Für Peter F. Drucker treffen gute Führungskräfte nur wenige, aber wesentliche Entscheidungen in einem systematischen Prozess. „Vor allem die Verwirrung um den Unterschied zwischen Effektivität und Effizienz führt dazu, dass Dinge richtig gemacht werden, statt die richtigen Dinge zu machen." (Drucker, 2000, S. 117). Nur 20 Prozent aller Entscheidungen und Prozesse machen nämlich 80 Prozent des Unternehmenserfolgs aus, und auf diese wenigen Entscheidungen konzentrieren sich erfolgreiche Führungskräfte.

Erfolgreiche Führungskräfte zeichnen sich jedoch auch durch den Mut aus, die Ungewissheit ihrer Entscheidungen offen einzugestehen. Sie sprechen mit ihren Mitarbeitern offen darüber, dass ihre Entscheidungen keineswegs immer zwangsläufig und eindeutig sind, und sie reden auch über den Prozess der Entscheidungsfindung. Damit gewinnen sie nicht nur das Vertrauen der Mitarbeiter, sondern erschließen sich vor allem auch neue Wissensquellen, Ideen und Strategien, um Alternativen für die nächsten anstehenden Entscheidungen parat zu haben.

In eine Führungsentscheidung fließen bewusste und unbewusste, rationale und irrationale, objektive und subjektive Faktoren ein. So wird die Wahrnehmung und Auswahl der Handlungsalternativen nicht nur von der vorliegenden Situation und den „Mitspielern" bestimmt, sondern auch von den Erfahrungen, Zielen und Präferenzen der Führungskraft. In der Entscheidung kommen damit mehrere Variablen zusammen, die wir hier als mögliche Antworten auf unsere Frage nach den Bedingungen für gute Führung finden. Bleiben wir noch einen Augenblick bei den unbewussten, irrationalen und subjektiven Kräften, die die Führungskraft und ihre Arbeit beeinflussen.

## 2.5 Ihre „dunkle" Seite

Kaum jemand hat sich so intensiv und praxisorientiert mit dem Zusammenhang von Psyche und Führung beschäftigt wie Manfred Kets de Vries. Er betrachtet den Menschen – in der Rolle des Führenden wie des Geführten – in seiner Ganzheit und leitet aus seinen Analysen konkrete Empfehlungen für Führungskräfte ab. Seine Arbeiten haben maßgeblich zum Paradigmenwechsel innerhalb der aktuellen Führungslehre und -praxis hin zur beziehungs- und emotionsorientierten Führung beigetragen:

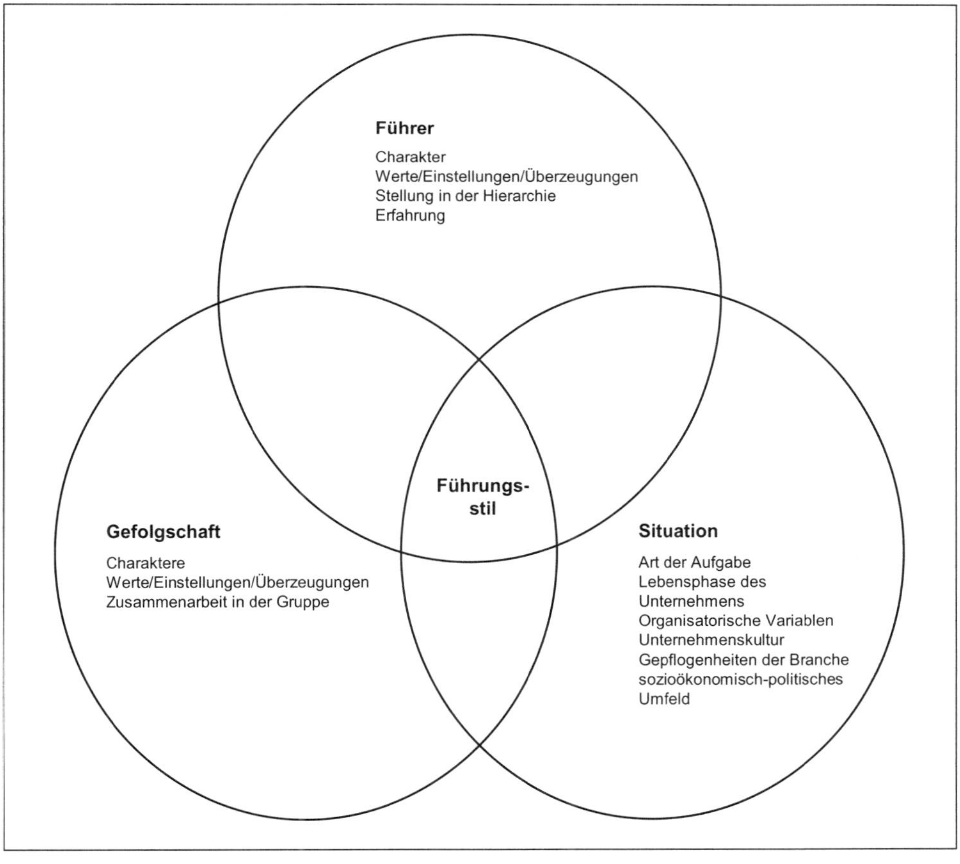


Quelle: Kets de Vries, Manfred: Das Geheimnis erfolgreicher Manager, München 2002, S. 50
**Abbildung 6:** Das Spannungsfeld der Führung

„Um die Bedeutung der Führung zu erfassen, müssen wir die Ebene des unmittelbar Beobachtbaren verlassen und stattdessen inneren und sozialen Vorgängen Aufmerksamkeit schenken. Dazu gehören das Wechselspiel zwischen der Person an der Spitze und jenen, die ihr folgen, aber auch die ebenso unbewussten wie unsichtbaren psychodynamischen Prozesse und Strukturen, die das Verhalten von Individuen, Zweierkonstellationen und Gruppen beeinflussen. Ohne diesen komplexen klinischen Hintergrund der Organisationsanalyse wird man nie verstehen, worum es in Organisationen geht." Und weiter: „Führerschaft lässt sich nur mit einem dreidimensionalen (...) Blick auf das Leben in einer Organisation begreifen – ein Blick, der unter der Oberfläche unbewusste Ängste, Hoffnungen, Beweggründe aufspürt." (Kets de Vries, 2002, S. 17).

Stellen wir uns eine Organisation als Eisberg vor (siehe auch Teil III Kapitel 1.1): Die meisten Managementtheoretiker betrachten nur die Spitze des Eisbergs und beschäftigen sich mit offensichtlichen, rationalen Phänomenen wie Missionen, Visionen, Zielen, Strategien, Aufgaben, Rollen, Strukturen, Prozessen oder Kontroll- und Vergütungssystemen. Diese Faktoren sind natürlich wichtig, aber sie bilden nur den kleineren Teil der Organisation. Der größte Teil befindet sich – um beim Bild des Eisbergs zu bleiben – unsichtbar und deshalb so tückisch unter der Wasseroberfläche. Diese Vorgänge sind es, die Kets de Vries interessieren: Welche Dynamik liegt ihnen zugrunde? Welche irrationalen Variablen speisen die Unternehmenskultur? Welche unterschwelligen Werte, Macht- und Einflussstrukturen, welche Beziehungsmuster bestimmen die Entscheidungen innerhalb der Organisation und damit die Form und Bewegungsrichtung des Eisbergs?

Die Arbeit des „Organisationspathologen" Kets de Vries fußt auf dem klinischen Paradigma. Das bedeutet, dass er das Verhalten von Menschen in Organisationen mit Begriffen aus der Psychoanalyse, der Psychotherapie, der Entwicklungspsychologie, der systemischen Familientherapie und der Kognitionspsychologie erfasst und erklärt. Kets de Vries geht dabei von drei Grundthesen aus (vgl. Kets de Vries, 2002, S. 21-50 ):

1. *Die Realität ist nicht unbedingt identisch mit dem, was wir sehen.* Deshalb erzielen auch nur solche Führungskräfte außerordentliche Ergebnisse, die Dinge in einem neuen Zusammenhang sehen können, losgelöst von gängigen Wahrnehmungsschemata, und die bestehende Regeln des konventionellen Denkens überschreiten können. Neue Blickwinkel führen oft zu unerwarteten Chancen und überraschenden Lösungen.

2. *Jedes menschliche Verhalten, so irrational es auch wirken mag, hat seinen Grund.* Und dieser liegt, so ergänzt Kets de Vries, oft im Unbewussten. So basieren viele auf den ersten Blick völlig unverständliche oder überzogene Reaktionen von Menschen bei genauerer Analyse auf so genannten „Übertragungsmechanismen". Ein Chef scheut beispielsweise die direkte Konfrontation mit einem Mitarbeiter, weil er als Kind von seinem Vater für offenen Widerspruch immer hart bestraft wurde.

Diese unbewussten Beweggründe kann man mit „blinden Flecken" in unserer Persönlichkeit vergleichen. Sie werden gerade von gestandenen „Machern" entschieden geleugnet, weil sie sie nicht kontrollieren können. In extremer Form wird diese „Blindheit" zur Persönlichkeitsstörung, wie beim narzisstischen Persönlichkeitstyp mit übersteigertem Selbstbewusstsein, beim dependenten Typ, der sich scheu unterwirft, oder beim zyklothymischen Typ, den man an starken Stimmungsschwankungen erkennt. Man findet diese Typen in jedem Unternehmen und auf jeder Etage.

Auch hier ist Selbsterkenntnis der erste Weg zur Besserung, doch leider hat die Psyche eine große Trickkiste mit raffinierten Abwehrmechanismen gegen Verhaltensänderungen parat. Um nur einige zu nennen: Projektion der eigenen Gefühle auf andere Menschen, Verleugnung der Wirklichkeit, Verschiebung der Aggression auf eine „ungefährliche" Ersatzperson oder Konversion, d. h. die Umwandlung von psychischen Konflikten in körperliche Symptome.

3. *Wir alle sind das Produkt unserer Vergangenheit*. Das bedeutet, dass jeder Mensch das Ergebnis früherer Umwelteinflüsse und Erfahrungen ist, die ihn auf der Grundlage seiner Erbanlagen formen: „In jedem Mann und in jeder Frau steckt unter der Oberfläche ein Kind", so Kets de Vries. Durch die massive Prägung in den ersten Lebensjahren neigen wir später dazu, bestimmte Verhaltensmuster in ähnlichen Situationen zu wiederholen.

Das klinische Paradigma hilft uns, das Wesen des Führens zu verstehen, denn wir registrieren das Geschehen aufmerksamer, sind uns der Wechselwirkungen zwischen Vergangenheit und Gegenwart bewusster und können die Gründe irrationalen Verhaltens entschlüsseln. Dadurch stärkt es unsere emotionale Intelligenz, und sie ist – wie erwähnt – eine zentrale Eigenschaft guter Führungskräfte.

Emotionsmanagement gehört zu den entscheidenden Führungsqualitäten. Unsere Stimmungen, ob gut oder schlecht, extrem oder ausgewogen, gewähren uns Einblick in unsere Persönlichkeit. Doch diesen Einblick gibt es nicht geschenkt. Wir müssen ihn uns erkämpfen in einem inneren Dialog mit den widerstreitenden Kräften in uns. „Jeder Mensch steht vor der Aufgabe, diese Kräfte zu verstehen, aber für Menschen mit Führungsverantwortung stellt sie sich mit besonderer Dringlichkeit", mahnt Kets de Vries. „Die Ironie will es, dass zu wenig Gefühl genauso unerwünschte Folgen zeitigt wie zu viel. Mit einem stummen Fisch lebt es sich ungemütlich, mit einem reißenden Tiger nicht minder." (Kets de Vries, 2002, S. 47).

## 2.5.1 Das zentrale Beziehungskonflikt-Thema

Unser Verhalten beruht zum größten Teil auf einem Beziehungsmuster, in dem sich unsere innersten Überzeugungen manifestieren. Es bildet sich in frühester Kindheit heraus und wird maßgeblich von den Botschaften beeinflusst, die uns unsere Bezugspersonen und die Umwelt senden. Das zentrale Beziehungskonflikt-Thema besteht aus drei Komponenten: dem Wunsch, den wir an die Beziehung herantragen, der Erwartung, wie andere auf unseren Wunsch reagieren werden, und aus unserem bewussten Verhalten oder unserer affektiven Gegenreaktion auf diese Reaktion der anderen. Unser einzigartiges Beziehungskonflikt-Thema macht uns zu der Persönlichkeit, die wir sind.

„Das zentrale Beziehungskonflikt-Thema (ZBKT) durchdringt unser Privatleben und steht im Zentrum wiederholter Beziehungskonflikte. Es färbt natürlich auch alles, was wir am Arbeitsplatz erleben. Das ZBKT von Führungsverantwortlichen bestimmt darüber hinaus die Unternehmenskultur und die Entscheidungsfindung innerhalb der Organisation.“ (Kets des Vries, 2002, S. 51). Kompliziert wird das Erkennen des eigenen ZBKTs und des von anderen dadurch, dass die Vergangenheit die Gegenwart verfälscht. Erfahrungen mit Bezugspersonen übertragen wir auf aktuelle Beziehungen zu anderen Personen und beeinflussen durch unsere Erwartungshaltung das Verhalten dieser anderen. Unsere Erwartungen werden dadurch zu sich selbst erfüllenden Prophezeiungen.

Kets de Vries weiter: „Charakter ist eine Form des Gedächtnisses. In ihm manifestiert sich das innere Drama einer Person und die Konfiguration der wesentlichen Persönlichkeitsmerkmale.“ (Kets des Vries, 2002, S. 26). Viele Führungskräfte vernachlässigen ihr Inneres. Indem sie sich ständig mit irgend etwas – nur nicht mit sich selbst und ihren Gefühlen – beschäftigen, errichten sie einen so genannten „manischen Schutzwall“. So vermeiden sie es, in ihr Inneres blicken zu müssen. Sie werden dadurch jedoch zu Gefangenen ihrer eigenen Psyche und hasten durch ihr Leben, ohne zu wissen, wofür sie sich eigentlich abrackern.

Ohne ihre wahren Motive und ihr ZBKT zu kennen, wiederholen sie unbewusst immer wieder dieselben Verhaltens- und Beziehungsmuster. „Geistig gesund sein heißt, die Wahl zu haben. (…) Unser inneres Drama ändert sich kaum, bestimmte Voraussetzungen können wir nicht hintergehen, aber wir können anders mit unseren zentralen Wünschen umgehen. Wir sind die Architekten unseres Schicksals, die Autoren unseres eigenen Drehbuchs – oder könnten es zumindest sein.“ (Kets de Vries, 2002, S. 58).

## 2.5.2 In der Übertragungsfalle

Das erklärungskräftigste Konzept für das Scheitern von fachlich gut ausgebildeten und hoch motivierten Führungskräften ist laut Kets de Vries das der „Übertragung“. Es prägt jede menschliche Beziehung und ist für das Zusammenleben und -arbeiten bestimmend: „Übertragung heißt, dass keine unserer Beziehungen eine *neue* Beziehung ist; jede Beziehung ist gefärbt von früheren Beziehungen. Und die Beziehungen mit der stärksten Langzeitwirkung (…) sind die in unseren ersten Lebensmonaten. Deshalb behandeln wir Menschen in der Gegenwart wie Menschen aus der Vergangenheit. Wir verhalten uns beispielsweise wie Kinder gegenüber ihren Eltern und vergessen, dass wir inzwischen erwachsen sind.“ (Kets de Vries, 2002, S. 83).

Wenn der Chef seine Sekretärin um eine kleine Korrektur in einem Dokument bittet und diese daraufhin in Tränen ausbricht, oder wenn ein junger Vorgesetzter aggressiv auf die Kritik eines erfahrenen älteren Mitarbeiters reagiert, sind höchstwahrscheinlich (unbewusste) Übertragungen am Werk. Der Umgang mit Autorität, Kritik und Macht in der Familie bestimmt unser späteres Verhältnis zu autoritären, kritischen oder mächtigen Menschen – auch wenn wir inzwischen die Karriereleiter nach oben gestiegen und selbst mächtig sind. Gerade Führungskräfte verfügen über die unheimliche Fähigkeit, in sich und anderen Übertragungsprozesse wachzurufen.

Nicht wenige Führungskräfte sind seit ihrer Kindheit geradezu süchtig nach Bestätigung und Anerkennung, diagnostiziert Kets de Vries. Zuerst waren es die Eltern, in deren Bewunderung sie sich spiegeln konnten, und jetzt sind es die Kollegen. Menschen in Führungspositionen sprechen gern von „konstruktiver Kritik“ – und meinen Lob. Das hierarchische Gefälle verleitet die Mitarbeiter dazu, dem Chef nur das zu sagen, was er gern hören möchte. Lob und Anerkennung können also leicht nur geheuchelt sein, und ehe sie sich versieht, ist die Führungskraft von lauter „Kofferträgern“ umgeben. Diese doppelbödige Kommunikation führt zu Konfliktscheu und faulen Kompromissen, verhindert Initiativen und Innovation, schwächt das gegenseitige Vertrauen und paralysiert die Entscheidungsfähigkeit. Hier hilft nur eine Unternehmenskultur, die das offene Feedback auf allen Ebenen fördert. Bei den Römern stand, wenn ein siegreicher General durch den Triumphbogen zog, ein Sklave hinter ihm auf dem Streitwagen und flüsterte ihm ins Ohr: „Vergiß nicht Caesar, auch du bist nur ein Mensch.“ Diese Funktion übernehmen heute gute Feedbacksysteme.

Das Rundum-Feedback, bei dem die Beteiligten nicht nur von ihren Vorgesetzten, sondern auch von Kollegen und Untergebenen Feedback bekommen, ist eines der effektivsten Mittel, um das nötige Maß an Offenheit herzustellen und den Dialog anzuregen. Es wirkt darüber hinaus wie ein Frühwarnsystem für notwendige Veränderungen und schärft die Sensibilität des Einzelnen für seine „blinden Flecken“. Es muss natürlich gewährleistet sein, dass niemand in irgendeiner direkten oder indirekten Form für seine Offenheit bestraft wird. Die Unternehmensführung muss den Mut und die Stärke haben, sich auch unangenehme Wahrheiten ins Gesicht sagen zu lassen. Und die Mitarbeiter müssen unter Umständen erst darin geschult werden, offenes Feedback zu formulieren und anzunehmen.

### 2.5.3 Notwendiger Narzissmus

Der Begriff „Narzissmus“ ist umgangssprachlich negativ besetzt und steht für Selbstverliebtheit und Egoismus. In der Psychologie bezeichnet der Fachbegriff „narzisstische Entwicklung“ die Phase der ersten drei Lebensjahre, in denen die Fundamente der Persönlichkeit eines Menschen gelegt werden. In diesen frühen Jahren sind wir besonders formbar durch alles, was wir sehen, tun und fühlen, und wir entwickeln unser Verhältnis zu uns selbst und unserer Umwelt.

Das Kleinkind empfindet Vergnügen durch seinen Körper und dessen Funktionen. Dieses Gefühl will es durch die unvermeidlichen Frustrationen des Heranwachsens erhalten. Aus diesem Grund schafft es ein übersteigertes, exhibitionistisches Selbstbild und ein idealisiertes Bild seiner Eltern. Reste dieser Idealisierung bleiben ein Leben lang erhalten und prägen auch spätere Beziehungen. Narzissmus ist damit ein wichtiger Motor, der den Menschen antreibt. In Maßen ist er notwendig, damit wir ein gesundes Selbstwertgefühl und eine eigene Identität entwickeln. Narzissmus und Führerschaft sind eng verwoben, denn Ersterer ist auch eine Voraussetzung für Dominanz, Selbstvertrauen und Kreativität.

Zu viel oder zu wenig Narzissmus hingegen zerstört das innere Gleichgewicht eines Menschen. Man unterscheidet deshalb auch zwischen „konstruktivem“ und „reaktivem“ Narzissmus. Konstruktiver Narzissmus entsteht aus genügend Fürsorge und Unterstützung der Eltern und ist die Basis für ein stabiles Selbstbewusstsein. Reaktiver Narzissmus ist die Folge von mangelnder Aufmerksamkeit seitens der Eltern. Menschen, die in der frühen Kindheit diese Erfahrung gemacht haben, werden von dem Bedürfnis angetrieben, diese Kränkung auszugleichen und es den anderen zu beweisen (Monte-Christo-Komplex). Ein falsches Motiv für Führungskräfte, doch ein beachtlicher Teil von ihnen folgt dieser Motivation.

Menschen, die es schließlich bis an die Spitze geschafft und alles erreicht haben, empfinden dann nicht selten Melancholie, Trauer und eine innere Leere. Ob Vorstandsvorsitzender oder Marketingchef, sie alle fragen sich, ob es das wert war, all den Kampf, den Verzicht, die Energie, die Lebenszeit. Andere fürchten den Neid der Konkurrenten, wenn sie erfolgreich sind. Nicht jeder erträgt die „dünne Luft“ und die Einsamkeit auf dem Gipfel der Macht.

### 2.5.4 Der Fisch stinkt vom Kopf

Strategie, Struktur und Kultur einer Organisation hängen in hohem Maße von dem Mann oder der Frau an der Spitze ab. Und zwar nicht nur von deren bewussten Entscheidungen und Aktionen. Auch das unbewusste und das neurotische Verhalten einer Führungskraft wirken sich auf die gesamte Organisation aus, wenn auch in unterschiedlichem Maße, so Kets de Vries: „In stark zentralisierten Unternehmen – in denen die Entscheidungsgewalt in einer Hand oder bei einer kleinen, homogenen Gruppe liegt – ist der Bezug zwischen Person und Organisation so eng, dass jeder Tick sich von der Spitze abwärts rasend schnell verbreitet. In Organisationen mit dezentralen Strukturen beeinflussen viele Führungskräfte Strategien und Kultur, hier besteht nur ein loser Zusammenhang zwischen Führungsstil und Organisationspathologie.“ (Kets de Vries, 2002, S. 128).

Pathologische Organisationsstile spiegeln somit oft, aber nicht notwendigerweise, die Schwächen, die ein individuelles neurotisches Verhalten mit sich bringt. Manfred Kets de Vries unterscheidet dabei fünf Arten von Organisationen und Persönlichkeiten: die dramatische, die misstrauische, die unnahbare, die depressive und die zwanghafte.

#### 1. Die dramatische Persönlichkeit und Organisation

Die Theatermacher unter den Führungskräften wollen andere beeindrucken und die Aufmerksamkeit auf sich ziehen. Deshalb übertreiben sie ihre eigenen Leistungen und Fähigkeiten genauso wie ihre Gefühlsäußerungen bis hin zur Überreaktion. Ihr zu starker Narzissmus und ihr Gebaren gehen auf Kosten von Konzentration und Disziplin. Oberflächlich wirken solche Führungskräfte herzlich, doch ihnen fehlen Einfühlungsvermögen und Achtung gegenüber anderen Menschen. Sie nutzen Mitarbeiter für ihre Zwecke aus und halten sie in einem Abhängigkeitsverhältnis. Umgekehrt fühlen sich gerade dependente Mitarbeiter von dramatischen Vorgesetzten magisch angezogen. Sie überhöhen ihren Chef, übersehen seine Fehler, kritisieren ihn nicht – selbst wenn es nötig wäre –, sonnen sich in seinem Ruhm und spiegeln seine Großartigkeit an ihn zurück.

Dramatische Organisationen sind gekennzeichnet durch Impulsivität, Hyperaktivität, Dreistigkeit, Hemmungslosigkeit, Diversifizierung und Zentralisierung. Dabei sind sie oft zu simpel strukturiert, haben keine Feedbackkultur und eine Einbahnstraßen-Kommunikation von oben nach unten. Statt auf den äußeren Markt zu reagieren schafft sich der Hof des Theatermachers lieber seinen eigenen – selten mit Erfolg.

### 2. Die misstrauische Persönlichkeit und Organisation

Sie sind geprägt durch Verfolgungswahn, übertriebene Angst und Vorsicht, ein Klima der Verdächtigung, der Heimlichtuerei, des Neides und der Feindseligkeit. Misstrauische Führungskräfte lassen sich leicht provozieren und machen gern aus Mücken Elefanten. Sie sind engstirnig und gefühllos, rational und extrem aufmerksam.

Das Klima, das in einer Firma herrscht, die von einer solchen Führungskraft geleitet wird, ist eine Kultur des Kampfes. Die meiste Energie wird für die Enttarnung und den vorsorglichen Angriff vermeintlicher Feinde verpulvert. Statt offener Kommunikation werden Denunziation und Spionage betrieben, und der Handel mit „geheimen" Informationen und Gerüchten floriert. Das Personal wird möglichst lückenlos überwacht, und Untergebenen, die ihre Meinung frei äußern, drohen drakonische Strafen. Die Organisation wird zum Polizeistaat. Die Leistungsfähigkeit der misstrauischen Organisation wird eingeschränkt durch demotivierte Mitarbeiter, einen mangelnden Informationsfluss und eine Lähmung der Entscheidungsfähigkeit (vgl. Kets de Vries, 2002, S. 85 ff.).

### 3. Die unnahbare Persönlichkeit und Organisation

Eine extrem distanzierte Führungskraft ist in Gesellschaft gehemmt, abweisend, kühl und unbeteiligt. Sie wehrt sich gegen soziale Bindungen, kapselt sich ab und hat kein Bedürfnis nach Austausch oder weiß nicht, wie sie es ausleben soll. Meist tarnt sie so bloß ihre Angst, verletzt zu werden. Wenn die Distanzierung der Führungskraft so weit geht, dass sie ihre Verantwortung nicht mehr wahrnimmt und die Unternehmensführung an die zweite Reihe delegiert, verwischen sich Autorität und Verantwortlichkeit. Die Manager in der zweiten Reihe werden zu Spielern, die das Machtvakuum an der Spitze für Lobbyarbeit in eigener Sache nutzen.

Es kommt zu Machtkämpfen und politischen Intrigen, und die Implementierung der Unternehmenswerte und -ziele bleibt auf der Strecke. Strategische Entscheidungen werden zu Spielbällen, und es kommt zu Brüchen und Spaltungen durch die gesamte Organisation, die eine effektive Koordination und Kommunikation verhindern. Die einzelnen Spieler und ihre Seilschaften konzentrieren sich nur noch auf sich selbst, weder auf das Unternehmen, noch auf Mitarbeiter, Kunden oder den Markt.

### 4. Die depressive Persönlichkeit und Organisation

Jeder Mensch erlebt Phasen der Niedergeschlagenheit. Einige jedoch versinken regelrecht in Hoffnungslosigkeit und Trauer – sie sind depressiv. Depressive Führungskräfte fühlen sich wertlos, schuldig, machtlos und deplaziert und scheuen deshalb die Verantwortung. Sie suchen Menschen, die für sie über ihre Arbeit und ihr Leben entscheiden, und idealisieren diese Heilsbringer. Das Gefühl der Machtlosigkeit erzeugt oft Wut und Aggression gegen die eigene Person.

Depressive Vorgesetzte zeigen nach außen Inkompetenz, Antriebs- und Fantasielosigkeit. Sie wirken passiv, handlungsunwillig und haben regelrecht Angst vor dem Erfolg, den andere ihnen neiden könnten. Die Kultur, die sich in einem Unternehmen unter ihrer Leitung entfaltet, bezeichnet Kets de Vries als die der „selbstunsicheren Person". Sie ist durchtränkt von Negativität und Lethargie. In den Augen der depressiven Führungskraft ist das Unternehmen nur eine Maschine, der man minimale Aufmerksamkeit schenken muss. Depressive Unternehmen sind sehr konservativ, innovationsfeindlich und oft isoliert und orientierungslos. Sie erstarren in Routinen und sind nicht in der Lage, auf Wandlungsprozesse zu reagieren. Entscheidungen werden so lange auf die lange Bank geschoben und notwendige Informationen nicht eingeholt, bis die völlige Stagnation eintritt.

### 5. Die zwanghafte Persönlichkeit und Organisation

„Zwanghafte Persönlichkeiten beißen sich nicht selten bis zur Spitze durch. Obwohl sie in bestimmten Bereichen echte Überflieger sind, kann ihr Wirken insgesamt doch eher brutale Folgen haben." (Kets de Vries, 2002, S. 138). Zwanghafte Führungskräfte wollten nicht von Menschen oder Ereignissen abhängig sein und deshalb alles und jeden kontrollieren. Beziehungen bewegen sich bei ihnen grundsätzlich nur zwischen den Polen der Über- und Unterordnung. Untergebenen gegenüber sind sie herrisch, und vor ihren Vorgesetzten kriechen sie förmlich.

Alles Ungewohnte verstört den zwanghaften Manager, und sein Arbeiten ist durch Perfektionismus, festgefahrene Meinungen und übertriebenen Fleiß gekennzeichnet. Workaholics sind immer beschäftigt, aber selten effektiv, denn ihnen fehlt es an Visionen, Fantasie und Entscheidungskraft.

In zwanghaften Unternehmen herrscht ein hochgradiges Misstrauen zwischen der Führungsetage und den unteren Positionen. Die Leitung setzt auf formale Anweisungen, Bürokratie und direkte Überwachung statt auf Vertrauen und Begeisterung. Sie führt mit einem ausdifferenzierten Regelsystem statt mit persönlichem Vorbild. Unabhängigen Geistern werden schnell die Hände gebunden, und die Unternehmenspolitik orientiert sich nicht an objektiven Erfordernissen, sondern an der Zwangspersönlichkeit an der

Spitze. Die vorherrschende Binnenperspektive verstellt den Entscheidungsträgern den Blick auf das Ganze und verhindert Erneuerung.

Dysfunktionale Führung in jeder dieser fünf Formen stürzt Unternehmen in einen Teufelskreis aus sinkender Arbeitsmoral, nachlassender Motivation, einer hohen Fluktuation und einem hohen Krankenstand sowie niedriger Arbeitszufriedenheit. Diese wiederum ziehen eine schlechte Performance des Unternehmens, sinkende Gewinne, steigende Kosten und schließlich unter Umständen einen sinkenden Aktienkurs nach sich. Die Organisation reagiert darauf mit Entlassungen, Einfrieren der Gehälter, Einschnitten bei Schulungen und dem Einsatz von Zeitarbeitskräften. Dies wiederum verschlechtert die Stimmung, drückt auf die Arbeitsmoral und läutet eine neue Runde in diesem Teufelskreis ein.

Manfred Kets de Vries zeigt auf überzeugende Weise, wie sich das (neurotische) Verhalten der Führungskraft auf ihr Verhältnis zu den Geführten und damit auf den Erfolg oder den Misserfolg des Unternehmens auswirkt. Um diese Wechselwirkungen geht es im nächsten Abschnitt.

# 3. Beziehung zwischen Führungskraft und Geführten

***„Gute Führung steht und fällt mit den Geführten.“***

Führung ist nicht nur Unternehmensführung, sondern in erster Linie Menschenführung, wie wir bereits mehrfach festgestellt haben. Ziel ist es, Einklang zwischen den potenziell konkurrierenden Größen Unternehmens- und Mitarbeiterzielen zu erreichen: Die beste Führungskraft muss scheitern, wenn sie von den Mitarbeitern nicht anerkannt wird. Die „Chemie“ muss stimmen und die Führungskraft muss zur Mitarbeitergruppe, zum Chef und zum Kunden passen.

Aus diesem Grund drehen sich zahlreiche Arbeiten zum Thema Führung vor allem um die Geführten und ihren Einfluss auf das Gelingen von Führung. In den vergangenen Jahren hat dabei ein grundlegender Wandel stattgefunden, dem die Führungspraxis erst langsam anfängt Rechnung zu tragen.

## 3.1 Vom Untergebenen zum Mitunternehmer

Menschenführung hängt immer von dem dahinterstehenden Menschenbild ab, d. h. von den Grundannahmen über die menschliche Natur. Wie ich mit jemandem umgehe, wie ich sein Verhalten beurteile und darauf reagiere, hängt entscheidend davon ab, wie ich ihn wahrnehme.

### 3.1.1 X oder Y?

Der Unternehmensberater Douglas McGregor hat in den 50er Jahren zwei idealtypische Theorien über das Menschenbild von Managern formuliert, die den Punkt verdeutlichen, um den sich die unterschiedlichen Positionen der Führungslehre drehen: die X- und die Y-Theorie. Sie sind zur Grundlage unterschiedlichster Führungskonzepte geworden (vgl. McGregor, 1960).

Nach der *X-Theorie* hat der Durchschnittsmensch eine angeborene Abneigung gegen Arbeit und versucht, ihr aus dem Weg zu gehen. Deshalb muss er meistens gezwungen, gelenkt und durch Sanktionen dazu bewegt („motiviert") werden, das vom Unternehmen gesetzte Soll zu erreichen. Der Durchschnittmensch will, dass man ihn an der Hand „führt" und ihm die Verantwortung abnimmt, denn er hat wenig Ehrgeiz und ein großes Sicherheitsbedürfnis. Sieht ein Vorgesetzter seine Mitarbeiter auf diese Weise, leitet er für sich daraus ein autoritäres, kontrollierendes Führungsverhalten ab.

Als alternative Annahme zeichnete McGregor in der *Y-Theorie* ein positiveres Menschenbild: Nach der Y-Theorie ist körperliche und geistige Anstrengung bei der Arbeit für den Menschen ebenso natürlich wie Ruhe und Spiel. Unter geeigneten Bedingungen strebt er danach, Verantwortung zu übernehmen. Der Mensch kann aufgrund der eigenen Vorstellungskraft und Kreativität auch eigenständig Lösungen für organisatorische Probleme finden. Überwachung und Strafe sind nicht die einzigen (und nicht die besten) Mittel, einen Menschen dazu zu bewegen, etwas zu tun. Für die Ziele, denen er sich verpflichtet fühlt, wird sich der Mensch vielmehr freiwillig der Selbstdisziplin und Selbstkontrolle unterwerfen. Eine Führungskraft, die dieses Bild von den Geführten hat, lässt ihnen Spielraum, bezieht sie in Entscheidungen ein und ermöglicht Engagement und Eigenverantwortung. Sie wird einen partizipativen oder kooperativen Führungsstil wählen.

Ich glaube, es liegt auf der Hand, dass bei der X-Theorie Ursache und Wirkung verkehrt sind und daraus ein Teufelskreis entsteht: Menschen werden erst faul, unselbstständig und verantwortungslos, wenn man ihnen keine Freiräume lässt und keine Möglichkeit zu selbstverantwortlichem Arbeiten gibt. Ein Arbeitsklima, das geprägt ist von Misstrauen und Kontrolle, schafft den Nährboden für diesen Typus des Geführten, doch von Natur ist der „Durchschnittsmensch“ nicht so. Umgekehrt verstärkt sich die Y-Theorie im positiven Sinne selbst und bringt die erwünschte Art von Geführten hervor.

Gibt es eine einzig richtige Methode zur Menschenführung? Peter F. Drucker sagt ganz klar: Nein. Dennoch wird – und dies kritisiert er mehrfach – immer noch nach der einen Heilslehre im Bereich Führung gesucht. Damit führt Drucker auch die Theorie X und die Theorie Y (insbesondere das von McGregor postulierte Entweder-Oder) ad absurdum. Unterschiedliche Mitarbeiter, so Drucker weiter, müssen unterschiedlich geführt werden. Und derselbe Mitarbeiter muss auch zu unterschiedlichen Zeitpunkten unterschiedlich geführt werden (vgl. Drucker, 2004, S. 102 ff.).

### 3.1.2 Die Ressource Mensch

Die kapitalorientierte Management-Philosophie hat ausgedient – sagt Strategie-Guru Sumantra Ghoshal (zusammen mit seinem Kollegen Christopher Bartlett von der Harvard Business School), und dies völlig zu Recht. Das Finanzkapital ist nicht mehr die knappe Ressource, die es zu managen gilt, sondern die Mitarbeiter mit ihrem Know-how und ihrer Leistungsbereitschaft. Wenn es aber die Menschen sind, die für die größte Wertsteigerung sorgen, dann werden wir sie zunehmend als Vermögenswerte und als freiwillige Investoren sehen müssen, die ihr Wissen, ihre Ideen, ihre Talente und ihr Engagement in ein Unternehmen stecken – und nicht länger als Untergebene und als Kostenfaktor (vgl. Bartlett/Ghoshal, 2000, vgl. auch Ghoshal, 2003, S. 220-222).

Wenn Ghoshal vom „Engpass Humankapital“ spricht, meint er damit nicht nur (Fach-) Wissen. Er erweitert den Begriff Humankapital um die Größen emotionales und soziales Kapital, um die der Wettbewerb der Zukunft entbrennt. Denn der Paradigmenwechsel von der Untergebenen-Kultur zur Mitunternehmer-Kultur stellt auch neue Ansprüche an die Führungskräfte und deren Ausbildung: Sie müssen über die Fähigkeit verfügen, langfristige Beziehungen aufzubauen und aufrechtzuerhalten, die auf Vertrauen und Gegenseitigkeit basieren. Diese Fähigkeit ist eine enorm wichtige Ressource, die es in den Unternehmen weiterzuentwickeln gilt. Die zweite Kompetenz, die in Zukunft noch weiter in den Vordergrund rücken wird, ist Tatkraft. Visionen und hochfliegende, wegweisende Konzepte gibt es viele, doch an der Fähigkeit, diese Ideen auch in Taten zu überführen, mangelt es zu häufig im Arbeitsalltag.

Das Humankapital eines Unternehmens besteht also auf der einen Seite aus dem Wissen der Mitarbeiter und auf der anderen Seite aus den sozialen und emotionalen Fähigkeiten der Führungskräfte, die sie brauchen, um die besten Mitarbeiter zu finden und zu binden und um aus dem im Unternehmen schlummernden Wissen Umsatz und Produktivität zu generieren. Die Unternehmen müssen sich am Menschen ausrichten, Visionen und Werte vermitteln, Sinn stiften und ihm die Möglichkeit geben, sein individuelles Potenzial zu entfalten. Nur so entstehen außergewöhnliche Leistungen (vgl. Bartlett/Ghoshal, 2000).

Mit dem neuen Paradigma von Führung verändert sich auch der „psychologische Vertrag“, d. h. die unausgesprochenen, impliziten Verpflichtungen von Arbeitnehmer- wie Arbeitgeberseite. Früher wurde die Loyalität der Arbeitnehmer mit einem sicheren Arbeitsplatz und einer sicheren Rente vergolten. Dieses paternalistische Modell hat ausgedient. Das neue Modell bewegt sich zwischen wechselseitiger Abhängigkeit und Individualismus. Im Informationszeitalter ist „Beschäftigbarkeit“ (Employability) für die Unternehmen wichtiger als Loyalität. Die Firmen bieten den Arbeitnehmern dafür Chancen und Entwicklung statt Sicherheit und Partnerschaft statt Abhängigkeit (vgl. Kets de Vries, 2002, S. 64 ff.). Auch hierzu hat Peter F. Drucker mit seiner Leitidee der „Freiwilligenorganisation“ wieder Wegweisendes vorgedacht (siehe Kapitel 2.1).

Auf der anderen Seite gibt es natürlich auch Erwartungen an die Geführten: Als Mitunternehmer oder Co-Intrapreneur brauchen Mitarbeiter Sozial-, Gestaltungs- und Umsetzungskompetenz. Sie müssen freiwilliges und verantwortungsbewusstes Engagement mitbringen und bereit sein zum lebenslangen Lernen. Volkswagen hat diesen Typus des unternehmerischen Mitgestalters als „4-M-Mitarbeiter“ bezeichnet, da er sich durch Mehrfachqualifikationen, Mobilität, Mitgestaltung und Menschlichkeit auszeichnet (vgl. Wunderer, 2002, S. 40-45).

So weit das Idealbild. In der Realität darf man die Ansprüche an die Geführten jedoch nicht in unmenschliche Höhen schrauben, sondern muss in den Leitbildern realistische Ansprüche formulieren, wie z. B. Reinhard K. Sprenger es tut: „Eine Sache zur meinen zu machen“ ist zugleich ein Appell an die Selbstverantwortung des Mitarbeiters (nahezu jede Führungskraft ist ja gleichzeitig auch wieder unterstellter Mitarbeiter). Während Laufbahnen ihre Sicherheit verlieren und die Zukunft von Unternehmen unvorhersagbarer wird, können Menschen zumindest die Verantwortung für ihren eigenen beruflichen Lebensweg übernehmen. Das gilt für die Wahl des Unternehmens. Das gilt für die Wahl des Arbeitsplatzes. Das gilt auch für die Freiräume innerhalb des Jobs. Nicht warten, dass die Dinge von allein besser, gerechter, freizügiger werden. Nicht warten, dass andere für mich etwas tun. Freiraum gilt es nicht zu postulieren, wie es überall geschieht, wo er nicht vorhanden ist. Sondern zu erobern.“ (Sprenger, 1999, S. 251).

Das Gleiche gilt selbstverständlich auch umgekehrt für die Erwartungen der Mitarbeiter an die Führungskraft: „Das Grundgeheimnis der Effizienz liegt darin, Verständnis für die Menschen zu haben, mit denen man arbeitet und von denen man abhängt, damit man von ihren Stärken, Arbeitsweisen und Wertvorstellungen profitieren kann. Arbeitsbeziehungen basieren in ebensolchem Maß auf den Menschen wie auf der Arbeit selbst.“ (Drucker, 1999, S. 16).

Das Machtspiel zwischen Führungskraft und Mitarbeiter ging früher haushoch zugunsten der Führungskraft aus. Heute jedoch liegt die Macht bei den Mitarbeitern, auch wenn es auf den ersten Blick anders aussieht. Es sind letzten Endes die Mitarbeiter, die über die Qualität von Führung entscheiden, indem sie eine Führungskraft „wählen“, sich für oder gegen sie entscheiden, mitarbeiten oder innerlich oder äußerlich kündigen. Mitarbeiter wählen mit ihrem Commitment. Es gibt Mitarbeiter auch ohne Führungskräfte, aber keine Führungskräfte ohne Mitarbeiter (vgl. Sprenger, 2002a, S. 160).

## 3.2 Motivation

Die unterschiedlichen Menschenbilder der X- und Y-Theorie und die Prognosen von Bartlett und Ghoshal veranschaulichen den Stellenwert von Motivation im Führungsprozess. Gute Führung hängt maßgeblich von der Bereitschaft der Geführten ab, Höchstleistungen zu bringen und in Kooperation mit der Führungskraft die Firmenziele zu erreichen. Doch wie kann man diese Bereitschaft erzeugen – und muss man das überhaupt? Was treibt Menschen an? Was sind ihre Ziele und ihre Bedürfnisse? Und werden Menschen eher von äußeren Reizen angeregt (extrinsische Motivation) oder von inneren Motiven angetrieben (intrinsische Motivation)? Mit diesen Fragen beschäftigen sich die Sozial- und Wirtschaftswissenschaften, aber auch die Psychologie bereits seit Jahrzehnten. Die Bedürfnispyramide von Abraham H. Maslow soll den Ausgangspunkt unserer Betrachtung der Ergebnisse dieser Motivationsforschung bilden.

### 3.2.1 Die Pyramide der Bedürfnisse

Das von Maslow entwickelte Modell individueller Ziele und Bedürfnisse unterscheidet fünf Bedürfnisgruppen, die pyramidenförmig aufeinander aufbauen: physiologische Bedürfnisse (Hunger, Durst, Sexualtrieb usw.), Sicherheitsbedürfnisse, soziale Bedürfnisse, Bedürfnisse nach Wertschätzung und Bedürfnisse nach Selbstverwirklichung. Die jeweils nächste Stufe dieser Bedürfnishierarchie wird erst dann angestrebt, wenn das darunter liegende Bedürfnis befriedigt ist. Nahrungsaufnahme ist ein primäres Bedürfnis, während soziale Kontakte und Selbstverwirklichung zu den sekundären Bedürfnissen gehören. Oder kurz gesagt und derb formuliert: Erst das Fressen und dann die Moral (vgl. Maslow, 1943).

Motivation funktioniert nach Maslow nach einer einfachen Gleichung: Festgestelltes Bedürfnisniveau plus entsprechender Anreiz gleich erwünschtes Handeln. Dieses konservative Modell, das den Menschen auf ein Bündel von Bedürfnissen reduziert, ist zwar einfach und übersichtlich, gilt wissenschaftlich jedoch schon seit Jahren als umstritten oder zumindest als ergänzungsbedürftig. Trotzdem wird es weltweit noch heute von Beratern als wichtige Grundlage der Mitarbeitermotivation benutzt. Aus diesem Grund habe ich es hier nochmals aufgegriffen.

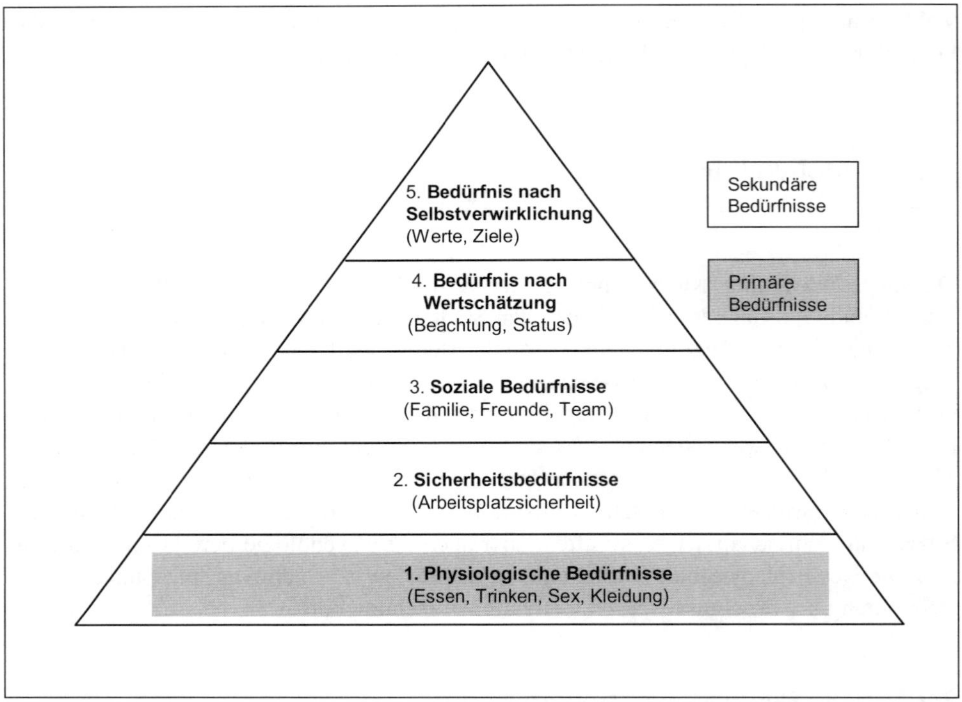


Quelle: Maslow, Abraham H.: A Theory of Human Motivation, Psychological Review, New York, 1943

**Abbildung 7:** Die Bedürfnispyramide nach Maslow

### 3.2.2 Die Zwei-Faktoren-Theorie

Frederick Herzberg erforschte in den 50er und 60er Jahren die Quellen der Mitarbeitermotivation. Aus seinen Erkenntnissen entwickelte er die *Zwei-Faktoren-Theorie,* nach der es zu unterscheiden gilt zwischen Faktoren, die Menschen bei ihrer Tätigkeit zufrieden machen und Faktoren, die sie unzufrieden und unproduktiv machen.

Fragt man Beschäftigte, warum sie unzufrieden sind, erzählen sie in den meisten Fällen von unfähigen oder ungerechten Chefs, ihrem zu niedrigen Gehalt oder einer schlechten Arbeitsumgebung. Dieselben Faktoren können, selbst wenn sie hundertprozentig ideal umgesetzt sind, Menschen jedoch nicht dazu motivieren, besser zu arbeiten. Herzberg nennt sie deshalb *„Hygienefaktoren"*. Sie müssen akzeptabel sein, reichen jedoch nicht aus, da sie extrinsisch wirken und nur mittelbar mit der Tätigkeit selbst zu tun haben. ***„Motivatoren"*** sind dagegen all jene Faktoren, die die tiefer liegenden Bedürfnisse der Mitarbeiter befriedigen, nämlich etwas Sinnvolles zu leisten, sich zu verwirklichen, an ihrer Arbeit zu wachsen und wertgeschätzt zu werden für das, was sie tun. Sie wirken intrinsisch und haben unmittelbar mit den Inhalten und der Gestaltung der Arbeit zu tun.

Was Mitarbeiter in Schwung bringt, ist also nicht der berühmte „kick in the ass" – im negativen Sinn in Form von Druck, Schikane und Drohung oder im positiven Sinn von Lohnerhöhungen, Arbeitszeitverkürzung, Firmenwagen oder Sozialleistungen. Vorgesetzte können ihre Mitarbeiter nicht durch die erhobene Peitsche oder die vorgehaltene Karotte bewegen, das erkannte Herzberg schon sehr früh. Unternehmen müssen die Tätigkeiten vielseitig, abwechslungsreich und sinnvoll gestalten, sie „anreichern" (vgl. Herzberg, 4/2003, S. 30-62 – vgl. auch Herzberg, 1959). Das *Job Enrichment* gehört zu den klassischen Konzepten der Arbeits- und Organisationspsychologie, doch bis heute (50 Jahre später) haben sich Herzbergs Erkenntnisse nicht bis zu allen Arbeitgebern herumgesprochen.

Auf die Gefahr, die von allein extrinsisch motivierten Mitarbeitern mit einer katastrophalen Arbeitsmoral ausgeht, weist Peter F. Drucker mit einem Vergleich hin: „Und so wie ein Orchester den fähigsten und mit Sicherheit auch den selbstherrlichsten Dirigenten sabotieren kann, sind die Menschen, die innerhalb einer wissensbasierten Organisation arbeiten, mit Sicherheit imstande, den fähigsten und vor allem selbstherrlichsten Vorgesetzten zu sabotieren." (Drucker, 1999, S. 37).

Motivation wird oft als allmächtiges Zauberwort gebraucht. Selbst ernannte Motivations-Gurus kommen mit Sprüchen wie „Alles ist möglich!", „Denke positiv!" oder einem völlig sinnentleerten „Tschaka!" daher. Umso größer ist die Depression im Unternehmen, wenn der Guru wieder aus dem Haus ist und plötzlich der Mitarbeiter feststellen muss, dass er einem Verbal-Placebo aufgesessen ist. Und komischerweise ist sein Unternehmen, in dem er von nun an positiv denken sollte, immer noch besiedelt von den gleichen Führungskräften, die mit den alten Methoden regieren und handelen.

Auch der Vater der modernen Managementlehre, Peter F. Drucker, setzt auf die intrinsische Motivation durch den sorgfältigen Einsatz des Mitarbeiters, durch gute Information, eine weitgehende Selbstkontrolle des Untergebenen und durch die Teilhabe an unternehmerischen Entscheidungen. Drucker geht es nicht darum, Menschen anzutreiben, sondern ihren inneren Antrieb durch förderliche Bedingungen auszulösen: „Leistungsbewusstsein hat nur, wer etwas geleistet hat. Ein Bewusstsein seines Wertes hat nur, dessen Arbeit wertvoll ist. Die einzige Grundlage für echten Stolz, echtes Leistungs- und Wertbewusstsein ist die aktive und verantwortliche Mitbestimmung an der eigenen Arbeit und der Leitung der eigenen Betriebsgemeinschaft." (Drucker, 1956, S. 370).

### 3.2.3 Die Geführten verstehen

Die *Path-Goal-Theorie* verlangt deshalb auch von der Führungskraft, sich in den Geführten hineinzuversetzen und dessen Überlegungen nachzuvollziehen. Sie muss wissen, was die unmittelbaren und die langfristigen Ziele des Geführten sind, um diese mit den Führungs- bzw. Unternehmenszielen vereinbaren zu können. Die Ziele des Mitarbeiters bestimmen also den Weg der Führung. Dazu braucht die Führungskraft Einfühlungsvermögen. Die Path-Goal-Theorie zeigt darüber hinaus, welche Faktoren die Leistungsbereitschaft beeinflussen, und aus ihr lassen sich Handlungsvorschläge für ziel- und ergebnisorientierte Führung, das so genannte „Management by Objectives“, ableiten.

Auch bei den *Attributionstheorien,* die ihre Hochphase in den 70er und 80er Jahren im Bereich der Sozialpsychologie erlebten, kommt dem Verständnis und der Kontrolle der Handlungen anderer besondere Bedeutung zu. Unter „Attribution“ versteht man die Zuschreibung von Gründen bestimmter Handlungen. Am Arbeitsplatz neigen Menschen beispielsweise dazu, Erfolge sich selbst und der eigenen Leistung zuzusprechen, die Gründe für Misserfolge jedoch in äußeren Faktoren zu suchen, die man nicht kontrollieren kann. Für unsere Ausgangsfrage nach den Bedingungen guter Führung und deren Messbarkeit geben die Attributionstheorien insgesamt jedoch nur wenig her.

Deutlich größer ist der Beitrag, den die *soziale Lerntheorie* für unsere Frage liefern kann. Sie unterstellt eine wechselseitige Beeinflussung von Führungskraft, Führungsverhalten und Führungssituation. Das bedeutet, dass Führungskräfte nicht nur aus ihren eigenen Handlungen lernen, sondern auch aus denen ihrer Mitarbeiter, und dass umgekehrt die Geführten aus dem Verhalten der Führungskraft lernen. Dieser Vorgang wird als „Lernen am Modell“ bezeichnet. Er ist eine wichtige Voraussetzung für Entwicklung und Wandel. Müsste nämlich jeder Mensch alles mühsam durch Versuch und Irrtum lernen, würde das viel zu lange dauern und oft fatal enden. So lernt ein Kind durch die Beobachtung der Mutter, dass die Herdplatte heiß ist, ohne erst selbst die Hand drauflegen zu müssen. In Unternehmen funktioniert es im Idealfall ähnlich, und jeder Fehler wird nur einmal gemacht – zumindest theoretisch.

Die soziale Lerntheorie liefert eine Grundlage für den delegativen Führungsstil, zeigt einmal mehr die Notwendigkeit des Selbstmanagements auf (jeder ist schließlich ein Modell – und möglicherweise sogar ein Vorbild – für andere) und bietet wertvolle Ansätze für das Arbeiten im Team.

### 3.2.4 Unter der Oberfläche

Über all diesen Ansätzen und Befunden schwebt stets das Schwert des Irrationalen, denn das menschliche Verhalten wird nicht nur durch logische, bewusste Faktoren und Entscheidungen geprägt: „Wer Führungsaufgaben hat, sollte dafür sensibilisiert werden, dass die von ihm oder ihr Geführten nicht ausschließlich rational und bewusst handelnde Menschen sind, sondern dass sich in ihnen irrationale Prozesse abspielen, die sie häufig selbst kaum begründen können und die sie sprachlos lassen“ (von Rosenstiel/Regnet/Domsch, 2003, S. 23), mahnt der Münchner Organisationspsychologe Lutz von Rosenstiel.

Folgenreich sind die irrationalen und unbewussten Faktoren des Verhaltens (auf Seiten der Führungskraft wie der Geführten) vor allem in Konfliktsituationen, wenn verschiedene Abwehrmechanismen in Gang gesetzt werden, wie Verdrängung, Kompensation, Verschiebung, Identifikation, Flucht in die Fantasie, Projektion, Resignation, Aggression, Selbstbeschuldigung oder Fixierung. Kennt die Führungskraft diese Mechanismen, kann sie ihre eigene Rolle und das Verhalten der Mitarbeiter besser wahrnehmen, verstehen und entsprechend reagieren (vgl. von Rosenstiel/Regnet/Domsch, 2003, S. 27-40).

Meine „künstliche" Aufteilung in Ansätze, die sich auf die Führungskraft konzentrieren, und solche, die sich schwerpunktmäßig mit den Geführten beschäftigen, soll nicht die Wechselbeziehungen zwischen beiden Akteuren ausblenden. Eine Beziehung hat immer zwei Seiten, die sich gegenseitig durch ihr Verhalten, ihre Wahrnehmung und ihre Kommunikation beeinflussen. Mit dem Austauschprozess von Führer und Geführten haben sich die Interaktionstheorien beschäftigt und dabei gruppendynamische und rollentheoretische Ansätze hervorgebracht. Als Namen seien hier stellvertretend Peter R. Hofstätter und Klaus Macharzina genannt. Die Grenze dieser Theorien liegt in der enormen Komplexität der möglichen Interaktionen. Deshalb sind sie für die Praxis nur von geringem Nutzen und außerdem viel zu kompliziert – dabei sollen Modelle und Theorien die Realität ja eigentlich vereinfacht darstellen und erklären. Der beziehungsorientierte und systemisch geprägte Führungsansatz dieses Buches stellt eine praktische Alternative zu diesen schematischen, überfrachteten und zugleich begrenzten Theorien ohne konkreten Mehrwert für die tägliche Führungsarbeit dar.

### 3.2.5 Was Mitarbeiter wollen

Für den Erfolg von Unternehmens- und Personalführung spielen die *Erwartungen* der Mitarbeiter an die Vorgesetzten eine wichtige Rolle. Diese hängen wiederum vom „Reifegrad" und von der Wertorientierung der Geführten ab. In einer internationalen Studie in über 60 Ländern hat man herausgefunden, dass für fast 70 Prozent der Mitarbeiter die Anforderung „Vertrauen schaffen" ganz oben auf der Wunschliste steht, gefolgt von der Fähigkeit, die Potenziale der Mitarbeiter zu erkennen und zu fördern mit 46 Prozent. Mit 42 und 38 Prozent landeten „Visionen kommunizieren" und „vernetztes Denken entwickeln" auf den Plätzen drei und vier (vgl. Personalwirtschaft 10/2002, S. 43).

Mitarbeiter wollen eine authentische, glaubwürdige Führungskraft, keine Schablone oder Rolle. Peter F. Drucker hat es Mitte der 60er Jahre so formuliert: „Ein Vorgesetzter ist es seiner Organisation schuldig, die Leistungskraft seiner Untergebenen so produktiv wie möglich einzusetzen. Aber noch mehr ist er den Menschen schuldig, unter denen er eine gehobene Stellung einnimmt, dass sie mit seiner Hilfe die höchste Leistungsfähigkeit, zu der sie imstande sind, erreichen." (Drucker, 1995, S. 154).

Wenn die mündigen Mitarbeiter Unternehmer im Unternehmen sein sollen, muss Führung nach Dieter Frey, Professor für Wirtschaftspsychologie an der Ludwig-Maximilians-Universität München, vor allen Dingen diesen Prinzipien folgen: Sie muss Sinn und Visionsvermittlung sein, auf Autonomie, Partizipation, Transparenz und Fairness basieren, konstruktive Rückmeldung und persönliches Wachstum ermöglichen und eine stabile soziale Einbindung bieten. Moderne Führung ist für Frey stets situative Führung (vgl. Frey, 2003, S. 20 ff.).

Eine Studie der Akademie für Führungskräfte der Wirtschaft GmbH aus dem Jahr 2004 untermauert dies mit harten Zahlen: Auf die Frage, welche Eigenschaften eine Führungskraft braucht, wenn sie ihre Mitarbeiter motivieren will, wurden am häufigsten Wahrhaftigkeit und Authentizität (92 Prozent), der souveräne Umgang mit Konflikten (86 Prozent), Begeisterungsfähigkeit (84 Prozent) und Einfühlungsvermögen (61 Prozent) genannt (vgl. Akademie-Studie, 2004).

### 3.2.6 Karriere statt Lohn?

Die Unternehmensberatung Towers Perrin (vgl. Frankfurter Allgemeine Zeitung, 19.01.2004) hat untersucht, warum Mitarbeiter ins Unternehmen kommen, warum sie dort bleiben – und warum sie gehen. Vereinfacht ausgedrückt kommen sie primär aufgrund der Reputation des Unternehmens und wegen des wettbewerbsfähigen Gehalts. Und sie gehen, weil Aufstiegs- und Karrierechancen fehlen oder die Beziehung zum Vorgesetzten nicht stimmt.

Warum Mitarbeiter kommen:

1. Reputation des Unternehmens
2. wettbewerbsfähiges Gehalt
3. herausfordernde Arbeit
4. Aufstiegs- und Karrierechancen
5. Unternehmenskultur

Warum Mitarbeiter bleiben:

1. herausfordernde Arbeit
2. wettbewerbsfähiges Gehalt
3. hoher Grad an Eigenständigkeit
4. Aufstiegs- und Karrierechancen
5. Unternehmenskultur

Warum Mitarbeiter gehen:

1. Aufstiegs- und Karrierechancen
2. Verhältnis zum Vorgesetzten
3. Work-Life-Balance
4. Arbeitsumfeld
5. wettbewerbsfähiges Gehalt

Um qualifizierte Mitarbeiter im eigenen Unternehmen zu halten, sind andere Maßnahmen notwendig, als um Mitarbeiter zu gewinnen. Die Führungskraft ist gefordert, die individuellen Ziele ihrer Mitarbeiter mit den übergeordneten Zielen des Unternehmens in Einklang zu bringen. Dabei sollte die Führungskraft verstärkt in die (Weiter-)Entwicklung ihrer Mitarbeiter investieren und ihnen herausfordernde Arbeiten übertragen. So profitieren beide – und die Motivation stellt sich von selbst ein.

### 3.2.7 Mythos Motivation?

Während die Bedürfnis-Theorie von Maslow ebenso wie die Motivatoren-Hygienefaktoren-Theorie von Herzberg davon ausgehen, dass es Sinn und Zweck von Führung ist, Menschen zu beeinflussen und ihnen einen Anreiz zu bieten, ein bestimmtes Verhalten an den Tag zu legen, hält Reinhard K. Sprenger, Management-Bestsellerautor und promovierter Philosoph, diese Form von Motivation für eine Sackgasse.

Für ihn ist klar, dass „Motivieren“ nichts anderes meint als die fünf großen „B“s: Belohnen, Belobigen, Bestechen, Bedrohen und Bestrafen. Führen mit mechanischen Anreizsystemen ist für ihn immer „Ver-Führen“ und erschafft bloß das Gegenteil: Demotivation. Ich halte diesen Ansatz für richtig und von zentraler Bedeutung, wenn ich Sprenger auch nicht in jeder seiner Beurteilungen und Schlussfolgerungen Recht geben kann. Aus diesem Grund möchte ich seine zentralen Thesen und Beobachtungen im Folgenden komprimiert vorstellen und an der einen oder anderen Stelle auch kritisch kommentieren.

### 3.2.8 Wunderwaffe Motivation

Andere motivieren zu können, gehört heute zu den vorrangig geforderten Management-Fähigkeiten, ja „Motivieren“ ist geradezu ein Synonym für Führung geworden, attestiert Sprenger. Darunter versteht man im Allgemeinen „das Erzeugen, Erhalten und Steigern der Verhaltensbereitschaft durch den Vorgesetzten bzw. durch Anreize.“ (Sprenger, 1999, S. 22). Motivieren bedeutet also Handlung: Gefragt sind Führungskräfte, die es verstehen, mit Ziehen oder Anschieben das Beste aus ihren Mitarbeitern herauszuholen.

Dieses Aufgabenverständnis vieler Manager basiert auf der uralten Grundeinstellung, dass die Mitarbeiter ihr Bestes nicht freiwillig geben, dass sie von Natur aus faul und leistungsunwillig sind, sich ihre Energie für die Freizeit aufheben und gute Ideen lieber in der Schublade behalten. Ich sage nur: Die „X-Theorie“ lässt grüßen. „Motivieren“ heißt für Sprenger deshalb Fremdsteuerung, mehr oder weniger heimliche Manipulation, systematische Verhaltensbeeinflussung. Davon unterscheidet er den Begriff „Motivation“, der die Eigensteuerung, den eigenen inneren Antrieb des Individuums, beschreibt (vgl. Sprenger, 1999, S. 24).

Bekämpft werden sollen durch eine optimierte Motivierung das Gespenst der inneren Kündigung, das in unseren Unternehmen umgeht, und die hoch infektiöse Krankheit des innerbetrieblichen Vorruhestands, die auch vor den Chefbüros nicht Halt macht. Schwindel erregende Zahlen über innerlich ganz oder halb gekündigte Arbeitnehmer lassen Unternehmen panisch nach immer ausgefeilteren Anreizsystemen suchen.

So hat das Marktforschungsinstitut Gallup 2004 untersucht, wie es um die „innere Beteiligung“ von Mitarbeitern in Deutschland bestellt ist. Die Zahlen haben sich im Vergleich zum Vorjahr nicht gebessert: 87 Prozent verspüren danach keine echte Verpflichtung gegenüber ihrer Arbeit. 69 Prozent der Arbeitnehmer machen lediglich Dienst nach Vorschrift und 18 Prozent haben die innere Kündigung bereits vollzogen. Der gesamtwirtschaftliche Schaden, der sich durch dieses niedrige „Engagement-Niveau“ in Deutschland ergibt, beläuft sich aufgrund hoher Fehlzeiten und niedriger Produktivität auf ca. 245 Milliarden Euro, so die Studie. Aufschlussreich ist, dass Gallup die Ursache für dieses Problem weniger bei den Beschäftigten, sondern in der schlechten Führung deutscher Unternehmen sieht. Auch Lob und Anerkennung würden zu selten ausgesprochen (vgl. Frankfurter Allgemeine Zeitung, 14.11.2004. Mehr unter www.gallup.de).

Die einzige Antwort, die die meisten Firmen auf diese Zahlen haben, ist die Individualisierung der Belohnungs-Mechanik – ein Widerspruch in sich. Doch niemand kommt auf die Idee, die Ursachen für die freizeitorientierte Schonhaltung so vieler Arbeitnehmer gerade in der angestrengten Motivierung zu suchen. Aber genau dort sind sie zu finden, so Sprenger. Wir wissen heute nämlich mit hinreichender Sicherheit, dass die Leistungsbereitschaft ungebrochen ist, und dass nur das Werteverwirklichungsangebot der Arbeitswelt die veränderten Wertvorstellungen der Mitarbeiter nicht mehr auffängt. Mit Geld und Status lässt sich heute kaum noch eine hoch qualifizierte Nachwuchskraft ihre Lebenszeit abkaufen. Eine Arbeit, die Spaß macht, ist für Berufstätige mindestens genauso wichtig wie ein höheres Einkommen. Und eine Tätigkeit, die Sinn macht, hat eine wachsende Bedeutung gegenüber Status und Karriere. Heute erwartet der einzelne Mensch Chancen, sich selbst und sein ganzes Potenzial in den Job und in das Unternehmen einbringen zu können, als ganze Person wahr- und ernstgenommen zu werden. Doch die Unternehmen reagieren nicht oder viel zu langsam auf die veränderten Erwartungen der Leistungsträger. Deshalb werden die freien Energien, das Interesse und die Kreativität gezwungenermaßen in die Freizeit umgelenkt.

### 3.2.9 Motivierung demotiviert

Sprenger stellt deshalb die These auf: „Die Motivierung ist die massenhafte Verführung zur inneren Kündigung.“ (Sprenger, 1999, S. 32). Die Motivation (also der innere Antrieb, nicht die äußere Einwirkung) setzt sich aus vielen verschiedenen ethischen, psychosozialen und wirtschaftlichen Faktoren zusammen und hängt von einer Vielzahl von Umständen und Einflüssen ab. Es ist also schlichtweg utopisch zu glauben, man könne mit Anreizsystemen die „Leute da abholen, wo sie gerade stehen“, denn jeder steht ständig irgendwo anders.

„Motivation“ von außen hemmt den inneren Antrieb der Geführten, denn sie signalisiert Misstrauen und fehlenden Respekt, egal in welcher Form sie daherkommt. Bonus- oder Provisionssysteme implizieren die Annahme, dass alle Mitarbeiter tendenziell Betrüger sind, weil sie ohne Druck nicht die volle Leistung erbringen, zu der sie fähig sind. Der Verdacht schielt dabei immer von oben nach unten, wo angeblich die Leistungsverweigerer und Selbstpensionierer sitzen, denn Führungskräfte schätzen ihre eigene Leistungsbereitschaft immer um ein Vielfaches höher ein als das ihrer Untergebenen. In vielen Organisationen herrscht eine regelrechte Verdachtskultur. Ein solches Klima, das Verantwortung und Informationen oligopolisiert, hemmt jede Ideenentfaltung und jede Initiative.

Die Mitarbeiter werden im Zuge der „Motivierung“ auf Reiz-Reaktions-Maschinen reduziert, nach dem Motto: Die Karotte vor der Nase muss nur groß genug sein, dann rennen sie schon los. Alles, was die Führungskraft also zu tun hat, ist herauszufinden, auf welcher Ebene der Maslowschen Bedürfnispyramide der einzelne Mitarbeiter hockt, die passende „Karotte“ (Geld, Fortbildung, Freizeit usw.) auszuwählen und ihm vor die Nase zu hängen. Dieses negative Menschenbild hat fatalerweise den Charakter einer „self-fulfilling-prophecy“: „Wenn Führungskräfte ihre Mitarbeiter für dumm, antriebslos und unselbstständig halten, dann verhalten sich diese auch so. Mindestens aber lassen die Wahrnehmungsfilter (der Führungskräfte) gar kein anderes Urteil zu.“ (Sprenger, 1999, S. 44).

Zum Repertoire der Motivierer gehören Zwang, Ködern, Verführung und Vision. Bei der Strategie „Zwang“ wird mit den Motivierungstechniken Bedrohen und Bestrafen gearbeitet, was laut Sprenger zur Folge hat, dass der Mitarbeiter versucht, möglichst wenig zu arbeiten, den Zwang zu unterlaufen und bei Gelegenheit zu fliehen. Die Motivierungshilfen bei der Strategie „Ködern“ sind indirektes Belohnen und Bestrafen durch einen variablen Gehaltsanteil oder Bonus. Die Folge: Der Mitarbeiter starrt bloß auf die Prämie und leistet nur noch, wenn es etwas extra gibt. Mit der Zeit müssen die Boni immer höher werden, um noch zu greifen, weil ihr Reiz sich abnutzt. Und wer weniger „Anreize“ bekommt als andere, hat möglicherweise erst recht keine Lust mehr, sich zu engagieren, weil er sich ungerecht behandelt und verkannt fühlt.

Mit Bestechen, Belohnen und Belobigen arbeitet die Strategie „Verführung“. Hier ist – im Gegensatz zu den ersten beiden Strategien – die Einstellung des Mitarbeiters entscheidend. Das Ziel ist die Identifikation: „Nicht gerade selten sind unter der progressistischen Tarnkappe der ‚Corporate Identity' Mitarbeiter gewünscht, die sich wie Halbwüchsige das Firmenlogo auf den Oberarm tätowieren“, so Sprenger zynisch. Die Forderung nach Identifikation stimuliert seiner Meinung nach eine Fan-Kultur mit pubertären Zügen.

Die Strategie „Vision“ schließlich fußt ebenfalls auf der Einstellung des Mitarbeiters und hat dessen Identifikation mit dem Unternehmen zum Ziel: „Dauernd von innerer Kündigung und äußerer Zerstreuung bedroht, fressen nun die Mitarbeiter den geschmacksarmen Gips der höheren Unternehmenswerte in sich hinein und sind bereit, nicht nur Kritiker solchen zweifelhaften Genusses, sondern sogar jene abzulehnen, die an dieser Tafel nicht Platz nehmen wollen." (Sprenger, 1999, S. 59). Sprenger geht sogar noch weiter: Er behauptet, das Bemühen um eine gemeinsame Vision habe ein „paramilitärisches Grundmuster" und eine „totalitäre Spitze".

Bei allem Verständnis für Sprengers blumige Ausdrucksweise und seinen aus Unterhaltungsgründen polarisierenden Denk- und Sprachstil, muss man hier doch fragen: Was ist falsch an Identifikation? Warum sind alle, die sich mit ihrer Aufgabe und ihrem Unternehmen identifizieren, in seinen Augen unmündige Teenager? Es gibt auch so etwas wie freiwilliges Engagement. Und woher kommt dieses Misstrauen gegenüber Werten und Visionen? Bei aller Individualität muss es gemeinsame Werte geben, für die das Unternehmen steht und die in ihm ein Gemeinschaftsgefühl schaffen, sonst ist es nicht mehr als ein loser Haufen von Egoisten ohne klare Richtung und ohne Orientierung.

An dieser Stelle tut Sprenger genau das, wofür er die Unternehmen und die Führungskräfte pauschal verteufelt: Er wirft alle in einen Topf und unterstellt allen die gleichen, vorhersagbaren und unreflektierten Reaktionen: Biete einem Mitarbeiter mehr Geld, und er wird immer noch mehr wollen und dafür weniger arbeiten. Mitarbeiter sind willensschwache Halbwüchsige, die sich ihr Gehirn waschen lassen. Und die Führungskraft ist der alte Klassenfeind, der getrieben von kaltem und menschenverachtendem Kapitalismusstreben nur eines im Sinn hat: die Mitarbeiter zu manipulieren und auszusaugen und ihre Führungsverantwortung feige und faul an Anreizsysteme abzutreten – um es im Sprengerschen Duktus etwas auf die Spitze zu treiben.

Egal, wie Führungskräfte sich auch verhalten, ob autoritär oder demokratisch, und was sie auch tun – es steht bei Sprenger unter Generalverdacht. Misstrauenskultur also auch bei ihm. Sein Glauben an das Gute im Menschen scheint sich nicht auf Führungskräfte zu erstrecken.

### 3.2.10 Fordern statt Verführen

Eine neue Art von Führung, die nicht auf Ver-Führen und demotivierendem Anschieben oder Ziehen beruht, beginnt also mit einem Einstellungswandel und einer Abkehr vom negativen Menschenbild. Menschen sind motiviert, das hat die Verhaltensforschung immer wieder gezeigt. Jeder Mensch verfügt grundsätzlich über kreative Energie, die nach Entfaltung drängt, und über ein hohes Aktionspotenzial. Menschen sind von Natur aus neugierig, entdeckerfreudig und haben Spaß daran, etwas zu leisten. Die unterstellte Motivationslücke, die künstlich überbrückt werden muss, existiert also gar nicht, so Sprenger.

Sprenger erinnert an etwas sehr Wichtiges, was in der ganzen Debatte um Motivierung schon fast untergegangen ist, und was ich hier ebenfalls betonen möchte, weil es ins

Zentrum von Führung gehört: das Recht der Führungskraft, deutliche Forderungen an die Mitarbeiter zu stellen, Vereinbarungen zu treffen und deren Einhaltung zu kontrollieren. Das Recht, Leistung auf der Grundlage definierter Ziele zu verlangen, und auch die Pflicht, bei Nichteinhaltung von Absprachen den Mitarbeiter offen zu konfrontieren und zu kritisieren. Eine Führungskraft muss herausfinden, warum die vereinbarte Leistung nicht erbracht wurde – und sich nach ihrem eigenen Beitrag daran fragen.

„Aufs Ganze gesehen erscheint mir ein klares Forderungsverhältnis zwischen Führungskraft und Mitarbeiter erheblich leistungsorientierter und konsequenter als Belohnungs-Bestrafungs-Systeme, die sich selbst regeln“ (Sprenger, 2003, S. 187), urteilt Sprenger. Leistung ist dabei immer relativ und eine Frage der Erwartungen, die die Führungskraft vorher zusammen mit dem Mitarbeiter definieren muss. Tragfähige (interpersonale) Vereinbarungen, die die Zustimmung der Mitarbeiter finden, ihrem Leistungsbedürfnis entsprechen und Motivierung somit überflüssig machen, kommen nur durch Kommunikations- und Verhandlungsprozesse zustande. Damit reetabliert Sprenger das „Management by Objectives“. Nur die Führung ist für ihn gerechtfertigt, die sich auf eine umgrenzte Funktion und klare Vereinbarungen beschränkt. Alles, was über diese Minimalführung hinausgeht, verletzt die Menschenwürde und ist deshalb unzulässig. Was Sprenger wiederum ablehnt, sind mechanistische und auf Motivierung gerichtete Zielvereinbarungssysteme.

Das Einzige, was Geführte langfristig zu Leistung und Engagement anregt, sind Freiräume, Vertrauen und Wertschätzung, aus denen echtes Commitment erwächst: „Erst wenn wir den Sinn unserer Arbeit wieder sehen, beginnen wir, uns wirklich motiviert zu fühlen.“ (Sprenger, 2003a, S. 111). Was Unternehmen brauchen, sind erfolgsorientierte und nicht misserfolgsvermeidende Mitarbeiter. Und dazu reicht es eben nicht, ihnen die Unternehmensziele mit einem 14. Monatsgehalt oder einem größeren Firmenwagen schmackhaft zu machen. Hier bedarf es eines tieferen Verständnisses und einer echten Empathie.

Doch lohnt es sich zu fragen: Was treibt Menschen an, sich mit Begeisterung für ihre Firma zu engagieren? Und dann ist man schnell bei den Demotivatoren, die eigentlich bedeutsamer und wichtiger als die Motivatoren sind: Ungleichbehandlung der Mitarbeiter durch die Führungskraft, mangelnde Fairness, mangelnde Gelassenheit, Launenhaftigkeit und Inkompetenz der Führungskraft.

### 3.2.11 Demotivation vermeiden

Motivation kann man nicht von außen steigern ohne große Spätfolgen und Nebenkosten für alle Beteiligten. Wenn ein Mitarbeiter nicht die vereinbarte Leistung erbringt, hat ihn etwas also demotiviert. Die Führungskraft kann jetzt nur eines tun: ihn ernst nehmen und die Gründe für seine Demotivation finden und, wenn möglich, abstellen. Demotivation definiert Sprenger als blockierte, träge Energie. Dementsprechend ist Führen das Fördern des Energieflusses im Unternehmen, was vor allem das Aufspüren von Energieblockaden bedeutet. Auch wenn das ziemlich nach Feng-Shui klingt, ist dieses Bild, das Sprenger benutzt, grundsätzlich richtig.

Aber wie macht man das? Indem man beobachtet und fragt, was im Unternehmen oder in der Abteilung vorgeht. Indem man Muster und Strukturen identifiziert, Stimmungen erspürt, Konflikte und Probleme auf- statt zudeckt und persönliche Gespräche mit dem Mitarbeiter führt. Dabei kann Demotivation beziehungsbedingt oder arbeitsstrukturbedingt sein. Der traurige Spitzenreiter in der ersten Kategorie ist das Verhältnis zum direkten Vorgesetzten, beschreibt Sprenger: „Die Beziehung zum direkten Vorgesetzten ist die Achillesferse der Job-Zufriedenheit.“ (Sprenger, 2003, S. 204). Doch kaum eine Führungskraft sucht die Schuld ernsthaft bei sich selbst. Den meisten geht es auch gar nicht um die Mitarbeiter, sondern um ihr Image als souveräne Führungskraft, die ihre Leute im Griff hat und deren PS auf die Straße bringt, (ver-)urteilt Sprenger.

Da ist sie wieder, Sprengers verallgemeinernde Führungskräfte-Schelte, der ich mich nicht anschließen kann. Für mich ist aber interessant, was Sprenger zum Thema Beziehungen und zum Thema Selbstreflexion der Führungskraft sagt: „Führungskräfte sind häufig genug gegenüber den Konsequenzen ihrer Verhaltensweisen völlig blind – wie sie nicht zuhören, kein Feedback fordern, sich für ihren ‚blinden Fleck‘ nicht wirklich interessieren, ganz steif sind vom Abstandhalten, melancholisch verliebt in ihr Groß- und Hartsein-Selbstbild.“ Dieses Manko musste ich in meiner Praxis als Berater und Trainer schon ungezählte Male feststellen, und ich möchte darauf in Teil III näher eingehen, da es den Ausgangspunkt für den beziehungsorientierten, systemischen Führungsansatz bildet, den ich vertrete.

Führen ist für Sprenger also vor allem das Vermeiden von Demotivation. (Hier sei mir eine kurze Zwischenüberlegung erlaubt: Müsste Sprenger nicht, seiner eigenen Argumentation folgend, von „Demotivierung“ sprechen statt von „Demotivation“, da sie ja von außen kommt?) Folgende Verhaltensweisen der Führungskraft werden vom Mitarbeiter als besonders demotivierend empfunden:

Der Vorgesetzte kann und weiß immer mehr als seine Mitarbeiter.

- Entscheidungen werden einsam auf dem Feldherrenhügel getroffen.
- Der Vorgesetzte spricht hinterrücks schlecht über seine Leute.
- Seine Kritik ist unsachlich, lautstark, anmaßend und persönlich statt sachlich.
- Der Vorgesetzte zeigt ein dynamisch-lautstarkes Dominanzverhalten, fährt den Mitarbeitern ständig über den Mund, benutzt sie nur als Stichwortgeber und reißt jedes Thema sofort an sich.
- Die Mitarbeiter werden übersehen, übergangen, schnell „abgefertigt“.
- Sie bekommen unzureichende, einseitige und verspätete Informationen und erfahren immer nur das Allernötigste für ihre Arbeit.
- Der Chef ist ein gnadenloser Pedant.

- Der Vorgesetzte traut seinen Mitarbeitern nichts zu und lässt sie das über verbale und nonverbale Botschaften spüren.
- Die Mitarbeiter haben keine individuellen Freiräume und keine Wahlmöglichkeiten.

Die Frage, die sich jede Führungskraft stellen muss, wenn sie bemerkt, dass ihre Mitarbeiter demotiviert sind oder sogar innerlich schon gekündigt haben, lautet für Sprenger nicht: „Was soll ich tun?“, sondern: „Was soll ich lassen?“ Das ist hartes Brot für viele Führungskräfte, die sich doch als „Macher“ verstehen und für ihr Tun bezahlt werden. Doch: „Früher oder später kommen wir um die Einsicht nicht herum, dass unsere bisherige Hyperaktivität, das ständige Bewerkstelligen, Intervenieren und Manipulieren ohnehin nur eine skurrile Spielart der Duldungsstarre ist, mit der wir die innere Kündigung vieler Mitarbeiter über uns hereinbrechen *machen*. Ich schlage vor, nicht *mehr* zu tun, sondern weniger.“ (Sprenger, 2003, S. 218).

Die Führungskraft sollte aufhören, jene Dinge zu tun, die die Motivation ihrer Mitarbeiter behindern und die das Wachsen natürlicher Beziehungen in ihrem Geschäftsleben verhindern. Und das ist in erster Linie: Motivieren. Oder anders formuliert: Auf Dauer hat jeder Chef die Mitarbeiter, die er verdient.

Noch ein anderer Aspekt spielt für Sprenger eine große Rolle, wenn es um gute Führung geht: Sie muss den Selbstrespekt und die Würde des Menschen in ihr Sinnzentrum stellen. Führung muss den Mitarbeiter ernst nehmen und achten – aber die Führungskraft auch sich selbst. Die Führungskraft darf nicht den Respekt vor sich selbst und ihrer Aufgabe verlieren, denn sonst fällt sie dem Zynismus, der Enttäuschung und der Illusionslosigkeit anheim und zieht ihre inneren Zugbrücken der Offenheit hoch als Schutz vor möglichen Verletzungen. Doch gerade das muss eine gute Führungskraft sein: verletzlich und menschlich. Jede Führungskraft muss also für sich entscheiden, ob sie den „Haupteingang der Forderung, Verhandlung und Vereinbarung wählt, oder weiterhin auf den Hintertreppen psychologisch geschickter Verführung herumschleicht. Sie muss wählen zwischen dem Geist der Selbstachtung und dem Gespenst der Motivierung“ (Sprenger, 2003, S. 259), so Sprengers Fazit.

Sprengers Buch endet mit diesen kurzen Gedanken zum „Ich“ der Führungskraft. Der Autor schneidet damit ein sehr wichtiges Thema nur an, das für mich der Kern von erfolgreicher Führung ist, wie ich in Teil III des vorliegenden Buches darstellen werde. Ob eine Führungskraft den Mut und die Stärke hat, das Motivieren und damit das Demotivieren zu lassen und auf die Leistungsbereitschaft und die intrinsische Motivation des Mitarbeiters zu vertrauen, hängt nämlich wesentlich vom „Selbst-Bewusstsein“ der Führungskraft und ihrer Rolle ab.

## 3.3 Vertrauen

Eine der wichtigsten Voraussetzungen für gelungenes Beziehungsmanagement und ein Ausdruck hoher emotionaler Intelligenz ist die Fähigkeit, anderen zu vertrauen und das Vertrauen der anderen zu gewinnen, so Reinhard K. Sprenger. Wenn die Führungskraft ihren Mitarbeitern nicht vertraut und umgekehrt, kann Führung auch mit den richtigen Instrumenten und Techniken nicht gelingen. Mangelndes Vertrauen lähmt die Zusammenarbeit und die Produktivität, die Kreativität und Flexibilität des Mitarbeiters und der gesamten Organisation. Dies zeigt Sprenger in seinem Buch „Vertrauen führt" sehr eindrücklich. Sein Ansatz soll exemplarisch für all die stehen, die sich mit dieser Thematik beschäftigen und die dafür sorgen, dass der Ruf nach mehr Vertrauen in den letzten Jahren Hochkonjunktur hat.

### 3.3.1 Mangelware Vertrauen

Aber wie steht es wirklich um das Vertrauen in deutschen Unternehmen? Das Fazit von Sprenger ist niederschmetternd: „Von Vertrauen wird geredet, wenn es vermisst wird. (…) Je mehr über Vertrauen gesprochen wird, desto schlechter ist die Lage." (Sprenger, 2002b, S. 16). Jeder behauptet zwar von sich, er traue den ihm Unterstellten, er selbst wünscht sich jedoch mehr Vertrauen von oben. Und eine Hierarchiestufe darüber hört man das Gleiche.

Misstrauen beherrscht das Verhältnis der Führungskräfte zu ihren Mitarbeitern und umgekehrt. Die Mitarbeiter argwöhnen, dass „die da oben" sich sowieso nicht an Vereinbarungen halten, nur ihre eigenen Interessen im Auge haben und generell vertrauensunwürdig sind. Und anders herum mutmaßen die Vorgesetzten, dass die Mitarbeiter ihren Job grundsätzlich nur widerwillig tun und angestachelt werden müssen, damit sie überhaupt arbeiten. Nicht wenige Führungskräfte sind geradezu von der Vorstellung besessen, ihre Mitarbeiter wollten sie nur betrügen. Hinzu kommt ein „horizontales" Misstrauen, das Kollegen zu Gegnern und die tägliche Arbeit zum permanenten Konkurrenzkampf werden lässt, beschreibt Sprenger.

Der Grund für diese schiefe Bild liegt in einem weit verbreiteten Führungsdefizit deutscher Chefs: ihrem Hang zur Perfektion. Wenn man davon ausgeht, dass andere es nicht oder nicht gut genug machen, ist das die denkbar schlechteste Basis für Vertrauen. Am liebsten würden viele Führungskräfte ja alles selbst machen, aber das schaffen sie (leider) nicht. Deshalb müssen sie wohl oder übel delegieren – aber am besten behält man die Mitarbeiter dabei immer im Auge, weil das Vertrauen in deren Fähigkeit und Entschlossenheit nicht ausreicht. Aufgaben werden zwar delegiert, jedoch nicht die Verantwortung. Gerade in wirtschaftlich schwierigen Zeiten kosten Vertrauen und Loslassen große Überwindung und viel Mut. Da wird lieber alles gleich zur „Chefsache" erklärt oder „eskaliert", damit auch ja nichts schief geht.

Modern verkleidet herrscht in vielen Firmen eine frühindustrielle Arbeitsorganisation, deren Grundpfeiler Präsenzpflicht, Kontrollsysteme und Meetingrituale sind. Regelrechte „Misstrauensabteilungen" sind nur damit beschäftigt zu überprüfen, ob andere auch das tun, was sie tun sollen. Sie versetzen ihre Opfer mit Formularen und Regularien in neurotischen Dauerstress – und halten sie damit erst recht davon ab, das zu tun, was sie tun sollten. Viele Mitarbeiter haben längst genug vom Bürokratie- und Kontrollwahn ihrer Arbeitgeber und sind des ewigen Misstrauens müde. Sie ziehen sich innerlich zurück, identifizieren sich nicht mehr mit ihrer Arbeit und schon gar nicht mit der Firma. Nur wer selbst verantwortlich ist und Spielraum für eigenständiges Handeln hat, wird sich voll in eine Aufgabe einbringen, Initiative zeigen und mehr als nur Dienst nach Vorschrift leisten.

Es herrscht Überwachung auf Schritt und Tritt: In der Fertigung werden die Mitarbeiter per Stechuhr und Videokamera überwacht. In den oberen Etagen läuft es etwas subtiler: Das Misstrauen manifestiert sich hier in der grassierenden Meeting-Manie, in Bergen von Berichten, Vermerken und Aktennotizen (man lässt sich besser immer alles schriftlich geben), in völlig übertriebenen Monitoring-Aktivitäten, überbordenden Reporting-Wellen (mit permanenten Updates im Intranet), der ständig steigenden E-Mail-Flut (weil der Chef bei jeder Mail seiner Mitarbeiter „auf cc gesetzt" werden will), und in der Hypertrophie des Messens (was man nicht messen kann, kann man auch nicht managen).

Sprengers Bestandaufnahme zeichnet ein vernichtendes Bild der deutschen Unternehmenskultur: „Viele Unternehmen sind reine Verdachtsorganisationen. Aus Misstrauen erlassen Führungskräfte bibeldicke Manuale, um auch noch die kleinste Rolle im Unternehmen festzuzurren. Sie glauben nicht daran, dass Menschen gute Arbeit machen wollen. Eine tiefsitzende Unsicherheit, die sich rational maskiert, macht Führungskräfte zu Ordnungskräften, Manager zu Polizisten, die ‚Kontrollspannen' überblicken. Sie vertrauen nicht dem selbstgesetzten Qualitätsanspruch ihrer Mitarbeiter. Sie sind extrem zurückhaltend, wenn es darum geht, die Mitarbeiter ihren eigenen Weg zum Ziel finden zu lassen." (Sprenger, 2002b, S. 22). Misstrauen ist zur Norm geworden, Vertrauen zur Ausnahme.

Zahlreiche Unternehmen haben sich selbst in einem unsichtbaren Hochsicherheitstrakt eingesperrt, in dem eine überbordende Bürokratie, starres Verwaltungshandeln und ein Übermaß an Richtlinien jede unternehmerische Initiative und Innovation lähmen. Die Gitter des Gefängnisses sind falsche, überholte Grundannahmen über die Ökonomie und das menschliche Verhalten.

## 3.3.2 Warum Vertrauen?

Die großen alten Steuerungsmittel Macht und Geld reichen nicht mehr aus, um das Handeln der Wissensarbeiter in modernen Organisationen auf schnellen Märkten zu koordinieren, so Sprenger weiter. Denn alles, was von der Kooperation der Mitarbeiter untereinander abhängt, ist nicht mit dem Mittel der Kontrolle zu steuern. Hier muss Vertrauen als Steuerungsinstrument hinzukommen. „Vertrauen wird damit zur Schlüsselvariablen erfolgreicher Unternehmensführung“ (Sprenger, 2002b, S. 25), so Sprenger.

In der modernen Welt wird Vertrauen zur Existenzgrundlage von Organisationen. Globalisierung und Informationstechnologie führen zu gravierenden Umwälzungen des Wirtschaftssystems und der Arbeitswelt: Strategische Allianzen, Outsourcing, Agenturverträge, New-Public-Management, Internationalisierung, Franchising, Heimarbeit, mobiles Arbeiten, Netzwerkorganisationen und virtuelle Unternehmen führen dazu, dass aus geschlossenen, klar von ihrer Umwelt abgegrenzten Systemen offene, fließende Systeme werden, die physische und psychische Mobilität erfordern. Hier muss „blind“ vertraut werden, über tausende von Kilometern hinweg und Menschen, denen man nie im Leben persönlich begegnet ist. „Vertrauen ermöglicht koordiniertes Handeln zwischen Partnern, die sich unbekannt sind und bleiben. Es ist Ersatz für ein Wissen über den anderen und seine Motive.“ (Sprenger, 2002b, S. 28).

Der Bedarf an Vertrauen steigt ständig, während die traditionellen Quellen des Vertrauens versiegen, denn Vertrauen kann sich immer weniger aus Vertrautheit entwickeln. Vertrauen basiert in der modernen Geschäftswelt nicht mehr auf der Grundlage von Bekanntheit, Erfahrung und wiederholtem Erleben. Und gerade deshalb ist Vertrauen als Organisationsprinzip unentbehrlich. Auf den heutigen Märkten müssen Organisationen höchst flexibel und veränderungsfähig sein. Im Transformationsprozess weg von starren Hierarchien hin zu flexiblen, kundenorientierten Unternehmensformen ist Vertrauen unerlässlich. Empowerment, Geschäftsprozessoptimierung, flache Hierarchien, Teamarbeit und lernende Organisationen funktionieren nur auf dem Fundament des Vertrauens, predigt Sprenger.

Die Mitarbeiter wissen in den meisten Fällen, dass Veränderungen notwendig sind, wenn ihr Unternehmen überleben will. Sie tragen Change-Prozesse jedoch nur dann mit, wenn sie darauf vertrauen, dass die Veränderungen nicht allein zu ihren Ungunsten ablaufen, wenn sie davon überzeugt sind, dass das Management auch ihre Interessen im Blick hat, sich um sie kümmert. Aber auch bei den Mitarbeitern verhindern verkrustete Schwarz-Weiß-Denkweisen nötiges Vertrauen: Sozialistische Kampfparolen von „die Ausgebeuteten hier unten“ gegen „die Kapitalisten da oben“ helfen nicht weiter. Das Bild, das Sprenger in seinen Büchern von den Führungskräften zeichnet, gibt diesem Denken jedoch erst recht neue Nahrung, wie ich finde.

Vertrauen erleichtert auch die notwendige Reorganisation von Unternehmen, denn Veränderungen lösen bei den meisten Menschen Unsicherheit, Angst und Beharrungswillen aus, so Sprenger weiter. Doch jede Organisation muss sich wandeln und an veränderte

Umweltbedingungen anpassen, wenn sie überleben will. Nur in einem Klima des Vertrauens und der Sicherheit lassen sich innerhalb von kurzer Zeit alte Routinen und Strukturen aufbrechen. Nur in einem solchen Klima können Führungskräfte auch einen Prozess des Wandels und der Veränderungen einleiten, bei denen die Mitarbeiter auf allen Ebenen von Anfang an mitziehen.

Eine Führungskraft, die es versteht, vertrauensvolle Beziehungen aufzubauen, ist nicht nur nach innen, sondern auch nach außen für ein Unternehmen von großem Vorteil, denn Vertrauen bindet Kunden. „Vertrauen ist der Anfang von allem", wie eine Großbank wirbt, und Kundentreue ist unbezahlbar. Die Kundenzufriedenheit steigt, wenn ein Unternehmen schnell und unbürokratisch auf seine Nachfrage reagiert. Dies ist allerdings nur möglich, wenn im Unternehmen selbst ein Vertrauensverhältnis herrscht und Mitarbeiter spontan und eigenständig entscheiden können, ohne erst mit drei Vorgesetzten Rücksprache halten zu müssen, ob der Kunde den Rabatt bekommt. Der ist nämlich schon zur Konkurrenz gegangen, ehe der Vorgesetzte überhaupt die Zeit gefunden hat, die Anfrage des Kundendienstmitarbeiters zu lesen. Vertrauen bringt also den entscheidenden Vorsprung.

Nur in einem Vertrauensumfeld fließen Informationen und Wissen ungehindert. Wer seinem Kollegen, Vorgesetzten oder Untergebenen misstraut, hortet sein Know-how in der Schublade oder in seinem Hinterkopf und stellt es der Organisation nicht zur Verfügung. Doch Innovationsfähigkeit braucht einen ungehinderten horizontalen und vertikalen Wissenstransfer. Und Innovation braucht Risikobereitschaft und Fehlertoleranz. Ideen müssen offen geäußert, ausprobiert, angenommen oder abgelehnt werden, und dazu ist eine Atmosphäre des Vertrauens und des Zutrauens nötig. „Wer Kreativität will, muss den Rechtfertigungsdruck herunterfahren. Der muss Unsicherheit akzeptieren. Loslassen. Kontrolle aufgeben." (Sprenger, 2002b, S. 42). Es gibt für Sprenger damit kein Unternehmertum ohne Vertrauen.

Misstrauen ist ein enormer Kostentreiber und Wertevernichter. Die entstehenden Kosten sind zum Teil im wahrsten Sinne des Wortes unermesslich, wie die Verluste durch verpasste Chancen, unmotivierte Mitarbeiter usw. Die Hälfte der Gesamtkosten der meisten Unternehmen ist misstrauensinduziert, schätzt Sprenger. Ein untrüglicher Indikator für diese fatale Entwicklung ist, wenn die administrativen Kosten schneller steigen als der Umsatz.

Eine Menge Kosten entfallen, wenn Organisationen all die Ressourcen einsparen, die sie nur als Vorbereitung auf den viel beschworenen „Worst Case" in Reserve halten:

1. Die Kosten der Reibungsverluste durch permanente Absprachen, Verhandlungen und Neuvereinbarungen.

2. Die Kosten expliziter vertraglicher Sicherungsmaßnahmen und Monitoring-Aktivitäten.

3. Die Kosten der Entwicklung, Implementierung und Kontrolle monetärer Anreizstrategien samt ihrer desaströsen Nebenwirkungen.

### 3.3.3 Vertrauen motiviert

Psychologische und soziologische Studien belegen: Der Mensch blüht unter Vertrauensbedingungen auf, so Sprenger. Zu diesen Bedingungen gehört, dass die Menschen – sprich: die Mitarbeiter – kontrollfreie Handlungsspielräume haben. Handlungsspielräume erzeugen Interesse und Verantwortungsübernahme, unterstützen die Bindung an die Sache und an das Unternehmen sowie die so genannte „intrinsische Motivation". Und sie wecken Individualität und Originalität. Ohne Vertrauen gibt es für Sprenger keine dauerhafte und belastbare Motivation. Ein Unternehmensklima, das von Vertrauen geprägt ist, ist in Zeiten leergefegter Personalmärkte für High Potentials ein echter Wettbewerbsvorteil. Das kann ich übrigens bestätigen.

Gerade bei diesen hoch qualifizierten und spezialisierten Kopfarbeitern bleibt den Führungskräften oft gar nichts anderes übrig, als ihnen zu vertrauen, denn kontrollieren können sie sie gar nicht mehr. Dazu fehlen ihnen das nötige Fach- und Detailwissen und oft auch der unmittelbare Zugriff, wenn die Mitarbeiter in virtuellen Teams arbeiten und viele hundert oder tausend Kilometer entfernt sitzen.

Immer wieder kann Sprenger beobachten, dass Führungskräfte, obwohl sie gegen klassisches Handbuchwissen verstoßen oder Führungsfehler machen, gute Ergebnisse erzielen und das Unternehmen erfolgreich leiten. Der Grund: Ihre Mitarbeiter sind bereit, ihnen zu folgen, weil sie ihnen vertrauen. Das bedeutet, dass sie sie für glaubwürdig, berechenbar, geradlinig und ehrlich halten. Sie hören der Führungskraft zu und sie glauben ihr. „Die Vertrauensbotschaft geht aller inhaltlichen Botschaft voraus. Wie ein Filter entscheidet sie darüber, ob die inhaltliche Botschaft überhaupt gehört wird, und weit mehr noch, ob sie auch geglaubt wird." (Sprenger, 2002b, S. 50).

Unter der Voraussetzung des Vertrauens sind Mitarbeiter bereit, einem Menschen zu folgen und sich ihm anzuvertrauen, auch wenn sie seine Ansichten nicht immer teilen. Sie verzeihen Fehler und akzeptieren auch unbequeme Maßnahmen. Vertrauen schafft eine robuste Position für die Führungskraft, denn sie braucht die freiwillige Zustimmung ihrer Leute. Fehlt sie, steht vor der gesamten Beziehung zwischen Chef und Mitarbeiter ein Minus vor der Klammer: Jede gut gemeinte Handlung und jede positive Absicht stehen unter dem Verdacht, bloße Manipulation zu sein und werden so vereitelt. Keine Strategie kann mehr wirken, keine Maßnahme mehr greifen.

### 3.3.4 Was ist Vertrauen?

Wir Menschen, fährt Sprenger fort, stehen in existenzieller Abhängigkeit vom anderen. Vertrauen ist deshalb eine menschliche Grunderfahrung, die mit dem Urvertrauen zwischen Kindern und Eltern beginnt. In der Arbeitswelt geht es jedoch um eine andere Art von Vertrauen: Vertrauen als gesellschaftliche Konvention, als Entscheidung. Diese Art von Vertrauen wächst nicht langsam auf der Grundlage vieler positiver Erfahrungen. Es wird im Bewusstsein des damit verbundenen Risikos gegeben und muss die Unmöglichkeit kompensieren, alles im Griff zu haben und unser Defizit an Wissen über den anderen, über das Projekt usw. auffangen. Sprenger definiert Vertrauen so: „Ich bin bereit, auf die Kontrolle eines anderen zu verzichten, weil ich erwarte, dass der andere kompetent, integer und wohlwollend ist." (Sprenger, 2002b, S. 66). Damit macht Vertrauen uns unter den Bedingungen von Kooperation und Unsicherheit handlungs- und wandlungsfähig.

Vertrauen ist – ebenso wie Wissen – eine Ressource, die sich durch häufigen Gebrauch nicht verringert, sondern vermehrt. Je mehr Vertrauen genutzt wird, desto mehr wird davon erzeugt. Es offenbart sich in Unternehmen in eingeübten Dienstwegen, Betriebsabläufen, dem permanenten Austausch von Leistungen, Erwartungen an Führungskräfte, dass sie entscheiden, Erwartungen an Mitarbeiter, dass sie die Entscheidungen umsetzen, Erwartungen an Kollegen, dass sie sich kooperativ zeigen. Vertrauen ist für Sprenger in der Organisation ein wirkungsvolles und unersetzliches Steuerungsinstrument.

Vertrauen, so wie Sprenger es meint, ist weder gut noch schlecht, es ist auch kein moralisches Handeln im Glauben an das Gute im Menschen. Es entspringt rationalen Überlegungen und dient der vernunftgeleiteten Nutzenmaximierung: „Wir brauchen keinen moralischen Hochsitz zu erklimmen. Vertrauen als Eigennutz ist eine weit wirkungsmächtigere Strategie. (…) Der kluge Egoist kooperiert." Die Investition in Vertrauen macht sich aber auch für die gesamte Organisation bezahlt: Unternehmen, die es schaffen, eine Vertrauenskultur zu installieren, können dadurch die Kooperationsgewinne maximieren und die Transaktionskosten senken. „Gerade in modernen Organisationsformen wie virtuellen Unternehmen oder Netzwerken, deren Erfolg wesentlich auf der Potenzierung eigener Ressourcen durch räumlich und zeitlich „distanzierte" Kooperation beruht, wird Vertrauen als Organisationsprinzip an Bedeutung gewinnen." (Sprenger, 2002b, S. 182).

### 3.3.5 Vertrauen schaffen

Die Schaffung eines Vertrauensklimas ist nicht nur eine Frage rationalen, gesteuerten und bewussten Verhaltens, sondern basiert zu einem großen Teil auf dem unbewussten Übermitteln und dem spürenden Aufnehmen von Signalen, die ein „Ich vertraue dir" ausdrücken. Diese Signale gehen aus emotionaler Bindung und Zuwendung wie von selbst hervor und lassen sich nicht erzwingen. Vertrauen ist deshalb auch keine Frage von Mission Statements und Leitbildern, so Sprenger. Es entsteht nicht durch bloßes Propagieren. Das Werben um Vertrauen erreicht meist nur das Gegenteil und weckt Misstrauen. Die Aufforderung „Vertrauen Sie mir!" ist eine manipulative Kommunikationstechnik und hinterlässt bei Menschen ein Gefühl von Schuld und Scham, wenn ihnen das nicht gelingt.

Auch Verlässlichkeit, Geradlinigkeit, Fairness, Loyalität, Echtheit, Ehrlichkeit und Glaubwürdigkeit können Vertrauen nur erhalten, aber nicht entstehen lassen. Geradlinigkeit ist für Führungskräfte, die ja ständig Paradoxien managen müssen, nicht immer durchzuhalten, und die Forderung nach „Echtheit“ wird gerade von den Rabauken unter den Führungskräften gern als Freibrief für respektloses Verhalten genommen.

Es gibt nur einen Weg, um eine echte Vertrauenskultur zu etablieren: das konkrete Verhalten der wertsetzenden Person im Konfliktfall, so Sprenger etwas abstrakt. Oder einfacher mit Erich Kästner: Es gibt nichts Gutes, außer man tut es. Dieser aktive, direkte Weg lässt einen starken Sog entstehen, dem sich kaum jemand entziehen kann. Führungskräfte sollten Vertrauen gewissermaßen zur Abstimmung stellen, denn erst im Handeln kann man erkennen, ob jemand wirklich bereit ist, eine Vertrauensbeziehung einzugehen.

### 3.3.6 Der implizite Vertrag

Der erste Schritt zu mehr Vertrauen ist der Abschluss eines „Vertrages“ zwischen Vertrauensgeber und -nehmer. Die Führungskraft als der Vertrauende erwartet, dass der Mitarbeiter seinen Ermessensspielraum im Sinne der Zusammenarbeit nutzt und der Führungskraft nicht schadet. Sprenger bezeichnet Führung daher auch als „Management von Tauschbeziehungen“. Getauscht werden gegenseitige Erwartungen: Die Organisation bietet Lernmöglichkeiten, Prestige und ein gutes Klima an. Im Gegenzug bietet der Mitarbeiter Commitment, Flexibilität, Lernbereitschaft und Belastbarkeit.

Vertrauen ist also ein impliziter (weil nicht schriftlich festgehaltener) Vertrag. Der implizite Vertrag zwischen Führungskraft und Mitarbeiter wird von expliziten Verträgen begrenzt. Der explizite Teil des Arbeitsverhältnisses heißt z. B. „Geld gegen Leistung“ und der implizite „Sicherheit gegen Loyalität“.

Die Führungskraft setzt den Vertrauensmechanismus in Gang, indem sie sich aktiv verwundbar macht, z. B. dadurch, dass sie den implizierten Vertrag erweitert, explizite Sicherungsmaßnahmen aufgibt, auf Reportings verzichtet und Regularien abschafft: „Verwundbarkeit ist das Instrument, mit dem Sie die Vertrauensbeziehung beginnen. Es ist Ihr ‚Einsatz’, um den Sie fürchten müssen, soll von Vertrauen die Rede sein. Und je größer der für Sie mögliche Schaden, desto größer Ihre Vertrauensleistung.“ (Sprenger, 2002b, S. 100). Dieses Risikoangebot wird von der Umwelt genau wahrgenommen und als Signal des Vertrauens gedeutet.

Das Vertrauen, das die Führungskraft vorschießt, verpflichtet den Partner, z. B. den Mitarbeiter, zum Ausgleich. Vertrauen schafft gewissermaßen Ansprüche. Niklas Luhmann stellte dazu fest: „Wie durch Geschenke kann man auch durch Vertrauensbeweise fesseln.“ Das geschenkte Vertrauen entwaffnet und macht abhängig, so lange, bis der Beschenkte etwas zurückgeben kann. Der Vertrauensvorschuss ist eine Einzahlung auf ein Beziehungskonto, das der andere mit einer Gegenleistung ausgleichen muss, um sich von der Verpflichtung zu befreien, umschreibt Sprenger diesen psychologischen Mechanismus. Mir gefällt dieses Bild sehr gut. Nicht selten versuchen Mitarbeiter jedoch, sich diesem Verpflichtungsdruck zu entziehen, indem sie schematische Tauschverhältnisse nach dem Motto „Urlaubstage gegen Überstunden“ bevorzugen.

McDonald’s und Coca-Cola erneuern ihre Zusammenarbeit seit 1954 Jahr für Jahr nur per Handschlag und ohne langwierige Vertragsverhandlungen. Die Vereinbarung, auf der die Star-Alliance ihre Zusammenarbeit gründet, umfasst gerade mal vier Seiten, auf denen nur das Allernötigste geregelt ist. Hier machen sich die Partner verwundbar und verpflichten sich dadurch gegenseitig, mit gleicher Vertrauensmünze zurückzuzahlen.

Im Führungsalltag gibt es viele Möglichkeiten, sich aktiv verwundbar zu machen, im Vertrauen darauf, dass andere es nicht ausnutzen:

- Einem Mitarbeiter eine Aufgabe übertragen, ohne ihm ständig über die Schulter zu schauen.
- In schwierigen Situationen die Dinge nicht an sich reißen und alles zur Chefsache erklären.
- Die wichtigen Markt- und Kundenkontakte nicht für sich selbst reservieren, sondern andere damit betrauen.
- Informationen weitergeben, deren Missbrauch einem schaden könnte.
- Sich selbst als Führungskraft zur Wahl stellen und den Mitarbeitern die Möglichkeit geben, ihren Chef abzuwählen.

In Zeiten, in denen das Wachstum eines Unternehmens stark davon abhängt, die richtigen Mitarbeiter zu finden und zu halten, und in denen der Wettbewerb um die besten Köpfe tobt, ist der Arbeitgeber nicht automatisch der Vertrauensgeber und der Arbeitnehmer nicht zwangsläufig der Vertrauensnehmer. Es handelt sich vielmehr um ein wechselseitiges Verhältnis. Trotzdem ist es an der Führungskraft, den ersten Schritt zu machen und nicht darauf zu warten, dass andere es tun. Sich verwundbar zu machen, ist schwer für viele Manager, weil sie nichts so sehr fürchten wie vermeintliche Schwäche und Verletzlichkeit. Wie die Führungskraft in die Organisation hineinruft, so wird es aus den Reihen der Mitarbeiter zurückschallen. Dieser erste Schritt, die Vorinvestition ohne Gewähr auf einen „Return“, erfordert Mut, Selbstbewusstsein und ein Gefühl für Menschen. Aber Vertrauen ist eine sichere Bank und zahlt sich aus.

Vertrauen basiert immer auf Verantwortung, das macht Peter F. Drucker deutlich: „Vertrauen bedeutet nicht, dass alle einander mögen. Es heißt, dass es möglich ist, einander zu trauen, und das setzt ein Verständnis füreinander voraus. Darum ist es unabdingbar, die volle Beziehungsverantwortung zu übernehmen. Es ist eine absolute Pflicht.“ (Drucker, 1999. S. 260)

Auf dem Weg zu einer Kultur des Vertrauens ist vor allem das Vertrauen in Vertrauen notwendig, d. h. das Vertrauen in die Vertrauensbereitschaft anderer. Jeder Akteur, egal wo er in der Unternehmenshierarchie steht, ist gleichzeitig Vertrauensgeber und -nehmer des anderen. Die Bereitschaft zu vertrauen hängt dabei auch von den institutionellen

Rahmenbedingungen ab, stellt Sprenger fest. Führungskräfte sollten sich also fragen: „Wird Vertrauen in unserem Unternehmen als soziale Norm gelebt? Welches sind die vertrauensrelevanten Themen in unserem Unternehmen/unserer Abteilung? Was sind die größten Hürden des Vertrauens? Welche unserer Spielregeln stehen im Gegensatz zu Vertrauen? Wie hoch ist die Verregelungsdichte?“

Eine weitere notwendige Voraussetzung für gegenseitiges Vertrauen ist Selbstvertrauen, beschreibt Sprenger. Um erfolgreich zu sein, muss sich eine Führungskraft auf das offene Meer hinauswagen und das rettende Land für einen Moment aus den Augen verlieren. Sie muss über innere Gelassenheit und Ich-Stärke verfügen, um die Spannung zwischen Vertrauenserwartung und Verratsmöglichkeit aushalten zu können. Ängstliche Manager versuchen, ihre Umwelt zu kontrollieren, Führungskräfte, die sich als „Ermöglicher“ sehen, wissen hingegen, dass Menschen nicht steuerbar sind, aber beeinflussbar, charakterisiert Sprenger. Selbstvertrauen bedeutet kein „Hoppla-hier-kommeich!“-Gebaren, sondern Achtung vor dem anderen und die ruhige, souveräne Gewissheit, auch mit Unerwartetem umgehen zu können, also einen Vertrauensbruch zu überleben.

Aus diesem Selbstvertrauen erwächst der Mut, den Vertrauen braucht, denn Vertrauen heißt sich etwas trauen. Führungskräfte brauchen Mut, um sich verwundbar zu machen, und sie brauchen Mut, um sich rechtzeitig um Konflikte zu kümmern, statt sie zu verschleppen.

### 3.3.7 Der größte Feind des Vertrauens

Für Sprenger ist das – gerade unter Männern sehr kultivierte – Prinzip des Wettbewerbs der größte Feind des Vertrauens. Konkurrenzkampf und Rangordnungsrangeleien verhindern Kooperation. Hierarchie macht alle Mitglieder einer Organisation zu Gegnern im Kampf um die höhere Position, und Wettbewerb ist ein Nullsummenspiel: Des einen Gewinn ist des anderen Verlust. Jeder Mitarbeiter wird zum eigenen Profit-Center. So weit ist das nachvollziehbar und logisch. Andererseits behauptet Reinhard Sprenger jedoch auch, dass flache Hierarchien den Wettbewerb sogar noch verschärfen, weil die Aufstiegsmöglichkeiten noch geringer sind. In einer flachen Hierarchie gibt es aber in der Regel auch andere Symbole für Erfolg, die weniger mit Status, Macht usw. verbunden sind. Ich denke hierbei an Anerkennung durch gute Projektarbeit und vieles mehr.

Wie dem auch sei: Was kann eine Führungskraft also tun, um Zusammenarbeit und Vertrauen – in welcher Reihenfolge dies auch geschieht – zu erreichen? Sie kann ein Bewusstsein für gemeinsame Probleme schaffen. Was Menschen zusammenschweißt, ist die Verständigung über gemeinsame Probleme und die Arbeit an ihrer Lösung, die nur durch Kooperation zu erreichen ist. Probleme, die Menschen zusammenarbeiten lassen, müssen wichtig und selbst erklärend sein. „Es muss also gelingen, das Unternehmen als Problemlösungsgemeinschaft mit Blick auf eine gemeinsam zu gestaltende Zukunft zu entwerfen.“ (Sprenger, 2002b, S. 152).

### 3.3.8 Wenn das Vertrauen gebrochen wird

Vertrauen ist zerbrechlich. Man muss viel Zeit, Bemühen und Offenheit investieren, um ein Vertrauensverhältnis zu Mitarbeitern, Vorgesetzten, Kunden und Partnern aufzubauen, aber es kann in einem Augenblick durch ein überlegtes oder unüberlegtes Wort oder eine Handlung zerstört werden. Doch hier mahnt Sprenger zur Vorsicht und zur genauen Unterscheidung: Hat der andere wirklich den impliziten Vertrag gebrochen und Vertrauen missbraucht oder hat er bloß (zu hohe) Erwartungen enttäuscht? Vertrauen wird auch dann gebrochen, wenn der andere Vereinbarungen nicht einhält, ohne den Versuch gemacht zu haben, nachzuverhandeln.

Wenn das Kind in den Brunnen gefallen ist und ein Mitarbeiter das Vertrauen des Vorgesetzten missbraucht hat, muss die Führungskraft sich fragen, wo ihr Anteil am Vertragsbruch liegt und welche Konsequenzen sie aus dem Verstoß zieht. Was sie auf gar keinen Fall tun sollte, so Sprenger, ist, aus persönlicher Enttäuschung, Unsicherheit oder Rachegelüsten dem Misstrauen Tür und Tor zu öffnen und z. B. eine Misstrauensspirale in Gang zu setzen.

Wenn nämlich der Vorgesetzte aus irgendeinem Grund die Zügel für alle Mitarbeiter enger führt, empfinden diese das als Vertrauensentzug (für die meisten völlig unerklärlich) und fühlen sich ihrerseits nicht mehr an den impliziten Vertrag gebunden. Sie reduzieren ihr Engagement, die Motivation sinkt und sie gleichen das Beziehungskonto ebenfalls durch einen Minusbetrag aus. Das wiederum bestätigt den Vorgesetzten in seinem Misstrauen, und er verschärft die Kontrollen weiter. Nicht selten führt diese Spirale zum völligen Zusammenbruch der Beziehung.

Mag Misstrauen in Bezug auf einen einzelnen Menschen durchaus berechtigt sein und vor Schaden bewahren, ist eine reflexhafte Generalisierung des Misstrauens unintelligent und kontraproduktiv. Im Allgemeinen sollte man immer vertrauen, misstrauen nur im Besonderen. Misstrauen wird sonst zur sich selbst erfüllenden Prophezeiung. Und: „Bei Vertrauen können Sie gewinnen oder verlieren. Bei Misstrauen verlieren Sie immer" (Sprenger, 2002b, S. 173), fasst Sprenger seine Gedanken zusammen.

Aber warum führt die Existenz von vereinzelten Vertrauensbrüchen so schnell dazu, dass das Konzept des Vertrauens verworfen wird? Der Grund, erklärt Sprenger, liegt in einer ungleichen Wahrnehmung: Der enorme Gewinn durch bestätigtes Vertrauen und die vielen gelungenen Kooperationen werden kommentarlos verbucht, für selbstverständlich genommen. Der Verlust durch missbrauchtes Vertrauen wird dagegen sofort und intensiv erlebt. Niemand zählt die nicht gestohlenen Dinge, nur die gestohlenen. Deshalb ist die Gefahr so groß, Richtlinien einzuführen, die fünf Prozent der Menschen daran hindern sollen, etwas zu tun, was 95 Prozent nie tun würden. Und die fünf Prozent erwischt man sowieso nicht, man behindert und demotiviert damit nur die große Masse der Beschäftigten

Im Falle eines Vertrauensbruchs darf die Führungskraft aber auch nicht aus falsch verstandener Toleranz oder eitler Gönnerhaftigkeit einfach wegsehen. Wer nicht handelt, stimmt zu und drückt damit aus: Es ist völlig in Ordnung und bleibt ohne Folgen, mein Vertrauen zu missbrauchen. Damit wird das Vertrauen entwertet. Es muss klar sein: Vertrauen hat seinen Preis. Reinhard Sprenger empfiehlt deshalb nach der „Ethik der zweiten Chance" zu handeln, wenn der implizite Vertrauensvertrag gebrochen wurde.

Ihre Regeln lauten:

1. Kooperiere! Biete immer zunächst Kooperation an.
2. Wenn sie erwidert wird, stelle das Vertrauen auf Dauer sicher. Wenn nicht, bestrafe sofort und unnachsichtig!
3. Mache nach einer gewissen Zeit wieder ein Vertrauensangebot. Aber mache kein drittes Angebot.

Offene Konfrontation schafft Vertrauen und macht berechenbar. Gerade der Umgang mit Konflikten ist der „Kitt", der ein Unternehmen zusammenhält, wie Sprenger ganz richtig feststellt.

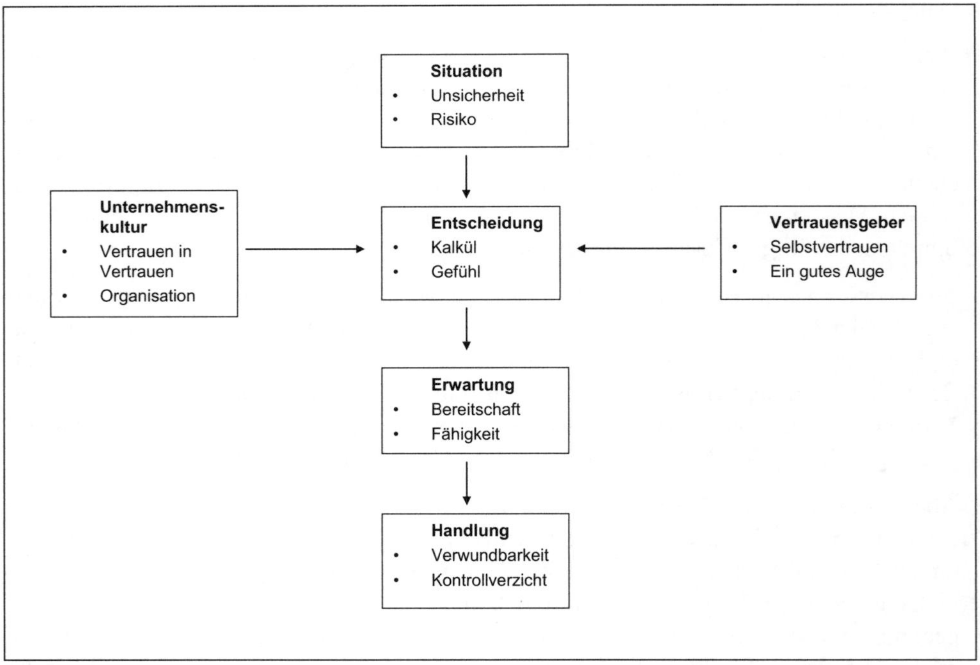


Quelle: Sprenger, Reinhard K.: Vertrauen führt, Frankfurt am Main/New York 2002b
**Abbildung 8:** Wie Vertrauen entsteht

### 3.3.9 Grenzenloses Vertrauen?

Das Vertrauen zwischen Führungskräften und Mitarbeitern, zwischen Kollegen oder zwischen dem Unternehmen und dem Kunden ist ein Vertrauen auf Vorschuss, das für eine begrenzte Zeit, an eine oder mehrere bestimmte Personen und bezogen auf eine bestimmte Aufgabe oder Handlung gegeben wird – nicht auf Lebenszeit und auf alle Lebensbereiche ausgedehnt. Vertrauen in Sprengers Sinn ist also kein grenzenloses und auch kein blindes Vertrauen. „Vertrauen ist sinnvollerweise immer begrenzt." (Sprenger, 2002b, S. 67).

Genauso wie es keine Freiheit ohne Grenzen geben kann, ist auch Vertrauen an Bedingungen geknüpft. Diese Bedingungen sind nicht automatisch Ausdruck von Misstrauen, denn Sprenger sieht keinen Widerspruch von Vertrauen und Misstrauen. Sie bilden für ihn vielmehr ein Fließgewicht (je mehr ... desto weniger). Auch Vertrauen und Kontrolle sind keine Gegensätze. Vertrauen ist ohne Kontrolle nicht denkbar, ja Kontrolle ist die Voraussetzung dafür, dass Vertrauen funktioniert. Je größer das Vertrauen, desto mehr hat Kontrolle einen informatorischen, unterstützenden Charakter, schreibt er.

Das Setzen auf Vertrauen darf nicht so weit gehen, dass alle Schranken fallen, alle Kontrollmechanismen außer Kraft gesetzt und jedes Nachfragen oder Überprüfen tabuisiert wird. Es darf nicht so weit führen, dass Führungskräfte blind werden, ihre Entscheidungsmacht aus der Hand geben und jedes Gefühl für Verantwortung verlieren – im Vertrauen darauf, dass alles gut läuft und die anderen schon wissen, was sie tun.

Es darf auch nicht so weit gehen, dass defensive Führungskräfte sich auf ihrem Vertrauen ausruhen oder sich hinter ihm verstecken, um nicht hinschauen und nicht handeln zu müssen. Vertrauen heißt nicht Passivität und Rückzug.

„Ein modernes Vertrauen ist also die Entscheidung für ein Mischungsverhältnis zwischen Vertrauen und Misstrauen, zwischen Kontrolle und Kontrollverzicht." (Sprenger, 2002b, S. 77). Hier rudert Sprenger nach seinem anfänglichen feuerspeienden Kreuzzug gegen die Kontrolle kräftig ein ganzes Stück zurück – und kommt mit einer etwas lapidaren Feststellung dort an, wo er eigentlich hin will, nämlich in der Unternehmenswirklichkeit: Es ist alles eine Frage des richtigen Maßes.

## 3.4 Selbstverantwortung

Neben den kontrollwütigen Vorgesetzten, die ihre Mitarbeiter an der kurzen Leine führen und alles versuchen, um sie zu motivieren, und damit nur das Gegenteil erreichen, gibt es auch Führungskräfte, die loslassen, Verantwortung abgeben und ihre Mitarbeiter autorisieren wollen. Sie stellen sich folgende Fragen: Was kann ich tun, damit Mitarbeiter Verantwortung übernehmen? Wie setze ich das Potenzial meiner Mitarbeiter frei?

Und wie schaffe ich ein Unternehmen, in das die Mitarbeiter morgens gerne kommen? Reinhard K. Sprenger hat sich auch mit diesem Thema beschäftigt und nach Antworten auf diese Fragen gesucht. Ich möchte den Kern seiner Antworten mit in dieses Buch einfließen lassen, da sie zeigen, wie sehr gute Führung von der Beziehung zwischen der Führungskraft und den Geführten abhängt.

„Wir sind kein rohstoffreiches Land. Unser wichtigster Rohstoff ist die Bereitschaft zum Mitmachen." (Sprenger, 2002a, S. 11), so Sprengers Ausgangsfeststellung. Wir bemühen uns zwar nach Kräften, Maschinen auszulasten, aber wir lasten die Mitarbeiter nicht aus. Neben hohen Lohnkosten und Strukturproblemen ist es diese systematische Unterforderung von Menschen, die den Standort Deutschland gefährdet, beklagt Sprenger.

Sehr viele Mitarbeiter haben durch jahrzehntelange Entmündigung und Gängelei verlernt, Verantwortung für sich, ihre Motivation und eigene Leistung zu übernehmen. Wenn man etwas von ihnen erwartet, was nicht in den genauen Wortlaut ihrer engen Stellenbeschreibung passt, entgegnen sie im Pontius-Pilatus-Tonfall nur: „Dafür bin ich nicht zuständig." Wer hat diesen Satz noch nicht gehört, wenn er am Kartenschalter am Bahnhof den Grund für die einstündige Verspätung des ICE erfragen wollte? Oder wenn er im Geschäft bei einer Verkäuferin die mangelhafte Qualität eines Kleidungsstücks reklamiert hat, das nach der ersten Wäsche ausgesehen hat wie eines aus dem Second-Hand-Laden? Aber diese Nicht-Verantwortlich-Sein-Mentalität findet sich nicht nur im Handel oder im öffentlichen Dienst.

Spiele werden im Kopf gewonnen. Je härter der Wettbewerb und je schneller der wirtschaftliche Wandel wird, desto wichtiger ist die innere Einstellung, mit der der Mitarbeiter mitarbeitet und die Führungskraft führt. „Es gibt keine wichtigere betriebswirtschaftliche Gestaltungsaufgabe als die Wiedereinführung der Selbstverantwortung in den Unternehmen" (Sprenger, 2002a, S. 12), fordert Sprenger aus diesem Grund.

### 3.4.1 Organisierte Unverantwortlichkeit

Es gibt Unternehmen, da wird von morgens bis abends gejammert. Sie sind regelrechte Clubs von Opfern, die alle nichts dafür oder dagegen können, egal für oder gegen was. Immer sind die anderen verantwortlich oder schuld. Kaum jemand übernimmt die volle Verantwortung für sein Tun und seine Leistung. Jeder sitzt auf seinem abgegrenzten Arbeitsplatz, in seinem „Revier", und erledigt nur eine klar definierte und abgezirkelte Menge von Tätigkeiten, beschreibt Sprenger. Die Ursachen dafür sind leicht auszumachen: Arbeitsteilung, organisatorische Fragmentierung, hierarchische Strukturen, Großorganisationen und Internationalisierung.

Es herrscht außerdem eine allgemeine Unklarheit darüber, was Verantwortung überhaupt heißt. Und diese Unsicherheit manifestiert sich im Verhalten aller Beteiligten: Sie schwanken zwischen Vorwurf und Mitleid, Empörung und schlechtem Gewissen. Zuständigkeiten verwirren sich, alle reden bei jedem mit, und auch das Top-Management mischt sich höchstpersönlich in die nebensächlichsten Details ein. Doch für die langfristigen Konsequenzen von Entscheidungen fühlt sich im Zeitalter der Job-Rotation keiner mehr verantwortlich.

Der Normalfall: Die Mitarbeiter versuchen, es ihrem Chef recht zu machen (und nicht dem Kunden) oder sich zumindest so zu verhalten, dass sie keinen Ärger bekommen. Aus Angst um ihre Karriere sagen sie das, was ankommt, und nicht das, worauf es ankommt, kritisiert Sprenger weiter. Und die Chefs misstrauen ihren Mitarbeitern und kontrollieren sie, weil das ja schließlich ihr Job sei. Probleme werden systematisch von einer Ebene auf die nächste, auf „die da oben" geschoben. Die Selbstverantwortung verfängt sich im Schleppnetz aus Anordnungen, Richtlinien und Dienstvorschriften, und das geforderte interne Unternehmertum verkommt zum Kampf gegen Vorschriften und Policies.

Aber warum grassiert die organisierte Unverantwortlichkeit so epidemisch, wie Sprenger diagnostiziert? Weil Verantwortung zwei Bedeutungen hat: zum einen die der Rechenschaftsverantwortung, die einem aufgebürdet wird und die nach Anklage, nach „zur Rechenschaft ziehen", wenn etwas schief gelaufen ist, klingt. Und zum anderen die der positiven Aufgabenverantwortung, die aktiv übernommen wird und Entfaltungs- und Bewährungsmöglichkeiten eröffnet. Leider dominiert in den meisten Unternehmen die sekundäre Rechenschaftsverantwortung über die primäre Aufgabenverantwortung. Verantwortung ist damit etwas, was keiner haben will (vgl. Sprenger, 2002a, S. 18-35).

### 3.4.2 Jeder hat die Wahl

Dennoch hat im Unternehmen grundsätzlich jeder Verantwortung, auf unterschiedlichen Ebenen, in unterschiedlichen Aufgabenbereichen und in unterschiedlichen Funktionen. In der Praxis ist die Übernahme einer Aufgabe eine unwiderrufliche Verpflichtung, das Übernommene auszuführen und sich bei Versäumnissen zur Rechenschaft ziehen zu lassen. Daraus lässt sich die Definition von Selbstverantwortung ableiten: „Die alltagspraktische Bedeutung von Selbstverantwortung bezeichnet damit schlicht die Bereitschaft, auch dort Zuständigkeit wahrzunehmen, wo sie nicht vorher in einer klar abgegrenzten Aufgabenverantwortung normiert ist." (Sprenger, 2002a, S. 37).

Selbstverantwortung bedeutet also nach Sprenger:

1. autonomes und freiwilliges Handeln bzw. ein *Wählen,*
2. initiatives und engagiertes Handeln bzw. ein *Wollen,* und
3. kreatives und schöpferisches Handeln bzw. ein *Antworten.*

Jeder, der sich bewusst macht, dass seine Arbeit, sein Chef, das Unternehmen, für das er arbeitet, und seine Einstellung zu seiner Tätigkeit seine eigene Entscheidung sind, betrachtet sich nicht mehr als Opfer und seine Arbeit nicht mehr als Dienst. Problematisch wird es dann, wenn Menschen nicht wählen wollen, weil sie die Konsequenzen nicht tragen wollen. Weil sie nicht auf eine Möglichkeit zugunsten der anderen verzichten wollen. Wenn sie alles haben, aber nichts dafür bezahlen wollen. Das macht unzufrieden und unfrei. Und Leiden ist ja bekanntlich leichter als Handeln, so Sprenger: „Echte Selbstverantwortung erwächst also aus einer bewussten Wahlentscheidung. (…) Commitment heißt: sich Ihrer Wahlfreiheit bewusst sein; sich bewusst sein, dass Sie alles, was ist, gewählt haben.“ (Sprenger, 2002a, S. 63).

Das gilt nicht nur für kreative, anspruchsvolle und abwechslungsreiche Tätigkeiten, wie mancher jetzt einwenden wird. Auch bei Arbeiten, die die meisten für langweilig und unwichtig halten, gibt es immer wieder Menschen, die Handlungsmöglichkeiten und Entfaltungsräume sehen, über sich hinauswachsen und die ihre Arbeit genießen – weil sie sie gewählt haben und innerlich jeden Tag aufs Neue „Ja“ zu ihrer Arbeit sagen. Das bedeutet nicht, dass man im Status quo verharrt, im Gegenteil: Wer wählt, kann neu wählen, kann sich anders entscheiden, kann verändern, weil er sich selbst verantwortlich fühlt für das, was ihn stört oder was nicht optimal läuft.

Wer bewusst wählt, hat eine andere Einstellung zu seinem Job, identifiziert sich mit ihm und tut ihn mit ganzem Herzen und voller Hingabe. Selbst wenn man die äußeren Umstände nicht ändern kann, kann man doch seine Einstellung zu ihnen ändern, fordert Sprenger. Jeder Mensch entscheidet selbst, ob er sich ärgern oder frustrieren lässt, ob er seine Kollegen als nervige Konkurrenz oder als Partner betrachtet, ob eine Reklamation bloß Ärger oder eine hilfreiche Rückmeldung ist. Ein und dieselbe Situation ist offen für eine Vielzahl von Interpretationen und definiert den Raum der Selbstständigkeit des eigenen Denkens und Handelns.

Es gibt keine bessere Motivation als Leidenschaft, denn Arbeit, die keinen Spaß macht, macht krank. Hier widerspricht Sprenger – ebenso wie ich – Fredmund Malik, für den die Forderung nach Spaß an der Arbeit psychologisierender Quatsch ist. Sprenger fordert: „Lieben Sie, was Sie tun!“ (Sprenger, 2002a, S. 70). Es ist darüber hinaus ganz entscheidend, sich klar zu machen, dass man nicht für den Chef, nicht für die Firma und auch nicht für die Familie arbeitet, sondern nur für sich selbst. Und das ist auch völlig in Ordnung so, findet Sprenger und bricht eine Lanze für Ich-Stärke und Individualismus, die nicht mit sozialer Kälte verwechselt werden dürfen. In dem Moment, wo man meint, etwas nur für andere zu tun, leugnet man nämlich seine eigene Verantwortung.

### 3.4.3 Die Verantwortung der Führungskraft

Je weniger Führungskräfte es gibt und je größer die Führungsspanne wird, desto nötiger wird das selbstverantwortliche Handeln der Mitarbeiter. Doch bedauerlicherweise glauben viele Führungskräfte, es sei ihre Pflicht, ihren Leuten zu sagen, was sie tun oder lassen sollen. Was diese Vorgesetzten „Pflicht“ oder „Verantwortung“ nennen, ist für Sprenger nichts weiter als ein Dressurakt aus einer längst überholten Überlegenheitskonvention heraus. Das Resultat dieses falschen Führungsverständnisses sind angepasste, obrigkeitshörige und nie zuständige Ausführungsgehilfen.

Commitment kann man weder durch Strukturen noch durch Anordnungen oder Vorgaben erzeugen. Es kann von der Führungskraft nur ermöglicht werden. Und dazu ist eine intakte, vitale, vertrauensvolle und offene Beziehung zum Mitarbeiter nötig, denn so Sprenger: Führung ist Beziehung. Gut gesagt, aber wie sieht das aus? Wie macht man das? Sprenger bietet nur einen konkreten Tipp: „Schaffen Sie ein warmes sozial-emotionales Klima." (Sprenger, 2002, S. 164). Nichts leichter als das, werden jetzt viele zweifelnd denken. Und: „Nur derjenige sollte Führungskraft werden, der lächeln kann." Aha. Klingt nachvollziehbar, aber das kann doch nicht die einzige Fähigkeit aus dem Bereich der emotionalen Intelligenz sein, die eine gute Führungskraft mitbringen muss, um Beziehungen zu managen, oder? Natürlich nicht. Dazu lesen Sie in den Teilen III und IV dieses Buches noch mehr.

Für Sprenger ist eine Beziehung, die Eigenverantwortung, Kreativität und Motivation fördert, nur möglich, wenn die Pyramide der klassischen Unternehmenshierarchie auf den Kopf gestellt wird und die Führungskraft hinter bzw. unter dem Mitarbeiter steht und ihn unterstützt, statt umgekehrt. Eine amüsante Vorstellung, wie ich finde. Es ist laut Sprenger nicht nur emotional unintelligent, die Mitarbeiter zu gängeln und ihnen jede Verantwortung ab- und wegzunehmen, sondern auch ökonomisch verfehlt. Führungskräfte, die Mitarbeiter zu Vasallen machen, verhindern, dass deren volles Potenzial dem Unternehmen zugute kommt, und blockieren das unternehmerische Denken und Handeln, das Firmen heute so dringend brauchen. Sie vergeuden wertvolles Humankapital.

Sprengers Forderung an die Führungskräfte lautet deshalb: „Was wir brauchen, ist ein Bewusstseinsrahmen, in dessen Mittelpunkt die Eigeninitiative steht. Entwickelt der Mitarbeiter eigene Ideen? Greift er Anregungen auf? Setzt er Begonnenes fort? Wie selbstständig arbeitet er? Wartet er auf delegatorische Abfallprodukte oder sucht er sich selbstständig Aufgaben und Ziele? Denkt er über Änderungen innerhalb seines Aufgabengebietes nach? In welchem Maße beschafft er sich selbst die nötigen Informationen? Bleibt er auch in Situationen ungewöhnlicher Belastung konzentriert? (...) Mit Mitarbeitern, die wie Schrankenwärter immer aufs Klingelzeichen warten, werden wir den Wettbewerb der Zukunft nicht bestehen. Daher: Ermutigen Sie zu Initiative und Zivil courage? Oder geben Sie Beispiele dafür, dass Anpassung belohnt wird?" (Sprenger, 2002a, S. 83). Beobachtet man Letzteres, macht die Führungskraft etwas falsch.

Führungskräfte dürfen den Mitarbeitern keine allgemein gültigen Standards aufzwingen, da diese selbst am besten wissen, was hohe Leistung in ihrem Job bedeutet, so Sprenger weiter. Diese Empfehlung halte ich für kritisch, und hier widerspricht Sprenger sich auch selbst, hat er doch an anderer Stelle zum Thema Vertrauen (siehe Kapitel 3.3.9) gesagt, dass es die Aufgabe der Führungskraft sei, Leistungen zu vereinbaren, diese zu kontrollieren und eine Nichteinhaltung der Vereinbarung auch zu sanktionieren. Wie sollen Mitarbeiter, die jung oder noch nicht lange im Unternehmen sind oder die die Wettbewerber und den internationalen Markt nicht kennen, Leistungsstandards setzen? Wie soll auf diese Art und Weise Leistung angemessen honoriert werden? Jeder hat seine individuelle Sicht der Dinge, so eine der grundsätzlichen Annahmen von Sprenger, also auch seiner eigenen Leistung. Deshalb halte ich es für absolut notwendig, dass die Führungskräfte im Dialog mit den Mitarbeitern verbindliche Leitplanken und Standards, die selbstverständlich auf die Leistungsfähigkeit und die Ziele der Mitarbeiter abgestimmt sind, setzen.

### 3.4.4 Selbstverantwortung ermöglichen

Es kann passieren, dass Mitarbeiter Wahlfreiheit und Verantwortung ablehnen und Entscheidungssituationen meiden, weil sie nicht bereit sind, den Preis der abgewählten Möglichkeit oder des Scheiterns zu zahlen. Lieber laufen sie zum Chef und überlassen ihm die Entscheidung. Dann ist es an der Führungskraft, die Entscheidung abzulehnen und dem Mitarbeiter zurückzugeben, denn sonst macht sie dessen Job. Sie kann und soll den Mitarbeiter bei der Wahl unterstützen, Optionen und Konsequenzen mit ihm zusammen beleuchten, ihm Mut zum Risiko machen, ihm die Angst vor Fehlern nehmen und ihm klar machen, dass es in seiner Macht liegt, das Problem zu lösen. Aber keinen Ratschlag geben (bzw. nur in Ausnahmefällen) und keine Richtung weisen und sich auch nicht schützend vor ihn stellen – das ist Selbstverantwortung.

Auch wenn übel wollende Mitarbeiter, Kollegen oder Vorgesetzte der Führungskraft in dieser Situation mangelnde Führungsstärke vorwerfen: Dieses Loslassen ist kein laxes Treibenlassen, sondern ein Vertrauen auf die Selbstverantwortung des Mitarbeiters. Er allein ist verantwortlich für den Job, den er übernommen hat. Er muss entscheiden, wie er ihn erledigt und was er dafür braucht. Er muss Entscheidungen fällen und die Konsequenzen tragen. Die Führungskraft muss lernen, der Versuchung zu widerstehen, für ihre Leute immer den bewunderten Retter in der Not zu spielen. Sie kann ihnen zeigen, wo die Zange und die Handschuhe hängen, aber ihre Kohlen müssen sie selbst aus dem Feuer holen, so das plastische Bild von Sprenger.

Eine Führungskraft muss ihre Mitarbeiter auffordern, ihre Abhängigkeit aufzugeben. Es ist nicht die Aufgabe des Führenden, mehr zu wissen als die Mitarbeiter und die Antworten auf alle Probleme parat zu haben. Seine Kernkompetenz ist es, jemanden einzuladen, seine eigenständigen Fähigkeiten zu (re-)aktivieren. Dabei dürfen und müssen dem Mitarbeiter Fehler passieren. Ohne Fehler gibt es keine Entwicklung, und die größten Erfindungen waren „Fehler“ oder Abfallprodukte. Führungskräfte müssen ein fehlerfreundliches Klima schaffen und dürfen Niederlagen nicht bestrafen und brandmarken, sondern wohlwollend als Chancen zum Lernen betrachten. Die Angst vor Fehlern halbiert die Problemlösungsintelligenz. Nicht die Fehler an sich sind das Problem, sondern das Vertuschen von Fehlern – das gilt auch und ganz besonders für Fehler der Führungskraft, warnt Sprenger.

Motivation und Commitment erwachsen aus der Harmonie zwischen Menschen, die zusammen etwas leisten, die gemeinsam auf dem Weg zu einem Ziel sind, die sich als

Kooperationspartner verstehen. Diese Beziehung wird durch Kritik zerstört. Kritik verletzt und ist destruktiv, weil sie suggeriert, dass der eine die Wahrheit gepachtet hat und der andere im Unrecht ist. Kritik verurteilt und entwürdigt, weil sie vom anderen verlangt, dass er sich ändern soll, weil es falsch ist, wie er ist. Deshalb wird er die Kritik vehement und mit allen Mitteln (zumindest innerlich) ablehnen und seine Selbstachtung wieder aufbauen, indem er den Kritiker abwertet. Er wird sich rechtfertigen und die Schuld abwälzen. Mit Kritik verstärkt die Führungskraft deshalb nur das kritisierte Verhalten.

Feedback dagegen lässt dem anderen die Wahl, ob er das Gehörte annimmt. Es bietet ihm Informationen, die er vorher nicht hatte, eröffnet ihm eine andere Perspektive, die keinen Anspruch auf Richtigkeit stellt. Es verkleinert damit den „blinden Fleck“ im Selbstbild des Empfängers und schenkt Lernmöglichkeiten.

Wenn ein Mitarbeiter dauerhaft mangelnde Leistung bringt, kann das folgende Ursachen haben, die alle von der Führungskraft zu verantworten sind (vgl. Sprenger, 2002a, S. 180-208):

- Die Führungskraft hat keine Feedback-Kultur aufgebaut, sodass Probleme nicht offen gemeinsam besprochen, sondern verschleppt werden, bis sie kaum noch zu lösen sind.
- Die Erwartungen und Maßstäbe sind nicht abgeglichen worden, jeder meint nur zu wissen, was der andere will, kann und soll.
- Der Mitarbeiter ist nicht ausreichend aus- oder weitergebildet für die Aufgabe.
- Der Mitarbeiter ist ein notorischer Arbeitsverweigerer. Die Führungskraft hat ihn fälschlicherweise eingestellt, nicht früh genug interveniert oder nicht den Mut, sich von ihm zu trennen.

Selbstverantwortung zur Grundlage der Beziehung zwischen Geführten und Führungskraft und zur zentralen Gestaltungsidee des Unternehmens zu machen ist immer und überall möglich. Die Führungskraft muss sich nur dafür entscheiden – sie muss die Selbstverantwortung wählen, schließt Sprenger.

Mit den Themen Vertrauen und Selbstverantwortung haben wir uns inhaltlich der vierten und letzten Kategorie von Führungsansätzen genähert, die als Antwort auf die Frage, wovon gute Führung abhängt, auf die jeweils konkret vorliegende Situation verweisen.

# 4. Die Führungssituation

***„Was gute Führung ist, bestimmt die konkrete Situation."***

Die *Situationisten,* wie Kets de Vries sie nennt, betrachten Führung nicht als Folge bestimmter Eigenschaften der Führungspersönlichkeit, bestimmter Bedürfnisse der Geführten oder als Ergebnis der richtigen Methoden und Instrumente, sondern als Resultat der Beziehungs- und Handlungsmuster einer *Gruppe*. Das bedeutet, dass die Führung mit der jeweiligen Situation wechselt und der an die Spitze kommt, der den besten Ausweg aus der Situation oder die beste Lösung für die Aufgabe findet. Der Umkehrschluss: Eine erfolgreiche Führungskraft kann sich an die jeweilige Situation anpassen und aus ihrem Repertoire den angemessenen Führungsstil auswählen.

Im Zusammenspiel mit den beteiligten Personen entscheidet die Situation damit über das Führungsverhalten und Erfolg oder Misserfolg der Führungskraft. Das kann auch bedeuten, dass eine Führungskraft mit den optimalen Voraussetzungen und Persönlichkeitsmerkmalen trotzdem in einer ganz spezifischen Unternehmenskultur scheitert oder in einem bestimmten Markt keinen Erfolg hat. Verkürzt gesagt: „Niemand ist immer und unter allen Umständen eine gute Führungskraft." (Sprenger, 2004b).

## 4.1 Die Beteiligten

„Situation und Individuum müssen passen", damit Führung gelingt, schreibt Reinhard K. Sprenger und formuliert damit einen guten Einstieg in dieses Kapitel. Und weiter: „Eine gute Führungskraft ist eine richtig eingesetzte" (Sprenger, 2004b). Will sie Erfolg haben, muss die Führungskraft von den Mitarbeitern anerkannt werden, sonst kann sie noch so viele gute Universitätsabschlüsse, Zeugnisse und Referenzen in der Tasche haben. Führung muss sich stets in konkreten Situationen und Beziehungen beweisen, in einem konkreten Unternehmen und auf einem konkreten Markt.

### 4.1.1 Die Kontingenztheorie

Nach Fred E. Fiedlers *Kontingenztheorie* bringt die Unterscheidung zwischen aufgaben- und personenorientiertem Führungsverhalten, wie z. B. im Grid-Modell von Blake und Mouton dargestellt, allein keine klare Aussage zur Wirksamkeit von Führung. Man muss vielmehr das Zusammenwirken von Führungsverhalten und Führungssituation in die

Betrachtung einbeziehen. Die jeweilige Situation ist durch drei Variablen gekennzeichnet: die Führer-Mitglied-Beziehung, die Aufgabenstruktur und die Positionsmacht des Führers (vgl. Fiedler, 1967).

Die Führer-Mitglied-Beziehung wird laut Fiedler durch die Persönlichkeit der Führungskraft, ihre Beziehungen zur Gruppe und durch das Vertrauen und die Anerkennung der Gruppe geprägt. Die Aufgabenstruktur hängt ab von der Klarheit der Ziele, der Anzahl der Lösungswege, der Bestimmtheit und der Nachprüfbarkeit der Lösung. Die Positionsmacht der Führungskraft ist durch das Ausmaß der möglichen Machtausübung gekennzeichnet, das die Organisation ihr zubilligt. Je besser also die Beziehung der Führungskraft zu den Geführten, je strukturierter die Aufgabe und je größer die formale Macht der Führungskraft ist, desto günstiger ist die Führungssituation. Das bedeutet, desto eher ist die Führungskraft in der Lage, das Gruppenverhalten zu beeinflussen.

Das Kontingenzmodell hat die Führungsforschung der vergangenen 20 Jahre vor allem im Bereich Führungskräfteentwicklung und -ausbildung stark geprägt. Es wird jedoch mit ihren drei Variabeln meiner Ansicht nach der Vielzahl von unterschiedlichen Führungssituationen nicht gerecht. So vernachlässigt Fiedler z. B. die Beziehungen zwischen den Geführten. Darüber hinaus sind die Variablen in der Praxis eng miteinander verknüpft und können nicht isoliert betrachtet werden. Fiedlers Verdienst liegt für mich in erster Linie in der simplen Feststellung, dass es den einen richtigen Führungsstil nicht geben kann. Vielmehr führt je nach Situation ein anderes Führungsverhalten zum Erfolg. Diese Meinung hat sich in der neueren Führungsdiskussion durchgesetzt.

Blickt man von der Führungssituation etwas weiter ins Detail, hängt Führung auch ab von der Aufgabensituation, d. h. von der Art der zu lösenden Aufgabe, der erforderlichen Problemlösungsgeschwindigkeit und dem Sicherheitsgrad der Aufgabensituation. Eine sichere Situation liegt beispielsweise in der Produktion vor: Alle Rahmenbedingungen sind bekannt, das Risiko ist kalkulier- und kontrollierbar. Größere Unsicherheit herrscht dagegen im Verkauf, wo die Variable Kundenverhalten bzw. Nachfrage nur bedingt vorhersagbar ist. Mit der größten Unsicherheit müssen Führungskräfte im Bereich der Forschung und Entwicklung umgehen, wo weder die Kosten noch der Nutzen wirklich kalkulierbar sind und an jeder Ecke das Risiko lauert.

Die Amerikaner Paul Hersey, Kenneth H. Blanchard und Johnson E. Dewey (vgl. Hersey/Blanchard/Dewey, 1996) haben auf einen weiteren Einflussfaktor der vorliegenden Führungssituation hingewiesen: die Reife der Mitarbeiter. Der Grad der Reife eines Mitarbeiters ist zum einen charakterisiert durch die arbeitsbezogene Reife, das heißt Erfahrung, Fachwissen, Kenntnis der Arbeitsanforderungen usw. Zum anderen ist er geprägt durch die psychologische Reife, wozu die drei Autoren Verantwortungsbereitschaft, Motivation, Selbstsicherheit, Engagement usw. zählen. Je nach Reifegrad der beteiligten Mitarbeiter entscheidet sich die Führungskraft für einen mehr oder weniger partizipativen Führungsstil.

### 4.1.2 Will oder Skill?

Eine Führungskraft muss den Umgang mit verschiedenen Mitarbeitertypen beherrschen. Wenn man die Mitarbeiter entsprechend ihrer Leistungsbereitschaft bzw. Wollen (Will) und ihrer Leistungsfähigkeiten bzw. Können (Skill) segmentiert, kann man zwischen vier Typen unterscheiden: den Stars (high will, high skill), den Arbeitspferden (high will, low skill), den lustlosen Spezialisten – vergleichbar Fröschen, die man wachküssen muss – (low will, high skill) und den Problemfällen (low will, low skill).

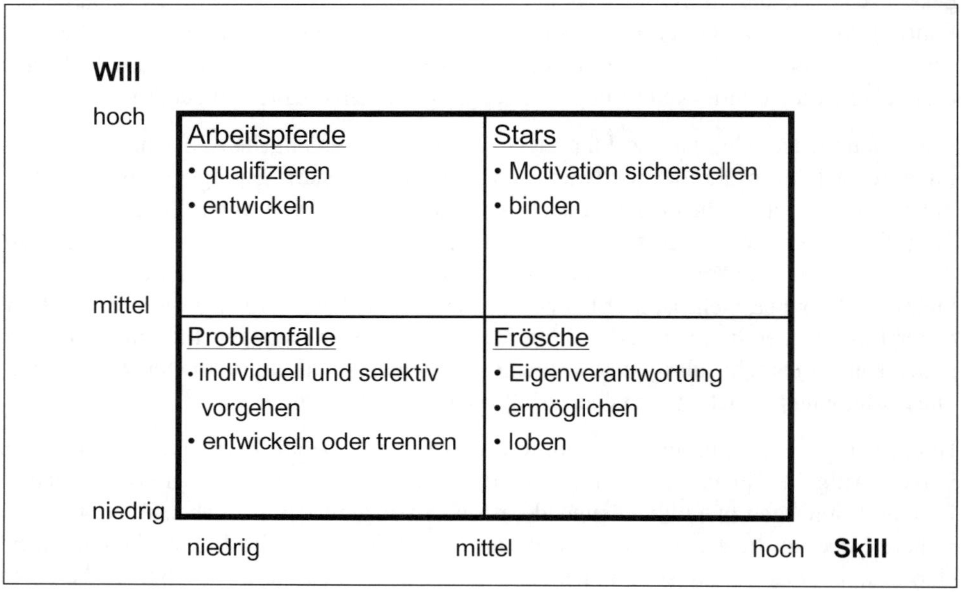


Quelle: Eigene Erstellung auf Basis verschiedener Managementansätze
**Abbildung 9:** Will-Skill-Matrix

Diese Matrix bietet erste Anhaltspunkte, um sich ein Bild von der eigenen Belegschaft oder dem eigenen Team zu machen. Allerdings sollte man solche Einteilungen nicht übertreiben und absolut setzen, da sie auch etwas Verallgemeinerndes und zum Teil etwas Menschenverachtendes haben. Die Matrix kann aber eine „Krücke" für die Führungskraft sein, um von den Beschäftigten als amorphe Masse hin zu einer Denkweise „Jeder Mitarbeiter ist ein Individuum und will als solches gesehen werden" zu kommen.

Mit den vier Mitarbeitertypen muss man als Führungskraft unterschiedlich umgehen: Die *Stars* muss man motivieren und binden. Man sollte ihnen Freiräume und Perspektiven bieten und ihnen viele herausfordernde Aufgaben delegieren. Die *Arbeitspferde* sollte man auf Basis einer sauberen Potenzialeinschätzung wachsen lassen. Die Aufgabenübertragung sollte eher behutsam nach dem Motto „Jeden Tag etwas mehr" erfolgen. Durch Feedback und Coaching kann man sie permanent weiterentwickeln. Die *Frösche* sollte sich eine Führungskraft genauer ansehen: Was sind die Ursachen für den mangelnden Leistungswillen? Sehe ich den Mitarbeiter wirklich richtig? Gibt es Abweichungen zwischen Selbst- und Fremdbild des Mitarbeiters? Am Ende kommt man um ein Konfliktgespräch wahrscheinlich nicht herum, an dessen Ende eine klare Vereinbarung über den Veränderungsbedarf stehen muss. Die *Problemfälle* sollte eine Führungskraft nicht aussitzen – leider passiert aber genau dies immer wieder. Entweder der Mitarbeiter lässt sich noch entwickeln oder die Trennung ist unvermeidlich. Mit diesen leistungsschwachen Mitarbeitern sollte die Führungskraft gezielte Veränderungsgespräche führen.

Eine weitere Unterscheidung lässt sich anhand der Erfahrungen und der Betriebszugehörigkeit von Mitarbeitern treffen: Muss ich einen alten Hasen oder einen Anfänger führen? Der alte Hase braucht z. B. viel Respekt, der junge Mitarbeiter will zur Führungskraft aufschauen und lernen. Außerdem weiß man, dass es in einer Gruppe Analytiker, Umsetzer, Teamarbeiter und andere Typen gibt, die komplementäre Erwartungen, Interessen und Rollen repräsentieren. So bevorzugt der Analytiker Zahlen, Daten, Fakten und eine sachliche, präzise Gesprächsführung seitens der Führungskraft. Der Umsetzer will nicht reden, sondern handeln, und freut sich, wenn er ergebnisorientiert angesprochen wird. Und der Teamarbeiter will vor allem harmonisch mit anderen kooperieren. Hier muss die Führungskraft in Gesprächen den Menschen in den Mittelpunkt stellen.

Damit sind wir auf unserem Streifzug an der Stelle angekommen, wo wir uns mit einigen Vertretern der Führungslehre beschäftigen wollen, die gute Führung über Faktoren definieren, die außerhalb des Führungsprozesses liegen, diesen aber entscheidend beeinflussen: die Organisation und die Umwelt. Führung ist damit eine Reaktion auf Rahmenbedingungen innerhalb und außerhalb des Unternehmens.

## 4.2 Die Organisationsstruktur

Organisationsstrukturen bilden den Rahmen, in dem sich Führung abspielt. Sie sind deshalb eine entscheidende Variable des Führungsprozesses. Das Dilemma: Die Führungskraft muss sich innerhalb des formalen, legitimierten Rahmens der Unternehmensstrukturen bewegen, der seine Aufgaben, Kompetenzen und Verantwortlichkeiten definiert und begrenzt. Sie muss die bestehenden Strukturen (und die herrschende Kultur) jedoch auch verändern, um Veränderungsprozesse zu ermöglichen und anzustoßen. Für eine Organisation gilt zunächst grundsätzlich: „Structure follows Strategy", und somit ist die Unternehmensstruktur ein Mittel und eine Folge der Strategie.

Die Organisationsstruktur besteht aus einer Struktur der Arbeitsteilung, wozu die Aufgabenverteilung, die Kommunikationsstruktur und die Machtstruktur, einschließlich der formalen Leitungshierarchie, zählen. Die Kommunikations- und die Machtstruktur werden von der Struktur der Arbeitsteilung bestimmt, wirken aber auch auf sie zurück.

Die Aufgabenverteilung bedingt hierarchische Über- und Unterordnungsverhältnisse, die auf die Möglichkeit des Einzelnen, zu führen oder geführt zu werden, Einfluss nehmen.

Die Arbeitsteilung führt auch zur Entwicklung von bestimmten Rollenerwartungen der Führungskräfte und der Geführten gegenüber der eigenen Funktion und der der anderen Organisationsmitglieder. Mit der Komplexität der Organisation und der Spezialisierung nimmt somit auch das Spannungs- und Konfliktpotenzial zu. Hier ist gute Führung besonders gefragt.

Die Kommunikationsstruktur drückt sich in den geplanten und nicht geplanten Informationsbeziehungen aus. Der Informationsstand jedes Einzelnen und seine Möglichkeiten, Informationen zu bekommen und weiterzugeben, hängen von seiner Stellung innerhalb der Kommunikationsstruktur ab. Aufgrund der großen Bedeutung, die Informationen für die Führung haben, hat diese Struktur einen besonders starken Einfluss auf die Führungsprozesse in einem Unternehmen.

Die formale Machtstruktur stellt die Über- und Unterordnungsverhältnisse zwischen den einzelnen Organisationsmitgliedern klar und bestimmt damit, wer legitimierte Führungsansprüche hat. Daneben gibt es in jedem Unternehmen informelle Macht, die jenseits der sichtbaren Hierarchie ausgeübt wird. Wer kennt sie nicht, die Multiplikatoren und die Einflüsterer der Macht? Ob Chefsekretärin oder altgedienter Projektleiter – sie alle werden von den wirklich Mächtigen gehört, obwohl sie formal keine Macht haben. Sie haben aber Einfluss und in der Regel eine hohe soziale Intelligenz auch ohne Führungsfunktion.

Zusammenfassend bedeutet das: Auf welche Weise geführt werden sollte, hängt auch von der Gestalt und der Komplexität der vorliegenden oder angestrebten Organisationsstruktur ab. Die Organisationsstruktur kann mit Hilfe von fünf Dimensionen beschrieben werden: Spezialisierung, Standardisierung, Formalisierung, Zentralisierung und Konfiguration (vgl. Heinen, 1998, S. 171 ff.). Daneben wird häufig zwischen Aufbau- und Ablauforganisation unterschieden, also zwischen dem Organigramm mit seinen Berichtswegen und den zahlreichen Prozessen des Unternehmens.

Die beobachtbaren Entwicklungen vom Angestellten zum Mitunternehmer und von autoritär gelenkten, hierarchisch organisierten Unternehmen hin zu partizipativ geführten Firmen in einer sich rasant und radikal verändernden Umwelt erzwingen ein Aufweichen von starren Strukturen. Es gibt keine ideale Unternehmensorganisation mehr, sondern stattdessen viele Organisationsformen, die ideal für ihre jeweiligen spezifischen Zwecke sind (vgl. Drucker, 2000).

Es gibt bereits verschiedene Prototypen von neuen Organisationsformen, die diesem Paradigmenwechsel in der Wirtschafts- und Arbeitswelt Rechnung tragen: die Projektorganisation, die von Lenkungsausschüssen, Projektleitern und abteilungsübergreifenden Arbeitsgruppen bevölkert wird und durch die Grundsätze des Projektmanagements geprägt ist; die „Netzwerk"-Organisation, in der autonome Know-how-Träger nur durch gemeinsame Ziele, durch ein hohes Vertrauen und moderne Kommunikationstechnologien verbunden sind; das „virtuelle“ Unternehmen, dessen lose verbundene Teile sich bei Bedarf zusammenfinden; das Konzept der „chemischen Ursuppe“, in der sich spontan ständig neue Kombinationen und Strukturen ergeben; oder die „Amöben-Organisation“, die sich immer wieder teilt. Virgin, Goldman Sachs und Southwest Airlines sind amerikanische Beispiele für diese neuen Strukturierungsformen. Ihr Überlebensprinzip lautet „schnell oder tot“, und sie zeichnen sich durch flache Hierarchien und organische Strukturen aus, sie sind extrem beweglich und handlungsorientiert (vgl. Kets de Vries, 2002, S. 51).

Christopher A. Bartlett und Sumantra Ghoshal sehen die zentrale Aufgabe von Führung in Gegenwart und Zukunft deshalb auch nicht darin, den Menschen in das Korsett der Organisationsstrukturen einzupassen, sondern darin, eine flexible Organisation zu schaffen, die die Ressourcen der Mitarbeiter fördert und optimal nutzt und den Menschen als Ganzes wertschätzt: „Wir dürfen aber nicht länger ein Unternehmen in seiner Führung und Organisation als eine hierarchische Pyramide mit zerschnittener Wertschöpfungskette auffassen, sondern als ein Haus mit horizontalen Wertschöpfungsabläufen und einem Dach, das eine strategische Führung und Zielsetzung mit einer flachen Hierarchie und einem zentralen Nerven-, Informations- und Kommunikationssystem bedeutet.“ (Bartlett/Ghoshal, 2000, S. 112).

So sieht auch Hans-Jörg Bullinger, Präsident der Fraunhofer-Gesellschaft, eine Ursache für die anhaltende Talfahrt der deutschen Wirtschaft darin, dass sich die Unternehmen selbst im Weg sind: „Ich glaube, dass viele Unternehmen noch zu stark an Organisationsführungsstrukturen aus dem Industriezeitalter hängen. Damals hat man Arbeit in kleine Schritte zerlegt und dann wieder zusammengeführt. Für die kreative Dienstleistungsgesellschaft, aber auch im innovativen Produktbereich müssen wir heute eigentlich mit viel freieren Methoden arbeiten, um zukunftsweisende Technologien zu entwickeln. Etwa wie in der Entwicklungsabteilung von BMW, wo es keine festen Arbeitszeiten mehr gibt, sondern nur noch das Ergebnis zählt.“ (Forum, 02/2004, S. 13).

In seinem Buch „Management im 21. Jahrhundert“ fordert Peter F. Drucker: „Organisationsformen müssen somit zu Gerätschaften in der Werkzeugkiste einer Führungskraft werden.“ (Drucker, 1999, S. 28). Verschiedene Organisationsformen müssen analysiert werden, um ihre Stärken und Schwächen für die Situationsbewältigung festzustellen. „Es geht also nicht um das Finden einer einzigartigen Organisationsform, sondern um das Finden, Entwickeln und Überprüfen einer Form, die der jeweiligen Aufgabe gerecht wird.“ (Drucker, 1999, S. 32).

Die Aufgabenstellung einer Organisation – ob Unternehmen oder öffentliche Verwaltung – entscheidet über die Strategie, und die Strategie entscheidet über die Struktur (vgl. Drucker, 2004, S. 97). Drucker ist ebenfalls der Meinung, dass es die ideale Organisationsform nicht gibt. Diese ist lediglich ein „Werkzeug, das den Menschen die produktive Zusammenarbeit ermöglichen soll“ (Drucker, 2004, S. 98). Aufgabe von Führung muss es sein, nicht nach der einen richtigen Organisationsstruktur, sondern nach der „für die Aufgabe geeigneten Organisationsform“ zu suchen und diese ständig zu optimieren.

Manchmal braucht es eine strikt funktionale Organisation mit klarem Spezialistentum, manchmal ist Dezentralisierung sinnvoll, und manchmal ist Teamarbeit erforderlich.

Drucker nennt daneben weitere allgemein gültige Organisationsprinzipien: Zunächst muss die Organisation an sich transparent sein. Die Menschen müssen die Strukturen, in denen sie arbeiten, kennen und verstehen. Außerdem muss die Autorität der Verantwortung entsprechen. Sprich: Der Kapitän muss autorisiert sein, im Namen aller zu entscheiden. Drucker hält es auch für wichtig, dass jeder Angehörige einer Organisation nur einen Vorgesetzten hat. Niemand sollte in Loyalitätskonflikte gebracht werden und niemand sollte mehr als einem „Herrn" dienen müssen. Drucker sieht es also durchaus skeptisch, wenn heutzutage abteilungsübergreifende Teams an mehrere Führungskräfte berichten. Ähnlich dürfte er auch über Matrixorganisationen denken.

Die Rolle von Unternehmen ist für Peter F. Drucker von vier Aspekten dominiert: Erstens erzeugt ein Unternehmen Ressourcen, das heißt, es verwandelt Kosten in Energie. Zweitens stellt es ein Bindeglied in einer wirtschaftlichen Kette dar, die als Einheit gesehen werden muss. Drittens ist es ein gesellschaftliches Organ, das der Schaffung von Wohlstand dient. Und viertens bildet es eine materielle Umwelt und ist zugleich eine Schöpfung dieser Umwelt.

## Flexibel, aber nicht chaotisch

Das Gegenteil von starren Strukturen, dieser Punkt ist mir sehr wichtig, ist nicht das kreative Chaos. Meine Arbeit als Führungskraft und Management-Trainer hat mir immer wieder die Bedeutung und den Nutzen von Strukturen und allgemein anerkannten Regeln gezeigt, auch und vor allem in Situationen des Umbruchs. Sie ermöglichen es einer Führungskraft nämlich erst, Aufgaben und Verantwortung zu delegieren, den Mitarbeitern mehr Freiraum zu lassen und dabei zugleich die Effektivität und Produktivität des Unternehmens zu gewährleisten.

Auch Peter F. Drucker sieht diese Notwendigkeit: In einer Gefahrensituation hängt für ihn das Überleben aller Beteiligten von einer „klaren Befehlshierarchie" ab. Es muss einen „Chef" geben, der die endgültigen Entscheidungen fällen kann. Wenn ein Schiff zu sinken droht, beruft der Kapitän keine Versammlung ein, sondern gibt einen Befehl. Natürlich reagieren wir als aufgeklärte Führungskräfte etwas allergisch auf den Begriff „Befehl", doch zeigt Drucker hier, dass es Situationen geben kann, in denen Partizipation und Empowerment von Mitarbeitern an klare Grenzen stoßen (müssen) (vgl. Drucker, 2004, S. 98 ff.). Für ein gutes strukturelles Prinzip hält er jedoch stets die flache Hierarchie, bei der die Zahl der Entscheidungsebenen auf ein Mindestmaß beschränkt ist.

Strukturen und Regeln sichern Qualitätsstandards und garantieren, dass gute Praktiken regelmäßig genutzt werden, ohne dass sie jedes Mal und von jedem Einzelnen neu erdacht werden müssen. Strukturen stehen nicht naturgemäß im Widerspruch zu Wandel und Innovation. Im Gegenteil: Sie können dafür sorgen, dass Informationen schneller transportiert, Prozesse schneller in Gang gebracht und Ideen besser umgesetzt werden.

Aber Strukturen müssen – das ist die Minimalforderung – neu gedacht und vor allem „gelebt“ werden: Föderalistische Strukturen und Grundsätze müssen Hierarchien ablösen. Aus einem Gebilde von abhängigen Abteilungen muss eine Allianz aus selbstständigen Machtbasen mit dezentralen Kommunikations- und Koordinationseinrichtungen und eigenen Leitungsgremien werden. Kultur und Struktur müssen Kreativität und Innovation unterstützen. Unternehmen brauchen flexible Strukturen, die Zusammenarbeit fördern, die Menschen vielfach „kurzschließen“ und ihnen helfen, über die Grenzen ihrer Aufgabe hinauszuschauen und zu handeln. Es muss ein emotionales Klima herrschen, das Kreativität, Innovation und Wandel begrüßt (vgl. Moss Kanter, 1998, S. 74-119). Es geht also heute nicht mehr darum, den Menschen als „Organisationsmenschen“, als kleines Rädchen im großen Getriebe, zu sehen, sondern darum, eine flexible Organisation zu schaffen, die das Wissen und die Ressourcen der Mitarbeiter nutzt (vgl. Bartlett, 2000, S. 19). Man muss die Organisation um die Menschen herum (neu) erschaffen. Klar: Dies ist leichter geschrieben als getan – und dennoch erwähne ich diesen Punkt, weil er von Führungskräften nach meiner Erfahrung immer noch nicht hinreichend verinnerlicht worden ist.

Darüber hinaus müssen Organisationen so gestaltet sein, dass nicht nur der Zweck der Organisation bestmöglich erreicht wird, sondern dass schlechte, inkompetente Führung möglichst wenig Schaden anrichten kann und möglichst rasch entdeckt und durch eine bessere ersetzt werden kann (vgl. Malik, 2001, S. 45). Jede Organisation muss über Mechanismen und Strukturen verfügen, die die Mächtigen kontrollieren und deren Leistung permanent überprüfen. Chefetagen dürfen nicht zu Elfenbeintürmen werden, denn gerade Führungskräfte brauchen Feedback, um sich ständig weiter verbessern zu können. Die Macht darf sich nicht abkoppeln. Sie muss immer im Dienst der Organisation stehen – nicht im Dienst der Führungskraft.

## 4.3 Die Unternehmenskultur

Führung findet nicht in einem Vakuum statt, sondern sollte stets in Abhängigkeit von Werten, Normen, Einstellungen und Denkweisen der Organisationsmitglieder betrachtet werden. Diese werden durch persönliche Sozialisation und individuelle Erfahrungen, durch die Kultur unserer Umwelt und durch den „Spirit“ oder die Kultur der Organisation geprägt. Management ist tief in der Kultur verankert. Wer beispielsweise etwas von seinen Mitarbeitern verlangt, was sie kulturell nicht gewohnt sind, wird scheitern. Und ebenso gelingen einer Gesellschaft wirtschaftliche Veränderungen nur dann nachhaltig, wenn zuvor ein entsprechender Wandel in der Kultur stattgefunden hat (vgl. Drucker, 2002).

Eine Führungskraft muss sensibel sein für die kulturelle Wirklichkeit des Unternehmens und der Gesellschaft. Sie muss wahrnehmen können, welche (ungeschriebenen) Regeln innerhalb des Systems bestehen, welche Werte gelebt werden und in welchen sozialen Kontext sie eingebunden ist. Dies gilt besonders für das Arbeiten im Ausland. Doch wahrnehmen allein reicht nicht aus. Die Führungskraft muss die bestehende Kultur mit ihren Möglichkeiten anerkennen und wertschätzen, auch und gerade, wenn sie sie verändern will.

Zwei Ansätze der Führungstheorie beschäftigen sich mit dem Faktor Kultur: das Corporative Management und die Theorie der offenen Systeme. Das Corporative Management untersucht Führungsstrukturen und Führungsprozesse in verschiedenen Kulturen der Welt und stellt Unterschiede und Gemeinsamkeiten fest. Die Theorie offener Systeme befasst sich u. a. mit der Frage, wie in Organisationen Einflüsse entstehen, die die Wahrnehmungen und Handlungen der Organisationsmitglieder bestimmen.

Auch Forschungsergebnisse aus Nachbardisziplinen belegen die Auswirkungen der Umweltkultur, der Organisationskultur und möglicher Subkulturen innerhalb der Unternehmen auf das Führungsverhalten und das Gelingen von Führung: Unterschiedliche Kulturen bestimmen für den Einzelnen im Sozialsystem unterschiedliche Rollen, heben unterschiedliche Motivationselemente hervor, führen zur Entstehung verschiedenartiger Machtstrukturen und induzieren verschiedene verhaltensprägende Steuerungssysteme. Umgekehrt wirkt die Art und Weise der Führung auf die Organisationskultur zurück. Damit bestehen zwischen der jeweiligen Führungsphilosophie des Unternehmens und der Organisationskultur enge Wechselwirkungen – beides kann Ursache und Wirkung sein (vgl. Heinen, 1998, S. 174).

Die Umwelt spielt, wie wir bereits in Kapitel 1.5 gesehen haben, auch in Form von Sicherheit oder Unsicherheit bei der Bewältigung der anstehenden Aufgabe eine Rolle. Sie ist ein wichtiger Einflussfaktor, der die Gestalt der Führungssituation mit bestimmt. „So wie Menschen Wertvorstellungen hegen, gelten auch in Organisationen bestimmte Werte. Die Werte des Einzelnen müssen mit denen der Organisation harmonieren – andernfalls wird er nicht effektiv arbeiten können.“ (Drucker, Harvard Business Manager, 5/1999, S. 14). Wertvorstellungen sind damit Test und Bindemittel zugleich.

Unternehmens- und Führungskultur sind also eng miteinander verwoben und bedingen sich gegenseitig. Die gute Führungskraft ist Teil der Organisationskultur, prägt sie jedoch auch wesentlich durch ihre Wertvorstellungen, ihr Verhalten, ihre Kommunikation und durch die Regeln, die sie aufstellt. Die Persönlichkeit der Führungskraft sollte die Firmenkultur verkörpern und im Alltag vorleben. Ihre Handlungen sollten den Maximen der Organisation folgen und Maßstäbe für alle anderen setzen – ohne zu zementierten Gesetzen zu erstarren.

Eine gute Führungskultur kann geschaffen werden durch gute Beziehungsnetzwerke, die Entwicklung vorhandener Führungspotenziale, durch das Anbieten von Werten, Zielen und Herausforderungen sowie durch Dezentralisierung. Erfolgreichen Konzerne wie 3M, Hewlett-Packard und General Electric ist es gelungen, eine unverwechselbare, anerkannte, produktive und innovative Führungskultur als Teil der Unternehmenskultur zu etablieren. „Die feste Verankerung einer auf echte Führung ausgerichteten Firmenkultur ist das Höchste, was Führungskunst überhaupt erreichen kann.“ (Kotter, 1999b, S. 66). Zwischen der Führungspersönlichkeit, dem Führungsstil und der Unternehmenskultur – alle drei wiederum auch durch das gesellschaftliche Umfeld geprägt – besteht vor allem dann ein enger Zusammenhang, wenn die Macht in einer Hand liegt.

Gehen wir aus der Frosch- in die Vogelperspektive, spielt nicht nur die Organisationskultur eine Rolle, sondern auch die Kultur der Gesellschaft und der Nation. Sie prägen die (spätere) Führungspersönlichkeit und die Erwartungen der Geführten. So ist die Führungskraft in den USA ein erfolgreicher Macher, der von den anderen auf ein Podest gehoben wird, während ein solcher Personenkult in den Niederlanden verpönt ist. Dort ist ein Manager eher ein Märtyrer, der sich zum Wohl der Firma und der Mitarbeiter aufopfert. Französische Führungskräfte führen beispielsweise auch anders als deutsche, mehr netzwerk- und personenorientiert. „Faktoren wie Macht, Status und Hierarchie spielen eine ganz unterschiedliche Rolle; und auch was Kontrolle und Autorität angeht, haben die Führungskräfte verschiedener Kulturen ganz unterschiedliche Sichtweisen“ (Kets de Vries, 2004, S. 65), so Manfred Kets de Vries zu diesem Thema.

Insbesondere vor dem Hintergrund der Globalisierung fällt der Organisationskultur eine verbindende, grenzüberschreitende Funktion zu, die Rosabeth Moss Kanter beschreibt: „Gemeinsames Vorgehen und eine gemeinsame Sprache helfen Menschen mit verschiedenem Hintergrund oder aus verschiedenen Ländern, reibungslos miteinander zu arbeiten.“ (Moss Kanter, 1998, S. 25). Gleichzeitig muss das Management seine Konzepte und Methoden in den Kontext der jeweiligen Landeskultur integrieren (vgl. Drucker, 2000).

Die Substitutionstheorien möchte ich nur am Rande erwähnen, da auch sie den Fokus weg vom direkten, interaktiven Einfluss der Führungsperson, hin zu den indirekten und strukturellen Wirkungen von Richtlinien, Strukturen, Systemen und Strategien auf den Führungsprozess lenken wollen. Der Erkenntnisgewinn, den sie für die Praxis liefern können, ist jedoch zu mager (Heinen, 1998, S. 171 ff.).

Eine gute Übersicht über die wesentlichen organisatorischen Einflüsse (inklusive der Unternehmenskultur) liefert das 7-S-Modell, das Anfang der 80er Jahre entwickelt worden ist (vgl. Peters/Waterman, 1982). Dort werden sieben strategische Erfolgsfaktoren von Unternehmen unterschieden: erstens die Strategie (Strategy), zweitens die Organisationsstruktur (Struktur), drittens die Managementsysteme (Systems), viertens die Firmen- und Führungskultur (Style), fünftens das Personal (Staff), sechstens die fachlichen, methodischen und sozialen Fähigkeiten (Skills) und schließlich siebtens die übergeordneten Werte und Ziele (Shared Values).

Dieses Modell macht deutlich, dass alle Erfolgsfaktoren zugleich berücksichtigt werden müssen. Kein Faktor darf bei der Fortentwicklung einer Organisation zu Lasten der anderen überbetont werden. Schon deshalb nicht, weil alle in enger Wechselbeziehung zueinander stehen. Wer sich als Unternehmen selbst gut verstehen will, kann das

7-S-Modell als Ausgangstool nutzen. Wichtig dabei ist, dass jede Organisation ihren eigenen Weg finden muss – ob es um das Zusammenspiel aller Kräfte im Unternehmen im Allgemeinen oder um Führung im Besonderen geht.

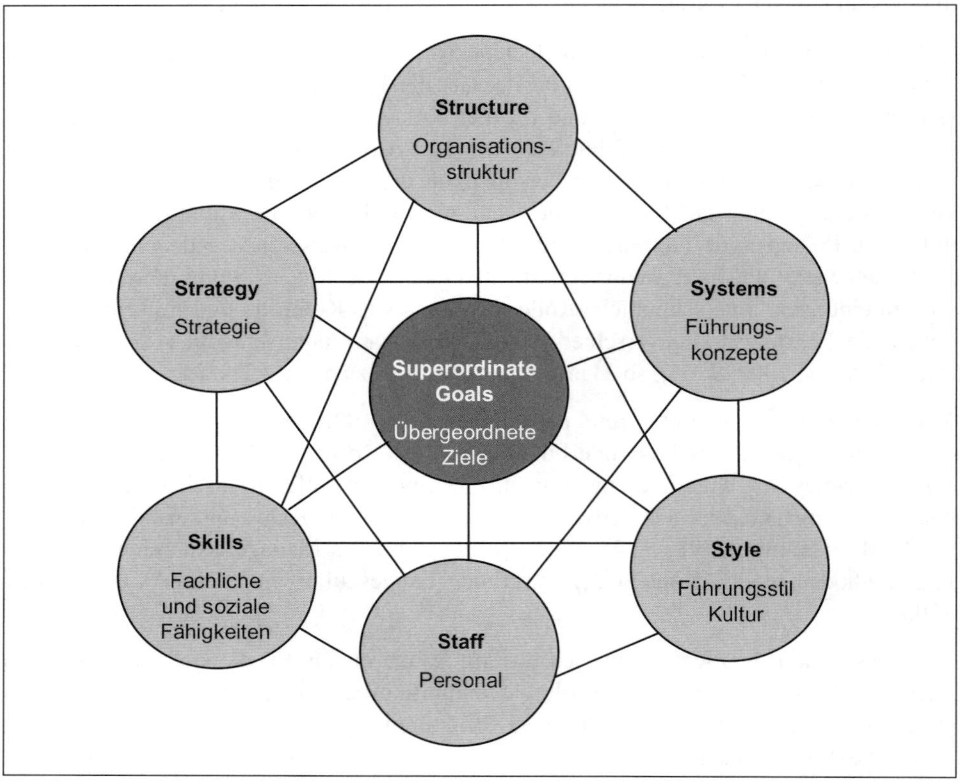


Quelle: Peters, Thomas J./Waterman, Robert H.: In Search of Excellence, New York 1982
**Abbildung 10:** 7-S-Modell der Organisation

## Fazit: Die Macht der weichen Faktoren

Die verschiedenen vorgestellten Ansätze haben alle ihre Berechtigung, und die meisten von ihnen haben auch einen Nutzwert für Führung in der Praxis. Sie sind jedoch überwiegend auf einen Aspekt beschränkt und vernachlässigen andere wichtige Faktoren. Führung ist weder allein eine Frage der Person der Führungskraft noch des Handwerks, noch der Situation oder der Geführten. Führung bewegt sich in der Schnittmenge dieser sich gegenseitig überlappenden und beeinflussenden Größen. Die Wahrheit liegt auch hier – wie immer – in der Mitte.

Die vier genannten Faktoren – man könnte ihre Zahl beliebig erweitern oder reduzieren – können in einem nächsten Schritt in zwei Kategorien zusammengefasst werden: in „harte“ und „weiche“ Faktoren. „Hart“ sind greif- und messbare Größen wie Strukturen, Markt- und Umweltbedingungen, Führungssituationen oder Prozesse. „Weiche“ Faktoren dagegen sind Beziehungen, Gefühle, Motive und Erwartungen. Sie lassen sich nur schwer oder gar nicht berechnen oder festschreiben.

Die Aufmerksamkeit, die den „harten“ und den „weichen“ Einflussfaktoren guter Führung heute in den meisten Unternehmen gezollt wird, spiegelt in keiner Weise ihre wirkliche Bedeutung wider: Beschreibt man ihren Einfluss auf die Führung in Form eines Eisberges, so machen die sichtbaren, harten Faktoren nur ca. 15 Prozent aus, die unter der Oberfläche verborgenen „weichen“ Faktoren dagegen 85 Prozent (mehr zum Eisberg-Modell in Teil III). Geld, Zeit und Energie werden jedoch zum Großteil in die leichter greifbaren, berechenbaren Stellschrauben des Unternehmenserfolges investiert. Mit so diffusen Größen wie Gefühl, Ethik, Motivation und Beziehung lässt sich eben nur schwer rechnen. Doch die Führungskräfte von heute müssen gerade mit diesem Kapital geschickt wirtschaften, müssen die Ressource Mensch erkennen und fördern, wenn sie im Wettbewerb bestehen und mehr als einen „guten Job“ machen wollen.

# Teil III:
# Systemische Führung
# Oder: Eine Welt gestalten, der andere gerne angehören wollen

*„Man muss lieben, was man tut, dann wird jede Arbeit,*
*auch die gröbste, zur Schöpfung."*
*Voltaire*

# 1. Das Ganze sehen

Die Antwort auf die Herausforderungen und Entwicklungen des 21. Jahrhunderts ist die systemische Führung. Systemisches Führen, das auf personenorientierte Entwicklung und Veränderung setzt, befindet sich als Ansatz im permanenten Spannungsverhältnis zwischen den Erfordernissen der Globalisierung, die auf Vernetzung, Geschwindigkeit und Wissensmanagement setzt, und der Individualität – oder drastisch ausgedrückt: Egomanie – der einzelnen Führungskraft.

Die systemische Perspektive ist offen für Beziehungen, Kommunikation, Wandel, die Umwelt und sie lässt Raum für persönliches Wachstum, Mitunternehmertum, Eigenverantwortung, Engagement und Vertrauen. Systemische Führung ermöglicht vernetzte Entscheidungen, die die komplexen, dynamischen und kritischen Rahmenbedingungen heute erfordern. Systemisch zu führen bedeutet, individuell zu führen, einen eigenen, flexiblen Stil zu haben und diesen den Gegebenheiten, der Organisation und den Menschen, die man führt, jederzeit anpassen zu können, statt nur schematisch mit standardisierten Tools zu arbeiten.

Der Begriff „systemisch" ist mystisch verklärt in aller Munde. Alles und jeder arbeitet angeblich systemisch. Dabei kann kaum jemand wirklich erklären, was systemisch heißt. Losgelöst vom sozialwissenschaftlichen Unterbau der klassischen Systemtheorie bedeutet „systemisch" zu denken beim Thema Personalführung schlicht und ergreifend: in Zusammenhängen zu denken. Es bedeutet außerdem zu betrachten, ohne zu bewerten. Und „systemisch" arbeiten heißt Fragen stellen und nicht fertige Antworten parat haben: Wozu ist das gut? Was steckt dahinter? Wo liegt der Sinn? Was hängt davon ab? Auf welchen verschiedenen Ebenen spielen sich bestimmte Prozesse und Handlungen ab? Welche Wechselbeziehungen gibt es?

Der systemische Blick erweitert den Fokus von der Person oder dem Problem auf die gesamten Zusammenhänge und konzentriert sich weniger auf einzelne Größen als vielmehr darauf, was zwischen den einzelnen Größen bzw. Akteuren geschieht. Durch gezieltes, systematisches Fragen und aufmerksames Zuhören kann man die innere Landkarte einer Person oder einer ganzen Organisation „lesen". Neben dem Fragen und dem Hören ist das Beobachten eine Grundvoraussetzung für systemisches Handeln. Beobachten, wie andere die Dinge um sich herum wahrnehmen – und was sie dabei nicht sehen.

## 1.1 Das Titanic-Problem

Systemische Führung sieht das Ganze, auch das, was nicht auf den ersten Blick ins Auge fällt. Andere Ansätze betrachten oft nur offensichtliche, messbare Prozesse, Probleme und Ergebnisse nach einem vereinfachten Ursache-Wirkungs-Prinzip. Sie gehen davon aus, dass menschliches Verhalten und menschliche Entscheidungen vorwiegend bewusst und rational ablaufen und direkt steuerbar sind. Für sie hängen Führungs- und Unternehmenserfolg ab von Fakten, Strukturen, Stellenbeschreibungen, der Beherrschung der Führungstools, von Zielen, Strategien und der Unternehmenspolitik.

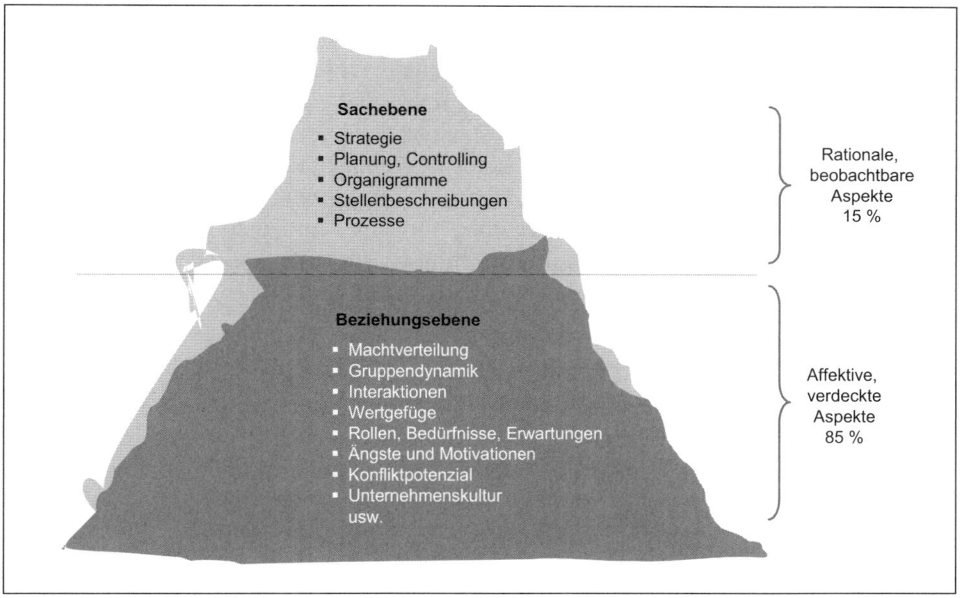


Quelle: Pinnow, Daniel F., Management Guide 2001, Bad Harzburg 9/2000

**Abbildung 11:** Das Eisbergmodell

Dabei sehen sie jedoch nur einen kleinen Teil der Wirklichkeit. Eine Organisation ist nämlich wie ein Eisberg: Das, was man oberhalb der Wasseroberfläche sieht, ist nur der kleinere Teil des Ganzen. Der Großteil liegt im Verborgenen unterhalb der Oberfläche. Dort sind gewaltige und nicht zu unterschätzende Kräfte am Werk, die die Richtung des Eisbergs bestimmen. Sie sind unbewusst, irrational und informell. Zu ihnen gehören Macht- und Einflussstrukturen, Gruppendynamiken, Gefühle, Beziehungen, individuelle Bedürfnisse, Überzeugungen, Werte und Kulturen. Erkennt man diesen verborgenen Teil nicht, oder unterschätzt man ihn in seiner vollen Größe und Ausprägung, kann man als Führungskraft trotz aller Fachkenntnis sehr schnell Schiffbruch erleiden.

## 1.2 Die Führungskraft als Teil des Systems

Im Sinne der Systemtheorie sind Führungskräfte Beobachter. Sie konstruieren aus dem, was sie sehen, ihre Wirklichkeit. Eine „objektive", messbare, unveränderliche Wirklichkeit gibt es für die Systemtheoretiker nicht (vgl. Neuberger, 2002, S. 593-641). Es gibt nur individuelle Vorstellungen bzw. Wahrnehmungen der Wirklichkeit. Führungskräfte beobachten also – und zwar im Idealfall zuerst einmal sich selbst und dann das System, dem sie angehören. Führungskräfte müssen dabei begreifen, dass sie nicht nur „im System" arbeiten, sondern auch „am System". Das heißt, sie müssen bereit sein, ihre Komfortzone zu verlassen, um das System mit seinen Vor- und Nachteilen auch von außen betrachten zu können. Und es gegebenenfalls zu verändern.

Ein Unternehmen ist, nach Niklas Luhmann, ehemals Professor für Soziologie in Bielefeld, ein geschlossenes System von einzelnen Teilen, das sich durch seine Grenzen von seiner Umwelt abhebt. Diese Grenzen bilden zugleich die Grundlage für die Identität des Systems. Fundamentaler Baustein des Systems ist Kommunikation. Über Kommunikation entstehen und erhalten sich die Beziehungen der einzelnen Teile zueinander. Ein System ist nicht direkt von außen steuerbar, sondern verarbeitet Inputs nach seinen eigenen Gesetzmäßigkeiten, es organisiert sich also selbst (Autopoiesis) und passt sich selbstständig an Veränderungen der Umwelt an, wenn es die entsprechenden Impulse von außen aufnimmt:

„Ein soziales System komm zu Stande, wann immer ein autopoietischer Kommunikationszusammenhang entsteht und sich durch Einschränkung der geeigneten Kommunikationen gegen eine Umwelt abgrenzt. Soziale Systeme bestehen demnach nicht aus Menschen, auch nicht aus Handlungen, sondern aus Kommunikation." (Luhmann, 1986, S. 269).

Der letzte Satz dieses Zitats bewegt sich ausschließlich im Bereich der Theorie und bringt uns in der Führungspraxis nicht weiter, denn dort haben wir es sehr wohl mit Menschen und Handlungen zu tun. Wichtig ist mir jedoch die Betonung der Funktion der Kommunikation für das System und für systemische Führung. Gerade hier stoße ich bei meiner Arbeit mit Führungskräften immer wieder auf große Defizite, sowohl was die Kommunikationsstrukturen und -kanäle der Unternehmen als auch was die persönliche Bereitschaft und die individuelle Fähigkeit zur angemessenen Kommunikation angeht. Kommunikation ist kein Durchreichen von Informationen per Memo oder Firmenzeitschrift. Kommunikation ist auch mehr als das Verlautbaren von Anordnungen. Kommunikation ist Interaktion, ist Hören und Sprechen und Verstehen – genau in dieser Reihenfolge.

Der Kommunikationsforscher Friedemann Schulz von Thun hat in diesem Zusammenhang von vier Seiten einer Botschaft gesprochen (vgl. Schulz von Thun, 2005). Neben den uns bereits bekannten Aspekten Sachinhalt und Beziehung nennt Schulz von Thun noch die Punkte Selbstoffenbarung und Appell. Was meint er damit? Jeder Mensch, der kommuniziert, gibt etwas von sich preis. Und außerdem ist in jeder Aussage auch ein Appell an den Gesprächspartner versteckt. Um dies zu decodieren, ist es für Führungskräfte wichtig, auch „zwischen den Zeilen" zu lesen.

Wenn sich eine Führungskraft also über eine Situation oder einen Mitarbeiter äußert, dann spricht sie damit gleichzeitig auch über und zu sich selbst, denn sie ist Teil des Systems und gefangen in ihrer individuellen Beobachtungsperspektive, ihren Wahrnehmungsschemata und Selektionsmechanismen. Sie ist kein unbeteiligter Außenstehender und hat in ihrer Wahrnehmung immer einen „blinden Fleck". Was eine Führungskraft sieht und worauf sie reagiert, offenbart, wie sie die Wirklichkeit ordnet. Instrumente wie Feedback, Coaching, Supervision und Befragung helfen, diesen blinden Fleck sichtbar zu machen.

Häufig nehmen Führungskräfte auch genau das Gegenteil dessen wahr, was ihre Mitarbeiter wahrnehmen. Die US-Managementberater Clarke und Crossland führen hierzu ein drastisches Beispiel an: 90 Prozent aller Leader denken, dass sie Visionen und Inhalte gut kommunizieren können. Nur 30 Prozent aller Mitarbeiter teilen diese Ansicht (vgl. Clarke/Crossland, 2003).

Das Prinzip der Autopoiesis (also der Selbsterschaffung und Selbsterhaltung von Systemen) bedeutet auf ein Wirtschaftsunternehmen übertragen, dass es für dessen langfristigen Erfolg nicht auf eine einzelne Führungskraft ankommt, sondern auf die systemimmanenten Kräfte, die personenunabhängig den Fortbestand des Unternehmens regeln, Entscheidungen ermöglichen, Wissen transportieren usw.

Kurz gesagt: Der beste Chef ist der, der sich selbst überflüssig macht.

Die systemische Sichtweise nimmt nicht für sich in Anspruch, als einzige die Welt in ihrem „wahren Wesen" zu sehen und bestimmen zu können, wie das „große Ganze" aussieht. Sie stellt vielmehr Beziehungen zwischen den einzelnen Teilen her, aus denen sich ein Gesamtbild ergibt. Zum einen wird nach sachlichen Beziehungen gefragt: Zu welchen anderen Ereignissen oder Entscheidungen lässt sich eine Relation herstellen? Was wird gegeneinander abgegrenzt? Zum anderen geht es um soziale Verknüpfungen: Im Netz welcher Personen ist ein Handelnder verortet? Wie wird die Situation von jemand anderem gesehen? Und schließlich geht es um zeitliche Beziehungen: Welche Vorgeschichte oder Konsequenz hat ein Ereignis? Statt nach einfachen Ursachen sucht der Systemiker nach Mustern und Prozessen.

Diese drei Dimensionen von Beziehungen bieten einer Führungskraft die Möglichkeit der indirekten Steuerung. Systemische Führung kommt nicht von oben, sondern setzt unten an – oder noch besser gesagt: innen. Damit wären wir auch schon bei einem weiteren wichtigen Merkmal der systemischen Herangehensweise, nämlich ihrer Einstellung zum Wandel: Veränderung ist der Normalfall. Zustände oder Ereignisse sind nur Momentaufnahmen von Prozessen, und Ordnung und Stabilität entstehen fortwährend neu aus Variationen und Fluktuationen. Strukturen und Beziehungen verändern sich permanent, und zwar nicht kausal, linear und evolutionär, sondern netzartig, zirkulär und komplex.

Deshalb ist es notwendig, durch Organisation, also durch Strukturen, lose Koppelung, Programme und Regeln, eine gewisse Stabilität zu schaffen, damit nicht jede Handlung unmittelbar zu einer Flut von nicht überschaubaren Reaktionen im gesamten System führt. Systemisch führen heißt also nicht, geschehen zu lassen, was man sowieso nicht steuern kann, sondern zu steuern, was möglich ist. Systemisch führen heißt, dem System Regeln und Grenzen vorzugeben und indirekt, aber gezielt Veränderungen anzuregen.

## 1.3 Anregen statt Verordnen

Ziel ist es nicht, von außen einzugreifen, sondern vorhandene Systeme dazu anzustoßen, sich aus sich selbst heraus zu entwickeln und damit nachhaltige und dauerhafte Veränderungen zu bewirken. Nach der Theorie der Selbsterhaltung (Autopoiesis), auf der die Systemtheorie fußt, ist es auch gar nicht möglich, von außen die ureigenen Interaktionsmuster und Gesetze zu verändern, die jedes System zum Zweck der Selbsterhaltung entwickelt und bewahrt. Ein System existiert in einem Fließgleichgewicht. Stillstand und Erstarrung bedeuten den Untergang des Systems.

Systemische Führungskräfte nutzen und stärken das Selbstentwicklungspotenzial einer Organisation. Dieses Potenzial ist in einer sich ständig wandelnden Umwelt überlebenswichtig. Das nötige Wissen für Veränderungen steckt in jedem Unternehmen, man muss es nur aktivieren und die richtigen Menschen miteinander vernetzen, neue Blickwinkel eröffnen, für Kommunikation sorgen und Informationen bereitstellen, über die das System noch nicht verfügt. Nur auf diese Weise kann es gelingen, das auf viele Köpfe verteilte Wissen zusammenzuführen und für das Unternehmen als Ganzes nutzbar zu machen.

Was das System, also die Gruppe, der Bereich oder das Unternehmen, dann mit der Anregung macht, liegt in deren Entscheidung. Nichts wird aufgezwungen oder verordnet. Wer wirklich systemisch arbeitet, kommt nicht mit einem Werkzeugkoffer an, dreht mal eben schnell an ein paar Schräubchen und schon ist das Problem behoben. Die schädlichen Nebenwirkungen einer solchen Vorgehensweise, wie die Blockierung der Maßnahmen durch die Mitarbeiter oder eine viel zu schnelle Umsetzung durch die Führungskräfte, sind zu hoch und der Nutzen zu gering. Das Vorgefundene muss gewürdigt und in den Veränderungsprozess integriert werden.

Systemisches Führen ist dadurch gekennzeichnet, dass die Führungskraft strategisch, zielorientiert, in größeren Zusammenhängen und in langfristigen Mustern denkt. Probleme werden umfassend analysiert und beschrieben, aber nicht negativ bewertet. Im konstruktivistischen Sinn sind Probleme und Störungen zu begrüßen, denn sie initiieren

Veränderung und Fortschritt. Sie zwingen das System dazu, flexibel und lernfähig zu bleiben. Systemische Manager denken sowohl analytisch als auch synthetisch, weil die Analyse Wissen über die Teile und die Synthese das Verständnis für deren Funktion liefert.

Systemische Organisationsentwicklung findet nicht im Elfenbeinturm der Chefetage und hinter verschlossenen Türen statt, sondern im Arbeitsalltag, mit aktiver Beteiligung wichtiger Schlüsselpersonen auf allen Unternehmensebenen. Sie ist stets an den Menschen sowie an der Kultur der Organisation ausgerichtet, trägt der Einzigartigkeit und der Komplexität des Unternehmens Rechnung und wird als kontinuierlicher Prozess verstanden.

Die Grundlage systemischer Führung ist ein vernetztes Denken, das sich in Kreisbewegungen vollzieht, denn es gibt in komplexen Systemen niemals nur *eine* Ursache für ein bestimmtes Verhalten oder eine bestimmte Situation. Alles hängt zusammen und muss in die Betrachtung mit einbezogen werden. Veränderungen in einem Teil des Systems bewirken Veränderungen in anderen Teilen und wirken damit häufig auf sich selbst zurück. Das bedeutet auch, dass die systemische Führungskraft Veränderungsprozessen Zeit gibt, um Wirkung zu zeigen, und nicht erwartet, dass alles und alle auf Knopfdruck so reagieren, wie beabsichtigt, oder andernfalls wird schnell „nachgeregelt".

Ansatzpunkte sind „Dynamiken", die, wie der Soziologe Niklas Luhmann herausfand, aus Interaktionen, Handlungen, Entscheidungen und Kommunikation entstehen. Diese bestimmen das Wesen der Organisation. Organisationen funktionieren und erhalten sich selbst, indem sie Entscheidungen an vorangegangene Entscheidungen anknüpfen. An diese „Dynamiken" sind die Menschen quasi „angekoppelt". Der „Macher"-Typus des Vorgesetzten, der sich einbildet, „Zugriff" auf die Unterstellten zu haben, und der meint, ihnen die Hand führen zu müssen, ist somit überholt. Systemiker dagegen führen über Kommunikation und über ein dicht gewebtes Informationsnetz. Um das Verhalten der Mitarbeiter zu verändern, verändert die systemische Führungskraft zunächst ihr eigenes Verhalten.

## 1.4 Lernen statt Lenken

Systemisch zu führen setzt außerdem voraus, die Unbestimmtheit und Unsicherheit, die komplexen Systemen innewohnt, zu akzeptieren. Komplexe Systeme organisieren und entwickeln sich aus sich selbst heraus, ohne dass man hundertprozentige Vorhersagen treffen kann. Jedes Einwirken hat außer der erwünschten noch unzählige, unkalkulierbare „Nebenwirkungen", da die Teile des Systems vielfach miteinander vernetzt sind.

Deshalb sind eine gute Intuition und ein gewisses Maß an Risikobereitschaft wichtige Wesenszüge von systemisch handelnden Führungskräften. Lösungen werden von ihnen auf der Basis der Eigendynamik und der Eigenschaften des Systems entwickelt, anstatt einfach und schnell zu vorgefertigten Standardlösungen und Patentrezepten zu greifen. Führung und die Autonomie des Systems lassen sich vereinbaren, indem der Führende lediglich die relevanten Bedingungen des Handelns der Geführten vorgibt und kontrolliert und ihnen Informationen und Befugnisse zur Selbststeuerung bereitstellt.

Dazu gehört, dass die Führungskraft die Lern- und Entwicklungsfähigkeit des Systems, sprich des Unternehmens und seiner Mitarbeiter, fördert. Ebenso gehört dazu, dass die Führungskraft selbst ständig hinzulernt, indem sie ihre Art der Gestaltung und Lenkung immer wieder selbstkritisch hinterfragt. Zur Fähigkeit des Lernens gehört nämlich auch die Fähigkeit zu verlernen, alte Verhaltensmuster aufzugeben und bekannte Strukturen zu verlassen. Flexibilität ist die Maxime (vgl. Probst, 1991).

„Entwicklung“ bedeutet in diesem Sinne nicht Revolution, sondern lernen. Lernen müssen alle Mitglieder einer Organisation und zwar ständig. Lebenslanges Lernen ist eine der zentralen Erfolgsstrategien in der Wissensgesellschaft. Eine systemisch denkende und handelnde Führungskraft regt andere zum Lernen an und gibt ihnen alle Möglichkeiten, sich Neues anzueignen. Zugleich befindet auch sie sich in einem permanenten Lernprozess, holt immer wieder Feedback ein und ist offen für andere Perspektiven und Ideen.

## 2. Führen mit Verstand und Gefühl

Der erst kürzlich verstorbene Strategie-Guru Sumantra Ghoshal hat das Ende der kapitalorientierten Management-Philosophie vorhergesagt: In den vergangenen 50 Jahren hat man die knappe Ressource Kapital als Schwungrad der Wirtschaft betrachtet. Geld war der Hebel, den es zum Vorteil des Unternehmens zu nutzen galt. Diese traditionelle Auffassung von Management befindet sich in der Auflösung.

Heute ist nicht mehr das Finanzkapital das knappe Gut. Der wirkliche Engpass sind Ideen, Wissen, Unternehmertum und Humankapital. Und diese strategische Ressource wird in den kommenden 50 Jahren noch knapper werden. Es sind also Menschen, die für die größte Wertsteigerung im Unternehmen sorgen, und das bedeutet, dass aus Mitarbeitern, die bisher vor allem als Kostenfaktoren gesehen wurden, Investoren werden.

Neben dem intellektuellen Kapital bringen Menschen noch zwei weitere Schlüsselfaktoren ein, die schon in der nahen Zukunft den Wettbewerb der Unternehmen entscheiden werden: das „soziale Kapital“, also die Fähigkeit, langfristige Beziehungen zu anderen aufzubauen und aufrechtzuerhalten, die auf Vertrauen und Gegenseitigkeit beruhen, und das – wie Ghoshal es nannte – „emotionale Kapital“, d. h. die Kraft, Ideen auch Taten folgen zu lassen. Intellekt und Wissen, der Aufbau und die Pflege von Beziehungen und echte Tatkraft – das sind für Ghoshal die neuen wichtigen Elemente, die Führungskräfte unbedingt verstehen und beherrschen müssen (vgl. Ghoshal, 2004).

Der Marktwert eines Unternehmens hat Beine: Dass Unternehmen nur so gut sein können wie ihre Mitarbeiter, ist in der deutschen Managementtheorie und -praxis allgemein akzeptiert. Management und Leadership definieren sich im Jahr 2005 vor allem als Fähigkeit, Mitarbeiter zu finden, anzuleiten, zu motivieren, zu binden und zu halten. Grundlage erfolgreicher Führung ist das Fingerspitzengefühl für Menschen, Situationen und für die Vorgänge zwischen den Zeilen. „Führung durch Befehl – selbst wenn dieser höflich vorgebracht wird – und durch Verfahrens- und Ergebniskontrolle wird somit zu einem Relikt aus der Vergangenheit.“ (von Rosenstiel/Regnet/Domsch, 2003, S. 5). Gefühle sind nicht nur erlaubt, sondern sogar notwendig für wirksame Führung. Apodiktische Führungstools nach dem Motto „Wenn, dann …“ sind weniger wichtig und können sogar mehr schaden als nützen.

Der Begriff „Internes Beziehungsmanagement“ beschreibt die Bemühungen einer Führungskraft, die interpersonellen Strukturen in Organisationen zur Erreichung der Unternehmensziele zu nutzen und zu optimieren, also die Auseinandersetzung mit zwischenmenschlichen Belangen: Kommunikation, Teamanleitung, Projektmanagement, Moderation, Feedback, Coaching. So weit die Theorie. Aber wie sieht die Praxis aus?

Eine Umfrage der Akademie für Führungskräfte aus dem Jahr 2001 unterstreicht den Paradigmenwechsel im Selbstverständnis des Managements und weist zugleich auf die große Kluft zwischen Anspruch und Wirklichkeit hin: Nur ein Drittel der befragten Führungskräfte ist mit dem Beziehungsmanagement in ihrem Unternehmen zufrieden, und knapp die Hälfte der Führungskräfte wendet nicht mehr als drei Stunden pro Woche für Beziehungsarbeit auf Mitarbeiterebene auf. Viele Vorgesetzte sind die meiste Zeit der Woche unterwegs. Chefs und Teamleiter müssen jede Minute nutzen, um die Nähe zu Kunden, Produkten und Märkten zu suchen. Entsprechend schrumpft das Zeitbudget für Teamleitung, Einarbeitung und Feedback an die Mitarbeiter.

Trotz aller Sachzwänge kann davon ausgegangen werden, dass viele Befragte mit der Antwort „keine Zeit“ auf die Frage nach den Gründen für fehlendes Beziehungsmanagement vor allem sozialen Erwartungen entsprechen wollen. Zeitnot gilt immer noch als Statussymbol der Erfolgreichen, als Ausdruck von Elan und Schaffenskraft – und nicht etwa als Beleg für schlechtes Zeitmanagement. Dies gilt vor allem für männliche Führungskräfte. Frauen in Führungspositionen setzen zur Erreichung der Unternehmensziele stärker auf die Zusammenarbeit in Arbeitsteams als Männer. Und sie setzen deutlicher auf die positive Umwandlung von Konfliktenergie als männliche Chefs.

Je mehr Menschen in Organisationen zusammenarbeiten und wechselseitige Verantwortung tragen, umso wichtiger wird die zwischenmenschliche Kommunikation. Gefragt ist ein kollegiales Verhältnis zwischen allen Ebenen, das Kulturen und Interessen verbindet. Jenseits von Gefühlsduselei und einem oberflächlichen Wir-lieben-uns-alle-Gefühl müssen Erwartungen, Ängste und Tabus offen angesprochen werden. Beziehungsmanagement ist deshalb für mich die Königsdisziplin der kooperativen Führung.

Umso schlimmer, dass diese strategische Disziplin noch viel zu oft, und zwar in Unternehmen jeder Größe, als „Management by Feuerwehr“ erfolgt. Wenn die Kündigung eines wichtigen Mitarbeiters auf dem Tisch liegt, entdecken die Unternehmer erst den Wert des (versäumten) Personalmanagements und -marketings. Die besten Mitarbeiter gleichen in einer Hinsicht aufs Haar den besten Kunden eines Unternehmens: Ihre Loyalität dem Unternehmen gegenüber speist sich aus persönlichem Ehrgeiz und Anspruch. Nur ehrliches und konsequentes Beziehungs- und Wertemanagement ermöglicht es, das Mitarbeiterpotenzial voll auszuschöpfen.

Das hat sich auch schon im Ausland herumgesprochen: Deutsche Manager werden von ihren ausländischen Kollegen als kühl und respektlos eingeschätzt – und dies, obwohl Deutschland im internationalen Vergleich doch in Sachen „technisch realisierter Humanorientierung“, sprich: Mitbestimmung, Kündigungsschutz und Sozialsystem, einen der vordersten Plätze einnimmt. Für Sprenger ist das kein Widerspruch; schließlich hat Deutschland das Humane in Unternehmen an Systeme und Instrumente abgetreten.

Dies ist ein Punkt, den wir im Rahmen der Akademie schon seit Jahren als Trainingsinhalt aufgegriffen haben. Es geht in der Führungsarbeit in hohem Maße um Kontaktfähigkeit und Wertschätzung. Und dies kann durch noch so gute Anreizsysteme nicht kompensiert werden. Da es aber immer auch darum geht, wirksame Führung unter gegebenen Umständen zu erreichen, sollte man Führungskräften auch instrumentelle Hilfestellungen durch gezielte Trainings, Coachings oder Leitfäden an die Hand geben. Dies baut auch Hemmschwellen ab, damit sich Führungskräfte dann in der Folge mit den beziehungsorientierten Themen im engeren Sinne wirklich befassen. Meine Erfahrung ist: Es gibt solche Hemmschwellen, weil die Beschäftigung mit Kontaktfähigkeit und Wertschätzung immer noch den Geruch von Esoterik, Psychologie und Gefühlsduselei in den Kleidern trägt. Und das erfordert Geduld und Beharrlichkeit in der Arbeit mit Führungskräften.

## 2.1 Harte und weiche Faktoren – der Mix macht's

Gutes Beziehungsmanagement ist ein wichtiges Standbein erfolgreicher Unternehmen. Doch auf einem Bein kann man bekanntermaßen nicht stehen, vor allem nicht in der Wirtschaft. Die Herausforderung liegt darin, weiche und harte Erfolgsfaktoren zu verbinden und so Gefühle und Unternehmensziele unter einen Hut zu bringen. Ihr Mix mobilisiert bei Mitarbeitern und Führungskräften die Energiereserven, die den Unterschied ausmachen zwischen den Unternehmen auf dem Standstreifen und denen auf der Überholspur. Und hier verdanken wir wiederum Sumantra Ghoshal entscheidende Erkenntnisse, die Unternehmen weiterbringen:

Dass sich alle wohl fühlen und die Unternehmensleitung die Mitarbeiter glücklich macht, reicht nicht aus. Vielmehr muss sie eine Vision und eine Strategie kreieren, die die Mitarbeiter emotional ansprechen, „die sie abholen, die ihren Tatendrang wecken und wach halten und die ihnen Entwicklungschancen geben." (Bruch/Ghoshal, 2004, S. 62-65). Der Sinn von Führung ist es, den Einzelnen durch optimale Bedingungen und Anreize zu Leistungen zu bringen, die er allein nicht erreichen würde.

Das Energieniveau eines Unternehmens wird bestimmt von der Intensität und der Qualität der Energie. Aktivität, Interaktion, Reaktions- und Begeisterungsfähigkeit sind dabei Indikatoren für die Energie-Intensität. Qualitativ kann Energie entweder positiv sein und Begeisterung, Freude und Zufriedenheit erzeugen, oder sie ist negativ und bringt Angst, Frustration oder Trauer hervor.

Schwache Emotionen, positive wie negative, spornen Menschen einfach nicht zum Handeln an. Herrscht in einem Unternehmen schwache positive Energie, befindet es sich in der „Komfortzone", und die Mitarbeiter sind zufrieden und gelassen. Es fehlt jedoch die nötige Energie-Intensität für strategische Vorstöße oder Veränderungsprozesse. Unternehmen in der „Resignationszone" zeichnen sich durch schwache negative Emotionen aus. Die Mitarbeiter sind lethargisch und fühlen sich abgekoppelt vom großen Ganzen. Ohne Aufmerksamkeit und Aktivität dümpeln sie vor sich hin.

Hochenergetische Organisationen sind geprägt durch ein ausgeprägtes Dringlichkeitsgefühl und einen enormen „Drive", der sie produktiver macht: Starke negative Emotionen in Verbindung mit einer hohen Energie-Intensität katapultieren ein Unternehmen in die „Aggressionszone", die geprägt ist durch intensives Konkurrenzdenken, ein hohes Maß an Aktivität und einen verbissenen Kampf um die Erreichung der Unternehmensziele. In der „Leidenschafts-Zone" schließlich florieren Unternehmen auf der Basis starker positiver Emotionen wie Spaß an der Arbeit und Stolz auf das Erreichte. Die Begeisterung der Menschen im Unternehmen bedeutet, dass Aufmerksamkeit und Aktivität auf gemeinsame Prioritäten ausgerichtet sind.

In jedem Unternehmen lauern gefährliche Energieräuber wie die Beschleunigungsfalle, die Trägheitsfalle oder die Korrosionsfalle. Permanenter Beschleunigungs- und Veränderungsdruck kann zum Burn-out des ganzen Unternehmens führen. Verliert das Unternehmen seine Fähigkeit, Ressourcen zu erschließen und einzusetzen, schnappt die Trägheitsfalle zu und die Firma ist nicht mehr in der Lage, auf Veränderungen der Umwelt zu reagieren. In die Korrosionsfalle gerät eine Firma, wenn sie gleichzeitig mit Bedrohungen (oder Chancen) von außen und inneren Konflikten zu tun bekommt und die Menschen sich nur noch in internen Auseinandersetzungen verausgaben.

## 2.2 Kein Märchen: Von Drachen und Prinzessinnen

Es zeichnet sich hier schon ab, dass die Frage des Energieniveaus und der Emotionslage gerade in Umbruchsituationen von zentraler Bedeutung ist und über Leben und Tod entscheidet. Unternehmen, die erfolgreich radikale Veränderungen vollziehen, wählen in der Regel einen von zwei Ansätzen zur Freisetzung und Kanalisierung organisationaler Energie: die „Slaying the Dragon“-Strategie oder die „Winning the Princess“-Strategie.

Bei der „Drachentötung“ führt das Management die Mitarbeiter bewusst in die Aggressionszone, um deren Aufmerksamkeit, Emotionen und Tatkraft zu wecken. Ein sehr schönes, weil drastisches, Beispiel lieferte 1990 Jan Timmer, der CEO von Philips Electronics, der der Führungsriege des Konzerns bei einer Besprechung eine fingierte, um sieben Monate vordatierte Zeitung mit der Schlagzeile „Philips erklärt Bankrott“ präsentierte und damit den Drachen in seiner ganzen Bedrohlichkeit vorführte. Es gelang Jan Timmer, die Wut und die Angst, die diese Prophezeiung bei den Mitarbeitern und Kollegen auslöste, in Energie und Engagement umzuwandeln und das Ruder herumzureißen.

Bei der „Eroberung der Prinzessin“ lenkt die Führung das Unternehmen in die Leidenschaftszone, in der es Begeisterung für eine (neue) Vision aufbaut. Auch hier geht es darum, das Objekt der Begierde so plastisch wie möglich zu schildern. So wie Sony-Chef Nobuyuki Idei, der die virtuelle Vaio-Welt erschaffen ließ, um für seine Mitarbeiter die „Prinzessin“ Wirklichkeit werden zu lassen. Sony stand am Beginn des 21. Jahrhunderts vor der gigantischen Herausforderung, sich vom Fernsehgerätehersteller zum Multimediakonzern zu wandeln (vgl. Bruch/Ghoshal, 2004).

Im Idealfall gelingt es der Führung, den Drachen zu töten und die Prinzessin zu gewinnen und damit die Unmittelbarkeit, Disziplin und Entschiedenheit der Aggressionszone mit der Begeisterung, der Freude und dem Stolz der Leidenschaftszone zu verbinden. Doch dieser Idealfall tritt nur äußerst selten ein.

Ob es sich nun für den Drachen oder für die Prinzessin entscheidet – das Management muss auf jeden Fall in der Lage sein, sich gefühls- und beziehungsmäßig auf die Situation und auf die Menschen einzustellen und die richtigen Emotionen bei den Mitarbeitern und bei sich selbst zu wecken: „Gilt es, den Drachen zu erlegen, braucht man also eine hochenergetische, tapfere und durchsetzungsfähige Führung; das Herz der Prinzessin gewinnen dagegen nur gelassene, sanfte, charismatische und einfühlsame Führungskräfte.“ (Bruch/Ghoshal, 2004, S. 64).

# 3. Das magische Dreieck: „Ich“ – die Mitarbeiter – die Organisation

Im Zentrum guter Führung steht also das Managen von Beziehungen. Führung spielt sich damit immer im Spannungsfeld dreier Pole ab: der Persönlichkeit der Führungskraft, also dem „Ich“, den Mitarbeitern und der Organisation. Diese drei Pole bilden den Rahmen für das Kunstwerk erfolgreicher Führung. Denn Führen ist eine Kunst, nicht bloßes Handwerk. Sie braucht nicht nur Kraft, Technik und Geschick, sondern Inspiration, Gefühle, Ideen, Leidenschaft, Mut und Individualität.

Führung hat sich in den über 15 Jahren, in denen ich als Führungskraft tätig bin, gravierend verändert: Früher habe ich die Grundsatzentscheidungen getroffen und die Ausführung den Mitarbeitern überlassen. Heute wollen die Mitarbeiter mehr mitreden und mitgestalten. Führen ist jetzt anstrengender, aber die Ergebnisse für alle Beteiligten und für das Unternehmen sind auch besser und befriedigender. Ich muss als Führungskraft heute zurücktreten und loslassen können. Allerdings gilt noch immer, dass die Führungskraft den Rahmen setzt, Sicherheit vermittelt und Orientierung gibt. Wenn diese Voraussetzungen fehlen, ist das Loslassen sehr gefährlich und kann im Chaos enden. „Mehr Struktur, mehr Vorgaben!“ – dieser Ruf schallt häufig durch deutsche Unternehmen. Doch zugleich heißt es: „Mehr Eigenverantwortung, mehr Gestaltungs- und Entwicklungsfreiräume!“ Beides ist richtig und wichtig. Führung ist immer eine Gratwanderung.

Die perfekte Führungslehre kann und wird es deshalb auch nicht geben. Auch Fredmund Malik, der dies in gewisser Weise propagiert, kann keine allgemein gültige Gebrauchsanweisung für Führungskräfte geben. Zu vielfältig ist das Leben in den Unternehmen, zu vielfältig sind die Führungspersönlichkeiten und die Mitarbeiter, zu vielfältig sind die Situationen und die Rahmenbedingungen der Zusammenarbeit.

Das bedeutet nicht, dass Führung nicht erlernbar sei und es keine richtigen und weniger richtigen Verhaltensweisen, Grundsätze und Maßstäbe gäbe. Zweifellos machen manche Führungskräfte ihren Job besser als andere. Doch ein Schwarz-Weiß-Bild zu zeichnen ist meines Erachtens in der Praxis nicht zulässig, und es gibt nicht nur eine Grauzone, sie hat auch eine Vielzahl von Schattierungen. Der dunkle Grauton z. B. kann in einer Situation angemessen sein, während er in einer anderen Mitarbeiterkonstellation zum Scheitern der Führungskraft führt.

Erfolgreiche Führung findet nicht nach bestimmten Kochrezepten oder Checklisten statt, sondern lässt sich intensiv auf die Potenziale und Ressourcen der im Unternehmen arbeitenden Menschen ein und entwickelt diese weiter. Am besten gelingt dies, wenn der Mitarbeiter an seinem Arbeitsplatz Wertschätzung erfährt und seine individuellen Interessen mit den Unternehmensinteressen möglichst gut in Einklang gebracht werden. Wertschöpfung gibt es nicht ohne Wertschätzung. Wenn Autorität mit Klarheit, Durchsetzungskraft und Mitarbeiterorientierung gepaart ist, dann geht sie in die richtige Richtung. Kooperatives und autoritäres Führen ergänzen sich somit.

## Menschen führen – menschlich führen

Gefühle sind immer im Spiel, wo Menschen miteinander arbeiten. Es gibt sechs Grundgefühle, die jeder Mensch in sich trägt, auch an den Arbeitsplatz: Ärger, Angst, Trauer, Freude, Ekel und Überraschung. Oftmals geraten Gefühle in Unternehmen aber in falsche Bahnen. Dieselben Emotionen, die z. B. Loyalität und Freude an der Arbeit stiften sollen, führen dann zu geheimen Allianzen, zu Intrigen und zu vordergründiger, geheuchelter Freundlichkeit. Wer Menschen führt, muss deshalb Gefühle nicht nur zulassen, sondern auch managen können.

Der systemische Führungsansatz der Akademie beschreibt vier wichtige Merkmale persönlicher, beziehungsorientierter Führungskompetenz: innere Überzeugung, Kontaktfähigkeit, Wertschätzung, Ressourcenorientierung.

### 1. Innere Überzeugung

Nur wer selbst an eine Sache – und an sich selbst – glaubt, kann andere überzeugen und motivieren. Innere Überzeugung ist das Credo einer Unternehmenswelt, der andere gern angehören wollen, auch in harten Zeiten. Doch innere Überzeugung ist mehr als eine Zielvorgabe, sie bedeutet auch Vertrauen in die eigenen Mitarbeiter. Ohne Menschen, die sie umsetzen, sind Ziele bloß Schall und Rauch.

### 2. Kontaktfähigkeit

Kontakt als echtes Interesse und als intensive, offene Auseinandersetzung mit den Mitarbeitern ist im wahrsten Sinne des Wortes der Kitt, der die Organisation zusammenhält. Das bedeutet nicht, die warme kuschelige Decke der Harmonie über alles zu breiten, bis die darunter schwelenden Konflikte das Betriebsklima vergiften und die Produktivität lähmen. Das ist im Idealfall ein Stück weit so wie bei Ehepaaren, die schon lange verheiratet sind: Sie streiten sich ausgiebig, bis sie sich wieder lieben können.

### 3. Wertschätzung

Wertschätzung muss von innen kommen und auch vom Mitarbeiter als solche empfunden werden. Es macht einen wesentlichen Unterschied, ob jemand gegen spürbare grundsätzliche Zweifel von oben Leistung erbringen muss, oder ob ihm signalisiert wird: „Du bist willkommen, wir glauben an dich und dein Potenzial." Auch wenn Führungskraft und Mitarbeiter nicht immer derselben Meinung sind.

4. Ressourcenorientierung

Es sollte die erste Maxime jeder guten Führungskraft sein, die vorhandenen Möglichkeiten wirklich auszuschöpfen. Sie sollte den Mitarbeiter fragen: „Was brauchst du, um Leistung zu erbringen?“ Solche Führung erhöht die Loyalität und den Mitwirkungswillen der Mitarbeiter erheblich.

Der entscheidende Unterschied zwischen klassischem und modernem Führungsverständnis besteht darin, dass moderne Führungskräfte nicht nur das angestrebte Ergebnis – Umsatz, Verkaufserfolg und Profit – betrachten, sondern bereits auf dem Weg dorthin die eigenen Gefühle und die Gefühle der Mitarbeiter im Blick behalten. Es geht, das soll nochmals betont werden, nicht darum, Harmonie zu erkaufen, sondern darum, die tatsächlichen Emotionen wahrzunehmen und zu akzeptieren.

## Die Königsdisziplin

Personalführung ist kein Nebenjob. Aber kaum eine Führungskraft kann es sich im Alltagsgeschäft leisten, sich einhundertprozentig der „Königsdisziplin“ Führung zu widmen. Viele gute Ansätze scheitern in der Praxis am (vermeintlichen) Zeitmangel, am wachsenden Arbeitsdruck und an der Unsicherheit der Führungskräfte. Unsicherheit ist aber auch ein Gefühl, das sich bei konstruktiver Auseinandersetzung positiv nutzen lässt. Nur wer als Chef seine eigene Position und Rolle analysieren kann, ist in der Lage, Teams zu Höchstleistungen zu führen.

Leitende Manager müssen ihr Ohr nicht nur bei den eigenen Mitarbeitern haben, sondern gleichzeitig die Nähe zu Kunden, Märkten und Produkten suchen. Deshalb ist die Gefahr auch so groß, dass Führungskräfte in Krisenzeiten an der falschen Stelle ihres Zeitbudgets sparen. Statt sich die Zeit zu nehmen, ihr Team zusammenzuschweißen, nehmen sie alle Fäden (wieder) selbst in die Hand und machen sich so noch unentbehrlicher, als sie es bis dato waren.

Eine Fehleinschätzung, die sich bitter rächen kann: Teams und Abteilungen können nur dann optimal zusammenarbeiten, wenn sie auf Visionen und Ziele eingeschworen sind. Dazu müssen sie Raum und Gelegenheit für persönlichen Austausch, Gespräche und Orientierung erhalten. Wenn in schwierigen Zeiten immer weniger Menschen der (Unternehmens-)Welt angehören wollen, die eine Führungskraft kreiert, weil sie von Einzelkämpfergeist, Angst und Druck beherrscht wird, hat der Manager als wirklicher „Leader“ seine Aufgabe verfehlt.

Neben fachlichem Know-how verfügen jedes Unternehmen und jedes Team über eine eigene „Gruppenweisheit“ und eine eigene „Grammatik“. Es kommt darauf an, dass die verschiedenen Typen innerhalb eines Teams (Strategen, Kontrolleure, Macher usw.) ihre Positionen auch wirklich leben und fühlen können. Nur so können sie auch ihre individuellen Potenziale entwickeln und aus einer Gruppe ein Team machen. Dies erreicht man nicht durch formale Vorgaben. Unentbehrlich sind Teamentwicklung, Feedbackgespräche, Coaching und vor allem eine offene Kommunikation.

Heute können Organisationen durch Allianzen und Fusionen über Nacht ihr Gesicht und ihre Struktur verändern. Alte Seilschaften sind binnen Stunden wertlos, bisherige Machtverhältnisse außer Kraft gesetzt. Dann muss sich eine Führungskraft voll und ganz auf ihre persönliche Autorität, Integrität und Akzeptanz verlassen können. Das geht jedoch nur in einer Unternehmenskultur, die Vertrauen, Offenheit und Wertschätzung fördert.

Peter M. Senge hat in seinem Management-Klassiker „Die fünfte Disziplin" (vgl. Senge, 1996) gezeigt, dass Führungskräfte und Unternehmen ihre Visionen nur dann verwirklichen können, wenn sie in der Lage sind, emotionale Spannungen auszuhalten. Das aber erfordert Können, Geschick, sowie Zeit- und Arbeitsaufwand für internes Beziehungsmanagement. Nicht zuletzt daran scheint es in deutschen Unternehmen jedoch zu fehlen. Die Akademie hat in ihrer Studie im Jahr 2002 242 Führungskräfte aus ganz Deutschland dazu befragt: Die meisten sehen zwar die Bedeutung des internen Beziehungsmanagements für das Erreichen der Unternehmensziele, doch nur ein Drittel der Befragten ist mit dem Beziehungsmanagement in ihrem Unternehmen zufrieden.

Es sind die Führungskräfte, die Wachstumskeime im Unternehmen säen – oder eben abtöten. Ihr Führungsverhalten, vor allem jedoch ihre Integrität im Kontakt zu Mitarbeitern, Kunden und Investoren, stellt die Weichen. Es verwundert nicht, dass die im Erfolgsrausch der New Economy schon fast vergessen geglaubten ehrbaren Kaufmannstugenden wieder Konjunktur haben und langsam die Einsicht reift, dass nachhaltiger unternehmerischer Erfolg nur auf der Grundlage ethischer und moralischer Wertgrundsätze möglich ist.

Der Haken bei dieser Erkenntnis ist, dass diese Wertgrundsätze im Gegensatz zu Einsparplänen weder den Führungskräften noch ihren Mitarbeitern befohlen werden können. Der Zulauf zum Seminarthema „Systemische Führung", den die Akademie verzeichnet, zeigt ein echtes Bedürfnis der Entscheider, in ihren Unternehmen ein neues Klima zu schaffen. Eines sollten wir dabei jedoch nicht vergessen: Kompetenz und Branchenwissen sind notwendiger denn je. Natürlich müssen Führungskräfte ihr Handwerk erlernt haben und anwenden können, von der Unternehmenssteuerung bis zu Techniken der Gesprächsführung und der Definition von Zielvereinbarungen.

Darüber hinaus gilt es, nicht allein die Fachkompetenzen, sondern wörtlich auch sich selbst auf den Prüfstand zu stellen: die eigenen Werte, Ziele und Wirkungen, denn führen heißt auch immer wieder neu lernen. Führung ist dann am erfolgreichsten, wenn sie beides vereint: die souveräne Beherrschung der Aufgaben und Instrumente und eine Führungspersönlichkeit, die die Menschen im Unternehmen wirklich zu bewegen und zu begeistern vermag.

In Teil II habe ich viele richtige und wichtige Antworten auf die drängende Frage zusammengetragen, wovon wirksame, erfolgreiche und beziehungsorientierte Führung abhängt. Ich möchte nun aus diesen zum Teil gegensätzlichen, zum Teil sich ergänzenden Ansätzen, Theorien und Modellen zehn Aussagen herausdestillieren, die beschreiben, was gute Führung für mich bedeutet. Ich will kein unerreichbares Idealbild der perfekten Führungskraft zeichnen, denn auch Führungskräfte sind „nur“ Menschen – und genau das müssen sie auch sein. Führen hängt für mich nämlich in ganz hohem Maße von sehr menschlichen Eigenschaften und Fähigkeiten ab, und nicht in erster Linie von Managementwerkzeugen. Führungskräfte müssen vor allem den Mut haben, zu sich und ihren Gefühlen zu stehen und sie positiv für ihre Aufgabe zu nutzen.

Die folgenden Grundsätze sind keine Dogmen. Sie sind Ziele, die es anzustreben lohnt – für die Geführten und das Unternehmen. Führung setzt aber nicht beim Mitarbeiter an oder beim Unternehmensziel, sondern bei der Führungskraft. Zu den wichtigsten Aufgaben einer Führungskraft zählt, das eigene Verständnis von Führung regelmäßig zu überprüfen und sich zu fragen, ob das eigene Verhalten in der konkreten Situation hilfreich, wirksam und akzeptabel ist.

Gute Führung bedeutet für mich, eine Welt zu gestalten, der andere Menschen gern angehören wollen. Diese Welt lässt sich nur schwer vermessen – zumindest nicht anhand von Zahlen, Bilanzen und Forecasts. Aber es lässt sich erspüren, ob sich die Menschen dieser Welt aus Überzeugung anschließen wollen oder nur, weil sie keine Möglichkeit zum Jobwechsel sehen oder weil das Gehalt stimmt. Genauso lässt sich ablesen, ob die Mitarbeiter bei der Sache sind oder nur bei der Arbeit. Gerade weil sich diese Faktoren nur schwer mit Messinstrumenten kontrollieren lassen, beginnt die Erfolgsmessung für Führungskräfte beim eigenen Ich.

## 3.1 Führen heißt sich selbst kennen

Der systemische Ansatz der Akademie für Führungskräfte betrachtet Führung als ganzheitliches Phänomen, richtet den Blick dabei aber noch gezielter auf eine Größe, die bei anderen systemischen Ansätzen ein blinder Fleck im Auge des Betrachters bleibt: die Führungskraft selbst.

Führung setzt Selbst(er)kenntnis voraus. Wenn ich eine Beziehung knüpfen und erhalten will, kann ich nicht mit mehreren Unbekannten rechnen – wenigstens eine Variable muss mir bekannt sein: ich selbst.

„Aber ich weiß doch, wer ich bin, was ich will und wo mein Ziel ist“, denkt jeder von sich, vor allem die selbstbewussten, starken Führungscharaktere. Gerade Führungskräfte blocken schnell ab, wenn es um Selbstanalyse geht. Das liegt daran, dass sie ihrer eigenen Wahrnehmung und ihren eigenen Gefühlen nicht recht trauen. Mir fällt dazu ein Beispiel ein: Eine Führungskraft fühlt sich von ihren Mitarbeitern unzureichend informiert. Sie wagt es aber nicht, ihren Ärger deutlich auszusprechen. Stattdessen führt sie eine „innere Strichliste“, die dann irgendwann zu einem harten Schnitt führt. Und ist es dann soweit, verstehen die Mitarbeiter gar nicht, warum der Chef plötzlich so hart durchgreift. Die Führungskraft wollte auf keinen Fall etwas von sich preisgeben – und bekommt nun selbst die Quittung.

Wir machen uns, was unser Selbstbild angeht, gerne etwas vor. Unser Fühlen, Denken, Handeln und unsere Beziehungen werden nämlich nicht nur von rationalen, offensichtlichen und bekannten Motiven gesteuert. Wir sind vielmehr auch das Produkt von irrationalen, z. T. unbewussten Lebenssätzen, Bildern, Botschaften und Rollenerwartungen. Die Vorstellung, von etwas gesteuert zu werden, was nicht unserer Kontrolle unterliegt, ist – vor allem für Führungskräfte – nur schwer zu akzeptieren.

Ein ganz großer Teil der Manager „funktioniert" nur. Sie wissen nicht, was sie fühlen – und schon gar nicht, was andere Menschen fühlen. In vielen Fällen, und das ist noch schlimmer, fühlen sie noch nicht einmal mehr. Die Psychologie bezeichnet dieses Defizit als „Alexithymie". Die Liste der typischen Symptome, wie eine verarmte Fantasie, ein eingeschränktes Gefühlsleben, Freudlosigkeit, mangelnde Spontaneität, fehlendes Einfühlungsvermögen, eine extrem sachliche Ausdrucksweise und die totale Konzentration auf Fakten, liest sich wie eine Kurzcharakteristik des deutschen Durchschnittsmanagers. Dabei halten sich diese Menschen selbst für sozial kompetent und umgänglich, kurz: für einen guten Chef (vgl. Kets de Vries, 2002, S. 113 ff.).

Reinhard K. Sprenger beleuchtet noch eine weitere Dimension des Problems: „Den meisten Führungskräften ist die Tatsache nicht bewusst, dass nicht die ‚Dinge an sich', sondern ihre Weltsicht, ihr innerer Bezugsrahmen sich in den Gegenständen äußert. Deshalb interessieren sie sich auch nicht für sich selbst und noch weniger für die Einzigartigkeit ihrer Erfahrung. Sie interessieren sich vor allem für das, was sich an der Peripherie ihrer Existenz abspielt, ohne anzuerkennen, dass sich etwas in ihnen abspielt." (Sprenger, 2002a, S.107).

### 3.1.1 Der innere Spiegel

Führen setzt voraus, die Bestimmungsfaktoren der eigenen Persönlichkeit, der individuellen Prägungen, Rollenbilder und (eingeschränkten) Sichtweise zu kennen: Was bestimmt mein inneres Drehbuch? Was sind meine Vorstellungen von guter Führung, von richtig und falsch, von anderen Menschen? Was treibt mich an? Wo bin ich verletzbar? Auf welchem Auge bin ich „blind"? Nur wer die Antworten auf diese Fragen kennt, kann sich auch von ihnen distanzieren, sich für oder gegen sie entscheiden und selbst bestimmen, statt nur reflexartig zu reagieren.

Deshalb muss eine Führungskraft in der Lage sein, einen Schritt von ihrer bewussten Selbstdefinition und ihren Vorstellungen von sich selbst zurückzutreten, um sich selbst so wahrnehmen zu können, wie sie wirklich ist – nicht wie sie gerne wäre. Zur Selbstwahrnehmung gehört aber auch die Feststellung, wie man auf andere wirkt, denn diese

Wirkung bestimmt die Beziehungen. Wie eine Person ist, wie sie auf andere wirkt und wie sie sich selbst sieht, sind drei verschiedene Paar Schuhe.

Konsequente Selbstwahrnehmung ist einer der wichtigsten Bausteine des modernen Managements. Sich und andere zu führen beginnt mit der Reflexion innerer Glaubenssätze. Wie gehe ich als Führungskraft mit Macht, Einfluss, Konkurrenz, Leistung, Druck, Schwächen und Gefühlen um und wie bestimmen diese Verhaltensweisen die Team- und Unternehmenskultur? Dies sind Fragen, denen sich eine Führungskraft aktiv stellen sollte.

Nur wer sich selbst vertraut, dem werden auch andere vertrauen. Um dieses Vertrauen aufzubauen, muss man sich selbst möglichst genau kennen. Das schließt auch die Akzeptanz der eigenen Gefühle ein, und zwar vor allem dann, wenn diese scheinbar negativ sind und nicht in die Kultur und das Regelwerk des Unternehmens passen. Die Führungskraft muss außerdem in der Lage sein, ihre Gefühle auch angemessen zu äußern und andere an ihrem Innenleben teilhaben zu lassen.

Wichtig ist also, dass die Führungskraft ständig an ihrer Fähigkeit zur Selbstwahrnehmung arbeitet. Das bedeutet nicht, dass sie vor lauter Grübeln und Hinterfragen nicht mehr fähig ist zu handeln. Doch Selbstreflexion ist die Grundlage erfolgreichen Handelns. Diese Reflexionskompetenz wird dem Managementnachwuchs jedoch nirgendwo vermittelt, obwohl sie die „Grundausbildung“ von Führungskräften sein sollte. Das Thema Selbstreflexion umweht ein suspekter Hauch von Esoterik und Psychotherapie und deshalb wird es weiträumig umfahren. Mit fatalen Folgen für die Führungskräfte, die Mitarbeiter und das Unternehmen.

Ein Chef kann noch so gut ausgebildet sein in den klassischen Management-Skills, kann geschult sein im Delegieren und Motivieren – und scheitert trotzdem, wenn er nicht sieht und nicht versteht, dass er auf bestimmte Menschen oder in bestimmten Situationen beispielsweise extrem aggressiv oder defensiv reagiert oder dass er ungewollt falsche Signale an seine Umwelt aussendet, weil er keinen inneren (und äußeren, in Form von Feedback) Spiegel hat.

Die Selbstwahrnehmung prägt entscheidend den persönlichen Führungsstil und das Unternehmen, da es keine völlige Objektivität, keine unumstößliche Realität und keine absolute Wahrheit gibt, sondern immer nur individuelle Vorstellungen davon. Das Unternehmen ist so, wie die Führungskraft es erlebt, es ist eine Projektion ihrer Innenwelt. Jeder Manager sieht ein und dasselbe Unternehmen anders, weil sich jeder eine ganz persönliche Landkarte davon entwirft (vgl. Sprenger, 2002a, S. 24-98).

### 3.1.2 Ein Mensch – viele Gesichter

Virginia Satir ist eine der einflussreichsten Gründergestalten des familientherapeutischen Ansatzes im Bereich der Psychotherapie. Im Zentrum ihrer Arbeiten stehen die Begriffe „Selbstwert“, „Wachstum“ und „Kommunikation“. Ausgangspunkte ihres Ansatzes sind die eigene Persönlichkeit und die Frage, wie intrapsychische Prozesse und Kommunikation zusammenhängen. Dieser Zusammenhang ist für die Arbeit von Führungskräften von großer Bedeutung.

Wir als Ganzes bestehen aus vielen Teilen, die sich gegenseitig verstärken und unterstützen, aber auch behindern und schwächen können, je nach Situation und Verfassung. Die meisten Menschen haben Angst davor, „den Deckel anzuheben" und in das eigene Innere zu schauen, oder sie wissen noch nicht einmal, dass es diesen „Deckel" überhaupt gibt, unter dem unbekannte Teile ihrer Persönlichkeit verborgen sind (vgl. Satir, 1988, S. 14 ff.).

Was sind solche inneren Teile? Das können z. B. Antreiber sein wie „Du musst perfekt sein", „Du musst schnell sein", „Du musst stark sein", „Du musst hart arbeiten" oder „Du musst anderen ihre Wünsche erfüllen". Dabei kann es sich aber auch um positive Erlaubnisse handeln wie „Du darfst glücklich sein", „Du darfst genießen" oder „Du darfst dich über Unterstützung freuen". Darüber hinaus zählen zu den inneren Teilen auch Bremser wie „Das hat morgen noch Zeit", „Wenn du es eilig hast, gehe langsam", „Sei kein Kind", „Werde nicht wütend" oder „Ich kann mich nicht durchsetzen".

Jeder Mensch sollte seine unterschiedlichen Gesichter und Gesichtsausdrücke annehmen, ohne sie zu be- und verurteilen, auch nicht die seiner Mitmenschen. Jedes Individuum sollte die Ganzheit anstreben und nicht nur irgendwelche fremden Erwartungen erfüllen und ihm von anderen zugewiesene Nischen ausfüllen wollen. „Unsere äußeren Gesichter passen zu unseren inneren und sind überwiegend von ihnen geprägt." (Satir, 1988, S. 78). Sobald man weiß, wie die eigenen verschiedenen Anteile mit- und aufeinander reagieren, bekommt man eine Ahnung davon, wie man sich selbst und andere Menschen behandelt. Ein Anspruch, der für Führungskräfte ganz besonders gilt.

Unsere Handlungen, Gedanken und Emotionen sind immer eine Reizreaktion auf die Innen- oder Außenwelt, doch meistens nehmen wir diesen Zusammenhang nicht wahr: „Genau genommen leben wir in einem emotionalen Gefängnis, ohne es zu wissen" (Satir, 1988, S. 40), so Satir. Die Mauern dieses Gefängnisses verstärken sich, wenn wir unsere Überzeugungen nie hinterfragen. Ausbruch bedeutet Veränderung, und die macht Angst. Veränderungen bestehen immer aus drei Phasen: Angst und Aufregung, Verwirrung über das Neue und Integration des Neuen in Bestehendes.

Wenn wir also, statt einfach nur unseren zementierten Glaubenssätzen und alten Erfahrungen zu folgen, die unsere Handlungsmöglichkeiten von vornherein einschränken, alle Möglichkeiten, die in einer Situation liegen, in Betracht ziehen, treffen wir unsere Entscheidungen bewusst. Und reagieren nicht bloß auf innere Zwänge wie eine Marionette.

Mit dem Schritt heraus aus dem Gefängnis betritt der Mensch Neuland, für das es keinen Wegweiser gibt, beschreibt Satir. Jeder muss für sich selbst durch Erfahrung und Erkenntnisse eine „Landkarte" zeichnen, die ihn durchs Leben führt. Mit der Zeit wird diese Landkarte immer genauer, und die leeren Flecken werden gefüllt, je mehr unserer Teile wir kennen lernen: „Wenn wir wirklich Herr im eigenen Haus sind, haben wir die

Kraft, äußere Schwierigkeiten anders als bisher zu bewältigen, und wir können für unser Leben unsere eigene Landkarte entwerfen. Unser Leben als ständigen Prozess zu sehen, ist ein ermutigender Gedanke.“ (Satir, 1988, S. 66).

Virginia Satir vergleicht die unterschiedlichen Gesichter eines Menschen mit einem lebendigen Mobile, dessen Teile ein harmonisches, sich im Gleichgewicht befindendes Ganzes ergeben. Phasen der Veränderung bringen das Mobile vorübergehend aus der Balance, da sie naturgemäß von Angst und Unsicherheit begleitet werden. Es gilt, dieses Ungleichgewicht zu erkennen und das Mobile wieder auszubalancieren. Viele Menschen erkennen ihr inneres Ungleichgewicht erst in Extremsituationen, wenn sie ernsthaft erkranken oder einen geliebten Menschen verlieren.

Deshalb formuliert sie eine Art Lebensaufgabe oder Motto: „Jeder von uns kann – unabhängig vom Alter – immer noch Neues in sich entdecken. Damit wird unser Leben für uns und für andere interessant. In dem Maße, in dem wir uns selbst mit all unseren Teilen akzeptieren, werden wir eine abgerundete Persönlichkeit, die zu sich selbst liebevoll ist und auch anderen offener und liebevoller begegnen kann.“ (Satir, 1988, S. 109).

### 3.1.3 Das innere Drehbuch

Unser Leben lässt sich mit einer Bühne vergleichen: Wir bestimmen, was auf dem Spielplan steht, führen unser eigenes inneres Drama auf und spielen dabei selbst mit. Wir sind Drehbuchautor, Regisseur und Hauptdarsteller zugleich. Und wir suchen ständig bewusst oder unbewusst nach Ereignissen, die in unser Lebensskript passen. Wir interpretieren die Welt so, dass sie unserem Stück entspricht. Aber wir spielen in unserem Ein-Mann-Stück nicht nur eine Rolle. Wir sind ein ganzes Team von Protagonisten. Auf Stichwort schlüpfen wir in eine andere Rolle. Je nach Szene treten wir auf als dominanter Chef, einfühlsamer Freund oder als kleiner Junge, der Angst vor dem Vater hat. Das gilt natürlich auch für weibliche Führungskräfte.

In jeder Rolle zeigen wir ein anderes unserer vielen Gesichter. Und in jeder Rolle sprechen wir einen Text, der aus Lebenssätzen besteht. Wir kennen sie auswendig und bringen sie aufs Stichwort, ohne groß darüber nachzudenken. Jeder Mensch hat seine eigenen Lebenssätze, die zusammen genommen sein inneres Drehbuch ausmachen. Es sind Floskeln, Redewendungen, Aufforderungen oder Bewertungen, die wir von anderen gehört und abgespeichert haben. Sie haben sich auf unserer inneren Festplatte eingebrannt.

Unsere Lebenssätze lernen wir schon ganz früh in unserer Kindheit. Wir lernen sie schnell, denn wir machen die Erfahrung, dass sie uns helfen, die Komplexität der Umwelt zu reduzieren, und uns zugleich Sicherheit geben. Wir können uns an ihnen festhalten, wenn wir Angst haben, unsicher sind, uns schwach fühlen, alles über uns hereinbricht. Dann wird der Satz „Du schaffst das schon“, den die Mutter oder der Vater, der Lehrer, die Großeltern oder ältere Geschwister zu uns sagen, zum Mantra.

Die Kehrseite dieser mentalen Gehhilfen ist, dass sie schnell zu Gitterstäben werden, die uns einsperren und unsere Entwicklung hemmen. So geben sie uns beispielsweise das Gefühl, immer alles allein schaffen zu müssen – eine typische Denkfalle von Führungskräften. Löschen lassen sich Lebenssätze nicht, aber indem man sie sich immer wieder bewusst macht, kann man ihre negative Wirkung entkräften. Dazu muss man bis in die Kindheit zurückgehen, wo die meisten und die mächtigsten Sätze geprägt werden. Man kommt ihnen durch Fragen auf die Spur: Was habe ich gelernt, gehört, aufgenommen in meiner Familie, in der Schule, im Freundeskreis? Welche Impulse hatte ich als Kind? In welche Rolle bin ich in gewissen Situationen geschlüpft, beispielsweise in der Konfrontation mit dem Vater?

Das innere Drehbuch, auch „inneres Drama" genannt, beeinflusst entscheidend den individuellen Führungsstil, also die Art, wie man sich in Konflikten verhält, wie man kommuniziert, wie man mit Macht, Verantwortung und Veränderung umgeht und wie man Menschen begegnet. Wenn man seine Glaubenssätze und ihren Ursprung kennt, kann man in Situationen, in denen sie zum Tragen kommen, einen Schritt zurücktreten und sein Verhalten als erlernte Reaktion auf ähnliche Situationen analysieren. So läuft man nicht mehr Gefahr, eine Marionette seiner Lebenssätze zu werden. Wir müssen unsere Lebenssätze hören und unsere inneren Bilder ansehen, wir müssen unsere Teile – und zwar nicht nur die erwünschten – akzeptieren, um uns wirklich kennen und führen zu können. Die Leistung besteht in der Integration aller Rollen in das aktuelle Erwachsenen-Ich.

Die Transaktionsanalyse als Persönlichkeitsmodell unterscheidet drei Teilpersönlichkeiten: das Eltern-Ich, das Kind-Ich und das Erwachsenen-Ich. Dahinter stecken unterschiedliche Arten und Qualitäten von Botschaften, die im Inneren jedes Menschen – ob Mitarbeiter oder Vorgesetzter – „geäußert" werden. Wer sich selbst aufmerksam zuhört, stellt fest, dass zwischen diesen inneren Teilpersönlichkeiten immer wieder Dialoge ablaufen. Diese Dialoge können aufbauend, abwertend, energieraubend oder energieförderlich sein.

Die Teilpersönlichkeit „Eltern-Ich" steht für Werte, Normen und Regeln, die einen Menschen beeinflussen. Dabei unterscheidet man zwischen dem kritischen Eltern-Ich (moralisierend, schulmeisternd, bestrafend) und dem fürsorglichen Eltern-Ich (verwöhnend, helfend, rettend). Das „Kind-Ich" repräsentiert die Gefühle und Impulse des Kindes in uns, kurzum: unser emotionales Erleben. Es kann dabei als angepasstes (höflich, zaudernd, trotzig) oder frei-rebellisches (grenzenlos, spontan, spielerisch) Wesen zur Wirkung kommen, bewusst oder unbewusst. Das „Erwachsenen-Ich" (analysierend, gefühllos, beobachtend) schließlich verarbeitet die Informationen und ist ziel- und lösungsorientiert, kurzum: vernünftig. Es kann dabei das „Kind-Ich" und das „Eltern-Ich" reflektiert integrieren – oder eben nicht.

Vom „Ich" ausgehend kann die Führungskraft dann im nächsten Schritt ihre Mitarbeiter besser verstehen und angemessener auf sie reagieren, weil sie weiß, dass hinter dem Verhalten des Mitarbeiters ebenfalls bestimmte Lebenssätze stehen, er auch eine Rolle auf seiner Bühne spielt und seinem inneren Drehbuch folgt. Und die Führungskraft weiß dann, dass das Verhalten des Mitarbeiters auch eine – teilweise unbewusste und erlernte – Reaktion auf das Verhalten des Vorgesetzten ist, das ihn irgendwie „antriggert“. Die Führungskraft kann lernen, das nach außen gezeigte Verhalten von Mitarbeitern, Kunden, Vorgesetzten und Partnern zu dechiffrieren – zumindest ein Stück weit – und die Botschaft, die hinter dem Verhalten steckt, zu übersetzen.

Führung kann so auf einer anderen Ebene, jenseits von persönlichen Empfindlichkeiten, überzogenem „Zurückschlagen“, verletzten Eitelkeiten, unnötigen Machtspielen und gegenseitiger Demotivation stattfinden. Wo auf den ersten Blick nur Konfrontation, Verweigerung oder Rückzug herrschen, kann das Verhalten der Mitarbeiter Rückschlüsse auf das eigene Führungsverhalten geben und synergetisch für den Arbeitsprozess nutzbar gemacht werden.

### 3.1.4 Sich selbst führen

Ein modernes Entwicklungskonzept setzt also bei der Person der Führungskraft an, ihren inneren Antreibern, ihrer Disposition, ihren inneren Bildern und ihrem Lebensskript, und unterstützt sie dabei, sich selbst zu erkennen und zu einer authentischen Persönlichkeit zu entwickeln. Peter F. Drucker hat nichts anderes gemeint mit seinem berühmten Satz, dass eine Führungskraft im Grunde nur eine Person führen kann – sich selbst. Nur dann kann sie auch anderen vorangehen, andere „lenken“ (nicht im Sinne von manipulieren, sondern von fördern) und Verantwortung für andere tragen.

„Erfolgreiche Karrieren werden nicht geplant. Sie entwickeln sich, wenn sich Leute auf Chancen einlassen, weil sie ihre Stärken, ihre Arbeitsweise und ihre Wertvorstellungen kennen“ (Drucker, 1999), bringt es Peter F. Drucker auf den Punkt. Die Antwort auf die drei Fragen „Wo liegen meine Stärken?“, „Wie erziele ich meine Leistungen?“ und „Welchen Werten folge ich?“ bilden für ihn die Basis für ein effektives Selbstmanagement. Wichtig ist die Frage nach der eigenen Leistungsfähigkeit. Ebenso individuell wie die eigenen Stärken ist nämlich auch der Weg, auf dem man Leistung erzielt. Er ist Teil der Persönlichkeit. Wie Ergebnisse erreicht werden, hängt dabei auch davon ab, wie man Wissen aufnimmt – also ob man ein Lese- oder Zuhör-Typ ist – und nach welcher Methode man lernt (vgl. Drucker, 1999).

Sich selbst zu führen ist nicht so einfach, wie es klingt, denn es hat nichts mit Willkür, Selbstgefälligkeit und Ego-Trips auf Firmenkosten zu tun. Es hat vielmehr mit Selbstkritik, Mut zu den eigenen Fehlern und Unzulänglichkeiten, dem Springen über den eigenen Schatten und dem sprichwörtlichen Blick in den Spiegel zu tun, der nicht nur das Äußere, sondern auch das Innere offenbart. Und dem muss man standhalten können.

Deutsche Unternehmenslenker unterschätzen gern die Fehler, die sie selber machen, und ignorieren Krisensymptome lieber so lange, bis es zu spät ist, bevor sie ein persönliches Versagen eingestehen. Acht von zehn Managern suchen Krisenursachen grundsätzlich nicht bei sich oder im eigenen Haus. Schuld sind immer die anderen. Dabei ist die Diskrepanz von Selbst- und Fremdwahrnehmung eklatant: Im Falle einer Unternehmenskrise sehen nur 37 Prozent der Unternehmer in eigenen Fehlern und Versäumnissen die Gründe für die Unternehmenskrise, während für 60 Prozent der externen Beobachter Fehler der Führungskraft Schuld an der Krise sind.

Die Schuld von sich selbst auf äußere Faktoren oder andere Leute abzuwälzen ist menschlich vielleicht verständlich. Außerdem schaffen es in den meisten Fällen gerade nicht die Selbstreflektierten und Selbstzweifler bis an die Spitze, sondern die (übertrieben) Selbstsicheren. Doch aus wirtschaftlicher und unternehmerischer Sicht ist dieses Verhalten fatal, denn es verhindert ein rechtzeitiges Eingreifen, bevor alles vor die Wand fährt. Das Wissen um die mangelhafte Selbstwahrnehmung ist existenziell wichtig für Führungskräfte, ebenso wie schonungslose Ehrlichkeit sich selbst und anderen gegenüber.

Sich selbst zu führen bedeutet also auch, sich immer wieder selbst in Frage zu stellen, Feedback zu fordern und anzunehmen. Es bedeutet, sich seinen Zweifeln und Ängsten zu stellen, seine Meinung auch in der Kollision mit anderen Meinungen zu vertreten und die eigenen Impulse wahrzunehmen und ihnen zu folgen. Eine Führungskraft sollte sich folgende Fragen stellen und sie ehrlich beantworten: „Will ich wirklich führen?“, „Habe ich genug inneres Engagement, um mein Ego zugunsten der Talente anderer hintanzustellen?“, „Macht es mir wirklich Freude, andere anzuspornen und mit aller Kraft zu fördern?“, „Liebe ich meine Tätigkeit?“, „Mache ich meine Sache gut?“ Und nicht zuletzt: „Sehe ich mich so, wie andere mich sehen?“

Heute muss jeder in der Auseinandersetzung mit Kunden, Mitarbeitern und Vorgesetzten seine Aufgabe definieren und vor allem auch immer wieder umschreiben. Je mehr Führungskräfte also versuchen, mit detaillierten Aufträgen, engen Zielvorgaben und starren Kontrollmechanismen für „klare Verhältnisse“ zu sorgen, desto mehr lähmen sie die Organisation: Wozu denken und aufpassen – der Chef denkt ja vor.

Der von mir vertretene systemische Führungsstil ist nicht einfach zu leben und setzt einiges voraus: Vertrauen in andere und Gewissheit über die eigene Stärke. Dann kann sich die Führungskraft auch Schwächen erlauben, sie eingestehen und aus diesem Gefühl heraus authentisch handeln. Dabei hat diese Art der Führung ebenso wenig mit Laisser-Faire zu tun wie mit anbiedernden Incentive-Veranstaltungen auf den Kanarischen Inseln.

Die Arbeit am eigenen Führungsstil gelingt nur durch bedingungslose Arbeit am eigenen Ich: Wie wirke ich auf andere? Woher beziehe ich Legitimität und Kompetenz für meinen Führungsanspruch? Was treibt mich in die Führungsposition? Wie bringe ich den Mitarbeitern echte Wertschätzung entgegen? Wie erreiche ich wahre Kontakte? Wie kann ich Selbstzweifel und Niederlagen nutzen, um an Selbstbewusstsein zu gewinnen? Wie kann ich nach dem Scheitern wieder aufstehen und mich einer Situation stellen, die ich nicht mehr kontrollieren kann? Diese(n) Fragen muss eine Führungskraft sich immer wieder aufs Neue stellen.

Es sind auch diese Fragen und Aufgaben, die mehr zur Etablierung eines nachhaltigen Führungsstils beitragen als bloße Kenntnisse über Kontrollmechanismen und Delegationsprinzipien, so wichtig diese auch sind. Und wenn deutsche Manager in Fragen der Führungsinstrumente vor allem auf das Gespräch setzen, tun sie gut daran, auch in einen Dialog mit sich selbst zu treten und ihre Wahrnehmungsfähigkeit immer wieder zu überprüfen und zu justieren. Nur so ist es möglich, wirklich Kontakt zu den Mitarbeitern aufzunehmen.

Selbstmanagement im Sinne Peter F. Druckers endet nämlich nicht bei der eigenen Person. Es erfordert auch, Verantwortung für Beziehungen und deren Pflege zu tragen und die Menschen so zu nehmen, wie sie sind. Wer effektiv sein will, muss also auch die Stärken, Arbeitsweisen und Wertvorstellungen seiner Mitarbeiter kennen und sich permanent mit ihnen austauschen.

### 3.1.5 Authentisch sein

Menschen haben feine Antennen dafür, wann ein anderer sein wahres Ich zeigt und wann nicht. Vom Vorstandschef bis zum Facharbeiter, vom Senior-Partner bis zum Auszubildenden reagieren Menschen wie Seismografen auf die Offenheit und Kontaktfähigkeit eines anderen und spüren sehr schnell, ob dessen Wertschätzung echt oder nur gespielt ist. Nur wenn wir uns selbst kennen und wissen, warum wir handeln, wie wir handeln, was uns antreibt und was uns wichtig ist, sind wir authentisch. Und Authentizität ist eine Grundvoraussetzung gelungener Führung. Nur wer zu seinen Gefühlen, Interessen und Sichtweisen steht, nur wer sich selbst achtet, kann auch den anderen achten.

Ist eine Führungskraft nicht „echt" und lebt sie nicht das vor, was sie im Unternehmen predigt, sät sie eine hochgiftige Pflanze mit Namen Zynismus. John P. Kotter sieht darin eine große Gefahr für jede soziale Gemeinschaft: „Herausragende Führungspersönlichkeiten haben es immer verstanden, die Überzeugungskraft positiver Gefühle einzusetzen: Optimismus, Vertrauen, Hoffnung. Und sie haben auch das Krebsgeschwür erkannt, das aus vergifteten Emotionen entsteht. Unglücklicherweise rufen viele Unternehmen systematisch ein Klima des Zynismus hervor, den man wohl als den tückischsten Krebs einer Gesellschaft bezeichnen kann. Charismatische Führungspersönlichkeiten hindern diese Krankheit an ihrem Wachstum. Damit können sie anderen helfen, Außerordentliches zu vollbringen." (Kotter, 2004).

Es darf nicht das Ziel einer Führungskraft sein, von allen gemocht zu werden, es allen recht zu machen und ihr Fähnchen immer mit dem Wind zu drehen. Nicht gerade wenige Führungskräfte haben jedoch ihre Vorbildfunktion in so übertriebenem Maße und auf so falsch verstandene Art und Weise verinnerlicht, dass sie wie wandelnde Laienschauspieler daherkommen, reduziert auf eine von außen an sie herangetragene stereotype Rolle, die sie schon fast entmenschlicht wirken lässt. Sie inszenieren das Martyrium des sich selbst aufopfernden Helden und geben sich dabei im wahrsten Sinne des Wortes „selbst" auf, wie Reinhard K. Sprenger es drastisch beschreibt (vgl. Sprenger, 2002a, S. 142-143).

Gute Führungskräfte haben einen „inneren moralischen Kompass“ (Warren Bennis), auf den sie sich verlassen können, aus welcher Richtung der Wind auch wehen mag. Sie haben Prinzipien, ein Glaubenssystem, feste Überzeugungen. Das bedeutet jedoch nicht, dass sie nicht flexibel, lern- und anpassungsfähig wären. Erfolgreiche Führungskräfte sind keine Sonnyboys, keine perfekten Supermänner und Superfrauen. Aber sie sind echte Persönlichkeiten und sie stehen zu ihrem Wort.

Authentisch sein bedeutet nicht, sich immer und überall „produzieren“ zu müssen, immer im Rampenlicht und im Mittelpunkt des Interesses stehen zu müssen. Gerade Führungskräfte, die im Stillen wirken und sich selbst zurücknehmen, sind oft die besten. Ein weiterer Vorteil: Wer sich nicht öffentlich zur Schau stellt, ist weniger angreifbar und wird nicht beim kleinsten Fehler zur Zielscheibe der allgemeinen Kritik, die in den meisten Fällen lähmt und unproduktiv wirkt. Oder anders ausgedrückt: Für PR ist die PR-Abteilung zuständig. Die Führungskraft muss nur eins: führen.

## 3.2 Führen heißt kommunizieren

Beziehungen beruhen auf Kommunikation. Ohne Kommunikation in irgendeiner Form gibt es keine Beziehungen. Damit Menschen mit unterschiedlichen Fähigkeiten und unterschiedlichen Wissensgrundlagen miteinander arbeiten können, bedarf es einer gut durchdachten, wachsenden Kommunikationsstruktur und einer Kultur der individuellen und gegenseitigen Verantwortlichkeit.

Das gilt vor allem in Zeiten der Krise und des Wandels. Leider neigen viele Führungskräfte jedoch dazu, gerade dann „dicht zu machen“ und die Kommunikation abzubrechen. So steckt hinter dem allerorts hörbaren Ruf nach automatisierten Motivierungstechniken meistens auch das Bedürfnis, offene Kommunikation und das direkte Austragen von Konflikten zu vermeiden, weiß Reinhard K. Sprenger aus Erfahrung. Dem stimme ich ausdrücklich zu. Dabei können und sollten Führungskräfte ihre Netzwerke nutzen, um sich mit ihren Mitarbeitern auszutauschen und ihnen ihre Veränderungsidee in ihrer Notwendigkeit und ihrem Nutzen zu vermitteln.

Aber auch in umgekehrter Richtung, also von den Mitarbeitern zu den Führungskräften, findet nicht genug Kommunikation statt, wie Peter F. Drucker feststellt: „Die meisten Konflikte beruhen darauf, dass Menschen nicht wissen, was andere tun, wie sie arbeiten, welche Schwerpunkte sie setzen oder welche Ergebnisse sie erwarten. Und sie wissen all das nicht, weil sie nicht danach gefragt haben und ihnen daher nichts erzählt wurde.“ (Drucker, 1999, S. 16) Erfolgreiche Führungskräfte fragen ihre Mitarbeiter: „Was sollte ich über Ihre Stärken, über Ihre Arbeitsweise, Ihre Werte und über den Beitrag, den Sie leisten wollen, wissen?“ Um gut und vertrauensvoll zusammenzuarbeiten, müssen Menschen sich nicht mögen, aber sie müssen sich verstehen, so Drucker weiter.

Worauf es vor allem ankommt, ist nicht nur das einmal im Jahr stattfindende Mitarbeitergespräch (bei dem Führungskräfte häufig viel „verschenken“), sondern die gemeinsame, hierarchiefreie und dialogische Arbeit an alltäglichen Optimierungsprozessen, der kontinuierliche, offene und weitgehend unreglementierte und unbürokratische Erfahrungs- und Informationsaustausch aller Beteiligten.

Drucker sagt, dass Kommunikation zugleich Wahrnehmung, Erwartung und Forderung ist. Er stellt außerdem fest, dass Information und Kommunikation sich klar unterscheiden: „Je besser es gelingt, die Information von ihrer menschlichen Komponente, das heißt von Emotionen und Wertvorstellungen, Erwartungen und Wahrnehmungen zu befreien, desto zutreffender und zuverlässiger wird sie.“ (Drucker, 2004, S. 309 f.) Information setzt allerdings Kommunikation voraus. Umgekehrt hängt Kommunikation nicht unbedingt von der Information ab, wie Drucker schreibt. Tatsächlich kann die beste Kommunikation ausschließlich aus gemeinsamen Erfahrungen bestehen, denen es an jeglicher logischer Information mangelt. Insofern muss die Wahrnehmung stets Vorrang vor der Information haben – gerade in Unternehmen.

Ich halte die Forderung Druckers nach der Trennung von sachlicher und emotionaler Ebene (Information und Emotion) für unrealistisch. Zwischenmenschliche Kommunikation ist nie frei von Gefühlen, Interpretationen und Konnotationen. Aufgabe der Führungskraft muss es sein, den Zusammenhang und das ständige „Ping-Pong-Spiel“ zwischen den beiden Ebenen wahrzunehmen und die eigene Kommunikation – verbal oder nonverbal – richtig darauf abzustellen.

Es stellt sich die Frage: Wie können Führungskräfte Botschaften „rüberbringen“ und in der Kommunikationssituation echten Kontakt herstellen? Zunächst einmal geht es darum, dass sie ihre Mitarbeiter rechtzeitig informieren. Und wenn sie das tun, sollten sie nicht nur das nackte Ergebnis oder die nackte Entscheidung präsentieren, sondern auch erklären, wie und warum es dazu kam. Mitarbeiter wollen nicht nur informiert, sondern auch ernst genommen und einbezogen werden. Sie wollen verstehen, Teil des Prozesses sein und nicht das letzte Glied. Dann sind sie auch eher bereit, schmerzhafte oder unliebsame Entscheidungen mitzutragen.

Deshalb sind gute Führungskräfte begnadete Geschichtenerzählter. Das heißt nicht, dass sie sich gern reden hören oder die Wahrheit gern etwas verkleiden. Das heißt, dass sie ihre Vision durch Worte, Bilder und Symbole in den Köpfen und Herzen ihrer Zuhörer lebendig werden lassen können. Dass die Begeisterung, die aus ihren Worten spricht, ansteckend ist. Die Geschichten, die sie erzählen, enthalten eine wichtige Botschaft, an der andere ihr Handeln ausrichten können, und sie fesseln die Zuhörer. In der Entwicklung der Menschheit wurde Wissen vor allem in Geschichten weitergegeben – und erst seit kurzem in Powerpoint-Grafiken. Und auch Kinder begreifen die Welt in Geschichten (vgl. Kotter, 2004).

### 3.2.1 Kommunizieren auf allen Ebenen

Kommunikation ist das Herz jeder Organisation und sie erfüllt zahlreiche zentrale Funktionen: Durch Kommunikation werden Kenntnisse, Meinungen, Vorstellungen und Erwartungen ausgetauscht, überprüft und verändert. Beziehungen werden aufgebaut und gepflegt, und das Kapital des modernen Unternehmens – nämlich Wissen – vermehrt sich so. Kommunikation dient der rationalen wie der emotionalen Verständigung. Es ist, nach Paul Watzlawick, nicht möglich, nicht zu kommunizieren, denn auch Schweigen ist eine Botschaft (vgl. Watzlawick/Beavin/Jackson, 2000, S. 72 ff.).

Das Eisberg-Modell (siehe Kapitel 1.1) erklärt nicht nur, wie Kommunikation in Organisationen abläuft, sondern vor allem wie zwischenmenschliche Kommunikation generell funktioniert. Es lässt sich als Metapher auf verschiedene Kommunikationstypen und -situationen anwenden, seien es so genannte Face-to-Face-Interaktionen in Gesprächen und Diskussionen, oder seien es umfassende Veränderungs- und Restrukturierungsprozesse in Organisationen.

Während der sichtbare Teil des Eisberges über der Wasseroberfläche das „Was", also die inhaltliche Ebene des verhandelten Themas oder der Sache kennzeichnet, befindet sich oft das „Wie" der Kommunikation, also etwa Fragen des Gesprächsklimas oder Beziehungsaspekte zwischen den Kommunikationspartnern, unsichtbar unterhalb der Wasseroberfläche.

So wie beim Eisberg der größere unsichtbare Teil die Lage der sichtbaren Eisbergspitze bestimmt, bestimmen oft Charakter und Qualität der Beziehungsebene, bzw. die Art der „unsichtbar-unbewussten" Kommunikationsaspekte, den Erfolg der Kommunikation auf der „sichtbar-bewussten" Oberfläche des jeweiligen Themas. Eine Faustregel besagt, dass bis zu 80 Prozent aller Entscheidungen auf der Beziehungsebene gefällt werden. Dies zeigt auch, wie wichtig es ist, die Körpersprache seines Gegenübers zu verstehen, um ein Gespräch oder eine Verhandlung erfolgreich zum Abschluss zu bringen. Es gilt außerdem, für die Bedeutung der Beziehungsebene sensibel zu sein, ohne den inhaltlichen Aspekt der Kommunikation zu vernachlässigen.

Die Beziehungsebene der Kommunikation dominiert immer die Inhaltsebene. Fehlt der „Draht" zwischen Führungskraft und Mitarbeiter, filtern die Beziehungsstörungen so viele Kommunikationssignale aus der täglichen Zusammenarbeit heraus, dass die Inhalte völlig deformiert ankommen können. Die Botschaft kommt ohne eine Verdingung auf der Beziehungsebene nicht an. Wenn es beispielsweise an Wertschätzung gegenüber den Organisationsmitgliedern fehlt, kann ein inhaltlich noch so gutes Veränderungskonzept des Vorstandes sich nicht durchsetzen, weil es an Akzeptanz- und Motivationsproblemen an der Basis scheitert.

| Sachebene (Inhalt) | Soziale Ebene (Beziehung) |
|---|---|
| • Das ist passiert.<br>• Diese Schäden sind entstanden.<br>• Diese Ziele sind gefährdet.<br>• Wie war es bisher?<br>• Was brauchen wir zur Lösung?<br>• Welche Auswirkungen sind zu erwarten?<br>• Wer ist betroffen?<br>• Was wäre ideal? | • Wer hat Angst, als „Schuldiger“ erkannt zu werden?<br>• Wer hat (kein) Interesse an einer Problemlösung?<br>• Wer mag wen (nicht)?<br>• Wer verfolgt eigene Ziele?<br>• Wer spielt welche Rolle?<br>• Wer soll wozu „benutzt“ werden?<br>• Wer hat welche Macht?<br>• Welche menschlichen Auswirkungen hat das Problem oder die Lösung?<br>• Wie wird bisher mit Konflikten umgegangen? |

Quelle: Pinnow, Daniel F., Management Guide 2000, Bad Harzburg 9/1999
**Abbildung 12:** Die beiden Ebenen der Kommunikation

Die meiste Kommunikation in Unternehmen, das beobachte ich, findet vor allem auf der Inhalts- und kaum, zumindest nicht gesteuert, auf der Beziehungsebene statt. Oftmals werden Gefühle in Sachaussagen gekleidet, weil man den eigenen Frust nicht ansprechen will. Und dies führt wiederum zu zweierlei: Zum einen werden viele Botschaften nicht verstanden, und zum anderen lässt sich mancher scheinbar sachliche Konflikt einfach nicht lösen, weil auf der falschen Ebene nach der Lösung gesucht wird. Kommunikation findet eben auch unbewusst statt.

### 3.2.2 Dialogisch führen

Viel zu oft meinen Führungskräfte, wenn sie von „Kommunikation“ sprechen, nur reine Informationsvermittlung, also eine halbierte Einweg-Ausgabe von echter Kommunikation. Für echte Kommunikation bedarf es einer „dialogischen Einstellung“, wie Reinhard K. Sprenger es nennt. Sie umfasst aufmerksames, wohlwollendes Zuhören und das Bemühen, den anderen wirklich zu verstehen (und nicht nur zu hören) und in seine Wahrheit einzutauchen. Jede Wahrnehmung ist subjektiv, geprägt von persönlichen Erfahrungen und Bewertungen. Gerade Vorgesetzte beharren jedoch häufig darauf, die Wahrheit und die Objektivität gepachtet zu haben. Wer etwas anders sieht, schaut eben nicht richtig hin. Diese Scheuklappen-Einstellung ist der Nährboden für Missverständnisse.

„Dialogische Einstellung bedeutet also, die grundsätzliche Unterschiedlichkeit zweier Menschen in Wahrnehmung und Bewertung anzuerkennen und zum Ausgangspunkt des Gesprächs zu machen. Der Gesprächsbeitrag des anderen ist aus dieser Einstellung heraus dann eine Chance, obwohl – oder gerade weil – er mit der eigenen Sichtweise vielleicht überhaupt nicht übereinstimmt. Ein Beitrag zur Vollständigkeit des Gesamtbildes – eine Bereicherung." (Sprenger, 1999, S. 194-195). Dass ein Gespräch ein echter Dialog war, merkt man daran, dass man anders aus ihm herauskommt, als man hineingegangen ist.

Sich dialogisch zu verhalten bedeutet also, neugierig zu sein und zulassend zu denken und zu reden. Es bedeutet grundsätzliche Offenheit für alternative Handlungsmöglichkeiten. Dialogisch führen bedeutet nach Sprenger auf der Verhaltensebene (vgl. Sprenger, 1999, S. 194 ff.):

- Einladen zum Gespräch und die richtigen Fragen stellen
- Den anderen besuchen, bei ihm zu Gast sein
- Auf die formale Gesprächssymmetrie achten
- Reversibel kommunizieren: „Ich kann Ihnen sagen, was Sie mir auch sagen können."
- Möglichst viele verschiedene Sichtweisen einbeziehen
- Beschlüsse auf breitem Konsens fassen

Führen im Dialog kostet natürlich mehr Zeit, als Anordnungen zu geben. Doch, so wendet Sprenger ganz richtig ein, muss man dagegen die Zeit setzen, die durch nicht geführte Gespräche und die daraus resultierenden Missverständnisse, die mangelnde Informationsweitergabe, durch nicht zufrieden stellende Aufgabenerfüllung, unklare Ziele oder Störungen und Missstimmungen im Chef-Mitarbeiter-Verhältnis verloren geht. Eine klassische Milchmädchenrechnung also, würde ich sagen.

### Zwölf Regeln für unmissverständliche Kommunikation

Mangelhafte Kommunikation hat gravierende Folgen für die Organisation und ihre Mitglieder auf allen Ebenen. Es entstehen daraus vor allem Informationslücken, Missverständnisse, Gerüchte, Fehlleistungen, Konflikte und Missstimmungen. Die folgenden ebenso einfachen wie wirkungsvollen Regeln helfen, Missverständnisse und Störungen in der täglichen Kommunikation mit Mitarbeitern (und Kollegen) zu vermeiden:

1. Kein „man", kein „es", kein „wir": Mitarbeiter sollten namentlich und direkt angesprochen werden.

2. Kein „müsste", kein „sollte", kein „könnte": Anweisungen werden nicht im Konjunktiv gegeben, das macht ihre Umsetzung vage.
3. Kein „vielleicht", kein „eventuell", kein „eigentlich": Anweisungen müssen auf konkrete Wirkungen abzielen und mobilisieren.
4. Jeder Mensch hat – von seinem Standpunkt aus – Recht: Statt andere missionieren zu wollen und auf dem eigenen Standpunkt zu beharren, müssen Führungskräfte andere Standpunkte klären und verstehen.
5. Absolute Loyalität erkennen lassen: Vorgesetzte müssen immer und unbedingt hinter ihren Aussagen und Handlungen stehen.
6. Konkrete Fragen stellen: Auf unklare Fragen gibt es auch unklare Antworten.
7. Nie mehrere Fragen auf einmal stellen: Sie verwirren nur und kosten Zeit.
8. Keine Fragen mit „Wieso?", „Weshalb?", „Warum?" beginnen: Führungskräfte sollten Aussagen machen statt Rechtfertigungen fordern. Ausnahme: das Mitarbeitergespräch, in dem auch Hintergründe aufgehellt werden sollen.
9. Nicht die eigenen Fragen selbst beantworten: Der Standpunkt des anderen wird sonst nicht bekannt.
10. „Ja, aber ..."-Antworten vermeiden: Aussagen der anderen besser ergänzen statt verneinen oder einschränken.
11. Aktiv zuhören: Erst in Ruhe zuhören, dann nachdenken, dann antworten.
12. Termine konkret vereinbaren: Missverständnissen durch klare Prioritäten vorbeugen.

Kommunikation sollte störungsfrei und im Gleichklang erfolgen. Das bedeutet nicht, dass alle der gleichen Meinung sein müssen, sondern dass man dem Gegenüber respektvoll, aufmerksam und auf Augenhöhe begegnet. Dass man ihm Offenheit und Interesse für seine verbalen und nonverbalen Botschaften signalisiert. Gleichklang bedeutet Übereinstimmung, guter Kontakt und dass man auf der „gleichen Wellenlänge" liegt. Das Wort „Kommunikation" lässt sich aus dem Lateinischen ableiten – „communis" bedeutet „gemeinsam". Es geht bei Kommunikation also vor allem um ein *gemeinsames* Verständnis.

Gleichklang lässt sich zum einen mit nonverbalen Mitteln, wie der Angleichung der Körperhaltung und -spannung sowie des Atemrhythmus, mit Blickkontakt, einem Nicken und einem Lächeln erreichen. Zum anderen schafft man verbal einen Gleichklang, indem man die Botschaften des Gesprächspartners zunächst wiederholt oder kurz zusammenfasst und indem man seine Worte in der Reihenfolge setzt, die der inneren Verarbeitungsstrategie des Gesprächspartners entspricht.

In einem guten Gespräch ist der Gleichklang wechselseitig. Auch bei Meinungsverschiedenheiten und in Konfliktgesprächen sollten sich beide Parteien bemühen, in Kontakt zu bleiben und den Austausch aufrechtzuerhalten, statt zu einseitigen Verbalattacken überzugehen und den anderen „mundtot“ zu machen.

### 3.2.3 Aktives Zuhören

Gute Führungskräfte sind aber auch – und vor allem – gute Zuhörer, denn wirkungsvolle Kommunikation ist immer ein Dialog. Sie sind offen für ihr Gegenüber und müssen selbst nicht immer vorpreschen. Sie flößen Vertrauen ein und erfahren von ihren Gesprächspartnern auf diese Weise entscheidend mehr als andere. Zu viele Führungskräfte kommunizieren heute über Memos und E-Mails statt im direkten Gespräch.

Eine produktive Kommunikation verlangt konzentriertes und aufmerksames Wahrnehmen. Dazu gehört vor allem genaues Zuhören, unterstützt durch scharfes Beobachten. Wie können wir den Gesprächspartner verstehen, wenn wir ihm nicht zuhören? Genauso können wir auch den Sinn seiner schriftlichen Mitteilungen nicht begreifen, wenn wir sie überhaupt nicht oder nur flüchtig lesen. Produktive Kommunikation erfordert Konzentration. Diese fällt uns nicht leicht, da unsere Gedanken ständig abschweifen wollen. Besonders wenn wir den Kopf voll haben, fällt es schwer, uns auf neue Situationen voll einzustellen. Abschalten zu können ist eine Fähigkeit, über die viele nicht verfügen. Hinzu kommen häufig Störungen, die uns ablenken und unter Stress setzen. Gerade bei längeren Gesprächen leidet oftmals unsere Konzentration.

Eine grundlegende und unverzichtbare Technik des dialogorientierten Gesprächs ist das bereits mehrfach erwähnte „aktive“ Zuhören, das über das bloße Zuhören weit hinausgeht. Durch diese Technik soll erreicht werden, dass:

1. verstanden wird, was der Gesprächspartner tatsächlich sagen will,
2. erkannt wird, ob der Gesprächspartner meint, was er sagt,
3. der Gesprächspartner sich verstanden und ernst genommen fühlt und
4. der Gesprächspartner Vertrauen und Sicherheit gewinnt und sich öffnet.

Aktives Zuhören erleichtert es also nicht nur, den Gesprächspartner besser zu verstehen, sondern gibt ihm auch das Gefühl, gehört, verstanden und als Person akzeptiert zu werden. Durch das aktive Zuhören wird besonders wirkungsvoll zum Ausdruck gebracht, dass der Gesprächspartner zumindest im Gespräch die wichtigste Person ist.

Man bezeichnet das aktive Zuhören deshalb auch als „partnerzentriert“. Um es erfolgreich zu praktizieren, sind die folgenden Empfehlungen zu beachten:

- Konzentrieren Sie sich auf die Äußerungen und das Verhalten des Gesprächspartners: Was hat er gesagt? Was wollte er damit sagen? Was sagt die Körpersprache aus?

- Zeigen Sie Interesse für den Gesprächspartner, u. a. durch Augenkontakt, Fragen stellen, Zustimmen und eine „offene” Körpersprache (z. B. Arme nicht verschränken, sich nicht abwenden oder nervös mit den Fingern spielen). Dies sind Mittel, die Interesse signalisieren.
- Versetzen Sie sich in die Lage des Gesprächspartners, um ihn besser zu verstehen.
- Bilden Sie sich nicht sofort eine Meinung, sondern erfassen Sie zunächst nur den Standpunkt des Gesprächspartners.
- Vergewissern Sie sich bei Unsicherheit oder bei wichtigen Punkten durch Rückfragen über den Sachverhalt, wie auch über die Gefühlslage des Gesprächspartners.
- Überprüfen Sie sowohl durch Wiederholen der sachlichen Aussage des Partners („Paraphrasieren“) als auch der emotionalen Aussage („Verbalisieren“), ob der Inhalt der Aussage richtig verstanden worden ist.
- Lassen Sie durch gezielte Fragen das Gespräch nicht abreißen.
- Geben Sie für den „emotionalen Ausgleich” auch ungefragt eigene Informationen.
- Signalisieren Sie durch Äußerung der eigenen Gefühle Anteilnahme. So zeigt sich die Führungskraft auch als Mensch.

Die Grundlage für aktives Zuhören ist, aufmerksam wahrzunehmen, was der Gesprächspartner tatsächlich sagt. Noch aufschlussreicher ist allerdings, was nicht ausdrücklich gesagt worden, aber gemeint ist. Die Körpersprache des Gesprächspartners kann in dieser Hinsicht viele Hinweise geben. Dasselbe gilt für das Verständnis schriftlicher Informationen. „Zwischen den Zeilen zu lesen” ist wichtiger, als nur den unmittelbaren Worttext zur Kenntnis zu nehmen.

Lassen Sie mich nochmals den Aspekt „Rückfragen“ gesondert herausgreifen: Sie dienen dazu, Zweifel und Missverständnisse zu klären und sich zu vergewissern, ob der Gesprächspartner richtig verstanden worden ist. Außerdem kann man durch Rückfragen beim Gesprächspartner Interesse für sein Anliegen oder seine Auffassung signalisieren und ihn für sich gewinnen. Rückfragen sind darüber hinaus sehr förderlich, um eine Vertrauensbasis aufzubauen. Bei all ihren positiven Wirkungen dürfen Rückfragen jedoch nicht zu häufig gestellt werden, sonst entsteht der Eindruck, dass man nicht kompetent ist oder nicht konzentriert zuhört.

Abschließend möchte ich gern noch einige Formulierungsbeispiele anführen, die zeigen, wie aktives Zuhören in der Praxis funktioniert:

Eine erste Möglichkeit ist, den Inhalt gegenüber dem Gesprächspartner zu wiederholen. Dies erfolgt durch Wendungen wie: „Sie sagen, dass ...“, oder „Sie fragen, warum ...“. Weiterhin ist denkbar, den Inhalt in eigenen Worten zu formulieren: „Wenn ich Sie richtig verstanden habe, meinen Sie ...“, oder „Wenn ich das mit meinen Worten noch einmal zusammenfassen darf …?“, oder „Meinen Sie damit, dass ...?“. Außerdem empfiehlt es sich, die Gefühle seines Gegenübers zu reflektieren: „Ich kann Sie sehr gut verstehen ...“, oder „Ich finde es wirklich gut, dass wir so offen darüber sprechen können ...“. Schließlich kann man auch beide Techniken des aktiven Zuhörens miteinander kombinieren.

Formulierungen wie: „Die beiden letzten Projekte sind leider total schief gelaufen ...“ oder „Du bist nach dieser Durststrecke jetzt enttäuscht, aber wie soll die Mannschaft ohne dich weiterarbeiten?“ bieten sich dafür an.

### 3.2.4 Die Sprache des Körpers

Das Thema Körpersprache habe ich bereits angesprochen. Auch hierzu möchte ich noch einiges ergänzen: Wir zeigen durch unsere Körpersprache – weitgehend unbewusst und unkontrolliert – viel deutlicher und „ehrlicher“, was uns wirklich bewegt, was wir denken, beabsichtigen und fühlen. Zur Körpersprache gehören:

- die Stimme,
- der Blick,
- die Mimik,
- die Gestik,
- die Haltung,
- der Einsatz der Körperhälften (rechts oder links),
- das Stehen,
- das Gehen,
- das Sitzen sowie
- die räumliche Distanz zum Gesprächspartner.

Der Ablauf und das Ergebnis eines Gespräches werden wesentlich durch die nonverbale Kommunikation beeinflusst. Dies trifft besonders für den Entscheidungsprozess bei Verhandlungen zu. Über die Körpersprache wirken wir auf andere, so wie auch wir durch die Körpersprache von unseren Gesprächspartnern beeinflusst werden. Diese Prozesse laufen bei den meisten Menschen mehr oder weniger unbewusst ab. Wenn wir sie jedoch bewusst gestalten, verbessern wir die Kommunikation in unserem Sinne. Dabei sollten wir grundsätzlich nicht unsere Natürlichkeit verlieren, also gegen unsere Natur handeln. Dies beeinträchtigt unsere Authentizität.

Über die Körpersprache beeinflussen wir positiv oder negativ das Vertrauen zu unserer Person, die Glaubwürdigkeit unserer Mitteilungen, die Überzeugungskraft unserer Argumente, die Verständlichkeit unserer Ausführungen und das Gesprächsklima. Durch die Körpersprache bringen wir auf der Beziehungsebene zum Ausdruck, welche Einstellung wir gegenüber unseren Gesprächspartnern haben. In dieser Hinsicht können massive Fehler begangen werden. Dabei lassen sich vor allem drei Risiken unterscheiden:

*Risiko Nr. 1: Wir erklären unseren Gesprächspartner zur „Unperson“.*

Dies geschieht u. a. dadurch, dass wir mit gelangweilter Stimme sprechen, betont schnell reden („Wie werde ich den anderen schnell los?“), uns während des Gesprächs mit anderen Dingen beschäftigen (z. B. mit dem Kugelschreiber) oder einen Aktenordner zwischen den anderen und uns auf den Tisch legen und somit demonstrativ eine „Mauer“ errichten.

*Risiko Nr. 2: Wir wollen unseren Gesprächspartner beherrschen.*

Um unserem Dominanzanspruch Ausdruck zu verleihen, gehen wir sehr dicht an den anderen heran, heben das Kinn, lehnen uns nach vorn und sprechen mit überlauter Stimme.

Beide Fälle bewirken, dass die andere Seite Widerstand aufbaut. Es kommt zunächst zu einer nonverbalen Konfrontation, die sich früher oder später auch in einer verbalen Auseinandersetzung entladen kann.

*Risiko Nr. 3: Wir bemühen uns, unseren Gesprächspartner gnädig zu stimmen.*

Durch eine gebückte Haltung, eine leise Stimme, einen gesenkten Blick und ein bescheidenes Auftreten signalisieren wir unsere Bereitschaft zur Unterwerfung. In Situationen, in denen wir uns in einer schwachen Position befinden, mag ein solches Verhalten das Wohlwollen unseres Gegenübers hervorrufen. Wird es allerdings zu stark betont, schwächen wir unsere Position nur zusätzlich. Wir werden nicht ernst genommen, ermuntern den anderen zur Dominanz und werden entsprechend behandelt.

### 3.2.5 Geteiltes Wissen ist doppelter Nutzen

Wie wir gesehen haben, erfüllt Kommunikation zwei zentrale Funktionen: die Vermittlung von Wissen und Informationen auf der sachlichen Ebene und die Schaffung und Erhaltung von Beziehungen auf der emotionalen Ebene. Dabei betätigt sich die Führungskraft auch als Wissensmanager.

Sie muss wie ein Schleusenwärter aus der täglich reißender werdenden Informationsflut die wirklich wichtigen Informationen herausfiltern. Sie muss dabei Komplexität reduzieren, denn zu viele Informationen lähmen die Entscheidungsfindung und sorgen für Unsicherheit und Kommunikationsprobleme. Die Führungskraft muss deshalb Informationen beurteilen, gewichten, einordnen und kanalisieren können.

Dieses Wissensmanagement bedeutet keine Zensur, denn die Führungskraft hält ja nicht bewusst wichtige Informationen zurück, um Herrschaftswissen anzuhäufen. Sie trägt vielmehr dazu bei, dass alle wichtigen Informationen all diejenigen im Unternehmen erreichen, die diese Informationen brauchen. Und sie hält gleichzeitig ihren Mitarbeitern den „Müll“ vom Hals, der nur Zeit und Energie bindet. Gerade in turbulenten Zeiten ist die Führungskraft auch dafür da, aus dem Nebel trügerischer und unsicherer Informationen diejenigen herauszudestillieren, die zu neuen, Wert steigernden Möglichkeiten führen.

Früher galten Netzwerke als „Gerüchteküche“. Heute wissen erfolgreiche Führungskräfte, dass Netzwerke das Wissen der Spezialisten zutage bringen und für die ganze Organisation nutzbar machen, das sonst in den Schreibtischschubladen, auf den Festplatten oder in den Köpfen verschlossen bliebe. „Gesellschaftsnetze, die Wissen austauschen – mit oder ohne Computerunterstützung –, sind ein Baustein der Infrastruktur zum Lernen, die kennzeichnend für die wandlungsfähige Organisation ist.“ (Moss Kanter, 1998, S. 29 ff.).

Im Zeitalter der Internationalisierung und der virtuellen Netzwerke besteht die Schwierigkeit für Manager darin, mit völlig unterschiedlichen Partnern zu tanzen, ohne ihnen auf die Füße zu treten. Dieses Bild von Rosabeth Moss Kanter trifft das Problem vieler Führungskräfte und den Grund ihrer Aversion gegen das Thema Beziehungsmanagement. Zusammenarbeit verlangt heute zwischenmenschliches wie auch unternehmerisches und soziales Gespür. Die Globalisierung zwingt Führungskräfte dazu, nationale, soziale und ethnische Unterschiede zu akzeptieren und zu respektieren, denn heute sind internationale Strategien und Allianzen auf allen Ebenen präsent. Und wenn die wirtschaftliche Lage schwieriger wird, wird auch der Interessenausgleich zwischen den relevanten Gruppen (Mitarbeiter, Aktionäre, Kunden, Zulieferer, Partner) schwieriger.

Dabei ist nicht nur der oberste Führungskreis betroffen: „Da sich Unternehmensgrenzen ständig ausdehnen und Partnerschaften jenseits der Lieferkette und auch an den unternehmerischen Grenzen immer häufiger werden, übernehmen immer mehr Menschen auf immer mehr Ebenen Rollen, die für viele von ihnen neu sind: als Botschafter und Diplomaten außerhalb der Mauern des Unternehmens.“ (Moss Kanter, 1998, S. 35).

Die gute Nachricht: Unternehmen, die stetig auf der Basis von internen und externen Rückkopplungen Innovationen durchführen, brauchen keine radikalen „Umbrüche“. „Das von den Managern geschaffene Umfeld entscheidet darüber, ob Änderungen ein Schock sind – ein entsetzlicher Sprung ins Ungewisse – oder ein positiver nächster Schritt in einer langen Abfolge von Maßnahmen.“ (Moss Kanter, 1998, S. 37). Der beste Weg, Änderungen einzuleiten, besteht also in der Schaffung von Bedingungen, unter denen Wandel natürlich und systemisch ablaufen kann.

### Netze knüpfen

„Vernetzung“ ist das Zauberwort der modernen Geschäftswelt. Das Internet wird auch als „Netz der Netze“ bezeichnet. Für mich bilden jedoch zwischenmenschliche Beziehungen das Netz der Netze, denn auch das World Wide Web ist letztlich nur ein Medium.

Den größten Nutzen bringt mir die technische Revolution dann, wenn ich mit ihren Mitteln meine realen Beziehungen pflegen kann, privat und geschäftlich.

Das, was wirklich real ist in dieser virtuellen Welt, sind nämlich zwischenmenschliche Beziehungen. Sie geben Halt und Orientierung, helfen den Mitarbeitern und Führungskräften, sich selbst zu verorten. Beziehungen bilden ein Sicherheitsnetz in Zeiten des Umbruchs. Datenströme allein können keine Gefühle, keine Sympathien, kein Vertrauen erzeugen. An den Computern dieser Welt sitzen immer noch Menschen.

Ganz gleich, welches Mediums sie sich bedienen, ob des Inter-, Extra- oder Intranets, des Telefons oder des persönlichen Gespräches: Führungskräfte müssen gute Netzwerker sein und Beziehungen knüpfen können, die auf Wertschätzung, Vertrauen und Sympathie beruhen. Die strategische, gemeinschaftliche Rolle der Führungskräfte ist heute besonders wichtig. Sie dürfen (nicht länger) den Wachhund spielen und sich einmischen, sondern müssen fördern und integrieren: „Partnerschaften beruhen auf Vertrauen. Da gemeinschaftliche Vorhaben oft Gruppen mit unterschiedlichen Methoden, Kulturen, Symbolen und sogar Sprachen zusammenbringen, hängt gutes Wirtschaften vom Einfühlungsvermögen ab (…).“ (Moss Kanter, 1998, S. 61).

## Wo die Fäden zusammenlaufen

An die Stelle von starren Hierarchien und Kontrollmechanismen sollten in den Unternehmen Netzwerke von Menschen treten, die Informationen und Erfahrungen auf allen Ebenen und über Produktionsbereiche und Zuständigkeiten hinweg austauschen und so für alle nutzbar machen. Im Idealfall übernehmen ältere oder erfahrene Kollegen eine Mentorenfunktion für jüngere Mitarbeiter. Netzwerke können Karrierewege ebnen, Türen öffnen, Chancen bieten sowie Kompetenzen offenbaren und fördern. Netzwerke bedeuten Zugehörigkeit, Identifikation mit dem Ganzen, und sie stillen das Bedürfnis nach sozialer Integration.

Gute Führungskräfte sitzen an den Knotenpunkten der Netzwerke, sammeln und verteilen Informationen und führen die richtigen Menschen zusammen. An diesen Schnittstellen können sie Strömungen in Abteilungen, im Unternehmen und in der Umwelt frühzeitig erkennen und stärken oder gegensteuern, wenn es kontraproduktive Unterströmungen sind. So wie Jorma Ollila, Chef von Nokia, der sich als Mensch versteht, der Menschen verbindet. „Connecting people“ ist nicht nur ein Werbeslogan für seine Handys, sondern auch seine Führungsmaxime.

„Die Führungskräfte sind Brückenköpfe zwischen den einzelnen Bereichen einer Organisation und sollten dafür sorgen, dass die Abteilungen voneinander lernen können. (…) Die Führenden verantworten die Weitergabe von Wissen im Unternehmen und sollten entsprechend handeln.“ (Kets de Vries, 2002, S. 68-69), empfiehlt Manfred Kets de Vries. Erfolgreiche CEOs sehen sich auch als Politiker, die ihre Pläne vor den Unternehmensvertretern offen legen und prüfen lassen. Und ihre Büros haben offene Türen nach außen, ins Unternehmen und in die Gesellschaft.

## Teamplayer statt Einzelkämpfer

Hauptaufgaben von Führungskräften sind die Suche nach internen Synergieeffekten, die Entwicklung strategischer Allianzen, der Anstoß neuer Unternehmungen und die Zusammenführung effektiver Teams. Ein erfolgreicher Manager muss über Versorgungs-, Informations- und Unterstützungslinien verfügen, das heißt, er muss die Mittel haben, um gute Bedingungen für sein Unternehmen zu schaffen. Raymond Smith, CEO von Atlantic Bell, hat es so formuliert: „In einem Großunternehmen ist die Effektivität der unzähligen täglichen zwischenmenschlichen Interaktionen der wichtigste Bestimmungsfaktor für den Erfolg.“ (Moss Kanter, 1998, S. 90).

Führung bedeutet heute zu einem großen Teil Umgang mit positiven Abhängigkeiten. Und dieser Teil wird in Situationen des Wandels noch größer. Führungskräfte müssen die klassischen Managementaufgaben wie das Erstellen von Plänen und Budgets und das Agieren in Hierarchien beherrschen. Sie müssen aber gleichzeitig in der Lage sein, soziale Netzwerke für die Durchsetzung der Unternehmensziele zu nutzen, um das Unternehmen mit Inspiration und Visionen zu durchdringen: „(…) weil Führer in einem komplexen Geflecht von interdependenten Beziehungen arbeiten, entwickelt sich diese Arbeit zunehmend zu einem Spiel informeller Abhängigkeiten, statt die Ausübung formeller Macht über andere zu bedeuten“, formuliert es John P. Kotter (Kotter, 1999b, S. 20).

Verbindungen sind flexible Vermögenswerte. Deshalb muss in den Reihen der Unternehmenslenker ein Umdenken stattfinden, das sich in Räumen von Netzwerken, Abhängigkeiten und Führung bewegt, statt in den Schubladen von formaler Autorität, Hierarchie und Management der alten Schule stecken zu bleiben. Die beiden Handlungsmuster Management und Führung sind für mich keine Gegensätze, sondern müssen sich sinnvoll ergänzen, wobei beim Management der Schwerpunkt auf betriebswirtschaftlichen Aufgaben und beim Leadership auf Menschen, Visionen und Emotionen liegt. John P. Kotter hat in diesem Zusammenhang festgestellt, dass viele Unternehmen heute „overmanaged“ und „underled“ sind. Die Führungskraft der Zukunft ist für ihn ein „Leader-Manager“, der beide Profile miteinander verbindet.

Netzwerke sind keine Einbahnstraßen. In dem Maße, wie (hoch qualifizierte) Mitarbeiter immer mehr zu Mitunternehmern werden, werden sie auch zu zentralen Bestandteilen dieser Netzwerke, die alle Ebenen des Unternehmens umspannen. Gutes Beziehungsmanagement schließt für Führungskräfte und Mitarbeiter immer auch die Beziehung zum Vorgesetzten ein: „Seinen Vorgesetzen gut zu managen bedeutet, ihn und seinen Kontext zu verstehen, die eigenen Fähigkeiten und Bedürfnisse richtig einzuschätzen und eine Beziehung zu entwickeln und aufrechtzuerhalten, die den Bedürfnissen und dem Arbeitsstil beider entspricht.“ (Kotter, 1999b, S. 22). Die Beziehung sollte die zentralen Bedürfnisse beider Partner erfüllen, und die beiden Partner sollten ihre Stärken addieren und die Schwächen des anderen kompensieren.

## 3.3 Führen heißt loslassen

Die meisten Führungskräfte sehen sich in der Rolle des „Machers“, der Dinge und Menschen bewegt und der alles im Griff hat. Doch in vielen Fällen schießen sie dabei über das Ziel hinaus – über ihr eigenes, das des Unternehmens und das ihrer Mitarbeiter. Im Kielwasser von Managern, die alles selbst und in atemberaubender Geschwindigkeit machen, die im ständigen Aktionismus leben, um sich und anderen ihre Unentbehrlichkeit zu beweisen, dümpeln unmotivierte Mitarbeiter, die Kosten übereilter Entscheidungen und das zerstörte Privatleben der Führungskraft. Führen heißt für mich deshalb auch lassen und loslassen. Den „Griff“ zu lockern ist etwas, was für Manager schwer, aber absolut notwendig zu lernen ist.

### 3.3.1 Wer abgibt, hat die Hände und den Kopf frei

Eine der häufigsten Ursachen für gescheiterte Führungsanstrengungen ist Mikromanagement. Manche Führungskräfte geben einfach nichts aus der Hand, wollen noch die kleinste Kleinigkeit selbst machen oder zumindest kontrollieren. Der Stress und die Überlastung, an denen immer mehr Führungskräfte kranken und die im schlimmsten Fall im Burn-out enden, entstehen aus der Unfähigkeit, loszulassen und abzugeben. Und am Unvermögen, Wichtiges und Dringendes zu unterscheiden, denn in unserer Welt herrscht der Dringlichkeitswahn. Jeder will alles immer sofort, und wir glauben, alles, was eilig ist, auch auf der Stelle erledigen zu müssen – und zwar persönlich. Internet und E-Mail tragen viel zu diesem Wahn bei, denn jede Mail ist binnen Sekunden beim Empfänger auf dem Bildschirm und muss von ihm in kürzester Zeit beantwortet werden.

Gerade Führungskräfte dürfen sich aber nicht im Kleinkram verzetteln und dabei den Blick und die Zeit für das große Ganze verlieren. Wer Aufgaben und Verantwortung – das ist ganz entscheidend – abgeben kann, hat Zeit und Energie für wirklich wichtige Führungsaufgaben und fördert zugleich seine Mitarbeiter. Er lässt sie mit ihren Befugnissen wachsen und schafft ein Klima des Vertrauens und der Partnerschaft. Delegieren ist eine Kunst und das Geheimnis wirksamer Manager. Doch nach wie vor verwalten 80 Prozent der Manager ihre Termine selbst und lediglich 16 Prozent lassen diese Aufgabe von ihrem Sekretariat erledigen. Rund zwei Drittel ihrer Zeit wenden deutsche Führungskräfte allein für das operative Geschäft auf – für die Strategie bleibt da an einem typischen Arbeitstag wenig Zeit. Eine alarmierende Bilanz (vgl. Frankfurter Allgemeine Zeitung, 18.08.2003).

Das operative Abarbeiten darf das strategische, visionäre Planen nicht überlagern und darf den kritischen Überblick von der Kommandobrücke nicht verstellen. Vorgänge, die wirklich wichtig sind, muss eine Führungskraft selbst in die Hand nehmen und entscheiden. Projekte, Aufgaben und Termine, die jedoch nur dringend, aber nicht wichtig sind, lassen sich hervorragend an Mitarbeiter delegieren. Ebenso wie Arbeiten, die standardisiert sind, oder solche, die von anderen besser erledigt werden können. Und alles, was bei näherer Betrachtung weder wichtig noch dringend ist, landet am besten direkt im Papierkorb. Wer klare Prioritäten setzt, hat es leichter, diese Unterscheidung zu treffen, und spart viel Zeit und Kraft. Denn er beschäftigt sich nicht mit Irrelevantem und belastet sein Gewissen nicht mit Aufgaben, die er ständig vor sich herschiebt, weil er keine Zeit für deren Erledigung findet.

Wer nicht effektiv delegiert, führt auch nicht effektiv. Führungskräfte werden nicht dafür bezahlt, alles persönlich zu erledigen. Ihre Aufgabe ist es vielmehr, qualifizierte Entscheidungen zu treffen und dafür zu sorgen, dass die zu erledigenden Aufgaben auf der jeweils geeigneten Hierarchieebene bewältigt werden. Delegieren ist ein Führungsinstrument zur rechtzeitigen Ausführung von Aufgaben – in der vereinbarten Qualität und Quantität, effektiv und unter bestmöglicher Ausnutzung aller Ressourcen. Ziel des Delegierens ist allerdings nicht, dass sich die Führungskraft vor unliebsamen Aufgaben drückt, indem sie ihre Mitarbeiter zum Handlanger macht.

Die goldenen Regeln des Delegierens folgen den fünf W-Fragen:

1. Was ist zu tun? Der Sinn und Zweck der Aufgabe muss klar und die Aufgabenbeschreibung eindeutig sein.

2. Wer ist verantwortlich? Die Verantwortung muss deutlich mit den entsprechenden Befugnissen festgelegt werden.

3. Warum ist die Aufgabe auszuführen? Die Hintergründe und die Bedeutung der Aufgabe für den Gesamtzusammenhang müssen geklärt werden.

4. Wie ist die Aufgabe auszuführen? Die Art und Weise des Vorgehens kann dem Mitarbeiter überlassen werden und sollte nur, wenn unbedingt nötig, vorgegeben werden.

5. Wann muss die Aufgabe erledigt sein? Konkrete, realistische Fristen für Aufgaben und Teilaufgaben inklusive Pufferzeit müssen festgelegt werden. Der Vorgesetzte delegiert zusammen mit der Aufgabe auch die nötigen Kompetenzen, Informationen und die Verantwortung. Führung und Kontrolle bleiben Aufgabe der Führungskraft.

Delegieren hat viele Vorteile: Die Kapazität der Führungskraft wird für andere Aufgaben freigehalten; die Kenntnisse, Erfahrungen, Fertigkeiten und Potenziale der Mitarbeiter werden besser genutzt; die Mitarbeiter entwickeln sich weiter; die Zahl der Problemlöser steigt; die Zufriedenheit der Mitarbeiter steigt; ihre Verantwortungsbereitschaft und ihr Qualitätsbewusstsein, aber auch ihr Engagement werden gefördert.

Warum geben dann so viele Führungskräfte so wenig aus der Hand? Hauptsächlich aus Angst, die Kontrolle zu verlieren, aus der Überzeugung ihrer eigenen Unentbehrlichkeit, aus Misstrauen ihren Mitarbeitern gegenüber, aus Angst vor Konkurrenz, aus Gewohnheit oder Mangel an Überblick oder aus Geheimniskrämerei.

Mut zum Loslassen, Mut zur Reduzierung und Mut zum Papierkorb – das sind Tugenden erfolgreicher Führungskräfte. Sie springen nicht auf jeden vorbeirasenden Zug auf, sondern verfolgen ihre Ziele und lassen sich weder hetzen noch vom Kurs abbringen. Sie reservieren sich konsequent Zeit für ihre A-Prioritäten und schotten sich vom Alltagstrubel ab, um konzentriert und diszipliniert an ihnen zu arbeiten. Wenn dann noch Zeit bleibt, werden die B-Prioritäten erledigt. C-Prioritäten werden delegiert oder ruhig auch mal „ausgesessen“, bis sie sich von allein erledigt haben. In vielen Fällen muss man nämlich gar nicht sofort handeln.

Loslassen bedeutet auch, sich nicht vor lauter Perfektionismus an einem Thema sinnlos festzubeißen. Nach dem Pareto-Prinzip genügen 20 Prozent der Zeit, um 80 Prozent des Ergebnisses zu erreichen. Um die restlichen 20 Prozent bis zum perfekten Ergebnis zu erzielen, muss man jedoch 80 Prozent der Zeit aufwenden – eine Rechnung, die sich nicht lohnt. Die Leistung einer guten Führungskraft liegt auch darin zu erkennen, wann welcher Aufwand wirklich notwendig ist, statt kostbare Zeit und Kraft dafür zu verschwenden, die eigene Arbeit perfekt erscheinen zu lassen (vgl. Seiwert, 2002, S. 32-59).

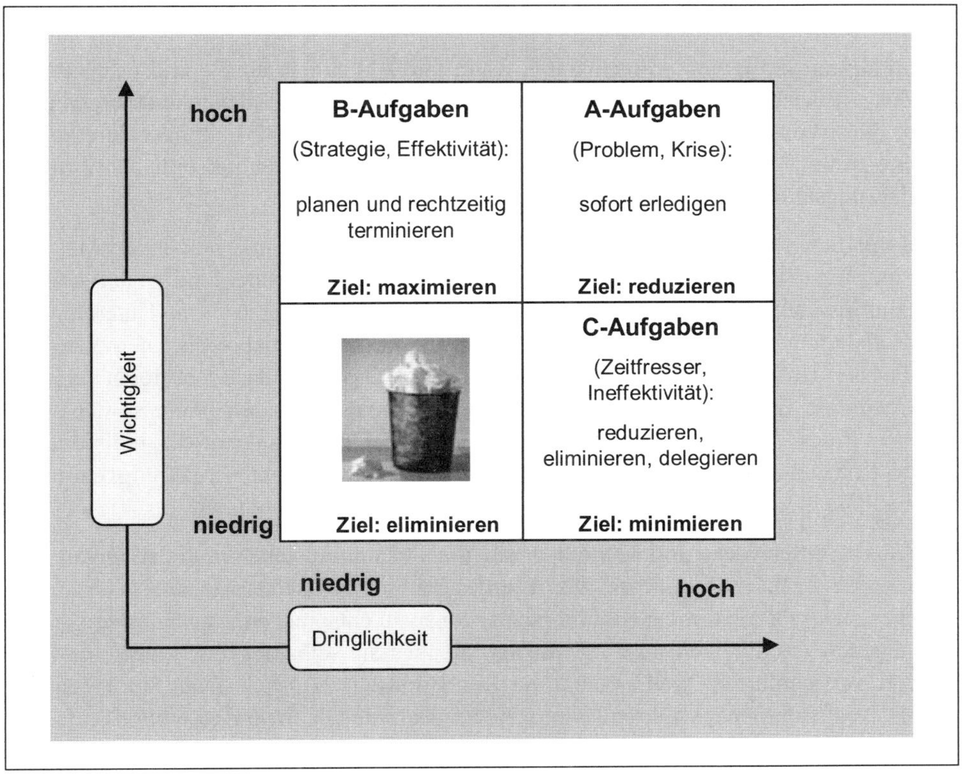


Quelle: Seiwert, Lothar J.: Das neue 1x1 des Zeitmanagement, München 2002

**Abbildung 13:** Wichtige versus dringende Aufgaben

Erfolgreiche Führungskräfte formulieren ihre Ziele „smart“, das bedeutet *s*pezifisch, *m*essbar, *a*ktionsorientiert bzw. *a*ffirmativ, *r*ealistisch, *t*erminiert. Diese Vorgehensweise macht Ziele konkret, überprüf- und erreichbar. Die Ziele werden auf genau definierte und ehrgeizige, aber realisierbare Einzeletappen aufgeteilt, und jede Etappe sowie das Endziel bekommen konkrete Termine. Zu hoch gesteckte Ziele entmutigen nämlich, zu schwammige Visionen können nicht umgesetzt werden, und Ziele ohne Zeitplan werden bloß auf die berühmt-berüchtigte „lange Bank“ geschoben.

Zeitmanagement ist wichtig, doch es macht keinen Sinn, jede Minute des Tages zu verplanen. Das hinterlässt nur ein permanentes Gefühl der Unzufriedenheit und Getriebenheit, weil man mal wieder von den 35 Posten auf der To-Do-Liste nur 17 abgearbeitet hat oder zwei Stunden hinter dem eigenen Zeitplan herhechelt, die man nie wieder aufholen kann. Besser ist es, von vornherein Pufferzeiten für Unvorhergesehenes wie spontane Meetings, unangemeldete Besucher, längere Telefonate usw. einzuplanen. Bei der Tagesplanung sollte eine Führungskraft ihren persönlichen Leistungsbiorhythmus beachten: Manche können morgens am meisten leisten und am konzentriertesten arbeiten, andere laufen erst abends zur Hochform auf. In diese Zeiten sollten die wichtigen, großen Projekte und strategischen Entscheidungen gelegt werden – wenn möglich.

Gute Führungskräfte wissen rechtzeitig, wann ihre Akkus leer sind – und nehmen sich die Zeit, sie wieder aufzuladen. Sie achten auf ihre Work-Life-Balance und sorgen auch dafür, die Arbeitskraft, Motivation und Leistungsfähigkeit ihrer Mitarbeiter zu erhalten. Ein modernes Personalmanagement schafft Instrumente, um den persönlichen Zeitplan der Führungskräfte ausgeglichen zu gestalten.

Dazu gehören vor allem auch ein gezielter Ressourceneinsatz und präventive Maßnahmen im privaten Gesundheitsmanagement. Beides hat einen großen und weiter steigenden Einfluss auf die Wirtschaftlichkeit und Wettbewerbsfähigkeit von Unternehmen. Personalabteilungen agieren damit im Sinne der Work-Life-Balance als interne Berater und Partner der Unternehmensleitung. Gerade im mittleren Management treten verstärkt stressbedingte Erkrankungen auf. Hier gilt es gegenzusteuern, im Interesse der Menschen und des Unternehmens. Nach einer Ursachenanalyse sind auf der individuellen Ebene Coachings zu den Themen Zeit- und Selbstmanagement, Ernährungsseminare, regelmäßige medizinische Check-ups oder Sportangebote zu empfehlen.

Unsicherheit, Schwäche und Müdigkeit haben als Gemütszustände in vielen Organisationen keinen Platz. Es dominiert das Bild des stets dynamischen Managers. Und viele strengen sich sehr an, diesem Bild möglichst genau zu entsprechen. Dabei verleugnen sie ihre eigene Persönlichkeit, und irgendwann glauben sie selbst an das angestrebte Bild. Doch das ist gefährlich, weil es nicht nur zum Burn-out, zu psychischen Störungen und depressiven Stimmungen führen kann, sondern auch die Glaubwürdigkeit und Authentizität der Führungskraft aushöhlt. Es gibt einen großen Unterschied zwischen gespielter und tatsächlicher Stärke und beide schließen sich letztlich aus.

Man könnte auch sagen, dass nur Führungskräfte, die auch schwach sind, wirklich stark sind. Ich meine, als Führungskraft kann ich vor den eigenen Mitarbeitern auch einmal irritiert, ratlos und verärgert erscheinen. So entsteht eine Nähe, die der Glaubwürdigkeit der Führungskraft dient. Ohne das Zulassen von scheinbar negativen Gefühlen wie Angst, Wut und Trauer wird es keine Entwicklung geben.

Der Burn-out ist in erster Linie keine Folge von zu hoher Arbeitsbelastung, sondern er resultiert vielmehr aus der inneren Einstellung zur Arbeit, daraus, wie ein Mensch seine Arbeit erlebt. Menschen, die sich mit ihrer Arbeit identifizieren, sie als sinnvoll und erfüllend betrachten, empfinden eine hohe Arbeitsbelastung als fordernd, aber nicht als überfordernd oder stressig. Eine wirksame Therapie gegen das Ausbrennen ist deshalb das Loslassen von überzogenen inneren Erwartungen, Perfektionismus und selbst gemachtem Zeitdruck und die Befreiung von Fremdsteuerung (vgl. Sprenger, 1999, S. 114).

### 3.3.2 Freiräume erobern

In vielen Fällen steckt hinter dem unisono gesungenen Klagelied über mangelnde Ressourcen und fehlende Zeit noch etwas anderes: die Angst der Führungskräfte, nach dem eigenen Urteil zu handeln. Stattdessen sind sie den ganzen Tag vollauf damit beschäftigt, das zu tun, was andere ihrer Meinung nach von ihnen erwarten. Etwa 90 Prozent der Führungskräfte, so verschiedene Schätzungen, verschwenden dadurch ihre kostbare Zeit und reduzieren ihre Produktivität – trotz gut definierter Projekte und Ziele und obwohl sie das nötige Know-how für ihren Job besitzen.

Sie sind in die Ineffizienzfalle gegangen, weil sie meinen, nicht genügend persönliche Verfügungsfreiheit zu besitzen. Dabei ist die Fähigkeit, die Initiative zu ergreifen, die wichtigste Eigenschaft jedes erfolgreichen Managers. Die wirklich effektiven Führungskräfte vertrauen auf ihr eigenes Urteil und betrachten ihre Situation aus einer langfristigen, umfassenden und übergeordneten Perspektive. Sie brechen aus vorgegebenen Handlungsstrukturen und erstarrten Erwartungshaltungen aus und übernehmen die Kontrolle über ihren Job, statt sich von ihm kontrollieren zu lassen.

Gute Führungskräfte haben gelernt, Anforderungen zu managen, und überwinden so das Gefühl der permanenten Überforderung. Sie arbeiten zielgerichtet, statt ständig nur Feuerwehr zu spielen, weil es immer irgendwo „brennt“. Sie schaffen Ressourcen und entwickeln einfallsreiche Strategien, um reale oder vermeintliche Beschränkungen zu überwinden, und befolgen nicht blind irgendwelche „strikten Befehle von oben“. Kurz: Effektive Führungskräfte arbeiten nicht im engen Rahmen individueller Aufgaben, sondern im breiten Kontext ihres Unternehmens und ihrer Karriere. Sie haben eine aktive und keine reaktive Haltung

Effektivität ist eine der wichtigsten Eigenschaften erfolgreicher Führungskräfte, und sie kann erlernt werden. Peter F. Drucker hat fünf Regeln für eine effektive Arbeitsweise formuliert:

1. Eine effektive Führungskraft verfügt über ein gutes Zeitmanagement, um die wenige ungestörte Zeit in Wirtschaftlichkeit umzusetzen.
2. Sie konzentriert sich mehr auf das Ergebnis als auf die Tätigkeit.
3. Sie stützt sich auf die positiven Kräfte anstatt auf die Schwächen.
4. Ein effektiver Vorgesetzter setzt klare Prioritäten für einige wenige, aber zentrale Gebiete und die Erfüllung erstrangiger Aufgaben.
5. Als Letztes trifft eine effektive Führungskraft nur fundierte und keine übereilten Entscheidungen (vgl. Drucker, 1967, S. 44-47).

Um die Gewohnheit ständiger Hektik zu bekämpfen, müssen Manager sich von dem Bedürfnis nach Unersetzlichkeit befreien und dürfen sich nicht im Gefühl ihrer großen Bedeutung sonnen. Es ist einfacher, spontan Brände zu löschen, statt konsequent Prioritäten zu setzen und danach zu handeln. Doch wenn Manager Wahlmöglichkeiten nicht nutzen, weil sie den eigenen Spielraum von vornherein einengen, verzichten sie ohne Not auf Optionen. Viele Führungskräfte erliegen dem Irrtum, für Vorgesetzte und Mitarbeiter ständig erreichbar sein zu müssen. Vor allem junge Manager fühlen sich geschmeichelt von dem Wettbewerb um ihre kostbare Zeit. Und je beschäftigter sie sind, desto wichtiger kommen sie sich vor. Sie wollen es um jeden Preis allen recht machen – ein aussichtsloses Unterfangen, das letztlich für alle unbefriedigend ist.

Die Unterschiede zwischen Führungskräften, die die Initiative ergreifen, und den anderen treten besonders in Zeiten größeren Wandels hervor, wenn die Arbeit chaotisch und unstrukturiert verläuft. Manager, die sich dabei aufreiben, realen oder antizipierten Erwartungen der Umwelt zu genügen, lassen sich durch das Fehlen einer festen Struktur verwirren und lähmen. Effektive Führungskräfte aber versuchen, ihre Spiel- und Handlungsräume auszudehnen, sie erweitern ihre Möglichkeiten und verfolgen ihre Ziele – also die des Unternehmens – unbeirrt und auf ungewöhnlichen Wegen.

### 3.3.3 Freiräume geben

Jede Führungskraft hat eine klare Vorstellung davon, wie ihre Mitarbeiter sein sollten, und sie beurteilt sie nach ihren – nur in den seltensten Fällen hinterfragten – Maßstäben. Loslassen bedeutet hier das Zulassen der Persönlichkeit des Mitarbeiters. Es bedeutet, ihn so zu nehmen, wie er ist und alles zu unterlassen, um ihn zurechtzubiegen (vgl. Sprenger, 1999, S. 218).

Ein wirklich guter Manager macht sich überflüssig. Er erzielt die größte Wirkung nicht über sein eigenes Wissen, sondern über die Fähig- und Fertigkeiten seiner Mitarbeiter und würdigt dies auch. Er ermächtigt, fördert und fordert seine Mitarbeiter, bedenkt bei seinen Entscheidungen, welche Auswirkungen sie auf die Entwicklung seiner Leute haben. Er stellt sicher, dass das Unternehmen auch ohne ihn läuft, und er bildet frühzeitig seinen Nachfolger heran.

Mitarbeiter erwarten heutzutage von ihrer Arbeit größere Chancen, sich mit ihrem ganzen Persönlichkeitspotenzial einzubringen. Sie wollen als Person einbezogen werden und sie möchten ihre Fähigkeit zur Selbstorganisation und zum autonomen Handeln einsetzen. Es geht nicht mehr um die Frage: „Leben, um zu arbeiten, oder arbeiten, um zu leben?“ Die Menschen wollen beim Arbeiten leben – und nicht erst hinterher. Reinhard K. Sprenger formuliert es so: „Die einzige Organisation, für die wir alle arbeiten, heißt ‚Ich‘. Unternehmen bieten aber selten das Spielfeld, dieses ‚Ich‘ auszuprobieren und ein glückliches Leben auch im Beruf zu führen: die Möglichkeit, selbst bestimmt, selbst organisiert und selbst kontrolliert zu leben, und damit das größte Abenteuer überhaupt, die eigene Persönlichkeit kennen zu lernen und die eigenen Grenzen durch Lernen zu überschreiten.“ (Sprenger, 1999, S. 239).

Was Mitarbeiter brauchen, ist Freiraum. Die Größe des Freiraums wird bestimmt durch:

1. das Maß an Wahlmöglichkeiten, Selbstbestimmung und Entscheidungsfreiraum innerhalb des definierten Aufgabenbereichs;
2. das Maß an Deregulierung der Arbeit durch Wegfall nicht zwingend notwendiger Richtlinien, Policies und Vorschriften;
3. den Zeitanteil für selbstständige und schöpferische Tätigkeit;
4. die Menge von Aufgaben und Projekten jenseits des fixierten Aufgabenbereichs, die dem Mitarbeiter aufgrund von Talent und Neigung besonders interessant erscheinen, und
5. die erforderlichen Lernaktivitäten.

Führen, so Sprenger, bedeutet die Überwindung des einengenden Kästchen-Denkens und das Zulassen und Fordern von Grenzüberschreitungen. Wir können es uns nicht mehr leisten, stellt Sprenger in Anlehnung an Peter F. Drucker fest, wie in der Vergangenheit Menschen für eng umgrenzte Job-Profile zu suchen. Wir müssen stattdessen Jobs für Menschen kreieren, um Multi-Talente zu nutzen und die Menschen mit ihrer facettenreichen Persönlichkeit und ihren individuellen Zielen in das Unternehmen „einzubauen“. Organisationen um Menschen herum bauen, nicht Menschen in bestehende Strukturen pressen – das ist das Gebot für heutige Führungskräfte (vgl. Sprenger, 1999, S. 240 f.).

Wenn Führungskräfte ihre Mitarbeiter endlich von der Leine lassen, befreien sie sich auch selbst vom Zwang, andere ständig kontrollieren zu müssen, von der eingebildeten Notwendigkeit, immer alles selbst machen zu müssen, und vom Perfektionismus. Und sie bringen ihr Unternehmen voran.

### 3.3.4 Spitzenkräfte führen?

Das eben Gesagte gilt für alle Mitarbeiter – wenn auch in unterschiedlichem Maße –, aber besonders für so genannte „High Potentials“. Wissensarbeit gewinnt immer mehr an

Bedeutung, und immer mehr Tätigkeiten werden inzwischen von qualifizierten Spezialisten ausgeübt. Sie brauchen eine andere Führung. Eigentlich ist das ein Widerspruch in sich, denn Topleute lassen sich nicht „führen". Um mit Profis zusammenzuarbeiten und das Beste aus ihnen herauszuholen, muss man ihnen zwei Dinge bieten: Herausforderungen und Freiheit.

Spitzenleister werden allein durch fordernde, spannende, sinnvolle und nachhaltige Aufgaben zu Bestleistungen angespornt. Sie arbeiten, um etwas zu bewegen, etwas Neues zu schaffen, an der Zukunft mitzubauen, etwas Bleibendes zu hinterlassen. Sie haben Spaß an Tätigkeiten, in die sie sich mit all ihrem Wissen einbringen können und bei denen sie zugleich etwas Neues lernen, sich weiterentwickeln können.

Wenn ein Unternehmen ihnen dies nicht (mehr) bieten kann oder eine Führungskraft ihre Top-Performer nicht richtig einsetzt, ziehen sie weiter. Sie haben in der Regel keine starke Bindung an einzelne Unternehmen und keine Angst vor dem Wechsel. Sie sind selbstbewusst, flexibel und mobil. Es besteht kein einseitiges Abhängigkeitsverhältnis von Arbeitgeber und Arbeitnehmer, sondern eine symbiotische Beziehung, in der beide Seiten gleichermaßen aufeinander angewiesen sind.

Das alte Kontrollsystem ist hier schon längst passé. Die Führung von Spitzenleuten setzt gemeinsame Wertvorstellungen, Maßstäbe und Prioritäten voraus sowie eine angemessene Information darüber, wie die Aufgaben des Mitarbeiters in die Unternehmensstrategie passen. Führungskräfte müssen Profis die Möglichkeit geben, sich ihre Projekte selbst auszusuchen und ihren Tagesplan individuell zu bestimmen. Profis trainieren selbstständig, um ihre Leistung ständig zu verbessern, und die Gängelung durch einen Vorgesetzten würde ihr persönliches Engagement nur bremsen. Außerdem bedarf es der ständigen Übermittlung von Verfahrenswerten und eines regelmäßigen Feedbacks direkt an den Mitarbeiter, damit er seine Leistungen selbst beurteilen und steuern kann. Zu diesem Feedback gehört auch der systematische Transfer der besten Praktiken. Starke Incentives für High Potentials sind Anerkennung und Zukunftsperspektiven; ihnen geht es nicht primär um Geld oder um Arbeitszeiten (vgl. Moss Kanter, 1998, S. 63 ff.).

Auch in unseren Nachbarländern lässt sich ein Umdenken in diese Richtung beobachten: Während im Hause Fiat der ehemalige CEO Giuseppe Morchio noch nach Art eines Feldmarschalls seine Mannschaft bis in Detail kommandieren wollte, liegt unter der Führung seines Nachfolgers Sergio Marchionne und des neuen Fiat-Präsidenten Luca di Montezemolo der Schwerpunkt auf Zusammenarbeit und Delegation. Den Mitarbeitern ehrgeizige Ziele setzen, ihnen aber auch Freiraum und die bestmöglichen Arbeitsbedingungen zu schaffen, das sind die neuen Führungsprinzipien, die bisher nur bei Ferrari umgesetzt wurden, die sich jetzt aber auch Fiat auf die Fahnen geschrieben hat.

Im europäischen Vergleich fördern deutsche Unternehmen ihre Topleute wesentlich kostenintensiver als die Konkurrenz in den Nachbarländern. Das ergab eine Umfrage der Unternehmensberatung USP Consulting GmbH bei jeweils 100 Unternehmen in Deutschland und sechs weiteren europäischen Ländern. 2 778 Euro geben die deutschen Personaler jährlich im Schnitt für die „Entwicklung" einer Führungskraft aus. In Großbritannien und Frankreich sind es gerade mal 332 bzw. 219 Euro. Das sieht auf den ersten Blick gut aus. Aber wie so oft offenbart der zweite Blick ein anderes Bild: Die deutsche Unternehmenselite verbringt nämlich durchschnittlich nur 7,5 Tage im Jahr mit Fortbildungskursen – in anderen Ländern sind es dagegen rund 12 Tage.

Die hohen Investitionen in die Führungskräfteentwicklung in unserem Land sind also kein Zeichen für deren Stellenwert und Quantität, sondern das Ergebnis höherer Fortbildungskosten. Und das, was an Seminaren angeboten wird, wird oft nach dem „Gießkannenprinzip“ oder mehr oder weniger zufällig verteilt: Wer seit einem Jahr kein Seminar mehr bekommen hat, wird einfach irgendwohin geschickt, ohne Rücksicht auf die Entwicklungspotenziale der Führungskraft oder den Bedarf des Unternehmens.

Auch fehlt es in vielen deutschen Firmen an systematischen und individuellen Karriereplänen. Diese Fakten sprechen leider eine andere Sprache als die schöne Zahl der Ausgaben für die Führungskräfteentwicklung. Sie müsste entsprechend ihres wirklichen und theoretisch auch von den meisten Unternehmen erkannten Stellenwertes auf höchster Ebene angesiedelt sein. Doch wie viele Personalentwickler arbeiten letztlich nah an den Vorständen und Geschäftsführungen deutscher Unternehmen? Wie ist es überhaupt um den Stellenwert und damit auch den Einfluss eines HR-Managers in Deutschland bestellt?

### Dirigieren statt diktieren

Der amerikanische Führungsexperte Henry Mintzberg vergleicht die Führung hoch qualifizierter Fachleute mit der Leitung eines Orchesters. Ein Symphonieorchester gleicht vielen anderen professionellen Organisationen, die um die Arbeit von hoch qualifizierten Menschen herum aufgebaut sind, die auch ohne vorgeschriebene Verfahrensgänge oder Tätigkeitsbeschreibungen wissen, was sie tun müssen und dies auch tatsächlich tun. Verdeckte, „stille“ Führung spielt also eine größere Rolle als augenscheinliches, offenes Führen.

In einem Orchester sorgt nicht die Führungsrolle, sondern die Tätigkeit an sich für Struktur und Koordination. Jeder ist für sein Spiel und seine Vorbereitung selbst verantwortlich und weiß genau, wann sein Einsatz kommt. Genauso bedürfen die meisten Wissensarbeiter kaum einer direkten Aufsicht durch Vorgesetzte – im Gegenteil: Kontrolle und Vorgaben lähmen und demotivieren sie nur. Dirigieren bedeutet in erster Linie Aufgaben zu übertragen, zu Entscheidungen zu ermächtigen, Tempo und Takt vorzugeben und die Leistung der einzelnen Künstler in Harmonie zusammenzuführen. Dafür ist der Dirigent unerlässlich, gerade bei großen Orchestern.

Der Dirigent führt das Orchester nicht wie ein Außenstehender, auch wenn sein erhöhter Standort dies vermuten ließe. Er arbeitet als Teil des Orchesters am „Projekt Konzert“. Ein gutes Symphonieorchester benötigt beides: hervorragend ausgebildete, talentierte Musiker und eine unangefochtene Führungsperson, deren Autorität von allen anerkannt wird. Sie schafft ebenso unauffällig, wie sie führt, ein gemeinsames Klima, das wahre Kunst braucht, um sich zu entfalten. Ähnlich wie in modernen Organisationen stammen die Musiker aus verschiedenen Ländern und Kulturen und kommen nur zu den Proben zusammen – wenn überhaupt. Orchestermusiker brauchen kein Empowerment. Was sie von ihrem Leiter brauchen, ist vielmehr Inspiration.

Die Vorgehensweise eines herausragenden Dirigenten wie Bramwell Tovey vom Winnipeg Symphony Orchestra, den Mintzberg bei seiner Arbeit begleitet hat, ist geprägt von zwischenmenschlichen Belangen, die er in seinem Hinterkopf mit sich herumträgt. Profis müssen kaum unterwiesen oder beaufsichtigt, dafür aber beschützt und unterstützt werden. Deshalb muss der Dirigent bzw. die Führungskraft im Unternehmen darauf achten, die Beziehungen der Organisation nach draußen richtig zu managen. Beziehungspflege zu wichtigen Außenstehenden und Interessengruppen ist eine wesentliche Seite von Führung. Innere und äußere Beziehungen müssen dabei aufeinander abgestimmt sein, sonst entsteht Disharmonie.

Das Beispiel Toveys zeigt, was Führen heute bedeutet: Nuancierung und Beschränkung – und nicht Gehorsam und aufgezwungene Eintracht. „Vielleicht sollten wir von dieser Form verdeckten Führens im gewöhnlichen Management weit mehr Gebrauch machen: anstelle von Führungsaktionen an sich und für sich – Motivieren, Coachen und so weiter – unaufdringliche Führungshandlungen, die bei allen Dingen, die ein Manager unternimmt, inspirierend wirken." (Mintzberg, Harvard Business Manager 3/1999, S. 9-16), so die Schlussfolgerung von Mintzberg.

Ich teile diese Schlussfolgerung voll und ganz, und auch meine Erfahrungen mit Top-Performern zeigen die Notwendigkeit zum Umdenken. Für die Führungskräfte ist es an der Zeit, von ihren Podesten herunterzusteigen und das „Management der leisen Töne" zu lernen.

Henry Mintzberg hat auf der Basis seiner jahrzehntelangen Praxis-Arbeit mit Managern ein integriertes Führungsmodell entworfen. Nach diesem Modell spielt sich Führungsarbeit auf drei aufeinander folgenden Ebenen ab, sowohl innerhalb als auch außerhalb der Organisationseinheit. Da ist erstens die Informationsebene, auf der Top-Manager eng mit anderen Führungskräften agieren, zweitens die Ebene aller Beteiligten und drittens die Handlungsebene. Der Chef kann auf jeder dieser Ebenen eingreifen, muss dann aber auch auf den anderen beiden Ebenen tätig werden.

Das Verhalten der Führungskräfte kann sich auf Informationen stützen, doch wirkungsvoll ist es nur, wenn dadurch Menschen zum Handeln veranlasst werden. Ebenso kann sich Führungsverhalten auf Menschen richten, muss aber, um zielführend zu sein, wiederum zum Handeln anregen. Aus dem Agieren auf den drei Ebenen nach innen und außen ergeben sich auch die wichtigsten Führungsrollen nach Mintzberg: Kontrollieren und Kommunizieren (Führung mittels Information), Leiten und Verbinden (Führung durch Menschen) sowie Handeln und Verhandeln (Führung durch direkte Einflussnahme).

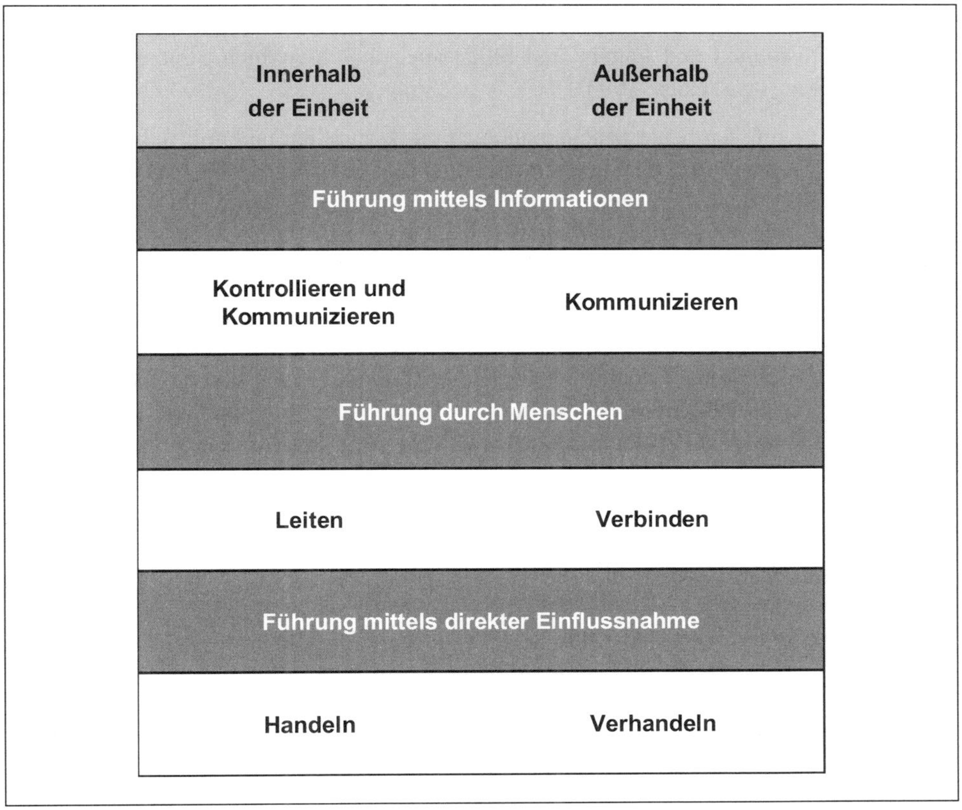


Quelle: Gosling, Jonathan/Mintzberg, Henry: Die fünf Welten eines Manager, Harvard Business Manager, 4/2002

**Abbildung 14:** Integriertes Führungsmodell nach Mintzberg

## 3.4 Führen heißt Gegensätze aushalten

Führen ist kein linearer Prozess, sondern ein ständiges Ringen um die bestmögliche Lösung. Der Alltag einer Führungskraft ist geprägt durch Widersprüche, Gegensätze, Zwickmühlen und Konflikte, die sie lösen muss. Das lernt der Führungsnachwuchs nicht an der Uni. In Lehrbüchern klingt alles einfach, logisch und geradlinig. Doch wo immer Menschen miteinander leben oder arbeiten, sind Umwege, Auseinandersetzungen und Kompromisse unvermeidbar. „In flexiblen Strukturen braucht man eine starke Führung, die den Wandel, den Zweifel und das Widersprüchliche begrüßt und nicht als Bedrohung erlebt“, fordert Reinhard K. Sprenger mit Recht (vgl. Sprenger, Personalführung 6/2001, S. 82-83). Eine wichtige Qualität, die gute Führungskräfte auszeichnet, ist Klarheit. Mit

Klarheit, Sachlichkeit und Konsequenz verhandeln und vermitteln sie zwischen widerstreitenden Positionen und Lagern und fällen auch in schwierigen Situationen sichere Entscheidungen (vgl. Handy, 1993).

Führungskräfte müssen heute zunehmend auch mit kulturellen und politischen Differenzen umgehen – zwischen Ländern, Unternehmen oder Teilen der Belegschaft. Früher wurden Konflikte unter den Teppich gekehrt, das können sich Unternehmen heute nicht mehr leisten. „Führungskräfte sollten Unbehagen fördern. Das Gefühl des Behagens kann eine falsche Sicherheit wecken." (Moss Kanter, 1998, S. 72).

Führungskräfte werden heute nicht nur mit den in Teil I beschriebenen Paradoxien unserer Zeit konfrontiert, sondern auch mit den im Führungsprozess selbst innewohnenden Dilemmata. Sie müssen damit leben, dass bestimmte Gegensätze in Rahmenbedingungen, Interessen und Zielen sich nicht überwinden, nicht vereinen lassen. Das zwingt sie zu einem Spagat und zu nicht immer leichten Kompromissen, die sie innerlich und nach außen rechtfertigen müssen.

### 3.4.1 Management-Dilemmata

Eine Führungskraft muss nicht nur die gegensätzlichen Positionen von Mitarbeitern untereinander oder von sich und bestimmten Mitarbeitern oder Vorgesetzten aushalten können. Sie muss auch in und mit sachlichen Widersprüchen leben können, aus denen es keinen eindeutigen Ausweg gibt, so genannten „Management-Dilemmata". Die innere Zwiespältigkeit des Führens erfordert täglich Kompromisse zwischen Alternativen, die jeweils beide unverzichtbar oder beide gefürchtet sind – die Wahl zwischen Pest und Cholera sozusagen. Jede Führungskraft findet sich irgendwann in folgenden 13 Zwickmühlen wieder (vgl. Neuberger, 2002, S. 342-347):

#### 1. Mitarbeiter als Mittel oder Zweck

Arbeitsteilung, Zielvorgaben, Mittelknappheit, Marktkonkurrenz oder Kooperationssicherung erfordern es, dass die Führungskräfte Mitarbeiter auch als Mittel zur Zielerreichung oder als Kostenfaktor ansehen, selbst wenn sie sich noch so sehr um eine faire, partnerschaftliche Behandlung der Mitarbeiter bemühen.

#### 2. Gleichbehandlung oder Eingehen auf den Einzelfall

Zum einen ist es Aufgabe der Führungskraft, die Individualität und die persönliche Entfaltung und Entwicklung jedes einzelnen Mitarbeiters zu achten und zu fördern, ihn als ganzen Menschen wertzuschätzen. Zum anderen ist für die Organisation und den Arbeitsprozess nur ein Teil dieses Menschen, vor allem seine Fachkompetenz und Arbeitsleistung, relevant. Führungskräfte wandeln auf einem schmalen Grat zwischen menschenverachtender Gleichmacherei und dem Vorwurf der persönlichen Begünstigung.

### 3. Distanz oder Nähe

Dieser Zwiespalt könnte auch heißen: Sachlichkeit oder Emotionalität. Unnahbare, coole, beherrschte und neutrale Vorgesetzte, die sich selbst und ihre gesamte Umwelt rein rational und sachlich betrachten, sind nicht dazu geeignet, Menschen zu führen. Extrem weiche, emotionale, übertrieben mitfühlende Chefs haben dagegen nicht das nötige Durchsetzungsvermögen und die notwendige Autorität. Sie setzen sich schnell dem Verdacht der Irrationalität und Entscheidungsschwäche aus.

### 4. Fremdbestimmung oder Selbstbestimmung

Führungskräfte müssen Ordnung, Transparenz, Berechenbarkeit und Koordination gewährleisten. Dazu sind Grenzen und Vorgaben nötig. Zu enge Regeln, Vorschriften und Tätigkeitsbeschreibungen jedoch strangulieren Kreativität, Begeisterung, Identifizierung und Selbstständigkeit. An ihre Stelle rücken Linientreue, Abhängigkeit und Unmündigkeit.

### 5. Spezialisierung versus Generalisierung

Um die Leistung ihrer Mitarbeiter richtig beurteilen und die Menschen mit ihren Fähigkeiten am richtigen Platz optimal einsetzen zu können, muss eine Führungskraft über Sachverstand und Detailwissen verfügen. Zu sehr in Einzelheiten vertieft, droht sie sich zu verzetteln und ihren Überblick und ihre Integrationsfähigkeit zu verlieren. Zudem fehlt es dann an der Zeit für die eigentlichen Führungsaufgaben.

### 6. Gesamtverantwortung contra Einzelverantwortung

Führungskräfte sollen und müssen in ihrem und dem Interesse ihrer Mitarbeiter delegieren – und zwar nicht nur Aufgaben, sondern auch die damit verbundene Verantwortung. In der Praxis läuft es jedoch so, dass der Chef für einen Fehler seines Untergebenen zur Rechenschaft gezogen wird, weil man erwartet, dass er sich für alles, was in seinem Führungsbereich geschieht, verantwortlich fühlt.

### 7. Bewahrung oder Veränderung

Führung ist ein ständiger Spagat zwischen der Erhaltung notwendiger Strukturen, Werte und Regeln und der notwendigen Anpassung an Veränderungen der Umwelt. Konstanz, Stabilität und Tradition schaffen Verhaltenssicherheit und Transparenz. Doch Stillstand gefährdet den Bestand und die Entwicklung des Unternehmens. Die Führungskraft muss also gleichzeitig – auch gegen Widerstände – Veränderungen anregen und durchsetzen und Mitarbeitern die für ihre tägliche Arbeit nötige Sicherheit und Orientierung bieten.

### 8. Konkurrenz versus Kooperation

Wettbewerb ist ein Motor des Wachstums. Konflikte bringen neue Lösungen hervor, und Konkurrenz schafft Leistung. In unserer wettbewerbsorientierten, um knappe Ressourcen kämpfenden Wirtschaft zählt vor allem die olympische Maxime des „schneller, höher, weiter“. Doch für das Überleben und die Leistungsfähigkeit einer Organisation, deren wichtigste Ressource die Menschen sind, die für sie arbeiten, kommt es genauso auf „weiche“ Faktoren wie Freundlichkeit, Geduld, Hilfsbereitschaft, Einfühlungsvermögen und Genügsamkeit an. Die ideale Führungskraft wäre demnach ein „kooperativer Tiger“.

### 9. Aktivierung oder Zurückhaltung

Führung bedeutet Aktivität. Führende sind „Macher“, sie bringen und halten Dinge und Menschen in Bewegung. Doch Vorgesetzte sollten nicht nur leiten, sondern auch loslassen können, denn gute Mitarbeiter müssen nicht angeschoben werden, sie ziehen die nötige Motivation aus ihrer Tätigkeit und aus sich selbst (intrinsische Motivation). Führungskräfte müssen in der Lage sein, sich selbst zurückzunehmen, andere machen zu lassen und dort aktiv einzugreifen, wo es wirklich nötig ist.

### 10. Innenorientierung contra Außenorientierung

Eine Führungskraft muss Beziehungen nach innen und außen knüpfen und pflegen: Sie muss für „ihre“ Leute präsent und verfügbar sein und parallel dazu Netzwerke außerhalb des Unternehmens unterhalten. Die Vernetzung im Gesamtsystem und in der Umwelt ist wichtig, um Informationen und Ressourcen zu sichern, zieht jedoch Zeit und Energie von der Pflege der internen Beziehungen ab und schwächt den Rückhalt der Führungskraft bei der eigenen Mannschaft.

### 11. Zielorientierung oder Verfahrensorientierung

Hinter diesem Dilemma stecken zwei andere Gegensatzpaare: Misstrauen versus Vertrauen und Kontrolle versus Selbstständigkeit. Zielorientierung bedeutet, dass die Führungskraft darauf vertraut, dass die Mitarbeiter selbstständig, zuverlässig und loyal arbeiten und vereinbarte Ziele aus eigener Motivation heraus erreichen. Der Chef kontrolliert nur das Ergebnis, nicht den Weg dorthin. Das ist jedoch für viele Führungskräfte eine Utopie und deshalb kontrollieren sie auch den Prozess.

### 12. Belohnungsorientierung oder Werteorientierung

Belohnungsorientierung bedeutet, dass die Mitarbeiter nur dann gute Leistungen bringen, wenn ihnen äußere Anreize und handfeste Gegenleistungen geboten werden, weil sie nur auf ihren eigenen unmittelbaren Nutzen aus sind. Eine werteorientierte Person dagegen handelt aus eigenem Antrieb, weil die Aufgabe sie fasziniert, sie Spaß an der Arbeit hat oder Befriedigung aus der Lösung eines Problems zieht. Werte, Grundhaltungen und Normen sind dabei die stabilere Grundlage für ein Arbeitsverhältnis als das reine Tauschprinzip Leistung für Gegenleistung.

### 13. Selbstorientierung versus Gruppenorientierung

Die wirtschaftsliberale These von Adam Smith und John Stuart Mill, dass eigennütziges Streben zugleich das Gemeinwohl fördert, ist umstritten. Eine Führungskraft steht immer im Spannungsfeld zwischen ihren persönlichen Motiven und Zielen (die kein Mensch völlig ausschalten kann) und den Unternehmenszielen. Als dritte Variable kommen noch die Ziele der Mitarbeiter hinzu. Was für den einen von Nutzen ist, geht oft auf Kosten der anderen. Nullsummenspiele oder Win-Win-Situationen sind wünschenswert, aber im Alltag oft schwer zu verwirklichen.

Die Führungspersönlichkeit entwickelt sich gerade im Umgang mit diesen Gegensätzen. Hier wird die individuelle, unverwechselbare Handschrift der Führungskraft sichtbar und hier liegt auch die „Belohnung“ für den Stress, den das permanente Auseinandersetzen mit diesen Dilemmas mit sich bringt. Mit wachsender Erfahrung können Führungskräfte Gegensätze leichter managen und wiederkehrende Konflikte besser kanalisieren. Dazu müssen sie sich Freiräume und Handlungskorridore schaffen, in denen sie sich bewegen können. Und sie müssen über sich selbst und ihre Entscheidungen reflektieren, statt reflexartig oder schematisch einfach immer wieder dieselbe Wahl zu treffen. Führungskräfte brauchen ein gutes Auge, d. h. eine ausbalancierte Erfahrung der Realität, um sich den paradoxen Grundstrukturen der Gesellschaft und von Führung an sich erfolgreich stellen zu können (vgl. Sprenger, 2002b, S. 165).

Trotz widersprüchlicher Ziele, konkurrierender Werte und entgegengesetzter Interessen und Bedürfnisse der Beteiligten muss eine Führungskraft in der Lage sein zu handeln. Handeln heißt, sich festlegen und mit den Konsequenzen dieser Festlegung leben. Wichtig ist dabei, dass sie sich – und anderen – die Zwickmühle, in der sie steckt, eingesteht, mit all den damit verbundenen Zweifeln, Ängsten, Ungereimtheiten, mangelnden Informationen und vergebenen Chancen und Kompromissen. Dann heißt es jedoch, die abgelehnten Optionen loszulassen und wieder nach vorn zu schauen.

Doch nicht alle Dilemmata sind wirklich welche. Einige existieren nur in der Wahrnehmung der Führungskraft, weil sie eine andere Lösung des Problems aufgrund ihres persönlichen „blinden Flecks“ nicht sehen kann. Oder weil man manche Situationen vielleicht gar nicht sofort entscheiden muss, sondern einfach aussitzen kann. Oder weil man die Widersprüche sogar besser bestehen lässt. Gegensätze und Konflikte können nämlich auch entwicklungsfördernd sein, weil Wandel die Spannung zwischen Polaritäten braucht. Hier helfen Coaching und Supervision, Fehlwahrnehmungen aufzuklären und Spannungen in positive Energie umzuwandeln.

### 3.4.2 Konflikte als Motor

Im Allgemeinen stellt man sich Führungskräfte als unerschrockene Felsen in der Brandung vor. Dabei scheuen sie häufig vor Konflikten und Auseinandersetzungen zurück. Führungskräfte haben – wie alle Menschen – das starke Bedürfnis, geliebt zu werden und Anerkennung bei Mitarbeitern, Kunden und Vorgesetzten zu finden. Aus der Furcht vor Isolation und Anerkennungsverlust schrecken sie deshalb nicht selten vor Entscheidungen zurück oder üben ihre Macht und Autorität nicht aus. Doch Konfliktvermeidung ist weder erfolgreich noch ein beliebter oder wirksamer Führungsstil. Grenzen setzen kann wichtiger sein als Nettigkeiten ausdrücken – und erst recht Anerkennung erzeugen. Man kann es nicht jedem recht machen und sollte es auch gar nicht erst versuchen. Oder anders ausgedrückt: Führung beginnt eigentlich erst da, wo der Konsens aufhört.

Eine gute Führungskraft muss Widerspruch bzw. Widersprüche, Konflikte und Gegensätze aushalten können. Mehr noch: Sie muss dafür sorgen, dass sie offen ausgesprochen und ausgetragen werden. Und sie muss damit leben und arbeiten können, dass ihre Entscheidungen nie die Zustimmung aller finden werden. Wer immer schön den Deckel draufhält, muss damit rechnen, dass ihm irgendwann die unterschwelligen Konflikte wie ein Dampfkochtopf um die Ohren fliegen und ihm obendrein Ignoranz und Führungsschwäche angekreidet werden.

In der Umfrage der Akademie aus dem Jahr 2002 hat sich gezeigt, dass ein maßgeblicher Grund, warum Teams scheitern, unausgesprochene Konflikte sind. Die von uns befragten Führungskräfte sind zu 90 Prozent der Ansicht, dass dieses Thema eine Rolle spielt, wenn Gruppen ihren Auftrag nicht erfüllen (können). Dagegen glauben dieselben Manager nur zu 53 Prozent daran, dass offene Konflikte ein Sprengstoff für Teams sind (vgl. Akademie-Studie, 2002).

Mut zur Klarheit ist nötig, Mut, „handelnd zu reagieren", wie Reinhard K. Sprenger es nennt. Eine Führungskraft braucht Mut, dem anderen klar und umgehend zu sagen, dass man nicht einverstanden ist, eine andere Meinung oder eine andere Sichtweise hat, ohne ihn dabei anzuklagen oder zu beschuldigen und den anderen dadurch in die Enge zu treiben. Konfrontation statt Kritik fordert Sprenger. Während Kritik sich an der Person des anderen festmacht, unfair verallgemeinert („immer tun Sie das …"), beschuldigend auf die Vergangenheit gerichtet ist und dem eigenen Vorteil des Kritisierenden dient (nämlich Recht zu haben und seinem Ärger Luft zu machen), zielt Konfrontation nur auf das Problem, sie ist spezifisch und auf einen gemeinsamen Vorteil in der Zukunft durch Veränderung und Lernen aus dem Fehler gerichtet (vgl. Sprenger, 2002a, S. 209-210). Auch wenn ich das Wort „Konfrontation" durch „Auseinandersetzung" ersetzen würde, teile ich Sprengers Ansicht.

Wenn alle Positionen und Punkte auf dem Tisch liegen, muss die Führungskraft dafür sorgen, dass eine Einigung, meist in Form eines Kompromisses, erzielt wird. Hier lassen sich die Beziehungen in Unternehmen mit einer Ehe vergleichen: Gute Paarbeziehungen sind nicht so stabil, weil die Partner nie streiten – im Gegenteil. Aber sie raufen sich nach einem Streit immer wieder zusammen. Sie haben eine gute Sprachkultur entwickelt, eine gute Konfliktkultur, und sie schaffen es, auch im Streit wertschätzend miteinander umzugehen. Sie haben Rituale institutionalisiert. Das heißt, sie schaffen sich Räume, die nur ihnen gehören und die Identität und Verbindung herstellen.

Wenn in der Presse und Öffentlichkeit von Konflikten die Rede ist, dann beschränkt sich die Berichterstattung fast ausschließlich auf die negative Seite von Auseinandersetzungen. Dabei können Konflikte durchaus eine positive Wirkung haben und neue Perspektiven eröffnen. Bei der Arbeit mit Führungskräften erlebe ich immer wieder, wie sehr sie sich nach ehrlichen Rückmeldungen sehnen. Anscheinend sind doch viele unsicher darüber, wie sie auf andere wirken. Oftmals sind die Meinungen, wie Führungskräfte sich selbst sehen bzw. von ihren Mitarbeitern gesehen werden, spiegelverkehrt. Also: 80 Prozent der Führungskräfte schätzen sich selbst als kooperativ ein. 80 Prozent ihrer Mitarbeiter halten dieselben Personen für autoritär.

Wenn eine Führungskraft Feedback einfordert, muss sie sich auch darauf einstellen, mit Kritik konfrontiert zu werden. Mein Eindruck ist, dass die meisten diese Kritik nur schwer vertragen, auch wenn allerorten von Kritik- und Teamfähigkeit die Rede ist. Aber das sind z. T. auch nur Worthülsen. In einer Diskussion hat ein Kollege einmal folgende Einschätzung geäußert: „Ein großer Teil der Führungskräfte meint mit Konfliktfähigkeit, dass die Mitarbeiter nicht gleich in Tränen ausbrechen, wenn sie von ihren Chefs kritisiert werden. Das ist doch oft nur eine Aufforderung, den Tadel der Führungskraft klaglos zu akzeptieren. Dass der Mitarbeiter widerspricht oder eine Auseinandersetzung stattfindet, ist doch oft gar nicht gewollt.“

Konfliktfähigkeit hat auch sehr viel mit Kontaktfähigkeit zu tun. Im offen ausgetragenen Konflikt kann man den anderen nämlich einmal von Angesicht zu Angesicht stellen und bekommt dann Klarheit. Konflikte werden bei uns in Deutschland immer mit einer verbissenen Ernsthaftigkeit ausgetragen. Warum ist es so schwer, auch einmal mit einer Leichtigkeit und einer positiven Streitlust in Konflikte zu gehen? Ob ich als Führungskraft Konflikte wirklich zulasse, hängt davon ab, ob meine Einstellung stimmt und ob ich sicher bin, dass ich Menschen führen kann und will. Dann ist jemand auch bereit, sich kritisieren zu lassen. Wenn jemand jedoch zu sehr an sich zweifelt, fühlt er sich gleich als Person umfassend in Frage gestellt.

Konflikte sind wichtige Katalysatoren und Motoren, denn sie führen – wenn sie wirklich offen ausgetragen werden und dafür Sorge getragen wird, dass um die Sache gestritten und nicht unter die Gürtellinie gezielt wird – dazu, dass die Fronten geklärt, Positionen geschärft und Alternativen deutlich gegenübergestellt werden. Die Beteiligten müssen klar Stellung beziehen und diffuse, unterschwellige Stimmungen und Meinungen in verständliche Botschaften gießen. Das gilt natürlich auch für Führungskräfte, die nicht darauf beharren dürfen, qua Amt immer Recht zu haben, sondern sich Konflikten und ihren Gegnern stellen sollten.

Gut gemanagte Konflikte führen dazu, dass nach Lösungen gesucht wird, nach neuen Wegen, die alle gehen können, wenn die alten blockiert sind oder zu nichts führen. Nicht selten werden in Streitsituationen als Selbstverteidigung oder als Angriffswaffe Ideen aus der Schublade gezogen, die sonst dort bis in alle Ewigkeit vor sich hingeschlummert hätten. Im „Gewitter“ werden Energien freigesetzt, die es zu nutzen gilt. Dazu muss man allerdings in der Lage sein, die Auseinandersetzungen zugleich anzufachen und zu kanalisieren, damit sie nicht aus dem Ruder laufen und es zu persönlichen Verletzungen und überzogenen Reaktionen kommt.

Die Führungskraft muss auch die „Konfliktbilanz“, also die Kosten und den Nutzen von Konflikten, gut im Auge behalten, denn ständige und unlösbare Konflikte zehren an den Nerven aller Beteiligten. Was uns krank macht, ist nämlich in den meisten Fällen nicht ein Übermaß an Arbeit, sondern das menschliche Miteinander, wenn es von Missgunst, Ungerechtigkeit und ärgerlicher Kommunikation geprägt ist. Deshalb müssen Konflikte zwar ausgetragen werden, dürfen jedoch nicht um ihrer selbst willen zelebriert oder provoziert werden. Eine gute Konfliktkultur äußert sich auch darin, dass die Menschen nicht aufgrund nervlicher Anspannung reflexartig mit gleicher Wucht zurückschlagen, wenn sie angegriffen werden. So nervend Mitarbeiter, Kollegen, Kunden oder Vorgesetzte auch sein können – unfreundliches Gegenhalten führt nur selten aus problematischen Situationen heraus, sondern garantiert in die ungebremste und unproduktive Eskalation (vgl. Volk, 2005).

Eine geläufige These lautet: Führungskräfte „produzieren“ in ihrem Umfeld immer nur den Typ Manager, der ihnen ähnlich ist. Das gilt für mittelmäßige oder schlechte Manager. Gute etablieren eine Streitkultur und sorgen dafür, dass diese auch gepflegt wird. Wo offen, aber nicht verletzend, gestritten werden kann, abweichende Meinungen willkommen sind und auch der Chef Kritik vertragen kann, gibt es keinen Nährboden für Intrigen, Heucheleien und willfähriges Hofstaat-Gehabe. Offiziell wird oft der Mut zum Querdenkertum gefordert. In der Unternehmensrealität ist davon heute noch zu wenig zu spüren.

Führungskräfte müssen ihre Mitarbeiter ermutigen, Konflikte und Widersprüche nicht unter den Teppich zu kehren und abwägende Entscheidungen auf den Vorgesetzten abzuwälzen. Auch Mitarbeiter müssen mit Zwiespälten und Konflikten leben und arbeiten und die Verantwortung für ihre Entscheidungen tragen. Oder wie Reinhard K. Sprenger es formuliert: „Dazu bedarf es Führungskräfte, die den Blick öffnen für Werte und Interessen, die beide berechtigt und daher immer wieder auszubalancieren sind.“ (Sprenger, 2002a, S. 237-238).

### 3.4.3 Zwischen Tagesgeschäft und Zukunftsvision

Eine Führungskraft sieht sich in der Praxis immer zwei Anforderungen gegenüber, die sich gegenseitig behindern können und manchmal sogar gegensätzliches Denken und Handeln erfordern: Sie muss einerseits das Tagesgeschäft erledigen und andererseits sich und die Organisation auf die Zukunft vorbereiten. Ein Spagat, der viel Kraft, Weitblick und Mut erfordert. Es gilt, einen gangbaren Mittelweg zu finden zwischen permanenter Revolution, die große Risiken birgt und hohe Kosten mit sich bringt, und der Stagnation, die im heutigen Umfeld ein noch größeres Risiko darstellt und die Führungskraft den Kopf und das Unternehmen die Existenz kosten kann.

Nach Peter F. Drucker existiert jedes Unternehmen in drei Zeitzonen: in der traditionellen, in der Übergangszone und in der Umwandlungszone. Diesen drei Zeitzonen entsprechen Vergangenheit, Gegenwart und Zukunft. Die traditionelle Zone ist der Status quo; die Übergangszone bezieht sich auf das, was gerade geschieht; und die Umwandlungszone bezieht sich darauf, das Unternehmen für die Zukunft aufzubauen. Aus Druckers Sicht muss eine erfolgreiche Führungskraft alle drei Abschnitte zur gleichen Zeit managen, sodass sie heute schon für das Morgen planen kann. Wie er es ausdrückte, gibt es „keine zukünftigen Entscheidungen, nur die Zukunft der gegenwärtigen Entscheidungen.“ (Flaherty/Drucker, 1999).

Zeitgemäße Führung muss jederzeit zwei Dimensionen miteinander verbinden: die strukturelle und die interaktive. Die strukturelle Dimension von Führung umfasst Kultur und Strategie (Ziele und Instrumente), Organisation (Aufgaben, Kompetenzen, Prozesse) und die qualitative Personalstruktur (Qualifikation, Identifikation, Motivation). Bei der interaktiven Dimension von Führung geht es um Wahrnehmen, Analysieren, Reflektieren, Kommunizieren, Konsultieren, Entscheiden, Kooperieren, Delegieren, Motivieren, Entwickeln, Evaluieren usw. (vgl. Wunderer, 2001).

Für mich muss Führung daher immer bedeuten, als Erster bestimmte Schritte einzuleiten, um ein Beispiel zu geben und Mut zu machen. Das erleichtert es den Mitarbeitern, Veränderungen aktiv mitzugestalten. Als Führungskraft muss ich meinem Team Visionen anbieten, die zugleich das Geschäft voranbringen und die Entwicklung von Mitarbeitern fördern. Beides befruchtet sich wechselseitig.

## 3.5 Führen heißt Veränderung managen

„Change Management“ steht heute auf der Agenda der meisten Führungskräfte, freiwillig oder notgedrungen. Change Management ist ein Prozess, in dem die Unternehmen und die Mitarbeiter die Fähigkeit erwerben, sich auf absehbare oder unvorhergesehene Veränderungen einzustellen. Im Idealfall findet dieser Prozess ständig statt, im wahren Leben jedoch nur, wenn Anstöße von außen kommen, wie z. B. eine akute Marktschwäche oder eine Fusion.

Wir wissen inzwischen, dass Fusionen oft nicht den gewünschten Effekt erzielen. Sehr oft, weil die Mitarbeiter nicht mitziehen. Das bestätigt das Ergebnis einer Umfrage der Akademie, die wir unter Führungskräften durchgeführt haben (vgl. Akademie-Studie, 1999). Veränderungen scheitern oft, weil sich viele Mitarbeiter überfordert fühlen und sie nicht ausreichend über Sinn und Zweck der Veränderung informiert werden. Nur wenn es der Führungskraft gelingt, den Mitarbeitern eine positive Einstellung gegenüber dem Neuen zu vermitteln, kann sich auch das Unternehmen positiv entwickeln.

Auch eine Umfrage von der Unternehmensberatung Arthur D. Little unter den Mitgliedern des bayerischen Landesverbandes Deutscher Maschinen- und Anlagenbau zeigt, wie es in der Praxis um das Change Management bestellt ist: Als das größte Hemmnis eines erfolgreichen Veränderungsmanagements sehen 88 Prozent der Befragten mangelnde Führungskompetenz, dicht gefolgt von mangelnder Bereitschaft der Mitarbeiter mit 87 Prozent. Als wichtigste Ansatzpunkte für Veränderungen stellten sich die Organisation und Kultur des Unternehmens (35 Prozent), die Strategie (31 Prozent) und die Prozesse (18 Prozent) heraus. Die Hauptziele von Change Management sind Sichern und Ausbau der Wettbewerbsposition (88 Prozent), dauerhaft höhere Erträge (77 Prozent) und eine bessere Kundenorientierung (61 Prozent). Jedoch ist die Messung des Erfolgs von Veränderungsprozessen in den allermeisten Fällen mangelhaft (vgl. Frankfurter Allgemeine Zeitung, 27.07.2004). Kein Wunder also, wenn die Parole in manchen Unternehmen eher heißen müsste: „Change the Management."

### 3.5.1 Der Stein des Anstoßes sein

Eine Führungskraft muss Veränderungen positiv gegenüberstehen, sie akzeptieren, institutionalisieren und initiieren. Das hat auch Hewlett-Packard verstanden und wirbt für ein neues Produkt mit dem Slogan „HP unterstützt Unternehmen weltweit dabei, Veränderungen zu managen und zu lieben."

Peter F. Drucker sieht Führungskräfte als die Wegbereiter von Change-Prozessen: „Daher muss sich im 21. Jahrhundert jeder Manager der zentralen Herausforderung stellen, seine Organisation an die Spitze des Wandels zu bringen. Die Vorreiter des Wandels begreifen Veränderungen als Chance. Ein Vorreiter des Wandels sucht nach Veränderungen, spürt die Erfolg versprechenden Veränderungen auf und weiß, wie er sie innerhalb und außerhalb der Organisation effektiv umsetzt. Ballast in Form von überlebten Traditionen oder veralteten Verfahren, Produkten und Dienstleistungen sollte über Bord geworfen werden." (Drucker, 1999, S. 109).

Hand in Hand mit einer positiven Einstellung zu Veränderungen gehen bei innovativen Managern Eigenschaften wie Zuversicht und Weitblick, Klarheit der Richtung, Umsicht, ein sicheres Gespür für hilfreiche Allianzen in Krisen, Annehmen von Rückschlägen, Ausdauer, Überzeugungskraft, Offenheit und Kommunikationstalent, Mut und Fantasie.

Die Grundannahme systemischen Führens ist, dass ein System (Unternehmen, aber auch Teams sind bereits komplexe Systeme) eigentlich alles hat, was es für seinen Bestand und seine Selbstorganisation benötigt. Was jedoch notwendig ist, damit Entwicklung stattfinden kann, sind Anstöße durch Berater, aber eben auch durch die Führungskraft selbst. Bevor solch ein Impuls gegeben wird, muss eine sorgfältige (Selbst-)Diagnose des Systems und seiner Umwelt erfolgen. Eine systemische Frage ist z. B.: Wer hat Interesse, dass unser Projekt scheitern wird? Diese Frage wird nicht gestellt, um jemanden zu brüskieren, sondern um die Einflüsse des Systems jederzeit als relevant zu sehen. Als Führungskraft mit systemischem Hintergrund sollte man sich immer fragen: Wie kann ich Räume öffnen, in denen Entwicklung stattfinden kann?

Veränderungen brauchen am Anfang kräftige Impulse, um das System aus dem Gleichgewicht zu bringen und zu einer Neuordnung anzuregen. Wer immer nur auf Konsens und Ausgleich setzt, wird nichts bewegen. Grenzen müssen ausgelotet, Pflöcke herausgezogen und neu eingeschlagen werden. Erst dann wird nach und nach ein neues Gleichgewicht entstehen. Veränderungen entstehen in der Mischung zwischen Irritation,

Widerstand, schonungsloser Offenheit, Sensibilität und Hartnäckigkeit. Nur so können positive Energien freigesetzt werden.

In Veränderungsprozessen hat sich der partizipative Führungsstil (siehe Teil II Kapitel 1.3.2) der mehr auf Überzeugen als auf Befehlen setzt, als der beste erwiesen. Druck sollte das letzte Mittel sein, um die Mitarbeiter auf den neuen Kurs zu bringen. Menschen brauchen Zeit, um Veränderungen mitzutragen. Die Führungskraft sollte versuchen, möglichst alle Mitarbeiter auf allen Ebenen in den Prozess einzubinden, Informationen fließen zu lassen und sich um ihre Vorschläge und Ideen zu bemühen. Kritik, die es garantiert geben wird, muss per se ernst genommen und angenommen werden, auch wenn sie irrationalen Ängsten entspringt.

Die Umgestaltung von Strukturen und Systemen ist relativ einfach, die Umgestaltung der Kultur, der Atmosphäre und der Beziehungen dagegen nicht. Eine Unternehmenskultur so zu formen, dass sie in den Herzen und Köpfen der Menschen die Akzeptanz und – besser noch – die Leidenschaft für schrittweise und sprunghafte Veränderungen weckt, das ist die wahre Herausforderung für Führungskräfte. Kein Führungsstil, keine Unternehmenskultur, keine Atmosphäre für Wandel und Innovationen lässt sich von heute auf morgen umsetzen. Der Moment, in dem das Tagesgeschäft einem ausreichend Zeit für Gespräche lässt, wird nie von allein kommen. Jeder hat dieselbe Zeit. Es kommt darauf an, wofür er sie nutzt. Potenziale managen heißt für mich, sich lieber von gewohnten Prinzipien zu trennen als von guten Mitarbeitern.

Etappenerfolge auf dem Weg des Wandels sind die Erfolge aller – nicht nur des Chefs, das müssen alle spüren. Hier sind die Empathie und das Fingerspitzengefühl der Führungskraft gefordert, um Anerkennung und „Belohnungen“ (immaterieller Natur) großzügig zu verteilen und Anreize zu schaffen. Um Probleme zu lösen oder Innovationen hervorzubringen, brauchen Menschen Gelegenheiten, über ihre tägliche Arbeit hinaus etwas zu leisten. Diese Gelegenheiten können Führungskräfte schaffen durch

- vielfache Berichtsbeziehungen,
- überlappende Aufgabengebiete,
- ungehinderten und nicht zu institutionalisierten Informationsfluss,
- keine starr definierten Aufgaben,
- funktionsübergreifende und vor allem horizontale statt vertikale Beziehungen als Quelle von Ressourcen und durch
- ein Belohnungssystem, das Investitionen in Menschen und Visionen fördert und nicht nur bereits erbrachte Leistung honoriert, schlägt Rosabeth Moss Kanter vor.

Einige Manager sehen sich gern in der Rolle des Helden, der kühne Schritte macht und revolutionäre Umgestaltungen propagiert. Doch gerade in Zeiten des Wandels kommt es auf Aufmerksamkeit und Sorgsamkeit bei der Durchführung, beim „Durchziehen und Nachfassen“ an (Moss Kanter, 1998, S. 81-139). Veränderungen bringen nicht nur Lorbeeren mit sich, sondern auch Kosten, Verwirrung, Ängste und das Risiko des in die Irre Gehens. Tolle Strategien, große Entscheidungen und Ideen nützen nichts, wenn es bei der Umsetzung hapert.

### 3.5.2 Zwischen allen Stühlen

Der Wandel muss mit den Führungskräften beginnen, die ein Modell und ein neues Führungsverhalten entwickeln müssen: Der Manager als Innovator. Erfolgreiche Innovationen werden von Menschen angestoßen und verwirklicht, die sich auf unsicherem Terrain wohl fühlen, sich langfristigen Zielen verschreiben und diese mit Ausdauer verfolgen. Und die einen partizipativen und zugleich situativen Führungsstil pflegen. Für einen großen Wandel sind jedoch viele kleine Innovationen nötig, deshalb können auch Führungskräfte auf der mittleren Ebene und Experten unter den Mitarbeitern einen entscheidenden Beitrag leisten.

Nicht selten heißt es, wenn sich Dinge verändern, die Führung sei schwach. Wenn alte Strukturen aufgebrochen werden sollen, entstehen zunächst naturgemäß Verunsicherung, Irritation und Misstrauen. Die Führungskraft muss in dieser Phase Anfeindungen und Irritationen aushalten und womöglich auch damit leben, dass die Mitarbeiter sie für schwach halten. Sie muss auch ertragen, dass die Mitarbeiter ihre Ängste und Sorgen auf sie projizieren. Das Neue macht aber auch Führungskräften erst einmal Angst und schafft auch bei ihnen Unbehagen: Klappt nicht alles irgendwie doch ganz gut? Werde ich meine Machtposition halten können? Wird das Unternehmen nachher noch so funktionieren, wie ich es mir vorstelle?

In extremen Führungssituationen, wie z. B. wenn im Rahmen einer Fusion viele Mitarbeiter entlassen werden sollen, wird die Führungskraft in den Spagat zwischen Menschlichkeit und Machtausübung gezwungen. Hier kann und sollte auch sie ihre Unsicherheit und Betroffenheit zeigen, aber nur in begrenztem Maße. Eine Führungskraft muss in solchen Situationen zugleich auch Entschlossenheit und Handlungsfähigkeit ausstrahlen. Deshalb geht es manchmal nicht ohne „Pokerface“, denn eine orientierungslos wirkende Führungskraft kann schnell ihr Standing verlieren.

### 3.5.3 Schrittweise Erneuerung

In Transformationsprozessen werden leider immer wieder dieselben Kardinalfehler gemacht. John P. Kotter, US-Professor für Personalführung und Bestsellerautor, empfiehlt auf der Grundlage dieser Beobachtung folgende sieben Schritte für eine erfolgreiche Erneuerung (vgl. Kotter, 1999b, S. 85):

- Die Führungskraft muss ein allgemeines Bewusstsein für die Dringlichkeit des Wandels schaffen.

- Sie muss die richtungsweisenden Personen in einer Koalition zusammenschweißen.
- Sie muss eine lebendige, mitreißende, konkrete Vision formulieren. Diese Vision muss sie bekannt machen.
- Als Nächstes müssen andere ermächtigt werden, gemäß dieser Vision eigenständig zu handeln.
- Kurzfristige Erfolge müssen planerisch vorbereitet und erzielt werden.
- Die erreichten Verbesserungen müssen weiter ausgebaut werden.
- Die Führungskraft muss dazu beitragen, neu gefundene Lösungen fest zu verankern.

Versuche beweisen: Im Labor werden Ratten, die den Weg zum Futter durch ein Labyrinth finden müssen, ganz schnell betriebsblind und wählen immer dieselbe Strecke. Für die Wirtschaft lernen wir daraus: Je perfekter ein Unternehmen seine Systeme optimiert, desto anfälliger wird es für unvorhergesehene Veränderungen und Störungen. Dahinter steckt die Tatsache, dass wir dem Lösungsweg kaum noch Aufmerksamkeit widmen, wenn wir eine Aufgabe auf immer gleiche Weise lösen. Deshalb ist es zweckmäßig, Routinen gelegentlich zu durchbrechen, die Aufmerksamkeit wieder wachzurütteln und sich – zumindest im Planspiel – mit veränderten Rahmenbedingungen zu beschäftigen, um für den Ernstfall fit zu sein und schnell neue Wege zu den „Futterquellen“ finden zu können. Auch die Mitarbeiter sollten in das „Training“ eingebunden werden (vgl. Handelsblatt, 13.08.2004).

Der wichtigste Grund für das Scheitern von Change-Prozessen liegt im Widerstand der Mitarbeiter. Veränderungsprozesse üben in drei Viertel der betroffenen Unternehmen einen spürbar negativen Einfluss auf das Betriebsklima aus. Widerstand und Unruhe resultieren in den meisten Fällen aus Egoismus, Missverständnissen,Vertrauensmangel, unterschiedlichen Bewertungen oder einer sehr niedrigen Toleranzschwelle. Die Führungskraft sollte diesem Widerstand mit offener Kommunikation und nicht mit monetären Ködern, Drohungen oder Zwangsmaßnahmen begegnen, rät Kotter. Weitere Gründe für das negative Betriebsklima sind eine mangelhafte Prozesssteuerung sowie ein zu hohes Tempo, mit dem die Veränderungen umgesetzt werden sollen. Das Ergebnis: Nicht einmal die Hälfte der befragten Manager war mit dem Erfolg der Change-Management-Projekte der vergangenen drei Jahre zufrieden.

Gravierende Fehler werden oft bereits bei der Zielsetzung des Change-Prozesses gemacht. Die Strategie besteht in den allermeisten Fällen aus einer 150 Seiten und vier Meter Wand-Poster umfassenden Liste mit tausend Punkten, die verändert werden müssten. Oft das einzige Ergebnis solcher Planungsakrobatik: Verwässerung der Ziele und Abläufe, Verschwendung von Ressourcen und Frustration der Mitarbeiter. Bei einem anstehenden Change-Prozess muss das Pareto-Prinzip greifen und die Frage dementsprechend heißen: Mit welchen 20 Prozent der Aktionen werden wir 80 Prozent der Ziele erreichen?

Deshalb rät Kotter Führungskräften, die Veränderungen durchsetzen wollen, zu einer gründlichen Situations- und Problemanalyse, die die wichtigen Faktoren und Akteure (Kooperationspartner, Widerständler und Informationsinhaber) einbezieht und die die Wahl der richtigen Veränderungsstrategie und deren Kontrolle ermöglicht. Diese Strategie kann keine „One-fits-it-all-Lösung“ sein, sondern muss den verschiedenen Typen von Menschen und ihren Interessen und Gefühlen Rechnung tragen. Besonnenes, analytisches Denken statt operativer Hektik und bloßes Vertrauen des Managers auf sein „Bauchgefühl“ sind gefragt:

„Gute Menschenführung ist selbstverständlich der Schlüssel für die Umsetzung dieser Analyse. Aber selbst hervorragende Menschenführung wird die schlechte Wahl einer Strategie und Taktik nicht wettmachen. In einer Geschäftswelt, die durch immer mehr Dynamik gekennzeichnet ist, sind die Konsequenzen einer zu nachlässigen Methodenwahl sehr ernst zu nehmen.“ (Kotter, 1999, S. 51).

Die nächste, immer wieder gern genommene Falle bei Veränderungsprojekten ist eine faktenfreie Kommunikation, die nur aus Marketingformeln besteht und mehr Fragen aufwirft als sie beantwortet. Dabei sind Fakten in solchen Situationen das Einzige, was der aufkeimenden Verwirrung, Frustration und den umherschwirrenden Gerüchten den Nährboden entziehen kann. Change-Kommunikation sollte vier einfachen Maximen folgen: keine Geheimnisse, keine Überraschungen, keine Übertreibungen und keine leeren Versprechungen (vgl. Frankfurter Allgemeine Zeitung, 26.08.2003).

### 3.5.4 Trauerarbeit und Neuausrichtung

Genauso wie ein Mensch Zeit braucht, um Abschied von Gewohnheiten, Orten oder anderen Menschen zu nehmen, müssen auch Organisationen Trauerarbeit leisten, so Manfred Kets de Vries. Ein solcher „Trauerprozess“, in dem ein Unternehmen mit Altem abschließt und Neues beginnt, durchläuft verschiedene Stadien, angefangen beim Schock über die Ungläubigkeit und das Loslassen bis hin zur Akzeptanz.

Im Stadium des Schocks – nach dem Bekanntwerden der anstehenden Veränderung – fühlen sich die Mitarbeiter wie vor den Kopf gestoßen und retten sich verstört in Routinetätigkeiten. In der darauf folgenden Phase der Ungläubigkeit setzen vehemente Ablehnung und Angst ein. Die Mitarbeiter klammern sich an die verklärte Vergangenheit und blockieren die Veränderung durch ihr passives Verhalten. Kein Wunder: Die Veränderung bedroht die gewachsenen Beziehungen, den erlangten Status und die erarbeiteten Freiräume und Kompetenzen.

Jetzt muss die Führungskraft den Mitarbeitern klar machen, dass das Verharren im Status quo noch schlimmere Folgen hätte und welche (realistischen) Vorteile die Veränderung mit sich bringt. Dazu ist es nötig, den Konflikt zu forcieren, damit er kollektiv empfunden wird und mit ihm die Notwendigkeit des Wandels. Es muss großes Unbehagen herrschen, damit Menschen ihre bekannte „Komfortzone“ verlassen und ins Ungewisse springen.

Bei der Festlegung des Veränderungskurses sollten die Verantwortlichen die vertraute, gewachsene Kultur als „Anker“ und Identifikationspunkt nutzen, statt einfach im hohen Bogen alles Alte über Bord zu werfen. Wenn die Unternehmensvision die große Vergangenheit mit soliden Zukunftsplänen verbindet, wachsen die Zustimmung und Unterstützung für den Wandel. Gleichzeitig ist es die Aufgabe der Führungskraft, Schlüsselpersonen im Unternehmen hinter sich zu bringen und eine Organisationsarchitektur aufzubauen, um diese Vision umzusetzen: „Die Anteilnahme und Beteiligung der Angestellten ist der Schlüssel zum Erfolg. Wenn die Organisation den Wandel tragen soll, müssen von Anfang an alle Mitarbeiter – und nicht nur die an der Spitze – in den Prozess einbezogen werden. Schon bei der Diagnose des Problems sollten sie genau wissen, welche Rolle sie spielen werden, und zwar nicht nur während der Bemühung um Veränderungen, sondern auch in der schließlich veränderten Organisation. Sie sollten Gelegenheit erhalten, erforderliche neue Fähigkeiten zu erwerben.“ (Kets de Vries, 2002, S. 169).

Mit dem Stadium des Loslassens beginnt die Selbstreflexion. Der einzelne Mitarbeiter bewertet die Situation neu, leugnet das Problem nicht länger, verlässt zögernd die alten Wege und probiert neue aus. Zuletzt wendet sich in der Phase der Akzeptanz der Blick der Mitarbeiter wieder nach vorn. Sie sehen erste Fortschritte, finden ihren Platz in der neu geordneten Unternehmenswelt und folgen dem neuen Kurs, beschreibt Manfred Kets de Vries. Wie mir ein Personalvorstand einmal gesagt hat: „Viele Führungskräfte haben die falsche Vorstellung, dass ihre Mitarbeiter schon weiter ihren Job erledigen werden, wenn sie sie möglichst lange im Unklaren lassen. Aber die spüren ganz genau, wenn sich die Situation verändert. Das ist dann die höchste Stufe der Unglaubwürdigkeit. Denn die Angestellten haben dann zu allem Überfluss auch noch den Eindruck, dass sie ihr Chef für dumm hält.“

Oft wird in Krisensituationen auch übersehen, dass sich die Mitarbeiter in einer anderen emotionalen Phase befinden als die Führungskräfte. Letztere sind oft schon früher informiert und daher in der Phase der Verarbeitung weiter als ihre Mitarbeiter. Die „Logik der Gefühle“, wie es einmal ein Kollege ausdrückte, ist zeitlich verschoben. Wenn jetzt verunsicherte Mitarbeiter auf Chefs treffen, die schon wieder sicheren Boden unter den Füßen verspüren, kann es kritisch werden.

Im deutschsprachigen Raum hat sich der Organisationspsychologe Klaus Doppler seit Jahren intensiv mit dem Thema „Change Management“ beschäftigt. Für ihn steht fest: „Veränderungen geschehen immer – nicht immer geplant, nicht immer gewollt, nicht immer akzeptiert. Sie verlaufen nicht geradlinig, selten genau nach Plan, dauern häufig länger als erwartet, und die Schwierigkeiten sind oft größer als vermutet.“ (Doppler, 1999, S. 25-27). Diese Feststellung entspricht genau dem systemischen Führungsansatz.

Für Doppler gibt es sieben goldene Regeln, die Führungskräfte in Veränderungsprozessen beherzigen müssen:

- Erstens geht es darum, Unruhe und Energie zu erzeugen, weil ohne diese Bedingungen nichts passieren wird.
- Zweitens müssen Betroffene rechtzeitig zu Beteiligten gemacht werden – inzwischen ist dieser Satz schon zum geflügelten Wort in Führungskreisen geworden, was nicht heißt, dass man sich immer danach richtet.
- Drittens sollte man in Change-Prozessen Mitarbeitern und Führungskräften beibringen, bewährte Dinge und scheinbare Gewissheiten zu verlernen, und dies ist schmerzhaft.
- Viertens, so Doppler weiter, findet man in Organisationen selten eine eindimensionale Kausalverbindung zwischen Ursache und Problem vor. Der Ort des Symptoms sei selten der Ort des Leidens.
- Fünftens sollten Führungskräfte bedenken, dass Veränderungen zirkulär, vernetzt und iterativ statt geradlinig und sequenziell ablaufen.
- Sechstens kann es auch Stabilität in der Veränderung geben, wenn bestimmte persönliche Werte über alle gegenwärtigen Anpassungen hinweg konstant bleiben.
- Und siebtens plädiert Doppler schließlich für einen langen Atem und eine heitere Besessenheit in Veränderungsprozessen (vgl. Doppler/Lauterburg, 2002).

### 3.5.5 Generationswechsel an der Spitze

Auch eine Unternehmensübergabe ist ein klassischer Change-Prozess, der wie jeder Entwicklungsprozess typische Phasen durchläuft und trotz der Alltagshektik langfristig geplant und überlegt vollzogen werden will. Neben der Inhalts- und Strukturebene (Orientierung und Klärung, Zielformulierung und -findung, Kommunikation und Umsetzung) muss auch die Beziehungsebene (Einbindung der Führungskräfte, Kooperation, Konflikt- und Feedback-Kultur) berücksichtigt werden.

Viele Unternehmensübergaben verlaufen deshalb so unglücklich, weil Senior und Junior zwar ihr Verhältnis geklärt haben, Mitarbeiter und Kunden allerdings nur informieren und nicht mit einbeziehen wollen. Dabei müssen alle wissen, welchen Einfluss der Namenswechsel auf die Unternehmenskultur hat. Die gern verkündete Maxime „Eigentlich ändert sich nichts, der Junior ist ja auch schon lange im Geschäft" ist bereits die erste Untergrabung der Autorität der neuen Führungskraft. Eine Führungskraft, unter der sich nichts ändern wird, ist austauschbar und profillos – nicht gerade die beste Voraussetzung für Vertrauen und Akzeptanz. Natürlich muss ein Junior nicht gleich die Revolution ausrufen. Aber die Ausgabe von eigenen Zielen und Visionen ist anfangs wichtiger als die bloße Konzentration auf eine solide Buchführung und die Aufrechterhaltung des Status quo.

## 3.6 Führen heißt Sinn stiften

Der Sinn des Lebens ist ein Leben mit Sinn. Und ein Leben mit Sinn ist eines, das gut für uns selbst und für andere ist. Zur Weltanschauung einer guten Führungskraft gehört die Sorge um die Mitarbeiter, die Kunden, die Kollegen, die Partner, um eventuelle Vorgesetzte und die Sorge um sich selbst. Als Führender hat nur der auf Dauer Erfolg, der das Selbstvertrauen der anderen fördert und ihnen hilft, sich selbst im eigenen und im Interesse des Ganzen zu helfen (vgl. Hinterhuber/Friedrich/Krauthammer, 2001).

Wer Leistung fordert, muss Sinn bieten. Wenn die Mitarbeiter den Sinn eines Auftrags, einer Arbeit oder eines Veränderungsprojektes nicht erkennen, werden sie nicht bereit sein, diese mit zu tragen. Aber wie macht man das, Sinn stiften? Sinn stiften heißt für den Wirtschafts- und Organisationspsychologen Professor Dieter Frey ganz konkret, Hintergrundinformationen weiterzugeben, Warum- und Wozu-Fragen zuzulassen und einzufordern (denn wer nicht fragt, bleibt bekanntlich dumm) und vor allem Kommunikation auf allen Kanälen und Ebenen zu ermöglichen. Sinnvermittlung muss sowohl als Bring- als auch als Holschuld in der Unternehmenskultur verankert werden (vgl. Frey, 2003).

Wenn ich sage „Sinn stiften“, dann meine ich damit nicht, eine absolute Wahrheit zu postulieren und sie allen anderen überzustülpen. Sinn kann man nicht verordnen und auch nicht einimpfen. Sinn muss von jedem Menschen selbst gefunden werden, in dem, was er tut, wo er es tut und mit wem er es tut. Die Führungskraft kann also nur die Bedingungen für die individuelle Sinnfindung schaffen, darin stimme ich mit Reinhard K. Sprenger überein (vgl. Sprenger, 1999, S. 201 ff.): „Was können Unternehmen also tun? Stellen wir uns ein Unternehmen vor, dessen Konzept sich um Zweck, Mensch und Prozesse dreht, ein Unternehmen, dem die Sinnstiftung gelingt, der Überbau mit Zielen, Visionen und Werten, ein Unternehmen, mit dem sich die Angestellten identifizieren können, dessen Organisation auf Unternehmertum, Integration und fortwährender Erneuerung aus sich selbst heraus aufbaut und den Mitarbeitern und Mitarbeiterinnen zwar keine Lebensstellung, aber einen verlässlichen Vertrag des Inhabers anbietet: ‚Bei uns kannst du dein berufliches Potenzial individuell entfalten.’ Das ist notwendig für außergewöhnliche Leistungen.“ (Bartlett/Ghoshal, 2000, S. 78).

Immer wieder passiert es jedoch, dass Unternehmen sich durch widersprüchliche Unternehmensziele und Botschaften, die sich gegenseitig ausschließen und die kein Mitarbeiter befolgen kann, in eine kommunikative Ausweglosigkeit und in eine Krise der Glaubwürdigkeit hineinmanövrieren. Durch „Double-Binds“, in Form von offenen Widersprüchen zwischen Führungsrichtlinien und anderen Vorschriften oder verdeckten Widersprüchen zwischen Unternehmensleitsätzen und der gelebten Wirklichkeit, geraten Mitarbeiter und Führungskräfte in paradoxe Situationen und bleiben mit dem Gefühl zurück, immer das Falsche zu tun. Ein typisches Beispiel ist: „Sei teamfähig und kooperativ, aber setz dich gegen deinen Konkurrenten durch, wenn du befördert werden willst.“ Reinhard K. Sprenger bezeichnet „Double-Binds“ als „die Demontage der Glaubwürdigkeit“, denn dahinter steckt eine unaufrichtige Kommunikationsstrategie, die die Unternehmenskultur von innen aushöhlt, weil sie zielgerichtetes Handeln vortäuscht und es zugleich verhindert.

Klaffen die Soll-Kultur, also das idealisierte Leitbild, und die Ist-Kultur, d. h. die gelebten oder eben nicht gelebten Werte, auseinander, sind Unzufriedenheit, Demotivation, Frustration, Resignation, mangelnde Leistungsbereitschaft und fehlende Loyalität vorprogrammiert. „Walk your talk“ muss deshalb die oberste Maxime jeder Führungskraft sein. Und damit dies überhaupt möglich ist, müssen sich die Vision und der Wertekanon des Unternehmens an der Realität orientieren. Sind sie zu abgehoben, kann sich niemand etwas darunter vorstellen und auch die engagiertesten Führungskräfte können sie nicht vorleben. Die Mitarbeiter spüren die entstandene Glaubwürdigkeitslücke, werden zynisch, passiv, reichen innerlich die Kündigung ein und leiten ihre Energie am Unternehmen vorbei in die Freizeit.

Wichtiger als die in Hochglanz-Firmenzeitschriften propagierten Visionen und Leitsätze sind die ungeschriebenen und unausgesprochenen Botschaften, die in konkreten Verhaltensmustern, Organisationsstrukturen und Traditionen sichtbar werden. Handlungen sind die wahren, eindeutigen und unmissverständlichen Botschaften. Glaubhafte Führungskräfte leben Werte und Grundsätze nicht nur, sie sind auch in der Lage, sie zu kommunizieren, zu begründen, in Frage zu stellen, von den Mitarbeitern in Frage stellen zu lassen – und zu revidieren, wenn es nötig ist (vgl. Sprenger, 2002a, S. 223-241).

Der Sinn der Arbeit ist für den modernen Wissensarbeiter auf allen Hierarchieebenen nicht mehr (nur) ein monetärer. Gewinne zu erwirtschaften und einen hohen Shareholder Value zu erzielen, sind notwendige Voraussetzungen für die Überlebens- und Wettbewerbsfähigkeit einer Organisation, doch diese beiden Ziele geben der Arbeit noch keinen tieferen Sinn und machen allein nicht den wahren Unternehmenswert aus. Führungskräfte und Mitarbeiter wollen sich heute mit dem Produkt oder der Dienstleistung, die sie produzieren, sowie mit dem Unternehmen identifizieren – schließlich investieren sie einen großen Teil ihrer Lebenszeit und -energie in ihre Arbeit.

### 3.6.1 Sinnvolle Arbeit

Sigmund Freud hat gesagt, geistige Gesundheit resultiere aus Liebe und Arbeit. Dem ist wenig hinzuzufügen, finde ich. Arbeit sollte einer der Anker für unser seelisches Wohlbefinden und Gleichgewicht sein. Dieser Anker kann und sollte bei der Identitätsfindung und der persönlichen Weiterentwicklung helfen und das Selbstwertgefühl stärken, indem er Erfolgserlebnisse und Befriedigung liefert. Doch wenn Arbeit in diesem Sinne gesund sein soll, müssen die Organisationen – und an ihrer Spitze die Führungskräfte – in Sinn investieren. Dies bestätigt auch Manfred Kets de Vries: „Es ist für das Unternehmen als Ganzes ungeheuer wichtig, dass sich die einzelnen Mitarbeiter wohl fühlen, und deshalb ist effiziente, verantwortliche Führung ein wesentlicher Faktor in der Gesundheitsgleichung am Arbeitsplatz.“ (Kets de Vries, 2002, S. 245).

Arbeit ist ein zentraler Faktor der menschlichen Sinnsuche. Eine Arbeit, die den Menschen befriedigt und ausfüllt, gibt ihm das Gefühl, wichtig zu sein, bietet Orientierung und Kontinuität in einer diskontinuierlichen Welt und gibt durch finanziellen Wohlstand eine Form von Bestätigung. Über diese individuelle Ebene hinaus stiftet Arbeit aber auch gesellschaftlich Sinn und dient der Wertschöpfung für die Allgemeinheit.

Für die meisten Menschen bedeutet Arbeit heute allerdings in erster Linie etwas anderes: Stress. Vom Praktikanten bis zum Vorstandsvorsitzenden leiden immer mehr Menschen regelrecht unter ihrer Arbeit. Sie belastet sie und überlagert alle anderen Lebensbereiche. Zu hoher Leistungsdruck, fehlende Anerkennung und Eigenverantwortung, Perspektivlosigkeit, die Angst vor dem Verlust des Arbeitsplatzes und eine mangelnde Bindung an das Unternehmen sind die Ursachen. „Die Unternehmen weigern sich, die (früher bewusst oder unbewusst übernommene) Rolle des ‚Behältnisses’ weiterhin zu spielen. Die Unternehmensleitung bietet keine ‚stützende Umgebung’ mehr, in der die Menschen ihre Ängste ‚ablegen’ können, und damit steigt am Arbeitsplatz der Stress, statt abzunehmen. Darunter leidet die seelische Gesundheit der Mitarbeiter.“ (Kets de Vries, 2002, S. 257).

Die erfolgreichsten Unternehmen der USA (nach einem *Fortune*-Ranking) zeichnen sich unter anderem durch eine inspirierende Unternehmensleitung, eine hervorragende Ausstattung der Arbeitsplätze und eine sinnvolle Arbeit aus. Wenn die Angestellten den Managern vertrauen, sie stolz auf ihre Arbeit und ihr Unternehmen sind und ein kameradschaftliches Betriebsklima und eine menschliche Unternehmenskultur herrschen, zählt ein Unternehmen zu den Gewinnern.

Wie sieht ein solches Klima aus? Bei der Beantwortung dieser Frage hilft ein vorsichtiger und eingeschränkter Rückgriff auf die Maslowsche Bedürfnispyramide (siehe Teil II Kapitel 3.2.1). Es sind vor allem zwei der dort beschriebenen fünf Bedürfnisebenen, die für die Arbeitswelt relevant sind: zum einen das Bedürfnis nach Bindungen und Gruppenzugehörigkeit und der Drang, sich in einen höheren Kontext einzuordnen. Die Sehnsucht nach Nähe und Gemeinsamkeit ist universell und kulturübergreifend. Zum anderen das Bedürfnis nach Wissen und Bestätigung. Es umfasst die Fähigkeit zu spielen, zu lernen, zu denken und zu arbeiten, und bildet somit die Grundlage für Effizienz, Kompetenz, Flexibilität, Autonomie, Initiative und Fleiß.

Tätigkeiten, ob privat oder im Beruf, werden dann als sinnhaft und erfüllend empfunden, wenn sie mit diesen beiden Grundbedürfnissen in Einklang stehen. Das Bedürfnis nach Gemeinschaft und die Entstehung eines „Wir-Gefühls“ lassen sich von Unternehmen durch die Einrichtung von kleinen Einheiten (Abteilungen, Arbeitsgruppen, Teams), dezentrale Entscheidungsbefugnisse sowie durch Mentoring-Programme befriedigen. Dem Bedürfnissystem Wissen und Bestätigung kommen Förderprogramme auf allen Ebenen, Coachings, Seminare, Mitarbeitergespräche und eine Unternehmenskultur entgegen, die Experimente und Innovation, Eigeninitiative und Mitdenken fördert und die Fehler nicht streng sanktioniert, sondern als Teil des Erkenntnisprozesses akzeptiert.

Menschen bewerten ihre Arbeit dann als sinnvoll und befriedigend, wenn dabei Planen und Ausführen zusammengehören, wenn sie durch sie schöpferisch und gestalterisch ihre Umwelt verändern können, wenn die Tätigkeit produktiv und zielgerichtet, d. h. nutzbringend für jemanden, ist und wenn sie interaktiv ist und sich dabei vielfältige soziale Kontakte und Austauschmöglichkeiten ergeben, trägt Reinhard K. Sprenger zu diesem Thema bei (vgl. Sprenger, 1999, S. 231 ff.).

Angesichts der großen Bedeutung der Sinnhaftigkeit von Arbeit ist es für ein Unternehmen umso wichtiger, dass es für ein entsprechendes kollektives Wertesystem sorgt. Wie die Unternehmensführung Sinn stiften kann, fasst Manfred Kets de Vries in fünf Punkten zusammen (vgl. Kets de Vrie, 2002 S. 253-254):

1. Der Unternehmenszweck muss in den Augen der Mitarbeiter sinnvoll sein, und Ziele und Visionen müssen klar und deutlich artikuliert werden. Indem die Führung für diese Visionen wirbt, schafft sie ein starkes Zusammengehörigkeitsgefühl und eine wichtige Gruppenidentität nach dem Motto „Wir ziehen alle am selben Strang und werden mit vereinten Kräften Großes bewegen".
2. Die Unternehmensleitung muss den Angestellten ein Gefühl von Selbstbestimmtheit vermitteln. Sie sind keine kleinen Rädchen im Getriebe, sondern wichtige Motoren.
3. Die Mitarbeiter müssen die Möglichkeit haben, nicht nur passiv Arbeiten auszuführen, die andere ihnen vorschreiben, sondern sich auch als Persönlichkeit in die Firma einbringen zu können.
4. Die Führungskraft muss die Kompetenz der Mitarbeiter fördern und dafür Sorge tragen, dass sich jeder Einzelne nach seinen Möglichkeiten weiterentwickelt, seine Stärken ausbaut und vielleicht sogar neue Talente entdeckt. Lebenslanges Lernen heißt die Devise. Nur so kann die menschliche Wissbegierde befriedigt werden und die Kreativität überleben.
5. Die Firmenspitze muss starke gemeinsame Werte verankern, indem sie selbst diese verkörpert und vorlebt. Zum grundlegenden Wertekanon jeder Organisation sollten gehören: Teamgeist, Offenheit, Respekt, Kundenorientierung, Leistungsbereitschaft, Unternehmertum, Spaß, Zuverlässigkeit, ständiges Lernen, Veränderungsbereitschaft, Bevollmächtigung und Vertrauen.

Organisationen, die diese menschlichen Grundbedürfnisse erfüllen, gehört die Zukunft. Kets de Vries bezeichnet sie als „authentizotische Organisationen" (Kets de Vries, 2002, S. 245). Dieser Begriff setzt sich zusammen aus den Adjektiven „authentisch" (lebensecht, glaubwürdig) und „zoteekos" (lebensnotwendig). Im Unternehmenskontext steht zoteekos für die Energie, die für einen Menschen von seiner Arbeit ausgeht. Im 21. Jahrhundert werden Unternehmen die Forderung nach Authentizotizität (ein schreckliches Wortungetüm, das den Sachverhalt jedoch treffend beschreibt) immer stärker spüren.

Authentizotische Unternehmen bieten ihren Angestellten Arbeit, die ihnen ein Gefühl von Ganzheit und Ausgewogenheit gibt, die ihre Bedürfnisse nach Wissen, Erkenntnis, Denken und Lernen, aber auch nach sozialem Miteinander befriedigt. Die Angestellten verwalten ihren Arbeitsplatz und ihre Zeiteinteilung selbstständig, können ihre Interessen und Ideen einbringen und erleben ihre Tätigkeit als effektiv und autonom. Solche Mitarbeiter sind echte Mitunternehmer und „Miteigentümer“, die sich selbst motivieren (vgl. Kets de Vries, 2002, S. 254-257).

Authentizotische Organisationen schaffen darüber hinaus ein stützendes und schützendes Umfeld – was allerdings nicht Anstellung auf Lebenszeit bedeutet. Sie suchen vielmehr neue Mitarbeiter sehr sorgfältig aus und verfügen über große Fortbildungs- und Schulungsressourcen. Steile Hierarchien sind abgeschafft, Entscheidungsgewalt und Verantwortung sind möglichst breit gestreut. Die Führungskräfte reichen nicht einfach nur bereits getroffene Beschlüsse von oben nach unten durch, sondern sind offen für Vorschläge und reagieren auf ihre Mitarbeiter. Sie praktizieren ein „Management by walking around“, sind präsent und ansprechbar.

Innerhalb der Konzernstruktur gibt es viele Mini-Unternehmen, in denen Projektteams die Verantwortung tragen. Kleine, flexible Einheiten ermöglichen es den Mitarbeitern, Informationen auszutauschen, sich gegenseitig kennen zu lernen und zu ergänzen. „Gesucht und belohnt wird die erfolgreiche Interaktion zwischen Menschen und Abteilungen, als Nebeneffekt entsteht ein hohes Maß an Vertrauen.“(Kets de Vries, 2002, S. 256).

Führen bedeutet für Kets de Vries Sinn stiften, Hoffnung verbreiten, Menschlichkeit und Demut zeigen – Eigenschaften, die in genauer Selbstwahrnehmung wurzeln –, und es bedeutet, nie den Humor zu verlieren. Erfolgreiche Führungskräfte können auch über sich selbst und mit anderen lachen, was sie menschlich und vertrauenswürdig macht und Optimismus verbreitet.

### 3.6.2 Gemeinsam feiern

Gute Führung, vor allem in Veränderungsprozessen, basiert auf verschiedenen Kriterien wie der Führungspersönlichkeit, dem formellen und dem informellen Kontext. Zum ersten Punkt gehören z. B. die Vorbildfunktion und die Inspirationsfähigkeit der Führungskraft selbst. Der formelle Kontext wird stark durch die Projektarchitektur mit Lenkungsausschuss, Meilensteinen, Projektmanagement-Tools usw. geprägt. Und zum informellen Kontext gehören in Veränderungsprozessen das soziale, aber auch das mentale Umfeld der betroffenen Personen, Abteilungen und Bereiche. Dieses mentale Umfeld wird spürbar in Metaphern, Symbolen und Ritualen der Firmenkultur, nicht unähnlich den verbindenden, Vertrautheit schaffenden Gewohnheiten in einer Paarbeziehung, die die Liebe auch nach der ersten Verliebtheit lebendig halten und das Paar als Einheit von ihrem Umfeld abgrenzen.

Rituale sorgen auch im Wirtschaftsleben dafür, dass sich Teams, Abteilungen und Belegschaften einer Firma über verschiedene Standorte und Kontinente hinweg oder gar auf virtueller Ebene als Einheit wahrnehmen und sich verbunden fühlen. Sie schaffen eine „Corporate Identity" und stärken den Geist der Organisation. Besonders einfache und wirkungsvolle Unternehmensrituale sind Feste. Anlässe zu feiern gibt es immer, ob Sommer- oder Weihnachtsfest, großes Messefest oder abteilungsinterne abendliche Chill-outs. Dazu ein Beispiel: Der inzwischen umstrittene, aber lange Zeit sehr erfolgreiche Firmenchef der Walt Disney Company, Michael Eisner, hat auf Firmenfesten als eine Geste selbst Würstchen verkauft – und damit ein wichtiges Symbol für seine Mitarbeiter, Zulieferer und Kunden gesetzt.

Doch leider wird gegenwärtig gerade hier gespart, am falschen Ende, klagt Reinhard K. Sprenger. Jetzt, wo in vielen Firmen die Gewinnkurve nicht mehr zuverlässig nach oben zeigt und sich eine stabile Dauer-Krise etabliert hat, macht sich das Gefühl breit, dass es nichts mehr zu feiern gäbe. Alle warten auf ein besseres Morgen, und ganze Unternehmen befinden sich in einer nervösen Dauer-Mobilmachung für die Zukunft. Oder die einzelnen Mitarbeiter sind innerlich schon auf dem Absprung, weil sie spüren, dass sie sowieso auf einem Schleudersitz hocken. Das Hier und Jetzt, das „Wir" zählt nicht. Tut es aber doch – es ist sogar das Wichtigste.

Auf Festen spüren die Mitarbeiter wieder, dass alle im gleichen Boot sitzen und an einem Riemen ziehen müssen. Sie spüren, dass sie der Unternehmensleitung viel wert, dass sie wirklich das wertvollste „Kapital" der Firma sind, und dass es sich die Firma auch etwas kosten lässt, dass es ihnen gut geht. Feste bieten Kommunikationsplattformen außerhalb des Kopierer-Raums oder der Kaffeeküche und eröffnen (Zeit-)Räume für Gespräche. „Feiern schaffen Vorfreude auf das vor uns Liegende. Sie lassen uns eine aufsteigende Linie erwarten." (Sprenger, 2004). Dieser positive Teamgeist, den die Menschen auf Feiern tanken, motiviert viel mehr als alles andere. Er erfüllt Überstunden mit Sinn und bringt eine Self-fulfilling Prophecy in Gang. „Niemand lebt für Zielerreichung. Wir alle leben für das Überflüssige, das Überraschende, das kleine bisschen Luxus, für den Glanz, den Feste unserem Dasein hin und wieder verleihen. Feste gehören zur Identität eines Unternehmens. Zur großen Erzählung, ohne die Zusammenhalt und Zusammenarbeit unmöglich ist." So schildert es Sprenger, inhaltlich hat er damit absolut Recht. Auch kleine Erfolge sind Anlass genug, sich miteinander und über die Leistung anderer zu freuen. Feiern verbreiten ein Gefühl des Wohlbefindens, der Gemeinschaft und der Nestwärme.

## 3.7 Führen heißt Macht haben

Das Wort „Macht" ist heute eindeutig negativ besetzt. Es wirkt Angst einflößend und klingt nach Manipulation, Missbrauch, Willkür und Despotismus. Aus diesem Grund sträuben sich auch so viele Führungskräfte dagegen, sich selbst als mächtig zu betrachten und Macht offen auszuüben. Aber auch demokratische Führung kommt nicht ohne Macht aus. Macht ist ein Motor, wie es Peter F. Drucker formuliert hat, und Macht ist die Grundlage von Entscheidungsfindung und Verantwortung. Gerade junge Führungskräfte schöpfen ihr Leistungspotenzial oft nicht voll aus, weil sie die positive Dynamik der Macht nicht verstehen oder noch nicht den notwendigen Instinkt entwickelt haben, Macht zu erlangen und auszuüben, stellt John P. Kotter fest.

Um es ganz deutlich und unmissverständlich zu sagen: Auch systemische Führung basiert auf Macht, denn ohne Macht lässt sich kein Führungsanspruch und keine Entscheidung durchsetzen und nichts gestalten. Wenn Manager auf der einen Seite bewusst destabilisieren, um den Mitarbeitern Bewegungsfreiheit zu verschaffen und Veränderungen zu bewirken, müssen sie auf der anderen Seite auch wieder stabilisieren und die Richtung vorgeben. In großen Organisationen kann Machtlosigkeit ein größeres Problem sein als Machtausübung. Beratung und Coachings von Führungskräften müssen darauf abzielen, ihnen mehr Macht zu geben oder ihnen ein Gefühl für ihre Macht zu vermitteln.

Führungsmacht muss klar sein und sie muss akzeptiert werden. Erst dann, wenn sie nicht mehr um diesen entsprechenden Status zu kämpfen braucht, kann die Führungskraft ihre Rolle neu definieren und z. B. als Moderator, Mentor oder Coach für die Mitarbeiter agieren. Erfolgreiche Manager wissen intuitiv, welche Möglichkeiten, Macht zu erwerben und auszuüben, andere Menschen als legitim ansehen, und welche Verpflichtungen mit Macht einhergehen. Sie akzeptieren, dass Macht ein Teil der Führungsrolle ist (vgl. Kotter, 1999b, S. 94-113).

Um Wandlungsprozesse zu managen, muss eine Führungskraft allerdings auch die Stärke und den Mut haben, einen kurzzeitigen Machtverlust hinzunehmen, um langfristig an Macht zu gewinnen. Sie darf dann nicht die Macht der anderen beschneiden, um sich selbst wieder mächtig zu fühlen, alles an sich zu reißen und ihr Revier verteidigen zu wollen (vgl. Moss Kanter, 1998, S. 157).

Auch in stabilen Zeiten – falls es sie überhaupt noch gibt – darf eine Führungskraft ihre eigentliche Aufgabe, nämlich Ergebnisse zu erzielen, nicht vernachlässigen. Gerade weil es so selbstverständlich ist, denken die wenigsten darüber nach und verlieren dieses Ziel deshalb auch schnell aus dem Blick. Führung ist kein Selbstzweck, sondern ein Mittel zum Zweck. Wie nötig es ist, Führungskräfte immer wieder an den Zweck ihrer Arbeit zu erinnern und sie darauf zu fokussieren, zeigt eine neuere Studie von Droege & Company. Danach bezeichnen 81 Prozent der befragten Manager ihre Projekte als nicht erfolgreich. Nur zwei von 217 gaben an, ihre Projektziele voll und ganz zu erreichen. Der Grund für dieses schlechte Ergebnis ist vor allem ein fehlendes Projektcontrolling. Viele Projekte werden auf die Schiene gesetzt und dann kümmert sich niemand mehr darum, ob und wann sie überhaupt ankommen (vgl. Frankfurter Allgemeine Zeitung, 28.07.2003).

Eine bekannte Ausnahme ist der Vorstandsvorsitzende von Porsche, Wendelin Wiedeking. Er ist eine verantwortungsvolle Führungskraft, setzt klare Ziele und kontrolliert die Ergebnisse. Er fasst nach, nutzt seine Entscheidungsbefugnis und seine Macht. Dabei sieht er jedoch nicht nur die Zahlen, sondern hat auch noch den Menschen im Blick. Und dabei ist er nicht nur im eigenen Unternehmen, sondern auch in der Öffentlichkeit sehr präsent, wodurch er wiederum die Marke „Porsche" stärkt.

### 3.7.1 Eine neue Macht

Wirksame Führung beruht heute nicht auf formaler Macht. Formale Macht ist nur geliehen und manifestiert sich vor allem in Positionsbezeichnungen, Statussymbolen und Kästchen auf dem Firmenorganigramm. Die Forderungen nach flachen Hierarchien, Teamarbeit und Kooperation könnten den Eindruck erwecken, dass die modernen Unternehmen kollektiv zur machtfreien Zone erklärt werden sollen. Dieser Eindruck ist falsch. Es gilt vielmehr, den Begriff „Macht" neu zu definieren (vgl. Kotter, 1999b, S. 94 ff.).

Die traditionellen Machtquellen versiegen und Gutsherren-Autorität ist nicht mehr gefragt und auch nicht mehr durchsetzbar. Neben der formalen Macht gibt es jedoch noch andere Formen von Macht, die man nicht verliehen bekommt, sondern die man sich verdienen oder die man verkörpern muss: Macht durch Visionskraft, Ausstrahlung und Kontaktstärke, mit anderen Worten: Macht durch Sinn. Sie ist personengebunden und entsteht durch die Persönlichkeit. Sie ist die Macht der modernen Führungskraft (vgl. Pinnow, 2003, S. 7).

Diese produktive Macht, die über ein Netz von Interessengruppen ausgeübt wird, unterscheidet sich grundlegend von der, die Führungskräfte in althergebrachten Bürokratien ausüben. Die neue Macht speist sich aus zwei Quellen: zum einen aus dem Zugang zu Mitteln, Informationen und Unterstützung und zum anderen aus der Fähigkeit, Mitarbeiter bzw. Verbündete zu finden und zu mobilisieren. Dazu braucht eine Führungskraft emotionale Intelligenz, und sie muss das Managen von Beziehungen beherrschen (vgl. Moss Kanter, 1998, S. 146).

In der modernen Führung geht es nicht mehr um Befehl und Gehorsam, Kontrolle und Strafe, sondern um Beziehungsmacht. Diese Form der Macht gewinnt man, indem sich andere einem verpflichten, indem man einen Ruf als kompetenter Experte erwirbt oder indem man andere dazu bringt, sich mit den eigenen Zielen und Werten (für eine gute Führungskraft sind dies immer die Ziele und Werte des Unternehmens) zu identifizieren. Eine weitere Möglichkeit, Beziehungsmacht zu gewinnen, von der ich aber abraten möchte, da sie kontraproduktiv ist und meinem Verständnis von guter Führung widerspricht, ist, dem Mitarbeiter seine Abhängigkeit bewusst zu machen. Dasselbe gilt für die Methode, die eigene Macht über andere Menschen zu demonstrieren und zu vergrößern, indem man ständig für Veränderungen im direkten Umfeld einer Person oder einer Gruppe sorgt (vgl. Kotter, 1999b, S. 94 ff.).

### 3.7.2 Die Machtbalance

Dass Macht immer ein zweischneidiges Schwert ist, das auch zerstörerisch eingesetzt werden kann, muss ich an dieser Stelle nicht weiter ausführen. Darüber ist bereits genug geschrieben worden, und jeder kennt negative Beispiele, die verdeutlichen, wie Führungsstärke zu Willkür, Unternehmensziele zu Eigennutz und Verantwortung zu Größenwahn mutieren. Jürgen Schrempp, mittlerweile zurückgetretener Ex-CEO der Daimler-Chrysler-AG, war einmal eine charismatische, visionäre und durchsetzungsfähige Führungspersönlichkeit. Was ist davon übrig geblieben?

In jeder Organisation gibt es Machiavellisten, die mit Meisterschaft die Klaviatur der Macht zu ihren Gunsten spielen. Sie stellen ihre persönlichen Ziele über die der Organisation, sie schlachten die Leistung ihrer Mitarbeiter für ihren eigenen Aufstieg aus, drängen sich ins Rampenlicht und spinnen ihre Intrigen mit eiskaltem Kalkül. Ohne mit der sprichwörtlichen Wimper zu zucken, liefern sie jeden ans Messer, wenn es ihnen nützt, schieben anderen ihre Fehler in die Schuhe und vergiften das Unternehmensklima, indem sie Unbehagen, Angst und Misstrauen säen. So charakterisiert Manfred Kets de Vries diesen Typus von Führungskräften.

Seine Schilderung macht deutlich: Macht braucht immer ein Gegengewicht, das die Balance gewährleistet. Auch Führungskräfte müssen kontrollierbar sein, und in jedem Unternehmen sollte es ein institutionalisiertes Korrektiv geben, dem die Spitzen sich regelmäßig zu stellen haben. Gerade Chefs brauchen Feedback, denn es wird schnell einsam dort oben in den Chefetagen, wo sie abgeschirmt von allem über die Zukunft des Unternehmens entscheiden müssen. Führungskräfte müssen auch im 30. Stock noch Bodenhaftung behalten. Denn Macht korrumpiert sehr schnell, und jeder Mensch neigt dazu, sich irgendwann in reziproken Schleifen zu verlieren, wenn er keinen Input von außen bekommt.

Eine Machtposition darf den Inhaber nicht dazu verleiten, alle Brücken hinter sich zu zerstören, damit ihm niemand nachfolgen und ihm womöglich seinen Posten streitig machen kann – wenn nicht heute, dann vielleicht morgen. Im Interesse des Unternehmens muss es eine lebendige Führungskräfteentwicklung geben. Alte und Junge sollten sich austauschen und gegenseitig wertschätzen, was die andere Generation mitbringt: Erfahrung und Weisheit auf der einen und unverbrauchte Kraft und Innovation auf der anderen Seite. Beide können voneinander lernen, rät Kets de Vries.

Fehler der Führungskraft dürfen nicht unter den dicken weichen Teppich gekehrt werden. Und das müssen sie auch nicht, wenn es eine Unternehmenskultur gibt, die Fehler als Chancen zur Verbesserung betrachtet, statt als etwas, das sich niemand erlauben darf, schon gar nicht der Chef. Auch er muss sich in Frage stellen lassen, muss angreifbar bleiben. Aber er muss sicher nicht wegen nichtiger Vergehen sofort das Handtuch werfen, wenn die Strategie insgesamt stimmt. Auch er hat das Recht zu scheitern und wieder aufzustehen.

## 3.8 Führen heißt Orientierung geben und Entscheidungen treffen

Unsere Zeit lässt uns keine Wahl zwischen Veränderung und Beharren, Neuem und Altem. Der Wandel findet statt, mit oder ohne uns. Wenn wir uns nicht verändern, tun es andere für uns. Das Problem ist dabei vor allem die Geschwindigkeit der Veränderungen, die täglich weiter zunimmt. Ich frage mich: Sind wir diesem Tempo überhaupt noch gewachsen?

In nur zwei Generationen haben wir den Schritt von der Pferdekutsche zur Welttraumrakete vollzogen und in einer Samstagsausgabe der Frankfurter Allgemeinen Zeitung stehen mehr Nachrichten, als ein Mensch im Mittelalter in seinem ganzen Leben erfahren hat. Das Internet wächst zu einem so gigantischen Datenspeicher an, dass die Neurologen sich schon besorgt fragen, ob unser Jäger-und-Sammler-Gehirn all diese Informationen überhaupt noch verarbeiten kann. Unter dem Ansturm von Nachrichten per Mail, Internet, Telefon, Fax, Anrufbeantworter, Videokonferenz, Fernsehen, Presse und Radio und pendelnd zwischen Berlin, Hamburg, New York und Tokio stößt der Mensch an die Grenzen seiner geistigen, seelischen und körperlichen Belastbarkeit – sowohl als Mitarbeiter als auch als Führungskraft. (vgl. Kets de Vries, S. 81 ff.).

Entscheidungen werden immer komplexer, ihre Folgen immer weitreichender, und es ist unmöglich, vor einer Entscheidung alle Informationen in Betracht zu ziehen. Ein Restrisiko bleibt immer. Aber wie geht eine gute Führungskraft damit um? Wie kann sie in einer Welt, in der das einzig Beständige der Wandel ist, Orientierung und Sicherheit finden und bieten?

### 3.8.1 Sicher mit der eigenen Unsicherheit umgehen

Gute Führungskräfte stehen zur eigenen Unsicherheit und wissen dieses Gefühl zu nutzen. Ganz anders die landläufige Meinung: Viele Chefs definieren Unsicherheit als Schwäche, die sie öfter und lieber beim Gegner sehen als bei sich selbst. In Rhetorik-, Präsentations- und Medientrainings möchten sie deshalb ihre Unsicherheit wegtrainieren oder zumindest lernen, wie man sie professionell überspielt. Das ist nicht nur unmöglich, sondern auch absurd. Unsicherheit ist keine Schwäche. Im Gegenteil: Viele schwache Manager scheitern deshalb, weil sie sich zu sicher sind. Zu sicher, um sich einzugestehen, wie wenig sie wirklich vorhersehen, planen und managen können.

Wie können Führungskräfte in diesen chaotischen Zeiten einen kühlen Kopf bewahren und das nötige Maß an Sicherheit ausstrahlen, das Mitarbeitern, Vorgesetzten, Shareholdern und Kunden signalisiert: Hier ist jemand, der hat das Ruder in der Hand und bestimmt den Kurs? „In einer Welt voller Unsicherheit muss man eine Menge Dinge ausprobieren. Man kann nur hoffen, dass einige davon funktionieren“, rät der amerikanische Wirtschaftshistoriker und Nobelpreisträger Douglas North ganz lapidar. Am besten kommen seiner Beobachtung nach die Führungskräfte zurecht, die versuchen, in Wesen und Wirken eins zu sein und Unsicherheit als Botschaft zu verstehen – an sich selbst ebenso wie an andere.

Es gibt keinen Übergang mehr von einer Sicherheit zur nächsten. Wer weiterkommen will, muss deshalb Unsicherheit in Kauf nehmen. Das ist der erste Schritt. Mut allein zeichnet einen Hasardeur, aber noch keine Führungskraft aus. Erfolgreiche Führungskräfte wissen um die eigene Ungewissheit, treffen aus dieser Situation heraus Entscheidungen und kommunizieren nicht nur das Ergebnis ihrer Überlegungen, sondern auch den Weg dorthin. Vorbei sind die Zeiten, in denen man sich hinter anonymen Arbeitsanweisungen, Hausmitteilungen und Aktenvermerken verstecken konnte. Heute wollen die Mitarbeiter nicht vor vollendete Tatsachen gestellt werden, sondern wünschen sich die direkte Kommunikation mit ihrem Vorgesetzten.

Deshalb müssen Führungskräfte Kommunikationsprofis im besten Sinne sein und sich mit Kritik auseinander setzen. Spätestens an diesem Punkt wird klar, dass sich hinter „Kommunikationskompetenz“ mehr verbirgt als Rhetorik und stilsicheres Deutsch. Und zwar das Selbstbewusstsein, Dialoge zuzulassen und sich selbst in Frage zu stellen. Nur wer sich seiner eigenen Führungsstärke, seiner selbst bewusst ist, kann auch den Mitarbeitern gegenüber Mut zur Lücke haben und Unsicherheit zugeben.

Verstehen wir uns nicht falsch: Zaghaftigkeit, Schwäche und Wankelmütigkeit haben auch heute im Charakterkanon einer guten Führungskraft nichts verloren. Aber die Fähigkeit, eigene Gefühle wie Unsicherheit, Ängste und Zweifel erkennen, bestimmen und nutzen zu können, ist im 21. Jahrhundert das gewisse Etwas, das gute Führungskräfte von mittelmäßigen und erst recht von schlechten unterscheidet. Kommunikations- und Rhetoriktrainings sind dann eine gute Sache, wenn sie dem Ziel dienen, mit den Mitarbeitern direkt ins Gespräch zu kommen und Gefühle und Gedanken klar ausdrücken zu können.

Denn genau das weckt bei den Mitarbeitern Vertrauen und Zuversicht. Krisen sind der Härtetest des persönlichen Führungskonzepts. In guten Zeiten ist gute Führung keine große Kunst. Mir fällt jedoch auf, dass viele Führungskräfte in schlechten Zeiten das Gefühl haben, sie könnten sich mitarbeiterorientierte Führung aus finanziellen und zeitlichen Gründen nicht mehr leisten. Sie suchen Zuflucht im Autoritären, merken aber oftmals selbst, dass sie sich ein Stück weit selbst verleugnen und ihre Grundsätze verraten. Eine gute Führungskraft muss sich ihre Autonomie bewahren und darf sich nicht von den äußeren Verwirrungen anstecken lassen, wenn es hoch hergeht. Gerade in Krisenzeiten zeigt sich, wer ein echter Anführer ist. Der stellt sich auch dann vor seine Leute hin, wenn es schwierig wird. Die Mitarbeiter spüren übrigens genau, ob sie sich ihrem Chef anvertrauen können oder ob dieser bei der ersten steifen Brise gleich „umfällt“.

### 3.8.2 Jeder nach seinem Tempo

Räume öffnen, Freiheit geben, Eigenverantwortung ermöglichen – dies sind zentrale Aufgaben von Führung. Doch das ist nur die eine Seite der Medaille. Bevor man dem Ruf nach universeller Freiheit und absoluter Selbstbestimmung und Selbstmotivation folgt, sollte man bedenken, dass nicht alle Mitarbeiter gleich sind.

Jeder Mensch braucht ein ausgewogenes Verhältnis von Sicherheit und Freiheit, um sich wohl zu fühlen, zu entfalten, wachsen zu können und gute Leistung zu bringen. Während die einen keine Autorität anerkennen, am besten mitten in der Nacht arbeiten und sich ihre Projekte selbst suchen, brauchen andere stabile Rahmenbedingungen, feste Arbeitszeiten und Vorgaben für ihre Arbeit, an denen sie ihre Ziele ausrichten und ihre Erfolge messen können.

Menschen haben auch unterschiedliche Tempi. Die einen leben auf der Überholspur, jagen ständig neuen Herausforderungen, Trends und Innovationen hinterher, arbeiten an fünf Projekten gleichzeitig und eignen sich autodidaktisch permanent neues Wissen an, während die anderen zu den „slobbies", den „slower but better working people", gehören, die sich nicht hetzen lassen und zuverlässig und genau einen Auftrag nach dem anderen erledigen. Diese Feststellung ist keinesfalls abwertend. Unternehmen brauchen nicht nur visionäre Freigeister, sondern auch zuverlässige Umsetzer. Die Mischung macht's.

Zu viel Freiraum zu geben kann also auch bedeuten, zu wenig zu führen. Eine Führungskraft darf sich – auch aus dem eigenen Empfinden heraus – nicht nur an den Mitarbeitern orientieren, die möglichst viel Freiheit wollen. Sie darf nicht allen anderen auch diesen Arbeitsstil aufzwingen und sie damit überfordern. Sie muss darauf achten, welcher Typ von Mensch dort vor ihr sitzt und was er braucht. Gute Führung schafft für jeden Mitarbeiter das optimale Umfeld und positioniert jeden dort, wo seine Fähigkeiten optimal zum Einsatz kommen.

Als Führungskraft muss man je nach Situation und Mitarbeiter zwischen „Leading" (Führen) und „Pacing" (Begleiten) wechseln. Leading heißt Impulse geben, Nachhaken, Ziele vorgeben, Überprüfen, Kontrollieren. Pacing bedeutet Kontakt herstellen, Mitgehen, Spüren, Beachten und Nachfragen. Die Führungskraft muss erkennen können, was der Mitarbeiter gerade mehr braucht: jemanden, der vorangeht oder jemanden, der mitgeht.

### 3.8.3 Inseln im Sturm

„Chaos ist für den Manager von heute keine bloße wissenschaftliche Theorie. Es ist grauer Alltag" (Moss Kanter, 1998, S. 73), stellen Rosabeth Moss Kanter und mit ihr Tag für Tag Millionen von Führungskräften auf der ganzen Welt fest. Traditionelle Größen wie fehlerlose, langfristige Pläne, unveränderliche Regeln, Strategien, die nicht nach kurzer Zeit von Konkurrenten übernommen werden, spielen heute eine geringere Rolle als in früheren Jahren und Jahrzehnten. Doch Chaos muss nicht Handeln ohne Führung oder Grenzen bedeuten. Moderne Führung gewährt ausreichend Halt und Kontinuität für Mitarbeiter, aber nicht so viel, dass kreative Reaktionen auf das Chaos im Keim erstickt werden (vgl. Moss Kanter, 1998, S. 74).

Im Gegensatz zu anderen Theoretikern und Praktikern, die das Ende der Hierarchie befürworten, bin ich der Überzeugung, dass in einer bedrohlichen, unübersichtlichen Situation eine oberste Autorität da sein muss, „jemand, der endgültige Entscheidungen treffen kann und der erwarten kann, dass diese befolgt werden (…)“, wie Peter F. Drucker es ausdrückt, denn: „Hierarchische Strukturen und deren uneingeschränkte Akzeptanz durch alle an der Organisation Beteiligten sind die einzige Hoffnung inmitten der Krise.“ (Drucker, 1999, S. 41). Andere Situationen erfordern gemeinsame Entscheidungen und Teamarbeit, und auch einsam getroffene Entscheidungen müssen nachvollziehbar kommuniziert werden – aber einer muss im Sturm das Ruder in der Hand behalten und den Kurs bestimmen.

Führungskräfte müssen in einer unsicheren Umwelt neue Quellen der Sicherheit für sich selbst und ihre Mitarbeiter erschließen. Dazu gehören Qualifikationen, Fähigkeiten und Beziehungen, die eine neue, ortsunabhängige kollektive Identität schaffen. Auch den mobilen Menschen muss eine Heimat gegeben werden, wie Reinhard K. Sprenger es formuliert: „Personalführung kann helfen, jene lebensweltlichen Verluste zu kompensieren, die die Modernisierungen herbeiführen: gegen die informelle Heimatlosigkeit im Internet.“ (Sprenger, 2000, S. 24).

Führungskräfte müssen Leuchttürme sein und Innovation und Spitzenleistung mit Menschenwürde und Respekt verbinden, d. h. unmissverständlich in der Sache, aber fair und menschlich im Umgang sein (vgl. Frey, 2003). Sie dürfen nicht mit allen Traditionen und Werten brechen, denn alte Tugenden haben nicht ausgedient, auch wenn neue hinzukommen müssen. Zukunft braucht Herkunft und Erfahrung (vgl. Sprenger, 2000, S. 24). Das mussten auch viele „Dotcoms“ während des Internet-Hypes der späten 90er Jahre schmerzlich feststellen, die zwar Innovationskraft, Optimismus und Kreativität hatten, aber keine Erfahrungen, wie man ein Unternehmen und Mitarbeiter führt, wie man wirtschaftlich arbeitet, effektiv verwaltet oder wie man Krisen überlebt.

Erfolgreiche Führungskräfte finden die richtige Balance zwischen Wandel und Kontinuität, Flexibilität und Stabilität und geben anderen Menschen auch in Veränderungsprozessen Sicherheit, wie Peter F. Drucker es in seinem Buch „Führung im 21. Jahrhundert“ beschreibt: „Die Vorreiter des Wandels hingegen treiben Veränderungen voran. Und doch geht es auch bei ihnen nicht ohne Kontinuität. Menschen müssen wissen, wo sie stehen. Sie müssen die Menschen kennen, mit denen sie zusammenarbeiten. Sie müssen wissen, was sie erwartet. Sie müssen die Werte und Regeln der Organisation kennen. Sie können ihre Aufgaben nicht erfüllen, wenn ihre Umgebung unberechenbar, unverständlich oder unbekannt ist. (…) Und auch das Unternehmen selbst braucht eine „Persönlichkeit“, die es für seine Kunden und im Markt unverwechselbar macht – und dies gilt wiederum nicht nur für Wirtschaftsunternehmen.“ (Drucker, 1999, S. 133).

Es ist ganz wesentlich, als Führungskraft Vorbild zu sein. „Practice What You Preach“ heißt das auf Amerikanisch. „Vorbild“ ist ein großes Wort, vor dem viele zurückschrecken, weil es nach großer Verantwortung, Idealisierung und Heldenverehrung bis zur Selbstaufgabe klingt. Am Ende geht es dabei aber vor allem um Glaubwürdigkeit und den persönlichen Wertkompass, der jederzeit die Richtung vorgeben muss, der andere folgen können. Wenn an allen Ecken und Enden gespart wird, vielleicht sogar Stellen abgebaut werden, der Vorstand sich aber eine deutliche Erhöhung seiner Bezüge genehmigt, dann ist das für mich ein extremes Beispiel für Unglaubwürdigkeit. Vorbildcharakter hätte hier eine für die Mitarbeiter deutlich sichtbare Selbstbeschränkung der Führungskraft. Sie muss die Erste sein, die ihren Gürtel in einer solchen Lage enger schnallt, und zwar noch ein Loch enger als alle anderen.

Denn ein Vorbild zu sein hat ganz und gar nichts mit Sonderstatus zu tun – Vorbild zu sein hat zu tun mit Fairness, Verantwortung, Verlässlichkeit und Dienen. Vorbildliche Führungskräfte zeigen, dass sie sich selbst für die Erreichung der Unternehmensziele aufopfern, statt nur andere sich dafür abrackern oder über die Klinge und in die Arbeitslosigkeit springen zu lassen. Vorbild sein schließt auch Mut ein. Ernest Hemingway hat Mut als „Standhaftigkeit unter äußerem Druck“ definiert. Menschen trauen dem, der unter äußerem Druck nicht umfällt. Auch Peter F. Drucker betont die Vorbildfunktion der Führungskraft: „Die neuen Aufgaben verlangen, dass der Manager von morgen in seinem gesamten Handeln und all seinen Entscheidungen in unerschütterlichen Grundsätzen wurzelt, dass er nicht nur führt durch Wissen, Fähigkeiten und Können, sondern durch Fantasie, Mut, Verantwortung und Charakter.“ (vgl. Drucker, 1956, S. 452).

### 3.8.4 Ersatzväter?

Für Reinhard K. Sprenger dagegen schließen sich Vorbild und Selbstverantwortung aus. Führungskräfte, die sich als Vorbild sehen oder von ihren Mitarbeitern dazu gemacht werden, sind für ihn der Tod von Autonomie, Motivation und Commitment. Ich kann ihm in dieser Generalablehnung und Verallgemeinerung nicht folgen, da ich die Vorbildfunktion der Führungskraft für wichtig halte, wie oben dargestellt. Ich verstehe unter einem Vorbild so etwas wie einen Mentor. Ein Mitarbeiter sollte sich sein Vorbild frei wählen können und das, was ihm an diesem Menschen gefällt, was er an ihm für wertvoll hält, nicht kopieren, sondern in seiner eigenen Version, als stimmigen Teil seiner Persönlichkeit, umsetzen.

Führung darf jedoch, so weit stimme ich Sprenger zu, nicht zum „Paranting“ mutieren. Dies geschieht, wenn Vorbildsein zur Entmündigung wird und die Mitarbeiter wie kleine Kinder erzogen werden sollen. Wer nur noch ein übermächtiges Vorbild kopiert, muss nicht herausfinden, wer er eigentlich selbst ist, was er denkt und was er kann. Sehr bequem, aber für alle Beteiligten fatal. Ein Unternehmen braucht keine Chef-Klone, sondern Individuen mit unterschiedlichen Fähigkeiten, Eigenschaften, Sichtweisen und Visionen. Übermächtige Vorbilder halten die Mitarbeiter klein, machen sie zu unselbstständigen Befehlsempfängern – und klagen dann (mit Krokodilstränen im Auge) über deren Unselbstständigkeit und dass sie als Führungskraft alles selbst machen müssten (vgl. Sprenger, 2002a, S. 144-154).

Führungskräfte, die auf einem Sockel stehen (freiwillig oder unfreiwillig), wirken idealisiert, unnahbar und unmenschlich. So sollte kein Mitarbeiter werden wollen und kein Chef sein. Vorbildcharaktere können aber auch Querdenken, Authentizität, Menschlichkeit, Fehlbarkeit, Selbstkritik, Bescheidenheit, Leidenschaft, Toleranz und Selbstverantwortung repräsentieren. Dies scheint Sprenger bei seiner Argumentation zu übersehen.

### 3.8.5 Zwischen Störung und Sicherheit

„Führung ist dafür da, die Mitarbeiter bei der Arbeit zu stören. Der Störungsauftrag: die Beharrungsenergien des ‚Das machen wir immer so!' als Einweihung in den Untergang brandmarken. Die Unternehmenskultur mit Veränderungswillen aufheizen.“ Dies ist komprimiert und provokant formuliert von Reinhard K. Sprenger in „Führung im 21. Jahrhundert“. Durch die Irritation wird das System (das Team, die Abteilung, das Unternehmen, die Gesellschaft) angestoßen, sich neu auszurichten, an Veränderungen anzupassen und flexibel zu bleiben. Wo keine Bewegung mehr ist, herrscht Stillstand – und das ist der Tod jedes Unternehmens. (vgl. Sprenger, 2000, S. 24).

Doch das ist nur die halbe Wahrheit und nur das halbe Aufgabengebiet von Führungskräften. Menschen brauchen neben Denkanstößen, neuen Perspektiven und Alternativen nämlich auch feststehende Orientierungspunkte, ein Gefühl von Sicherheit und Geborgenheit. Sie werden den Weg des Wandels nur bereitwillig mitgehen, wenn sie ungefähr abschätzen können, wohin die Reise geht und wofür ihr Unternehmen langfristig steht.

Ein unberechenbarer Chef ist meiner Ansicht nach so schlimm wie ein betrunkener Kapitän auf der Brücke, der plötzlich das Ruder herumreißt, ohne dass die Segel vorher von der Mannschaft für den neuen Kurs gesetzt worden sind. Ein Chef, der – wie Sprenger es postuliert – stört um des Störens willen, verliert seine Glaubwürdigkeit und sein Standing. Er verunsichert seine Mitarbeiter und schafft ein Klima der Angst und der Vorsicht und nicht der Innovationsfreude. Schon Machiavelli entlarvte, dass ein Führer mit permanenten Veränderungen nichts weiter erreichen will, als seine Unfähigkeit, die richtige Entscheidung zu treffen, zu verstecken.

Gerade in Zeiten des Wandels – und die werden in Zukunft so gut wie immer herrschen – schlägt den Führungskräften Widerstand von Seiten der Mitarbeiter, der Kollegen, der Kunden oder der eigenen Vorgesetzten entgegen, den sie abfangen und in positive Energie umwandeln müssen. Sie müssen den Wind, der ihnen ins Gesicht bläst, in die Segel dirigieren, damit er das Unternehmen vorantreibt und nicht vom Kurs abbringt. Der Widerstand kann in Form von heftigen Böen, d. h. offenem Widerstand daherkommen, aber auch als diffuse Unterströmung, als emotionale Unsicherheit. Dieser Fall ist sehr viel schwieriger und tückischer, da die Führungskraft nicht weiß, woher der Wind weht, und der Kampf nicht wirklich ausgetragen wird. Das Unternehmen summt dann wie ein Bienenstock von Gerüchten, Befürchtungen, Ahnungen und Meinungen, die sich schwer orten und entkräften lassen.

In einem chaotischen, unübersichtlichen Umfeld, das sich jeden Tag ändert, müssen die Mitarbeiter alle Kraft darauf verwenden, sich selbst ständig neu zu orientieren und zu organisieren. Diese Energie geht verloren für das operative Geschäft und für die Pflege von Beziehungen. Wo bleibt der Lerneffekt, wenn die Erfahrungen von gestern heute nichts mehr wert sind, weil die Führungskraft das Steuer schon wieder herumgerissen und eine neue Richtung vorgegeben hat? Wer kann einen Gedanken zu Ende führen oder ein Projekt planen, wenn er von seinem vorgesetzten Unruhestifter ständig in Aufregung versetzt und gestört wird? Wer kann Kunden gegenüber vertrauenswürdig auftreten, wenn er gar nicht mehr weiß, was er eigentlich verkauft und wofür die Marke steht?

Um Missverständnisse zu vermeiden: Ich plädiere nicht dafür, dass eine Führungskraft ihre Mitarbeiter in Watte packen und vor der Welt da draußen verstecken sollte. Sie muss die Zukunft immer im Blick haben, Trends als Erster erkennen und das Unternehmen und die Menschen darauf vorbereiten. Aber eben nicht im Sinne von allein lassen. Menschen müssen lernen, mit Unsicherheit umzugehen – und das geht nicht von jetzt auf gleich. Wir wurden in einem Gesellschaftssystem sozialisiert, das auf Sicherheit und Beständigkeit, kollektive Vor- und Fürsorge gesetzt hat. Dieses System funktioniert nicht mehr so, wie es gedacht war, aber Werte und Einstellungen wandeln sich nur langsam.

Es kommt darauf an, die Menschen aus den Spurrinnen der eingefahrenen Wege herauszulotsen, aber dabei nicht zu überrollen, das gilt für die Führungskräfte genauso wie für ihre Mitarbeiter. Schließlich kommen auch bei den Managern Ängste hoch, wenn die Umwelt ins Rutschen gerät. Diese Ängste und Unsicherheiten müssen offen kommuniziert werden können, denn dadurch entsteht Vertrauen zwischen Führungskraft und Mitarbeiter. Wenn Letzterer spürt, dass sein Vorgesetzter seine Bedenken kennt und vielleicht sogar teilt, stärkt das das „Wir"-Gefühl, das in einem von Wandel und Risiko geprägten Umfeld entscheidend für den Erfolg eines Unternehmens ist.

Sprenger sieht im permanenten „Stören" der Mitarbeiter einen Tribut an deren Selbstbestimmtheit. Die Führungskraft sei es ihnen schuldig, ihnen so viel Wandel wie möglich zuzumuten, denn schließlich seien sie erwachsen (vgl. Sprenger, 2000, S. 24). Aber ist es wirklich das, was die Mitarbeiter wollen? Ist es nicht ziemlich autoritär zu glauben, man wisse genau, was gut für die Menschen ist – nämlich der permanente Wandel? Kreativität und Leistungsfähigkeit brauchen Freiheit, aber eben auch Grenzen, und sei es nur, um sie bewusst überwinden zu können. Übertriebene Fürsorge gepaart mit misstrauender Kontrolle seitens der Führungskraft tötet jede Motivation, unterfordert den Mitarbeiter und entlässt ihn aus der Verantwortung – Angst und Orientierungslosigkeit lähmen Menschen und Organisationen.

Die ethymologische Bedeutung von Führen heißt „den Weg voranschreiten“. Dabei geht es nicht um direktes Steuern oder Kontrollieren, sondern vielmehr darum, Impulse zur Entwicklung des Einzelnen und der gesamten Organisation zu geben. Es geht darum, Rahmenbedingungen zu schaffen, in denen die Mitarbeiter die Freiheit haben, ihre Potenziale zu entfalten, und gerne ihr Bestes geben. Es geht darum, eine einfache, verständlich formulierte Mission und eine auf ihr aufbauende Vision zu schaffen. Die Führung hat für eine klar formulierte Unternehmensphilosophie zu sorgen, an der sich die Mitarbeiter orientieren können. Es ist ihre Aufgabe, die Leistung von Menschen zu bündeln und in eine gemeinschaftliche Richtung zu lenken, damit ihre Stärken wirksam und ihre Schwächen unwirksam werden (vgl. Drucker, 2000). Und es geht auch darum, Verantwortung zu übernehmen für das, was sich ändert, und das, was bleibt. Denn Verantwortung ist das entscheidende Moment, das jeden Managementprozess auszeichnet.

Worauf kommt es an? Raum schaffen, um Neues zu wagen, Fehler zu machen, sich auszuprobieren, Innovationen zu schaffen. Ohne Angst um den Job zu haben oder den Spott der Kollegen oder des Chefs fürchten zu müssen. Individualismus fördern. Die Sicherheit vermitteln: Wir brauchen dich so, wie du bist. Niemand ist perfekt, aber du bist der Beste, den wir kriegen können – das sollten die Botschaften der Führungskraft sein. Lernen braucht Sicherheit, Zutrauen, Vertrauen.

Veränderung ist gut und richtig, aber nicht um der Veränderung willen, sondern als erforderliche Anpassung an eine veränderte Umwelt. Unsicherheit darf nicht zum festen Bestandteil der Unternehmenskultur werden. Abrupte Wendemanöver, die viel beschworenen „Turnarounds“, sind in Unternehmen, die konsequent gut geführt werden, gar nicht nötig, denn die Führungskräfte haben den Wandel rechtzeitig erkannt und eine graduelle Adaption initiiert. Weder die Globalisierung noch die Verbreitung moderner Kommunikationstechnologien sind über Nacht über die Welt hereingebrochen. Und sind Turnarounds überhaupt zielführend? Henry Mintzberg, der sich für ein „Managing quietly“ ausspricht, merkt dazu sehr treffend an, dass man nach einer Kehrtwende genau wieder da steht, wo man gestartet ist, und in dieselbe Richtung wie zuvor blickt.

„Managing quietly“ darf für mich aber nicht in „Managing boringly“ ausarten, denn Führung muss immer auch inspirierend sein. Insofern muss ich nochmals Fredmund Malik widersprechen, der in einem Interview kürzlich – sicher auch mit der ihm eigenen Art der Provokation – gesagt hat: „Die meisten Manager sind langweilige Menschen. Über die gibt es nichts anderes zu berichten, als dass sie ein geordnetes Leben führen ohne Affären und Skandale. Ich liebe langweilige Manager. Aber die stehen halt nie in den Medien, sie treten nie in Talkshows auf.“ (Fredmund Malik im Gespräch: „Auch Vorstände sollten mal U-Bahn fahren“, in Frankfurter Allgemeine Sonntagszeitung, 14.11.2004, S. 35).

Es gibt für mich einen Mittelweg zwischen Führung, die bevormundet, und solcher, die entmündigt. Beides zwingt den Mitarbeiter in die Kind- oder Opferrolle, erstickt sowohl Selbstverantwortung als auch eigenständiges Handeln im Keim. Menschen sollten die

Wahl haben, welchen Abenteuern und Herausforderungen sie sich stellen und mit welcher Geschwindigkeit.

## 3.9 Führen heißt Menschen begeistern

Herausragende Führungspersönlichkeiten zünden etwas in anderen Menschen an. Sie geben die Leidenschaft, die in ihnen für eine Sache brennt, weiter, und sie entfachen auch in anderen durch ihre Worte und ihre Taten Begeisterung und Engagement. Sie müssen ihre Mitarbeiter nicht antreiben oder hinter sich herziehen, sie machen sie zu Mitstreitern in vorderster Reihe. Energie, Beharrlichkeit, Entschlossenheit und Selbstvertrauen wirken inspirierend und motivierend und sind zentrale Eigenschaften guter Führungskräfte. Durchhaltevermögen und der Glaube an sich selbst und an das gemeinsame Ziel zeichnen die erfolgreichen „Kapitäne“ aus.

So wie Artur Fischer, Gründer der Unternehmensgruppe Fischer. Er hatte 1949 seine erste geniale Erfolgsidee und erfand ein Magnesium-Blitzlichtgerät. Seitdem folgten neben den weltweit bekannten und unentbehrlichen grauen Dübeln über 5 800 weitere Patente. Schwäbischer Erfindergeist gepaart mit unternehmerischem Weitblick haben aus dem kleinen Betrieb einen Weltkonzern gemacht. Aber Artur Fischer treiben nicht das Geld oder der Ruhm an, das spürt jeder, der ihm begegnet. Es ist die Lust am Tun, die Lust am Denken und die Lust am Tüfteln. Was es nicht gibt, wird erfunden. Heute, mit 86 Jahren, meldet er immer noch neue Patente an. Ein Paradebeispiel für intrinsische Motivation und ansteckende Leidenschaft.

Auch für Manfred Kets de Vries ist die Begeisterungsfähigkeit von Führungskräften ein Faktor, der erfolgreiche von weniger erfolgreichen Unternehmen unterscheidet: „Diese Unternehmen halten ihre Belegschaft bei Laune. Die Mitarbeiter üben ihre Tätigkeit gern aus, und ihre Freude ist ansteckend: Glückliche Angestellte sorgen für glückliche Kunden. Schlecht gelaunte Mitarbeiter vermögen die Kunden schwerlich zu begeistern. Die Führenden spielen eine Schlüsselrolle, wenn es um ein gutes Betriebsklima geht.“ (Kets de Vries, 2002, S. 68). Spitzenunternehmen zeichnen sich durch eine gelebte, starke Unternehmenskultur und verinnerlichte Werte aus. Alle arbeiten gemeinsam an einer Vision und denken in Systemen. Diesen „Klebstoff“ liefern vor allem die gut funktionierenden, ausdifferenzierten Informationsnetze. Kurz: Man liebt sich, seine Mitarbeiter, seine „Sache“ und sein Unternehmen.

Um Mitarbeiter „anzuzünden“ und bei der Stange zu halten, gibt es ein ebenso einfaches wie wirkungsvolles Mittel: Anerkennung. Gelobt wurde schon immer zu wenig und wird es noch heute. Und das, obwohl man sich der Bedeutung des „Faktors Mensch“ bewusst ist. Vor allem in wirtschaftlich schwierigen Zeiten, in denen alle zusammenstehen müssen, sind Lob und Wertschätzung umso wichtiger. Doch gerade in kritischen Phasen machen die Chefs oft „dicht“ und vermitteln den Mitarbeitern das Gefühl, ersetzbar zu sein. Das führt dazu, dass die meisten Mitarbeiter sich vielleicht noch mit ihrer Arbeit, aber nicht mehr mit ihrem Arbeitgeber identifizieren. Sie können die Frage: „Warum arbeite ich hier?" nicht mehr beantworten.

Ein mir bekannter Geschäftsführer hat einmal gesagt: „Ein Unternehmen ist nun einmal eine Risikogemeinschaft." Betonung auf Risiko, weil es kritisch werden kann. Betonung auf Gemeinschaft, weil Führungskräfte und Mitarbeiter alle in einem Boot sitzen. Wir lassen in unseren Seminaren gelegentlich getrennt einschätzen, was Mitarbeiter und was Führungskräfte motiviert. Und oftmals sind die teilnehmenden Führungskräfte erstaunt, dass jeweils die gleichen Dinge genannt werden: Anerkennung, etwas Sinnvolles tun wollen, Entwicklungschancen.

Das Problem ist aber nicht nur, dass zu wenig gelobt wird, sondern wenn, dann auch noch falsch. Allgemeine, oberflächliche Lobhudelei in abgedroschenen Phrasen wirkt heuchlerisch und unpersönlich und zerstört Vertrauen und Motivation. Differenzierte, persönliche Rückmeldung im direkten Gespräch mit dem Mitarbeiter ist gefragt. Und dabei sollten nicht nur bereits erbrachte Leistungen gewürdigt, sondern auch die Vorstellungen des Mitarbeiters, wie es in Zukunft weitergehen soll, gehört werden.

Peter F. Drucker formulierte die Förderung und Inspiration der Mitarbeiter sogar dezidiert als Anforderung an Führungskräfte: „Ein Vorgesetzter ist es seiner Organisation schuldig, die Leistungskraft jedes seiner Untergebenen so produktiv wie möglich einzusetzen. Aber noch mehr ist er es den Menschen schuldig, unter denen er eine gehobene Stellung einnimmt, dass sie mit seiner Hilfe die höchste Leistungsfähigkeit, zu der sie imstande sind, erreichen." (Drucker, 1967, S. 149).

Indem Führungskräfte mit Hilfe ihres Charismas eine unwiderstehliche Vision entwerfen und zugleich die Landkarte zeichnen, die den Weg dorthin weist, stiften sie Sinn, schmieden den Zusammenhalt zwischen sich und anderen Unternehmensangehörigen, schaffen ein Gruppengefühl und stimulieren die kollektive Einbildungskraft, die Menschen verbindet und träumen lässt. Ein solcher charismatischer Träumer ist Ingvar Kamprad. Der Schwede hatte die Vision, Möbel herzustellen, die für Normalsterbliche bezahlbar sind. Vor kurzem hat er persönlich die erste Ikea-Filiale in Moskau eröffnet. Überall auf der Welt können die Menschen heute in den unverwechselbar blau-gelben Containern seine und ihre Wohnträume kaufen. Seine Mitarbeiter singen in fast jedem Land der Erde im Chor: „We are Ikea".

Es genügt nämlich nicht, die elektrisierende Vision mit Pauken und Trompeten zu verkünden – sie muss immer und immer wieder kommuniziert und gelebt werden. Der emotionale Klebstoff, der Mitarbeiter auf allen Ebenen und damit das ganze Unternehmen zusammenhält, muss ständig erneuert werden, sonst wird er brüchig und alles fällt auseinander. Wenn die Unternehmensideologie den Mitarbeitern wirklich am und im Herzen liegt, und nicht nur in der Firmenbroschüre steht, kann die Organisation Kultstatus erlangen und die Konkurrenz um Längen schlagen.

Die ansteckende Leidenschaft herausragender Führungspersönlichkeiten ist kein Strohfeuer. Es brennt beharrlich und ist durch nichts zu löschen. Solche Führungskräfte zeichnen sich durch eine außergewöhnliche Entschlossenheit aus, die auch durch Rückschläge und Hindernisse nicht zu schmälern ist. Reinhold Messner musste erst viele Male vor dem Gipfel umkehren, um es schließlich auf den Mount Everest, auf das Dach der Welt, zu schaffen. Dieser unbedingte Willen und diese Überzeugung von der Richtigkeit der Vision strahlen auf alle anderen ab und reißen sie mit.

## 3.10 Führen heißt Menschen lieben

Die vorangegangenen Kapitel haben gezeigt, dass Führung immer und überall mit Menschen zu tun hat und sich (aus der Perspektive der Führungskraft) in vielfältigen Beziehungen innerhalb des magischen Dreiecks „Ich – die Mitarbeiter – die Organisation" abspielt. Führen heißt fühlen, zu dieser Einsicht gelangen immer mehr aktive Führungskräfte, Wissenschaftler und Berater. Ich gehe jedoch noch einen Schritt weiter und konkretisiere dieses „fühlen": Führen heißt Menschen zu lieben.

Eine provokante Aussage, dessen bin ich mir bewusst. „Was hat knallhartes Management mit Liebe zu tun?", werden Sie jetzt vielleicht fragen und sich denken: „Lieben gehört in mein Privatleben, nicht in meinen Job." So denken sehr viele Führungskräfte. Sie sind erfahren, beherrschen ihre Tools und kennen sich mit den technischen und betriebswirtschaftlichen Aspekten ihres Unternehmens hervorragend aus, doch sie zögern, Emotionen zu zeigen und sich damit als verwundbaren Menschen zu präsentieren. Aber genau das wollen die Mitarbeiter sehen und spüren, denn erst dadurch wird der Chef glaub- und vertrauenswürdig.

### 3.10.1 Geld oder Liebe?

Das ist für mich keine Frage: Beides gehört zusammen, zumindest in Unternehmen. Der Begriff „Liebesfähigkeit" klingt im ökonomischen Kontext zwar zunächst befremdlich, doch Liebes- und Leistungsfähigkeit sind nicht so weit voneinander entfernt, wie wir auf den ersten Blick annehmen. Liebesfähigkeit als Führungskompetenz hat, wie ich sie verstehe, nichts mit Gefühlsduselei und Harmoniesucht im Sinn, sondern vielmehr mit bestimmten Grundwerten, die organisches Wachstum ermöglichen. Und zwar nicht auf Befehl, sondern aus innerem Antrieb heraus und deshalb stabil und nachhaltig.

Der Begriff „Liebesfähigkeit" soll hier nicht missverstanden werden, weil es nicht um intime Gefühle oder emotionale Abhängigkeiten geht, sondern um Dinge wie Wahrhaftigkeit, Achtung, Anstand und Fairness gegenüber Mitarbeitern. Liebesfähigkeit hat viel mit Neugierde, Zuneigung, Offenheit, Integrationskraft, innerer Gelassenheit, Achten und Beachten, echtem Interesse, Konfliktlösung, gemeinsamem Durchkämpfen, intensivem Kontakt und Vertrauen zu tun (vgl. Höhn/Pinnow/Rosenberger, 2003, S. 47 ff.).

Um in einem Unternehmen organisches Wachstum zu erzeugen, bedarf es einer bestimmten Art von Führung. Diese muss dafür sorgen, dass die Schwerkraft stärker ist als die Fliehkräfte, die auf die Mitarbeiter wirken. Liebesfähigkeit steht demnach für vier wichtige Merkmale persönlicher Führungskompetenz: innere Überzeugung, Kontakt, Wertschätzung und Ressourcenorientierung. Diese Grundsätze sind keine Rhetorik für Schönwetterkapitäne. Sie gelten auch und vor allem dann, wenn die Kostenschraube sich dreht und sogar wenn Entlassungen drohen.

Wertschätzung für Mitarbeiter zeigen heißt nicht, dass es keine Entlassungen geben kann. Und wenn feststeht, dass Entlassungen anstehen, kann sich eine Führungskraft zwar für ihre Leute einsetzen, aber dies kaum verhindern. Sie kann jedoch den Stellenabbau möglichst fair und anständig und im Sinne einer „Trennungskultur“ gestalten. Das bedeutet, dass die Führungskraft eine klare Entscheidung trifft, die Betroffenen so schnell wie möglich informiert und ihnen vielleicht eine Outplacement- oder Karriereberatung vermittelt.

### 3.10.2 Menschenfreunde

Liebesfähigkeit hat also unmittelbar mit guter Führung und wirtschaftlichem Erfolg zu tun. Zu allererst muss eine gute Führungskraft sich selbst lieben, kennen und annehmen. Ein Mensch, der sich selbst liebt, strahlt die nötige Souveränität aus, besitzt Charisma, Charakterstärke und Begeisterungsfähigkeit, die ansteckt. Eine Führungskraft muss aber auch die Menschen lieben, mit denen sie arbeitet und für die sie arbeitet: Vorgesetzte, Mitarbeiter, Kunden. Sie muss sich einfühlen können und über emotionale und soziale Intelligenz verfügen. Ausgehend von der Kenntnis der eigenen Person, des eigenen Lebensskripts und der eigenen Glaubenssätze wird es möglich, den anderen besser zu verstehen, angemessener zu reagieren, Konflikte produktiv auszutragen und negative zwischenmenschliche Energien in positive umzuwandeln.

Der Chef ist aber kein Familientherapeut und sollte sich davor hüten, an seinen Mitarbeitern herumtherapieren zu wollen. Es ist nicht die Aufgabe, Menschen zu verändern, in ihre Köpfe und Seelen einzudringen, sondern Betriebsergebnisse zu erzielen und Unternehmensziele zu erreichen. Man kann immer nur an sich selbst und an seinem Menschenbild arbeiten, nicht an den anderen.

Als Führungskraft muss ich mich immer wieder fragen, ob ich tatsächlich gewillt bin, den anderen als Menschen in seiner Individualität und Ganzheit als ebenbürtig zu akzeptieren und anzuerkennen, dass dieser nach seinem eigenen inneren Drehbuch lebt. „Die Menschen zu verstehen, mit denen man zusammenarbeitet und von denen man abhängt, ist das erste Geheimnis, das zur Effektivität führt. Es gilt, ihre Stärken, ihren Wert und ihre Art und Weise zu arbeiten zu nutzen“ (Drucker, 1999, S. 257), fordert Peter F. Drucker.

Doch das ist in der Praxis nicht so einfach und erfordert ein Gespür für das richtige Maß an Nähe und Distanz. Eine Führungskraft hat mir einmal berichtet: „Ich empfinde es oft als schwierigen Spagat, einerseits Führungskraft zu sein und andererseits meine Mitarbeiter als Mitmenschen zu achten. Den Mitarbeitern gegenüber muss ich Klarheit behalten, da darf es zu keiner falschen Verbrüderung kommen. So habe ich gerade Erfahrungen mit einer Mitarbeiterin gemacht, die enttäuscht war, weil ich als netter Junge erschien und dann trotzdem Leistung von ihr verlangt habe.“

### 3.10.3 Wertschätzung ist unbezahlbar

Wer zu wenig positives Feedback und nur Worthülsen oder gar nichts vom Vorgesetzten zu hören bekommt, fühlt sich zurückgesetzt, wertlos und unverstanden. Er ist deshalb weniger leistungsbereit und arbeitet auch weniger sorgfältig. Kein Wunder also, dass 70 Prozent der deutschen Arbeitnehmer nur noch Dienst nach Vorschrift machen. Alles, was vielen Führungskräften darauf als Reaktion einfällt, ist verschärfte Kontrolle – genau das falsche Mittel, das die Abwärtsspirale der Motivation nur noch beschleunigt.

Mit dem Abflachen von Hierarchien fallen traditionelle Belohnungen, wie beispielsweise der nächst höhere Posten, weg. Führungskräfte können ihren Mitarbeitern jedoch auch mit anderen Mitteln, die nicht auf Status oder Geld, sondern auf dem persönlichen Beitrag beruhen, ihre Anerkennung, Wertschätzung und ihre Aufmerksamkeit zeigen und so Anreize für die Zukunft bieten: Der Mitarbeiter bekommt die Möglichkeit, sein nächstes Projekt selbst zu bestimmen. Er bekommt mehr Zeit für die Arbeit an seinem Lieblingsprojekt. Er bekommt die Chance, an Aus- und Weiterbildungsprogrammen teilzunehmen, und anderes mehr. Ganz wichtig für die Identifikation des Mitarbeiters und sein Selbstwertgefühl ist es, seine Leistung in- und extern deutlich zu kommunizierten – und sich als Vorgesetzter die Lorbeeren für die Arbeit der Unterstellten nicht aufs eigene Haupt zu setzen.

Schon Peter F. Drucker betonte diesen Aspekt besonders. Für ihn gibt es vier Voraussetzungen für sinnvolle menschliche Beziehungen: Kommunikation, Teamarbeit, Selbstentwicklung und die Entwicklung anderer (vgl. Drucker. 1967, S. 107). Denn Führungskräfte sind für ihn die Treuhänder der Ressourcen ihrer Mitarbeiter. In vielen Unternehmen gibt es allerdings kaum wirklichen Kontakt. Es finden zwar viele Gespräche, Konferenzen und Meetings statt, doch das meiste läuft nach dem Motto „Viel reden, wenig sagen“. Oftmals mangelt es vor allem an Verbindlichkeit und der Bereitschaft, sich auf seinen Gesprächspartner wirklich einzulassen.

Es geht darum, den anderen als Menschen zu erfassen und ein Gespür dafür zu entwickeln, was ihn antreibt. Der Umgang mit Emotionen ist dabei extrem wichtig. Deshalb wird die Sachebene in unseren systemischen Führungsseminaren oftmals auf das Minimum reduziert. Wir wollen die Führungskräfte dazu bringen, ein Gespür für das Un- und Unterbewusste zu entwickeln und nicht bloß an der Oberfläche zu bleiben. Es ist ja in erster Linie die Führungskraft, die das Betriebsklima prägt, den Umgang miteinander steuert und die Kommunikation im Team ermöglicht.

Wer weiß, wie es dem anderen geht, kann viel besser auf sie oder ihn eingehen. So lässt sich der persönliche Kontakt stärken. Dazu gehört es auch, Gefühle zu äußern. Wenn diese Ebene einmal vorhanden ist und man sich der Wertschätzung des Gegenübers gewiss sein kann, lassen sich auch „negative“ Emotionen wie Wut oder Ärger offen an- und aussprechen. Eine Führungskraft muss sowohl für Entfaltungs- und Entwicklungsspielräume bei den Mitarbeitern sorgen als auch für Geborgenheit. Es geht also um das Fordern und Fördern auf der einen und das Kümmern und Beachten auf der anderen Seite. Das wiederum hat viel mit Liebe zu den Menschen zu tun.

Das Verhältnis zwischen Führenden und Geführten ist jedoch immer eine Gratwanderung: Bewunderung kann schnell in jüngerhafte Verehrung umschlagen, genauso wie Kritik in sinnloses Rebellentum. Aber allein wenn diese Gefahren einer Führungskraft und auch ihren Mitarbeitern bewusst gemacht werden, entsteht schon eine andere Kultur im Unternehmen. Von der Führung muss viel Beziehungsmanagement verlangt werden. Das ist und bleibt richtig. Dennoch kann zu Recht auch von guten Mitarbeitern verlangt werden, dass sie in der Lage sind, auf sich und ihre Ideen aufmerksam zu machen. Da erlebe ich oftmals zu schnell Wehklagen über die Führungskraft, die so schlecht erreichbar sei. Natürlich stimmt dies häufig, aber haben diese Mitarbeiter dann auch einmal versucht, sich in die Lage der Führungskraft hineinzuversetzen, und alle möglichen Wege der Kommunikation schon ausgeschöpft? Vorsicht also mit Ausreden.

## Fazit: Führung als Lebensstil

Gute, erfolgreiche, wirksame und beziehungsorientierte Führung bedeutet für mich, eine Welt zu gestalten, der andere gerne angehören wollen. Dazu braucht es mehr als ein passendes Instrumentarium an Werkzeugen, Grundsätzen, Regeln und Führungsstilen. Führung ist kein Job wie jeder andere und kein Job für jeden. Führung kann man nicht von 9 Uhr morgens bis 7 Uhr abends ausüben und dann diese Funktion bis zum nächsten Tag an der Garderobe abgeben wie einen Arbeitskittel.

Führung, die über das traditionelle Management hinausgeht und den Bedingungen und Anforderungen der modernen Welt und der modernen Menschen entspricht, ist mehr als das. Sie ist eine Einstellung, eine Lebensaufgabe, ein Lebensstil. Man kann sie lernen, aber man muss die nötigen Eigenschaften und Fähigkeiten mitbringen, sonst nutzen alle Kommunikations- und Präsentationsseminare und persönlichen Coachings nichts.

Wer führen will – und nicht herrschen – muss Menschen achten, mögen, schützen, respektieren und sie so nehmen, wie sie sind, denn es gibt keine anderen. Menschen lassen sich nicht verwalten oder managen, sondern nur führen. Eine Führungskraft mit der nötigen Sozialkompetenz erkennt man weniger an der Art, wie sie mit Kunden oder Kollegen umgeht, sondern daran, wie sie mit ihren Mitarbeitern umgeht, wie sie sich gegenüber dem eigenen Team, aber auch dem Portier, der Bedienung in der Kantine oder dem Fahrer verhält. Sozialkompetenz heißt dabei nicht „sozial" zu sein oder sozialromantischen Schwärmereien zu verfallen. Führungskräfte sind keine hoch bezahlten Sozialarbeiter, sondern qualifizierte Beziehungsmanager.

Die „vollautomatische Betriebsklimaanlage", wie Reinhard K. Sprenger es formuliert hat, die auf Knopfdruck eine positive Stimmung und ein angenehmes Unternehmensklima schafft, bleibt ein (Alb-)Traum. Echte, Vertrauen erweckende und inspirierende Herzensbildung, Liebesfähigkeit und eine Passion für Menschen zeigen sich, wenn Führende den Menschen in untergeordneten Tätigkeiten bescheiden und achtungsvoll begegnen und ihnen das Gefühl vermitteln, einen wichtigen, sinnvollen Beitrag zu leisten und genauso Teil des Ganzen zu sein wie sie selbst. Vertrauen, die gegenseitige Anerkennung von Leistung, das gemeinsame Bewusstsein, aus den Ressourcen das Beste zu machen, und die innere Überzeugung, einen Weg gemeinsam gehen zu wollen – all dies bildet die Basis für nachhaltiges Wachstum.

# Teil IV: Mehr als nur reden Oder: Die Instrumente systemischer Führung

***„Wir bleiben nicht gut, wenn wir nicht immer besser zu werden trachten."***

***Gottfried Keller***

In den vorausgegangenen Kapiteln habe ich Sie auf eine besondere Reise durch die Führungslehre mitgenommen. Zunächst habe ich mit Ihnen zusammen erkundet, welchen spezifischen Anforderungen Führung im 21. Jahrhundert ausgesetzt ist (Teil I). Danach haben wir uns die bisherigen Führungsansätze angesehen und dabei geprüft, inwieweit sie uns im heutigen Führungsalltag weiterbringen (Teill II). Auf dieser Grundlage habe ich dann dargestellt, wie systemisches Führen, mein favorisierter, weil integrativer Ansatz, funktioniert und wie man dadurch als Führungskraft eine Welt schaffen kann, der andere gerne angehören wollen (Teil III).

Nachfolgend soll es darum gehen, operativ und pragmatisch festzustellen, wie die dargestellten Ideen und Ansätze in der Führungspraxis konkret umgesetzt werden können. Dazu möchte ich zeigen, wie eine moderne Führungskräfteentwicklung aussieht, die vor allem das Thema Beziehungen zum Gegenstand hat. Weiterhin möchte ich bekannte und weniger bekannte Führungsinstrumente im Licht der beziehungsorientierten Führung neu interpretieren und zeigen, worauf es in der Anwendung dieser „Mittel zum Zweck" wirklich ankommt. Und zum Dritten möchte ich das Thema Messbarkeit von Führung betrachten – ein Aspekt, der heiß diskutiert wird, weil man langsam erkennt, dass die Qualität von Führung letztlich der entscheidende Treiber für den Unternehmenserfolg ist.

## 1. Kann man Beziehungen lernen? Eine neue Führungskräfteentwicklung

Erfolgreiche Führungskräfte sind einzigartige, unverwechselbare Persönlichkeiten, und es gibt kein einfaches Patentrezept für gute Führung, das man in Seminaren oder „on the job" vermitteln könnte. Doch die Führungskräfteentwicklung kann im besten Fall den Führungskräften helfen, ihren ganz persönlichen Führungsstil zu finden und zu optimieren, sich ihrer Eigenheiten, Schwächen und Stärken – sprich: ihres Lebensskripts – bewusst zu werden und ein Gespür für die jeweiligen Menschen, die Situation und ihre Erfordernisse zu entwickeln.

Führung ist dann am erfolgreichsten, wenn sie beides vereint: die souveräne Beherrschung der Aufgaben und eine Führungspersönlichkeit, die Menschen in Unternehmen wirklich zu bewegen vermag. Es sind die Führungskräfte, die Wachstumskeime im Unternehmen säen. Und dies ist nur dann nachhaltig, wenn die Führungskraft auch ethischen und moralischen Grundsätzen folgt. Diese Punkte bilden zusammen mit Wertschätzung, Ressourcenorientierung, Kontaktfähigkeit und innerer Überzeugung die notwendigen Voraussetzungen wirksamer und systemischer Führung. Und lassen Sie es mich nochmals bekräftigen: Die Wirksamkeit von Führung steht und fällt mit dem systemischem Denken und Handeln der Führungskraft. Das ist letztlich meine persönliche Note, die ich mit diesem Buch in die Führungsdebatte einbringen möchte.

## 1.1 Typische Störfaktoren moderner Führung

Eine moderne Führungskräfteentwicklung muss bei den richtigen Lernfeldern ansetzen. Wenn man sich die Komplexität heutiger Führungsaufgaben ansieht, hat man es stark damit zu tun, Zusammenarbeit über Länder-, Bereichs- und Zeitgrenzen zu hinweg organisieren. Und leider ist es oft so, dass eine Führungskraft viel mit kooperationsbezogenen Störfaktoren, z. B. in Form demotivierender Rahmenbedingungen, fertig werden muss.

Wenn die Führung eines Teams oder die Zusammenarbeit in einem Team nicht funktioniert, ist in der Regel einer – oder mehr als einer – der folgenden 13 Störfaktoren schuld daran. Wenn die Führungskraft diese Faktoren (er-)kennt, kann sie den Informationsaustausch wieder in Fluss bringen, die Entscheidungsfindung wirksam forcieren und der Zusammenarbeit wieder die nötige Effektivität geben.

1. Kommunikationsprobleme

Es redet mehr als eine Person zur gleichen Zeit. Die anderen können nicht verstehen, was gesagt wurde. Gruppenmitglieder mit weniger Durchsetzungsvermögen, Zungenfertigkeit und Sprechbereitschaft kommen nicht zu Wort und verzichten darauf, ihre Argumente einzubringen. Informationen gehen verloren.

2. Autoritätsprobleme

Ein Gruppenmitglied wird mehr gehört, weil es einen höheren Rang in der Hierarchie hat. Der Chef hat immer Recht, auch wenn er nichts vom Problem versteht. Eine höhere soziale Geschicklichkeit, besseres Durchsetzungsvermögen, manchmal sogar Schönheit und Aussehen verdecken oft einen Mangel an Fachkenntnissen, Informationen und Argumenten. Sachfremde Momente gewinnen Einfluss und verschlechtern die Gruppenentscheidung.

3. Beziehungsprobleme

Beziehungsprobleme zwischen den Gruppenmitgliedern führen dazu, dass Informationen und Argumente nicht gehört oder berücksichtigt werden. Beziehungsprobleme werden auf die Inhaltsebene übertragen. Nach dem inneren und oft unbewussten Motto: „Da ich den anderen nicht leiden kann, überhöre und unterbewerte ich seine sachlich vielleicht ganz guten Argumente, nur weil sie von ihm kommen."

### 4. Entscheidungen

Weil vorher nicht überlegt wurde, welche Entscheidungen wichtiger sind als andere, werden falsche oder unzureichende Beschlüsse gefasst. Oder die Prioritäten stimmen nicht: Man räumt relativ unwichtigen Entscheidungen zu viel Zeit ein, die dann für wichtige Entscheidungen fehlt.

### 5. Geschäftsordnung

Die Gruppe hat für das entstehende Problem nicht die angemessene Geschäftsordnung gefunden. Geschäftsordnungsprobleme wie Sitzordnung, Sprechregeln, Befugnisse der Gruppenleitung, Entscheidungsmodus, Zeit u. a. üben auf die Teamarbeit einen wesentlichen Einfluss aus.

### 6. Abweichende Meinung äußern

Die Gruppe ist nicht bereit, von der Mehrheit abweichende Meinungen zu äußern und, falls sie doch geäußert werden, sorgfältig damit umzugehen. Oftmals werden deshalb geniale Einfälle von den „billig und normal Denkenden" lächerlich gemacht und „niedergebügelt". Man hat dann nicht mehr den Mut, das vorhandene Potenzial an Fantasie und Kreativität für ungewöhnliche Problemlösungen zu nutzen. Es mangelt an konstruktiver Bereitschaft zur Mitwirkung und zur Ich-Stärke.

### 7. Mut zur Wahrscheinlichkeitsentscheidung

Die Gruppe findet, obwohl die meisten Argumente auf dem Tisch sind, vor lauter Analysen nicht mehr den Mut zu einer Wahrscheinlichkeitsentscheidung. Zu den meisten Problemen gibt es gute Pro- und Contra-Argumente. Entscheidungen bergen damit fast immer Risiken, die getragen werden müssen.

### 8. Zeit-, Leistungs- und Konkurrenzdruck

Es gibt Probleme, weil sich die Gruppe selbst unter so starken Zeit-, Leistungs- und Konkurrenzdruck gesetzt hat, dass sie „vor lauter Bäumen den Wald nicht mehr sieht". Besonders bei Entscheidungen unter hohem Risiko, die Langzeitwirkung haben, kann dies verheerende Folgen haben.

### 9. Verhältnis von Aufgaben- und Erhaltungsrollen

Das Verhältnis von Aufgaben- und Erhaltungsrollen ist in der Gruppe nicht günstig. Häufig werden zielorientierte Aufgabenrollen mehr wahrgenommen als die nötigen Erhaltungsrollen. Daraus ergeben sich Frustrationen, da private Bedürfnisse und Sonderinteressen nicht befriedigt werden. Die Bereitschaft zur Mitarbeit an einer Gruppenlösung sinkt.

### 10. Systematischer und intuitiver Arbeitsstil

In der Gruppe dominieren die so genannten „Systematiker", die versuchen, ein logisches System für eine Lösung zu finden, oder die spielerisch, mehr pragmatisch orientierten Intuitiven – oder umgekehrt. Manche Probleme lassen sich aber nur schnell und richtig im guten Zusammenspiel beider Typen lösen.

### 11. Konfliktbearbeitung

Die Gruppe verzichtet auf jede Konfliktbearbeitung. Da das gute Gruppenklima nicht gefährdet werden darf, ist man ängstlich darauf bedacht, Argumente, Informationen und Meinungen zu vermeiden, die vielleicht einen Konflikt heraufbeschwören könnten. Konflikte können für bessere Gruppenentscheidungen aber konstruktiv sein.

### 12. Unterforderung oder Überforderung

Die Gruppe oder einzelne Gruppenmitglieder haben eine Aufgabe übernommen, die nicht ihren Kenntnissen, Neigungen und Fähigkeiten entspricht. Sowohl bei Unter- als auch bei Überforderung reagieren die Mitglieder mit Verweigerung und „Aussteigen" aus dem Lösungsprozess.

### 13. Identität

Die Gruppe hat noch nicht ihre Identität gefunden, d. h., die Gruppe ist für die Mitglieder noch nicht so attraktiv, dass sich jeder voll einbringen und mit den Gruppenentscheidungen identifizieren kann.

13 Störfaktoren, die immer wieder feststellbar sind, wenn meine Kollegen und ich mit Führungskräften arbeiten. Die Liste lässt sich bestimmt noch verlängern, doch es geht mir an dieser Stelle nicht um Vollständigkeit. Ich halte es aber für sinnvoll, sich einfach immer wieder die Bandbreite möglicher Probleme bei den so genannten „weichen" Faktoren vor Augen zu führen.

Führung ist kein Kinderspiel, Management-by-Techniken sind out, und Führungskräfte sind keine überbezahlten Handwerker. Ich meine, wir brauchen neue Wege, um die Wichtigkeit dieses Themas zu verdeutlichen. Einen solchen Weg hat auch der Niederländer Joep P. M. Schrijvers eingeschlagen: In seinem Buch „Das Ratten-Prinzip", in unserem Nachbarland zum Management-Buch des Jahres gewählt, entlarvt Schrijvers auf amüsante Weise die gängigen Machtspiele in modernen Unternehmen – und zeigt, wie man sich dagegen wappnen kann (vgl. Schrijvers, 2004).

Das Lachen bleibt einem allerdings oftmals im Halse stecken, wenn man Schrijvers' keineswegs nur zynisch gemeinte Ratschläge liest. Eine kleine bittere Kostprobe: „Ich verwende hier absichtlich die von Chefs bevorzugten militärischen Termini: Die Firma als vorrückende Einheit, in der jegliche interne Rivalität und Eigenmächtigkeit ausgeschaltet wird, es sei denn, sie dient dem schnelleren Erreichen der Firmenziele (...).

Jegliche einheitsfördernde Sprache und Inszenierung ist aber nichts anderes als kalkulierte ‚Bravheit', die den Blick auf die Unterschiede zwischen ‚mein' und ‚dein' verstellt (...). Die meisten Professionals kennen ihre eigenen Interessen: Sie wollen eine bestimmte Position haben, dieser oder jener Gehaltsgruppe zugeordnet werden, einen bestimmten Lebensstandard, soundso viel Geld für den Winterurlaub, in diesem oder jenem Restaurant essen und zwischendurch mal ein Sabbatical. Bei solchen Aufzählungen kommen die Interessen, die die Firma als Ganzes betreffen, nur sporadisch vor." (Schrijvers, 2004, S. 40 f.).

Es steckt ein wahrer Kern in Schrijvers' Ausführungen, denn manchmal ist tatsächlich derjenige, der sich auf Fairplay verlässt, der Dumme. Indem man durch den Autor an die Machenschaften der „Ratten" in Unternehmen herangeführt wird, erfährt man viel darüber, welche Untiefen man als Führungskraft kennen und welche Spielregeln und Schachzüge man beherrschen muss.

Und manchmal geht es auch als Manager nicht nur nach der hohen Schule der Moral. Schon Max Weber hat nicht nur die Formen legitimer Herrschaft untersucht, sondern auch zwischen Gesinnungs- und Verantwortungsethik unterschieden (vgl. Weber, 1919). Der Zweck (von Unternehmen) heiligt beileibe nicht alle Mittel, aber Verantwortung hat auch viele Gesichter. Und das heißt, in Einzelfällen muss ich auch als Führungskraft in einen sauren Apfel beißen, um später die richtige Ernte einfahren zu können. Dies ist kein Plädoyer für Kungeleien von Führungskräften, aber Führungskräfte müssen ihre Werte manchmal auch mit dem scharfen Schwert verteidigen. Nicht obwohl, sondern gerade wenn sie systemisch erfolgreich führen wollen. Systemisch denkende Führungskräfte sind eben nicht naiv. Das ist mir wichtig zu erwähnen.

## 1.2 Strukturen für Lernen und Entwicklung schaffen

Führungskräfte im deutschsprachigen Raum investieren deutlich weniger Zeit in strategische als in operative Fragestellungen. Dies ergab vor kurzem wieder eine Untersuchung. Nur 39 Prozent ihrer Zeit widmen sich Führungskräfte der Strategie (vgl. Frankfurter Allgemeine Zeitung, 24.02.2003). Und ist es nicht so, dass zum strategischen und langfristigen Denken einer Führungskraft auch das nachhaltige Lernen gehört? Dieser Aspekt gilt nicht nur für die Geführten, sondern auch für die Führenden selbst.

In Unternehmen kursiert nach Beförderungen gelegentlich das Bonmot: „Die Firma hat eine gute Fachkraft verloren und eine schlechte Führungskraft gewonnen." Und oftmals haben die Zyniker Recht, denn viele Führungskräfte kümmern sich zu wenig um ihre Mitarbeiter und deren Entwicklung. Die bereits erwähnte Umfrage hat folgende Aufschlüsselung des Zeitaufwands für einzelne Tätigkeiten ergeben: 34 Prozent ihrer Zeit beschäftigen sich Führungskräfte mit eigenen Fachaufgaben. Für Planung und Steuerung werden 21 Prozent der Zeit aufgewendet. Für die Mitarbeitermotivation reicht den Führungskräften 17 Prozent ihrer Arbeitszeit. Weitere Aufgaben sind die Information von Mitarbeitern und Kunden (14 Prozent) sowie das Lösen von Konflikten (12 Prozent).

Die befragten Manager halten zudem die fachliche und die soziale Kompetenz für gleichermaßen wichtig. Allerdings sind nur 14 Prozent der Auffassung, soziale Kompetenz sei erlernbar. Letzteres ist für mich fast so etwas wie eine Bankrotterklärung und meiner Meinung nach auch schlichtweg falsch. Zwar sind vorhandene, durch Erziehungsumfeld und Sozialisation vermittelte Anlagen sehr relevant, doch können durch gezielte Trainings und Coachings Führungskräfte deutlich an Sozialkompetenz hinzugewinnen. Dass neun von zehn Führungskräften nach dieser Untersuchung glauben, man könne soziale Fähigkeiten nicht erlernen, lässt für mich auch folgenden Schluss zu: Führungskräfte haben Angst vor „weichen" Themen und neigen daher schnell dazu, Mitarbeiter wegen vorgeblicher Unvereinbarkeit mit dem Team wieder auf die Straße zu setzen.

### 1.2.1 Horte der Führungskräfteentwicklung

Für die neue Führungskräfteentwicklung gilt eine doppelte Herausforderung: Erstens müssen Strukturen für die Entfaltung von Leadership geschaffen werden, und zweitens müssen Unternehmen und ihre Berater die richtigen Leadership-Inhalte zusammenstellen. Wenden wir uns zunächst den Strukturen zu:

Jack Welch, der frühere CEO von General Electric, war als „Neutron Jack" umstritten. Zugleich war er sehr erfolgreich. Eine Sache hat er hinbekommen wie kein Zweiter: Er hat eigene Führungskräfte ausgebildet und den Satz geprägt: „First People, then Strategy." Und er hat eine bahnbrechende Firmenuniversität namens Crotonville gegründet, an der er auch selbst unterrichtet hat. Zudem hat General Electric unter seiner Leitung eine einzigartige Kultur entwickelt, die stark auf Leistung, aber auch auf die Einhaltung von Firmenwerten pocht. So wird jährlich überprüft, ob Ziele erreicht werden *und* die „GE Values" gelebt werden. Das geht sogar soweit, dass bei der Nicht-Erreichung von Zielen Personalentwicklung greift, dagegen eine Führungskraft bei der Nicht-Beachtung von Werten die Firma verlassen muss.

Die Idee der „Corporate University" kommt – wie so vieles – aus den USA. Die erste derartige Einrichtung in Deutschland war die Lufthansa School of Business. Später folgten Firmen wie Bertelsmann, DaimlerChrysler und Merck. Grundsätzlich ging es darum, das Lernen besser mit der Unternehmensstrategie, der Unternehmenskultur und dem internen Change Management zu verbinden. Auch wollte man das neue Mega-Wort „Wissensmanagement" dadurch mit Leben erfüllen. Inzwischen gibt es hunderte solcher firmeneigenen Universitäten.

Zugegeben: Manche Unternehmen haben dabei nur den Namen ihrer zuständigen Abteilung geändert. Die Lernphilosophie und die Lernräume für ihre Mitarbeiter blieben dabei die alten. „Firmenuniversität" klingt schließlich viel schicker als „Personalentwicklung". Nach meinem Eindruck haben die „Corporate Universities" jedoch zumindest für die

Themen Führungskräfteentwicklung und Humankapital sensibilisiert. Inzwischen ist nach der Gründungswelle, gerade im Rahmen der Kosteneinsparungen der letzten Jahre, Ernüchterung eingekehrt. Die Themen selbst bleiben aber in höchstem Maße wichtig, und ich warne davor, das Kind mit dem Bade auszuschütten.

Interessant ist: Wenn ein großes deutsches Unternehmen in den letzten Jahren ein Weiterbildungsprogramm für seine Top-Führungskräfte oder einen Partner für seine Firmenuniversität suchte, dann wandte es sich häufig an einer der führenden Business Schools in Europa oder den USA. Ganz oben auf der Liste standen immer die gleichen Namen: das IMD in Lausanne, Insead in Fontainebleau, die London Business School, die Harvard Business School, die Wharton Business School. Man holte sich bekannte Namen ins Haus und versprach sich von den „Gurus“ viele Anregungen. Und dies ist häufig auch gut gelungen. So ist beispielsweise der von mir sehr geschätzte Manfred Kets de Vries Professor an der Wirtschaftshochschule Insead und zugleich Trainer für Führungskräfte.

Andererseits frage ich mich, ob Hochschulen mit ihren klassischen Lehrmethoden (Vorlesung, Fallbeispiele, Gruppenarbeiten) immer nah genug entlang der beziehungsorientierten Führungsthemen unterrichten. Bei aller spürbaren Professionalität glaube ich, dass es neben den handwerklichen Themen wie Strategie, Delegation und Finanzen vor allem darauf ankommt, die Ich-Perspektive der Führungskräfte zu reflektieren und bei ihnen entsprechende Methoden für die Selbstwahrnehmung und Selbststeuerung auszubilden.

### 1.2.2 Richtig lernen

Wir müssen in diesem Kontext berücksichtigen, dass erwachsene Menschen anders lernen als Kinder und Jugendliche. Gerade Führungskräfte sind in der Regel schon jenseits des 30. Lebensjahrs und stark eingebunden. Daher sind Vorlesungsformate nur sehr bedingt geeignet, nachhaltiges Lernen sicherzustellen. Für mich gilt folgende Faustregel: Der erwachsene Mensch behält

20 Prozent von dem, was er hört,

30 Prozent von dem, was er sieht,

70 Prozent von dem, worüber er spricht,

90 Prozent von dem, was er selber macht.

Aus diesem Grund sind die Seminare, die die Akademie anbietet, stets erfahrungs- und verhaltensorientiert, und sie beziehen stark die aktuellen Probleme der Teilnehmer mit ein. Wenn wir in der Akademie für Führungskräfte unsere internen Entwicklungsprogramme für Führungskräfte konzipieren, legen wir Wert auf ein verzahntes Vorgehen, das mehrere Elemente zugleich berücksichtigt: Seminare, Projektarbeit, Lernpartnerschaften unter den Teilnehmern, Einbindung des Top-Managements als Sponsor, ältere

Führungskräfte als Mentoren sowie vor allem eine detaillierte Auftragsklärung zu Beginn.

Wichtig ist uns auch, dass die beauftragende Organisation die Chance hat, ihre eigene Kultur – und damit ihre Vergangenheit – einzubringen, ohne deshalb an Überholtem zu kleben und sich gegen Veränderung zu sperren. Hilfreich ist, wenn Personalentwicklungsmanager und Führungskräfte mitziehen und z. B. das gemeinsame Programm in internen Zeitschriften und Intranets aktiv vermarkten. So entstehen zusätzlich Aufmerksamkeit, Wertschätzung und Eigendynamik, was unsere Trainer wiederum in den Seminaren nutzen können (vgl. Höhn/Rosenberger, Management & Training 6/2002, S. 22 - 25).

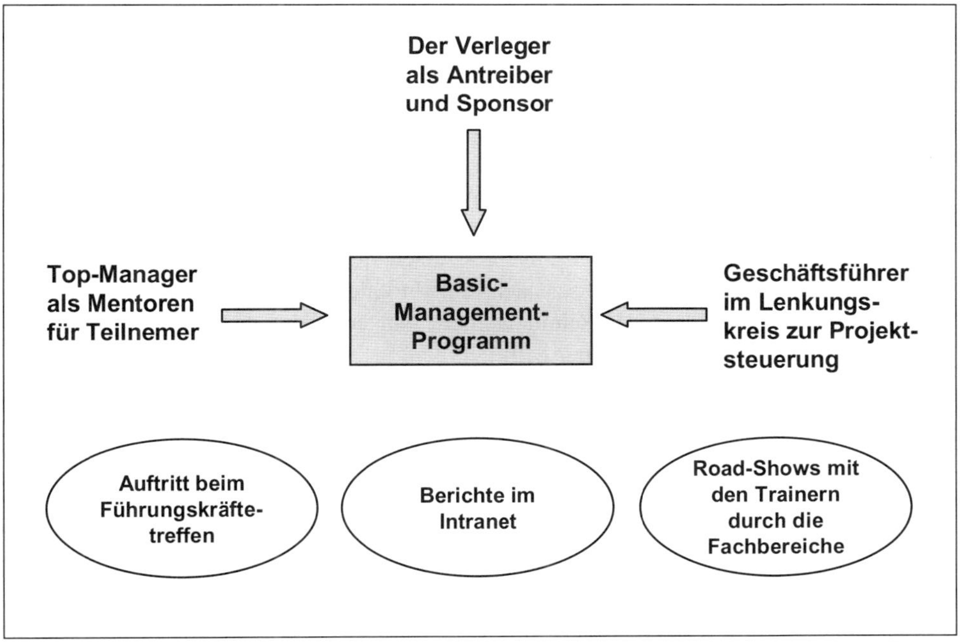


Quelle: Höhn, Alexander/Rosenberger, Bernhard: Unternehmens-Coaching – ein Praxisbeispiel. Nachwuchs fördern bei Hubert Burda Media, in: Management & Training 6/2002, S. 22-25

**Abbildung 15:** Beispiel für Lernen in Organisationen aus der Medienbranche

Ein Thema, das vor einigen Jahren Hochkonjunktur hatte, ist E-Learning. Man schuf virtuelle Plattformen zur Vernetzung von Führungskräften, Experten und Wissen und wollte Lernen in Eigenregie, unabhängig von Raum und Zeit, organisieren. Eine Firma wie IBM, aber auch andere haben hierzu gute Vorbilder geliefert, z. B. mit Instrumenten wie „Learning Labs", „Collaborative Learning oder dem „Coaching Simulator". Mittlerweile weiß man, dass es nur mit „Blended Learning", der Kombination von Präsenzseminaren und webgestützter Lerntechnologie, geht. Dieser Ansatz wird heutzutage durch Elemente ergänzt, mit denen auch administrative Transaktionen und interne Prozess-Schritte durch Führungskräfte selbst am Computer erledigt werden. Dadurch kann die Effizienz im Alltag deutlich gesteigert werden. Der „Manager Self Service“ von Cisco Systems bietet hierzu reichlich Anschauungsmaterial. Zahlreiche Tools – von der Datenaktualisierung über Einmalzahlungen für Mitarbeiter bis zu Teambeurteilungen – sorgen für Arbeitserleichterung und schnelle Abwicklung. Kurzum: Die Führungskräfteentwicklung muss stets nah am strategischen und operativen Geschäft der Führungskraft aufgezogen werden, sonst verpufft ihre Wirkung.

### 1.2.3 Führungsnachwuchs in der Pipeline

Einen wichtigen Beitrag hierzu liefern auch die Amerikaner Ram Charan, Stephen Drotter und James Noel, die dem Umfeld großer Konzerne wie General Electric, Philip Morris oder der Citibank entstammen (vgl. Charan/Drotter/Noel, 2001). Die drei Autoren zeigen, wie Unternehmen ihre Führungskräfte intern optimal entwickeln können. Ausgangspunkt ihrer Überlegungen ist die Tatsache, dass es nicht darauf ankommt, Führungskräften pauschal bestimmte Eigenschaften und Fähigkeiten anzutrainieren. Vielmehr gehe es darum, die kritischen Passagen, die jede Führungskraft durchschiffen muss, durch geeignete Maßnahmen zu unterstützen. Entscheidend sind also die Übergänge von einer Führungsposition zur nächsten. Und hier müssen die jeweils neuen Job-Anforderungen vermittelt und geschult werden. Nur so bleibt die eigene „Leadership Pipeline“ eines Unternehmens immer gefüllt.

Grundsätzlich unterscheiden die drei Führungsexperten sechs kritische Passagen auf dem Weg von der Fachkraft zum Vorstandsvorsitzenden:

1. From Managing Self to Managing Others – von der Fachkraft zum Teamleiter
2. From Managing Others to Managing Managers – vom Teamleiter zum Bereichsleiter mit eigenen Führungskräften
3. From Managing Managers to Functional Manager – vom Bereichsleiter zum Funktionsverantwortlichen (z. B. als Marketing- oder Personalchef)
4. From Functional Manager to Business Manager – vom Funktionsverantwortlichen zum Leiter einer Geschäftseinheit, eines Profit-Centers oder einer Tochtergesellschaft
5. From Business Manager to Group Manager – vom Leiter der Geschäftseinheit zum Leiter mehrerer Geschäftseinheiten nach dem Regional- oder Spartenprinzip
6. From Group Manager to Enterprise Manager – vom Leiter mehrerer Geschäftseinheiten zum Vorstandsvorsitzenden

An jeder dieser Wendemarken gibt es drei Führungsaspekte, die im Brennpunkt stehen und die durch Entwicklungs- und Coaching-Maßnahmen aktiv beeinflusst werden sollten:

1. Die inhaltlichen Anforderungen und damit verbundene Fähigkeiten
2. Die zeitlichen Anforderungen an bestimmte Führungsaufgaben und damit verbundene neue Prioritäten
3. Die Werte und Normen, d. h. was für Führungskräfte auf diesem spezifischem Level relevant ist

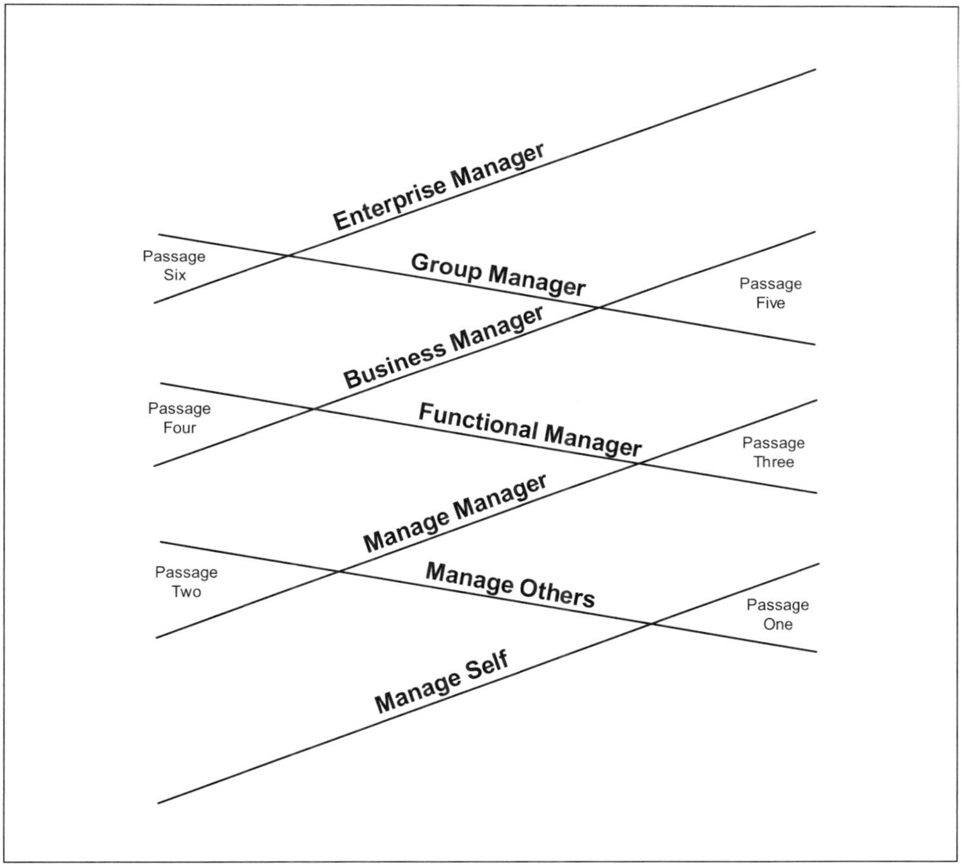


Quelle: Charan, Ram/Drotter, Stephen/Noel, James: The Leadership Pipeline. How to build the Leadership-Powered Company, San Francisco 2001

**Abbildung 16:** Kritische Karriereschritte für Führungskräfte in größeren Organisationen

Lassen Sie mich dazu ein Beispiel geben: Es ist ein Unterschied, ob ich Fachkräfte oder Führungskräfte führe. Als „Manager of Managers" muss ich u. a. darauf achten, dass ich meinen Führungskräften nicht ins Tagesgeschäft hineinregiere. Zugleich muss ich sicherstellen, dass die mir zugeordneten Führungskräfte ihre eigentlichen Führungsaufgaben angemessen erledigen und nicht die Arbeit von Fachkräften machen. Außerdem spielt ein typischer „Manager of Managers“ eine Hauptrolle, wenn es darum geht, die Unternehmensstrategie den Mitarbeitern verständlich zu machen. Charan und Kollegen sehen an dieser Leadership-Passage folgende vier Kernaufgaben, die primär erledigt und im eigenen Kalender der Führungskraft ausreichend Raum finden müssen: die Auswahl und das Training von Team- und Abteilungsleitern, das Einfordern der echten Führungstätigkeiten bei dieser Zielgruppe, die Neu- und Umverteilung von Ressourcen zwischen Abteilungen, das Management der Schnittstellen zwischen Abteilungen und zwischen dem eigenen Bereich und den anderen Unternehmensteilen (vgl. Charan/Drotter/Noel, 2001, S. 51 ff.).

Sobald eine Führungskraft faktisch auf einer falschen Ebene arbeitet, wirkt sich das nach unten wie nach oben nachteilig aus und die Pipeline wird verstopft. Wenn ein Teamleiter nicht delegieren kann und viele Aufgaben selbst erledigt, demotiviert er die Fachkräfte in seinem Team. Zugleich hat die Führungskraft des Teamleiters versagt, denn sie hat ihn nicht richtig unterstützt. Mit fatalen Folgen: Die entsprechenden Signale werden im Unternehmen aufgenommen – und plötzlich fühlen sich auch andere Führungskräfte bewusst oder unbewusst ermuntert, ihre Jobanforderungen aufzuweichen.

In der neuen Führungskräfteentwicklung kommt es schließlich darauf an, dass alle Maßnahmen sorgfältig kontrolliert werden. 85 Prozent der deutschen Unternehmen erwarten laut einer Studie des Bundesinstituts für Berufsbildung, dass es zukünftig wichtiger werde, den Weiterbildungsbedarf genauer zu ermitteln und den langfristigen Erfolg der Trainings auch konsequent zu überwachen. Leichter gesagt als getan, doch die Unzufriedenheit wächst. Das Nachrichtenmagazin Focus brachte es kürzlich auf den Punkt: „Für laxe Seminare oder Diskussionsrunden mit ungewissem Nutzwert wollen immer weniger Firmen Geld ausgeben.“ (vgl. Focus, 10/2004, S. 184-185).

Wie kann das in der Praxis gewährleistet werden? Dazu drei Beispiele: Beim Mobilfunkunternehmen Vodafone werden seit kurzem Führungskräfte als Beobachter in die Seminare geschickt. Zudem sollen Vorgesetzte straff verfolgen, ob und wie Mitarbeiter ihre neuen Kenntnisse in die Praxis umsetzen. Beim Konsumgüterkonzern Henkel müssen Mitarbeiter erst einen elektronischen Eingangstest bestehen, bevor sie zu einem Seminar geschickt werden. Und beim Versicherer Gerling diskutiert man derzeit die Einführung eines elektronischen Erfolgstagebuchs zur Dokumentation der Seminarerfolge.

Eines ist klar: Ein einfacher Fragebogen nach dem Seminar kann zwar ergeben, dass die Teilnehmer mit dem Dargebotenen (subjektiv) zufrieden sind, das heißt aber noch lange nicht, dass sie die Lerninhalte auch verstanden haben, und schon gar nicht, dass sie sie auch anwenden.

## 1.3 Einblicke: Systemische Seminarpraxis

Nach diesen Anmerkungen zu den strukturellen Bedingungen der neuen Führungskräfteentwicklung möchte ich Ihnen nun skizzenhaft einige Ideen liefern, mit welchen Lerninhalten ein Seminar gestaltet werden kann:

Die Angebote der Akademie für Führungskräfte der Wirtschaft machen systemische Führung für die Praxis nutzbar. Sie vermitteln und trainieren die zentralen Fähigkeiten, Werkzeuge und Eigenschaften systemischer und beziehungsorientierter Führung wie Selbstwahrnehmung, Eigenverantwortung, Kontaktfähigkeit, Offenheit und Vertrauen, Gruppendynamik, Visionsarbeit, Konfliktsteuerung, Veränderungsmanagement oder das Führen von Mitarbeitergesprächen. Dabei wird gleichzeitig auf der Sach- und der Beziehungsebene gearbeitet.

Führungskräfte sollten die Maxime des lebenslangen Lernens ernst nehmen und immer wieder an ihrer Selbstwahrnehmung und ihrem Beziehungsmanagement arbeiten. Dazu gibt es Seminare und Coachings zu Themen wie Reflexion des eigenen Führungsverhaltens, zur Integration von Persönlichkeit und Führungsstil, zu Handlungsstrategien für schwierige Führungssituationen sowie zum Thema Kommunikation.

### 1.3.1 Von den Symptomen zu den Ursachen

Die Akademie lehrt Führungsinstrumente und stärkt die Führungspersönlichkeit. Bei uns können Führungskräfte sowohl ihre methodische Toolbox nachrüsten als auch ihre persönliche Kompetenz trainieren. Beides gehört untrennbar zusammen.

Dabei fungieren unsere Trainer und Prozessberater überwiegend als „Unterstützer“ bei der Erarbeitung selbstständiger Problemlösungen durch die Führungskräfte und Mitarbeiter. So wird aus einem: „Machen Sie mal!“ des Geschäftsführers, der dem Berater den Auftrag erteilt, die Mannschaft zu motivieren, ein: „Wie kann ich als Geschäftsführer mit meinen Führungskräften und Mitarbeitern zusammen unser Unternehmen fit für die Zukunft machen?“ Und am Ende werden nicht die Symptome, sondern die eigentlichen Ursachen bearbeitet.

Zu den Prinzipien einer wirksamen Entwicklungsarbeit gehört erstens eine intensive Auftragsklärung, denn damit beginnt bereits die Transfersicherung. Hier werden Zusammenhänge erkannt und analysiert sowie Ursachen, Symptome und wirkliche Problemstrukturen aufgedeckt. Dies geschieht in der Regel in Gesprächen mit mehreren Unternehmensvertretern vor Ort. Das zweite Prinzip betrifft die Einbindung der Betroffenen. Das ist das Gegenteil der Vorgabe fertiger Lösungen, wie es Expertenberater tun. Der frühe Einstieg in die Ängste und Befürchtungen der Teilnehmer bringt diese in

Bewegung und schafft Energie für die Veränderungsarbeit. In der Vermittlung von Feedback erfahren die Teilnehmer ein Gefühl von „Wir werden wahrgenommen".

Drittens geht es darum, mit „Schub- und Saugkraft" Durststrecken zu überwinden, wie es mein Kollege Hubert Hölzl einmal so schön formuliert hat. Situationen werden geklärt, interne und externe Trends gemeinsam erarbeitet und Visionen entwickelt. In diesem Zusammenhang werden auch auf Basis der Zukunftssicht (Trends, Visionen) die gegenwärtigen Stärken und Schwächen der Teilnehmer betrachtet. Damit wird die Arbeitswirklichkeit integriert. Als viertes Prinzip soll erwähnt werden, dass jede wirksame Entwicklungsarbeit „Reisebegleiter mit Biss, Ausdauer und Lust" benötigt. Dabei darf gerade der Humor auch nicht zu kurz kommen.

### 1.3.2 Unternehmenstheater und Goldfischglas

Um Ihnen die Vielfalt systemischen Arbeitens zu demonstrieren, werde ich nun einige Methoden vorstellen, die wir in der Akademie häufig anwenden. Es handelt sich dabei um einzelne Ansatzpunkte, die wiederum in einem Gesamtdesign, das spezifisch auf die Bedürfnisse der Zielgruppe zugeschnitten wird, verwoben werden müssen. Diese Methoden werden zwar von Trainern und Beratern praktiziert, eignen sich aber teilweise auch für Führungskräfte, die ihren Bereich oder ihr Unternehmen auf Trab bringen wollen. Dennoch gilt hierbei: Zu Risiken und Nebenwirkungen sollten Interessierte mit der Akademie oder anderen Experten Kontakt aufnehmen. Zu den Methoden im Einzelnen:

***Trance und Sitzen im Stuhlkreis ohne schützende Tische:*** Die Führungskräfte sollen nur zuhören. Mit monotoner Stimme sprechen die Berater in einer gedanklichen Reise durch kommende Workshoptage Tabus, Ängste und Befürchtungen an, verbalisieren mögliche Vorbehalte und Risiken und gehen auf die geplanten Inhalte ein. Die typischen Höflichkeiten und oberflächlichen Umgangsformen, wenn man sich in Unternehmen als Gruppe begegnet, sollen so schnell abgelegt werden. Dabei stehen z. B. folgende Themen im Zentrum: Mit welchen Gedanken und Gefühlen bin ich heute hier? Bin ich wirklich bereit, meinen Teil der Verantwortung für den anstehenden Veränderungsprozess zu übernehmen? Wie ist meine Rolle innerhalb meines Teams, meines Bereichs, meines Unternehmens? Wie direkt ist die Kommunikation im Unternehmen? Wie klar und konstruktiv werden Konflikte ausgesprochen?

***Fish-Bowl:*** Der Auftraggeber bildet mit den Beratern einen inneren Stuhlkreis. Die äußeren Führungskräfte hören nur zu und schärfen dadurch ihre Wahrnehmung. Die Berater führen ein Interview mit dem Auftraggeber, der dadurch Wertschätzung erfährt und andererseits aber auch als Mensch wirken kann. Das Gespräch läuft ab, als ob es hinter verschlossenen Türen stattfände. Es geht um die notwendigen Anforderungen an die Entwicklungsmaßnahme, aber auch darum, vorhandene Tabus, Stereotypen und Gefühle frei anzusprechen. In einem weiteren Schritt kann der Stuhlkreis um einen oder mehrere Mitarbeiter „von außen" erweitert werden, die sich ebenfalls offen äußern sollen. Mit dieser Methode kann eine mögliche „Angst-Kultur“ einerseits aufgedeckt und andererseits durch die direkte Art der Kommunikation wieder entschärft werden.

***Teilnehmerplakat zur Eröffnung:*** Auf einem Flipchartpapier steht eine Aufgabenstellung, die Erwartungen abfragt, aber zugleich die Vorstellung der anwesenden Führungskräfte möglich macht: „Wenn ich an meine Führungskompetenz denke, a) kann ich besonders gut, b) ist mir besonders wichtig, c) sind meine Stolpersteine, d) ist mein Führungsmotto, e) möchte ich im Seminar ausprobieren ...“. Zu diesen Fragen soll dann jeder Teilnehmer ein persönliches Plakat erstellen, das anschließend der Gesamtgruppe vorgestellt wird.

***Organisationsaufstellung:*** Diese Methode sollte nur von erfahrenen Trainern angewendet werden. Es geht darum, eine lebende Skulptur zu bilden, die möglichst viele Sinne anspricht und die verdeckten Motive, Wirkungen und Zusammenhänge verdeutlicht. Die Beteiligten stellen sich hin (oder werden durch ein Gruppenmitglied aufgestellt) und erfahren viel darüber, wie sie von anderen wahrgenommen werden. Wer steht im Zentrum? Wer am Rande? Wer steht gebückt? Wer strahlt Dynamik aus? Wer wendet wem seinen Blick zu? Auf diese Weise zeigt sich, wie eine Gruppe von Menschen insgesamt wirkt.

***Vernissage:*** An den Wänden des Raumes stehen zahlreiche Pinnwände, beschriftet mit Leitfragen zu den Erwartungen, zum eigenen Beitrag für den Erfolg eines Workshops. Die Teilnehmer erhalten kein Glas Champagner (wie bei einer Vernissage), sondern einen Stift. Die Teilnehmer wandeln, lesen, schreiben, ergänzen, unterstreichen – und so entstehen eine inspirierende Atmosphäre und viel Energie, dazwischen auch spontane Gespräche zwischen Teilnehmern, die sich vorher vielleicht kaum kannten.

***Visionsarbeit und Unternehmenstheater:*** Wie sieht das ideale Unternehmen im Jahr 2050 aus? Die Teilnehmer entwickeln pfiffige und grenzenlose Ideen. In Kleingruppen haben die Führungskräfte anschließend die Aufgabe, sich einen Blickwinkel auszuwählen und ihr Unternehmen einmal ganz anders darzustellen: als Pantomime, Lied, Sketch, Drama, Krimi, Liebesgeschichte oder Komödie. Hier lassen sich neue kreative Formen entdecken, anderen im Unternehmen etwas mitzuteilen und Kollegen einmal ganz anders zu erleben. Es ist auch denkbar, das Theater in mehreren Akten ablaufen zu lassen: Im 1. Akt soll es um „Unsere Zusammenarbeit gestern und heute“ und im 2. Akt um „Unsere Zusammenarbeit ab morgen“ gehen. Am Ende lösen sich manche Erstarrung und mancher alte Konflikt in einem Lachen auf.

***Nonverbaler Marktplatz:*** Jeder Teilnehmer stellt sich einem Lieblingsgegner im Unternehmen gegenüber und hält Augenkontakt. Die Berater streuen von außen mit ruhiger Stimme bestimmte Sätze ein, die die Wahrnehmung schärfen sollen: Was nehme ich am anderen wirklich wahr? Was macht der andere genau, was bei mir welches Gefühl auslöst? Welchen „blinden Fleck“ in mir spricht er unbewusst an? Was würde wohl passieren, wenn ich ihm konkret sage, was in mir vorgeht, wenn er dieses oder jenes tut? Welche Synergie könnte zwischen uns beiden zum Wohle der Einzelpersonen und unserer Firma entstehen?

***Confrontation Meeting:*** Wenn in einem Seminar gegensätzliche Lager oder klar konturierte Teilgruppen identifizierbar sind, kann man Rollenverständnisse und Stereotypen aufweichen und z. T. auch auflösen, wenn man diese Gruppen – z. B. den Innendienst und den Außendienst – in getrennten Räumen folgende Fragen beantworten lässt: Wie sehen wir uns – Stärken und Schwächen? Wie sehen wir die anderen – Stärken und Schwächen? Wie, glauben wir, sehen uns die anderen? Anschließend stellt jede Gruppe ihre Ergebnisse am Flipchart vor. Dadurch entsteht, wie mein Kollege Alexander Höhn es einmal formuliert hat, eine „gleichermaßen selbstbewusste und selbstkritische Selbst- und Fremdeinschätzung“. Außerdem wird so das „Geheimwissen“ über die Sichtweisen der anderen transparent gemacht. Nach einer solchen Konfrontation, die auch ein wirksames Instrument des Konfliktmanagements ist, sollte dann zur Kooperation übergegangen werden. Dies geschieht z. B. dadurch, dass Verbesserungsideen entwickelt, erläutert, präzisiert und mit einem Umsetzungsfahrplan versehen werden.

Generell sollten am Ende jedes Seminars konkrete Maßnahmen verabredet und Verantwortlichkeiten definiert werden. Eventuell können sich Lernpartner zwischen Workshop-Terminen gegenseitig anrufen, um sich nach Projektfortschritten zu erkundigen – auch dies kann direkt vereinbart werden. Oder man stellt zu Beginn des nächsten Seminars (falls ein solches geplant ist) die Fragen: Was hat sich verändert? Wo hapert es noch? Was will ich beim Folgetreffen der Gruppe erreicht haben? So oder so gilt auch hier der Grundsatz: Es gibt nichts Gutes, außer man tut es.

## 2. Instrumente als Mittel zum Zweck

Eines muss ich zugeben: Wenn Führungskräfte mich nach Instrumenten fragen, bin ich zunächst immer skeptisch, denn allzu oft werden Patentrezepte, Allheilmittel und fertige Checklisten erwartet.

Führung ist mehr als das und erfordert das Gespür für den schmalen Grat – zwischen Individuum und System, zwischen Sach- und Beziehungsebene, zwischen Autorität und Kooperation, zwischen Macht und Einfluss, zwischen Vergangenheit und Zukunft, zwischen Verstand und Gefühl, zwischen Klarheit und Widersprüchlichkeit. Dies macht systemisches Führen in der Summe aus. Und insofern sind Instrumente immer auch der Versuch, von diesen Dilemmata von Führung abzulenken.

Trotzdem: Ich denke, dass es – in klaren Grenzen und unter diesen genannten Voraussetzungen – instrumentelle Hilfestellungen und Techniken gibt, die man sich aneignen kann. Hiervon handelt der folgende Abschnitt. In ihm geht es um Wahrnehmung, Kontakt und Kommunikation, weil Führung sehr stark aus diesen Elementen besteht

Dementsprechend nehmen Instrumente wie das Mitarbeitergespräch, Feedback und Coaching breiten Raum ein. Zwei Instrumente (Zielvereinbarungsprozesse und Delegieren) betreffen die Frage, wie Führung zu Ergebnissen kommt, in welchem Korridor und unter welchen Bedingungen. Zwei weitere Instrumente, die ich vorstellen werde, beschäftigen sich mit Themen der zwischenmenschlichen Dynamik: Konfliktmanagement und Teamentwicklung.

All diese Instrumente können sich überlagern. So kann eine Führungskraft in einem Mitarbeitergespräch auch Konflikte lösen. Außerdem kann z. B. in einem Zielvereinbarungsprozess ein Feedback über gegenseitige Wahrnehmungen eingebaut sein. Wichtig ist, dass eine Führungskraft diese Instrumente als das ansieht, was sie sind: Mittel zum Zweck guter Führung. Nicht mehr, aber auch nicht weniger.

Die Studie der Akademie für Führungskräfte aus dem Jahr 2003 zeigt: Bei 85 Prozent der Befragten ist das Gespräch zwischen Vorgesetztem und Mitarbeiter das häufigste Personalführungsinstrument. Damit steht das wahrscheinlich älteste und (auf den ersten Blick) nahe liegendste Instrument an der Spitze vor der modernen Balanced Scorecard und dem 360-Grad-Feedback, die zwar in der Theorie und bei Beratern „in" sind, sich aber in der Praxis oftmals als schwierig erweisen (vgl. Akademie-Studie, 2003).

Gerade in instabilen Verhältnissen sind es weniger die Methoden, sondern mehr die Menschen mit ihren Stärken und Schwächen, die über Wohl und Wehe der Personalführung und damit über die Kultur und die Überlebensfähigkeit eines Unternehmens entscheiden. In dieses Bild passt, dass die deutschen Unternehmen neben Gesprächen vor allem auf Teamarbeit setzen. Management by Objectives, also Führen mit Zielvereinbarungen, nimmt Platz 3 der Rangliste ein. Auch das Coaching scheint sich wesentlich besser und schneller durchzusetzen als die Balanced Scorecard, die einen enormen Veränderungsprozess nach sich zieht, bis dieses komplexe und vielseitig verzahnte System der Unternehmensführung etabliert ist.

Indem sie vor allem auf Instrumente wie Jahresgespräch, Coaching oder Teamsitzungen setzen, sprechen sich die deutschen Führungskräfte für ein Führungshandeln aus, das wesentlich auf Stimmungen, Gefühle und Zwischentöne abgestellt ist. Es fragt sich nur, ob dieses Votum für den zwischenmenschlichen Kontakt auch wirklich mit Ernsthaftigkeit betrieben wird. Führungsinstrumente, die auf Dialog und Einfühlung fußen, nehmen eine Führungskraft stets doppelt in Anspruch: als Ad-hoc-Ansprechpartner und als Stimmungsbarometer. Das (Jahres-)Gespräch mag das älteste und rudimentärste Führungsinstrument sein – das leichteste ist es bestimmt nicht. Zwar können alle Chefs sprechen, aber nur wenige wissen, ein Gespräch zielorientiert zu führen. Und das lernt man auch nicht an der Universität.

Ich sehe hinter diesem Ergebnis jedoch ein großes Problem oder Missverständnis: Viele Führungskräfte unterschätzen den Aufwand an Zeit und Aufmerksamkeit, den diese Form der Mitarbeiterführung verlangt. Coaching zum Beispiel ist mehr als nur ein Krisengespräch unter vier Augen, das alle paar Monate stattfindet.

Eine fundierte Coachingausbildung dauert zwei Jahre und Coaching ist ein fortwährender begleitender Prozess. „Etwas Coaching“ gibt es ebenso wenig wie „ein bisschen schwanger“. An anderer Stelle komme ich noch darauf zurück, ob Coaching überhaupt vom unmittelbaren Vorgesetzten betrieben werden kann oder soll – oder ob es dazu nicht besser eines unbeteiligten Partners bedarf (Berater, andere Führungskraft).

## 2.1 Das Mitarbeitergespräch

Allen E. Ivey hat einmal gesagt: „Die Kommunikation von Mensch zu Mensch ist zu wichtig, als dass man sie dem Zufall überlassen sollte.“ (Ivey, 2001, S. 11).

Nichts kann die zwischenmenschliche Kommunikation so lebendig gestalten wie das persönliche Gespräch. Das persönliche Gespräch ermöglicht es, zu einem raschen Gedankenaustausch zu kommen, neue Einsichten durch gegenseitige Impulse zu bekommen, die Gedanken wirkungsvoll durch Wortwahl, Stimmlage, Mimik und Gestik darzustellen, ein schnelles Resultat herbeizuführen sowie – nicht zuletzt – positive Beziehungen zu anderen Menschen aufzubauen.

Das persönliche Gespräch ist in besonderem Maße geeignet, Vertrauen zu schaffen, ohne das eine enge Zusammenarbeit nicht denkbar ist. Miteinander zu sprechen nimmt allerdings Zeit in Anspruch. Führungskräfte stehen ständig unter Zeitdruck und versuchen deshalb häufig, das Mitarbeitergespräch durch weniger zeitaufwändige Kommunikationsformen zu ersetzen (Brief, Telefon, Telefax und E-Mail). Wenn die Entfernung zwischen der Zentrale und dem Arbeitsplatz des Mitarbeiters sehr groß ist (lange Reisewege), wird es sich aus wirtschaftlichen Überlegungen nicht vermeiden lassen, diese Mittel der Telekommunikation verstärkt einzusetzen. Die technischen Möglichkeiten dürfen jedoch nicht dazu verleiten, die persönliche Kommunikation zu vernachlässigen.

So wichtig das Mitarbeitergespräch auch ist, so kann es doch geradezu das Gegenteil bewirken, wenn es nicht richtig vorbereitet und durchgeführt wird. Im Einzelnen können folgende Empfehlungen für ein erfolgreiches Mitarbeitergespräch gegeben werden:

- Wählen Sie den richtigen Zeitpunkt und den geeigneten Ort (wenig sinnvoll ist ein Gespräch kurz vor Feierabend im „Chefzimmer“).
- Informieren Sie den Mitarbeiter rechtzeitig über den Zweck des Gesprächs.
- Legen Sie zu Beginn das Ziel des Gesprächs fest.
- Versetzen Sie sich in die Situation und in die Person des Gesprächspartners.
- Nehmen Sie jeden Gesprächspartner ernst – besonders wenn Sie sich ihm überlegen fühlen.

- Stellen Sie sicher, dass Sie dem Mitarbeiter nachhaltige Aufmerksamkeit widmen (nicht nur am Anfang).
- Beziehen Sie den Mitarbeiter in das Gespräch ein und führen Sie einen Dialog (offene Fraugen stellen, Meinungen erkunden, Vorschläge erbitten, geäußerte Gefühle ernst nehmen, zuhören).
- Geben Sie Informationen in der richtigen Dosierung und mit Blick auf die Bedürfnisse Ihres Gegenübers.
- Stellen Sie das Wichtigste besonders deutlich heraus und platzieren Sie es richtig (z. B. am Anfang oder am Ende einer Mitteilung).
- Formulieren Sie das Ergebnis des Gesprächs, insbesondere die vereinbarten Maßnahmen.
- Erfragen Sie vor Abschluss des Gesprächs die Stellungnahme und auch eine abschließende Einschätzung des Mitarbeiters.

### 2.1.1 Eine Frage der Vorbereitung

Nach diesen einführenden Bemerkungen möchte ich einen Blick auf die unterschiedlichen Phasen eines Mitarbeitergesprächs werfen: Es beginnt mit der Gesprächsvorbereitung, danach folgt der Gesprächseinstieg, dann die Gesprächsführung, schließlich der Gesprächsabschluss und als letzter Schritt die Gesprächsnachbereitung.

Was ist bei der Vorbereitung eines Mitarbeitergesprächs zu beachten? Eine gute Führungskraft kümmert sich im Vorfeld bereits darum, den Mitarbeiter rechtzeitig einzuladen. Überraschungstermine sollten tabu sein. Falls notwendig und vorhanden, sollten zeitgleich ein Gesprächsleitfaden und/oder ein Beurteilungsschema an den Mitarbeiter ausgehändigt werden. Außerdem muss die Führungskraft den Mitarbeiter genau über Termin, Inhalt und Zweck des Gesprächs informieren und ihn bitten, sich seinerseits vorzubereiten. Selbstverständlich muss die Führungskraft schon vorher prüfen, ob ein ungestörter Gesprächsablauf – Telefonanrufe stören besonders – sichergestellt ist. Schließlich müssen auch alle relevanten Unterlagen, z. B. Leitfäden, Personalakten und Beurteilungsbögen, zusammengestellt werden. Dazu gehört auch, die eigene Fragenliste zu erstellen. Nur die wenigsten Führungskräfte können spontan reagieren und stets die angemessenen Fragen stellen.

Der Vorgesetzte sollte sich vor dem Gespräch auch überlegen, welche Fragen der Mitarbeiter an ihn stellen könnte. Mögliche Fragen des Mitarbeiters sind: Was erwarten Sie von mir im nächsten halben Jahr? Wie werden sich das Unternehmen und unser Bereich entwickeln? Warum haben Sie mich in diesem Kriterium mit ... eingestuft? Welche Möglichkeiten habe ich, Karriere zu machen?

Um diese oder ähnliche Fragen klar beantworten zu können, sollte der Vorgesetzte vor dem Gespräch folgende Punkte bedenken: Welche Stärken und Schwächen besitzt der Mitarbeiter? Welchen Anteil an den Abteilungs- und Bereichszielen kann ich an den Mitarbeiter delegieren? Welche Faktoren haben im zurückliegenden Beurteilungszeitraum sein Verhalten und seine Leistung positiv bzw. negativ beeinflusst? Wie sieht der „persönliche Entwicklungsplan" des Mitarbeiters aus? Welche Maßnahmen sind erforderlich, um den Mitarbeiter weiter zu qualifizieren?

Will ich darüber hinaus als Führungskraft zu einer möglichst objektiven (sofern Objektivität überhaupt erreichbar ist) Einstufung des Mitarbeiters kommen, ist es hilfreich, sich noch folgende Fragen ehrlich zu beantworten: Trete ich meinem Mitarbeiter unvoreingenommen gegenüber? Habe ich ihm gegenüber Vorurteile? Welche Ergebnisse in der Vergangenheit haben zu diesen Vorurteilen geführt? Welchen Einfluss haben meine persönliche Einstellung, mein inneres Drehbuch, meine subjektive Wahrnehmung auf die Einschätzung der Fähigkeiten des Mitarbeiters?

Das Mitarbeitergespräch sollte immer am Mitarbeiter orientiert sein, d. h., der Mitarbeiter bestreitet den Großteil des Gesprächs, und der Vorgesetzte führt durch Fragen, hört ruhig zu, geht auf Argumente des Mitarbeiters ein, fasst die wesentlichen Punkte kurz zusammen und bestätigt so dem Mitarbeiter, dass er ihm zugehört und ihn verstanden hat. Außerdem formuliert die Führungskraft Ziele und gegebenenfalls ihre von der Sicht des Mitarbeiters abweichenden Vorstellungen.

Zusammenfassend kann man zwischen folgenden Bereichen der Vorbereitung unterscheiden: der inhaltlichen, der organisatorischen, der methodischen und der psychologisch-mentalen.

***Inhaltliche Vorbereitung:*** Um ein fundiertes Sachgespräch führen zu können, sind zunächst alle wesentlichen Informationen zu sammeln, die mit dem Anlass des Gespräches zusammenhängen und der Klärung der Situation dienen. Danach sind die angestrebten Ziele festzulegen. Die Zielplanung erleichtert es, erfolgreiche und zügige Gespräche zu führen. Außerdem ermöglicht sie eine nachträgliche Kontrolle des Gesprächserfolges. Bei der Zielplanung sind die folgenden fünf Fragen zu klären:

1. Was sind die Hauptziele, die ich in erster Linie erreichen möchte?
2. Welche Nebenziele sollten außerdem angestrebt werden?
3. Was könnten Zwischenziele sein?
4. Gibt es Alternativziele?
5. Welches Verhandlungslimit setze ich mir?

Auf der Grundlage der angestrebten Ziele ist zu überlegen, welche Argumente verwendet werden können. Dabei sollte die Führungskraft auch prüfen, welche Gegenargumente von Seiten des Mitarbeiters zu erwarten sind und ob er angemessen darauf reagiert. Zusätzlich kann es ganz sinnvoll sein, die Reihenfolge der Argumentation schon im

Vorfeld festzulegen und dabei darauf zu achten, dass das Pulver nicht schon am Anfang verschossen wird. Bei solchen Überlegungen geht es nicht darum, den Gesprächsablauf zu programmieren. Flexibilität ist grundsätzlich geboten, da ein Gespräch überraschende Wendungen nehmen kann, auf die eine Führungskraft spontan reagieren muss.

***Organisatorische Vorbereitung:*** Bei diesem Aspekt geht es um die Beantwortung von sechs W-Fragen: Wer nimmt an dem Gespräch teil? Wo führe ich das Gespräch? Wann führe ich das Gespräch? Wie viel Zeit benötigt das Gespräch? Welche Unterlagen und Hilfsmittel (z. B. Erfrischungsgetränke) werden benötigt? Welche Sitzordnung ist sinnvoll?

Gar nicht oder schlecht vorbereitete Gespräche beeinträchtigen sowohl die rationale Sachebene als auch die emotionale Beziehungsebene der Verständigung. Dabei können die folgenden Störungen auftreten:

- Es entstehen Missverständnisse, z. B. durch schlechte Akustik, Ablenkungen oder den falschen Zeitpunkt.
- Die Botschaft wird nicht ernst genommen, weil das Gespräch „zwischen Tür und Angel" geführt wird. Gespräche gewinnen jedoch durch schriftliche Unterlagen an „Gewicht".
- Die Gesprächsatmosphäre wirkt durch eine sehr nüchterne räumliche Umgebung unterkühlt.
- Der Partner fühlt sich abgewertet: Der Vorgesetzte sitzt im breiten Chefsessel, der Mitarbeiter auf einem harten Besucherstuhl.

Für ein produktives Gespräch ist es besonders abträglich, wenn es unter Zeitdruck geführt wird. Die Psychologie spielt hierbei eine wichtige Rolle. Wenn wir z. B. schnell sprechen, entsteht bei unserem Gesprächspartner leicht der Eindruck, dass wir unser Gespräch rasch über die Bühne bringen wollen. Dadurch setzen wir – ohne es zu beabsichtigen – unseren Partner unter Druck. Er zieht sich zurück und verzichtet darauf, vielleicht sehr informative Gedanken auszusprechen.

Auch der Zeitpunkt des Gesprächs muss von der Führungskraft sorgfältig gewählt werden. Längere Gespräche kurz vor dem Mittagessen oder kurz vor Büroschluss finden nicht gerade das Interesse von Mitarbeitern, deren Aufnahmefähigkeit überdies dann nicht mehr sehr groß ist.

***Methodische Vorbereitung:*** Es ist nützlich, sich über den vermutlichen Ablauf des Gespräches Gedanken zu machen. Zu diesem Zweck sollten wir uns Klarheit darüber verschaffen, mit welchem Typ von Gesprächspartner wir es zu tun haben. Kennen wir ihn vielleicht schon aus anderen Begegnungen und zu welchen Reaktionen neigt er? Wie können wir ihn positiv einstimmen? Was für Interessen und Vorlieben hat er? Zur methodischen Vorbereitung gehört aber auch alles, was ich zuvor über die Fragen, die der Mitarbeiter vermutlich stellen wird, gesagt habe. Wichtig ist, dass ich überhaupt in der Lage bin, diese Fragen zu antizipieren.

***Psychologisch-mentale Vorbereitung:*** Zumindest bei wichtigen Gesprächen sollten wir auf unsere eigene psychische Verfassung achten. Positives Denken führt zum Erfolg. Es fällt schwer, diesen Grundsatz zu beherzigen, wenn man gegenüber dem Gesprächsanlass und dem Gesprächspartner negativ eingestimmt ist oder sich abgearbeitet fühlt. Selbstmotivation ist in solchen Situationen angebracht. Dazu gehört auch, seine negative Einstellung gegenüber dem Gesprächspartner zu überdenken. Gelingt dieser mentale Turnaround nicht, ist es ratsam, das Gespräch einem Stellvertreter zu übertragen, es zu vertagen oder abzusagen.

Nach der gewissenhaften Gesprächsvorbereitung kann es losgehen. Der Mitarbeiter ist ins Büro eingetreten – was nun? Hierfür gibt es kein allgemein gültiges Rezept. Die Gesprächseröffnung ist davon abhängig, welche Einstellungen, Erfahrungen und Erwartungen Sie und Ihr Mitarbeiter haben. Ob Sie mit allgemeinen Themen (Familie, Anreise, Urlaub etc.) das Gespräch eröffnen oder sofort zur Sache kommen, ist situationsabhängig und sollte auf die Persönlichkeit des Mitarbeiters abgestellt sein. Wichtig ist, zu Beginn des Gesprächs die Zielsetzung klar zu formulieren. Auch kommt es darauf an, eine gute Atmosphäre durch gewählte Worte und ein zurückgenommenes Auftreten zu schaffen. Der Mitarbeiter sollte sich sicher und gleichberechtigt fühlen und sich „öffnen" können.

Die dritte Phase ist die längste Phase, nämlich der Abschnitt des Mitarbeitergesprächs, in dem es „zur Sache geht". Dazu möchte ich folgende Erfolgsfaktoren anführen:

- Das Gespräch sollte sachbezogen und freundlich geführt werden.
- Der Mitarbeiter sollte ausreichend Gelegenheit zum Reden haben.
- Monologe des Vorgesetzten sind nicht angebracht.
- Die Führungskraft darf dem Mitarbeiter nicht ins Wort fallen.
- Der Mitarbeiter sollte zunächst die Gelegenheit haben, von sich aus zu sagen, wo er seine Stärken und Schwächen sieht. Die Führungskraft darf allenfalls nachhaken und nach dem „Warum" fragen.
- Erst danach sollte es zur Bestätigung oder Korrektur der Selbsteinschätzung des Mitarbeiters durch seinen Vorgesetzten kommen.
- Kritik sollte konstruktiv in der Ich-Form erfolgen und nicht – mit Du-Botschaften – auf die Person des Mitarbeiters zielen.
- Die Führungskraft sollte eigene Versäumnisse zugeben und Lösungsalternativen suchen. Die beste Lösung ist dabei die, die der Mitarbeiter selbst vorschlägt.
- Bei wichtigen Punkten sollte der Vorgesetzte nachfragen, ob er den Mitarbeiter auch richtig verstanden hat.
- Konflikte und „wunde Punkte" werden offen angesprochen und nicht unter den Teppich gekehrt – dafür trägt die Führungskraft die Verantwortung.

- Probleme sollten nicht sofort bewertet, sondern zuerst im Hinblick auf die Ursachen sachlich analysiert werden.

Offene Fragen sind wichtig: Was halten Sie davon? Was schlagen Sie vor? Wie finden Sie das?

Die Führungskraft sollte Lösungsoptionen aufzeigen und Hilfe anbieten.

Sie sollte sich auch rückversichern, dass der Mitarbeiter genau dasselbe wie der Vorgesetzte unter einem bestimmten Ziel oder einer bestimmten Maßnahme verstanden hat. Motto: Kommunikation misslingt in den meisten Fällen.

Bei der Gesprächsführung spielt immer auch die persönliche Verfassung sowohl des Vorgesetzten als auch des Mitarbeiters eine Rolle. Versuchen Sie, die jeweilige Stimmung einzufangen, zu erspüren und mit hinreichender Selbst- und Fremdwahrnehmung unter Kontrolle zu bringen.

Die nächste Gesprächsphase besteht in einem guten Gesprächsabschluss. Dieser sollte vor allem eine Zusammenfassung der wesentlichen Aspekte beinhalten: Welche Punkte wurden angesprochen? Welche Ziele wurden fixiert? Wo wurde Übereinstimmung erzielt, wo gibt es noch unterschiedliche Auffassungen? Soll bei Nicht-Einigung von der Möglichkeit Gebrauch gemacht werden, den nächsthöheren Vorgesetzten einzuschalten? Wo liegen die Schwerpunkte im neuen Jahr im Vergleich zur letzten Periode? Welche Maßnahmen wurden mit welchem Zeitraster festgelegt?

Wenn der Mitarbeiter den Raum verlassen hat, ist für die Führungskraft die Arbeit noch nicht beendet. Sie muss sich nun um eine gute Nachbereitung des Gesprächs kümmern, damit das Besprochene auch nachhaltig umgesetzt wird. Eventuell müssen einzelne Maßnahmen mit Kollegen oder Vorgesetzten abgestimmt werden. Wahrscheinlich muss der Personalbereich informiert werden. Und der Mitarbeiter sollte eine schriftliche Kopie des Ergebnisprotokolls erhalten. Daneben muss die Führungskraft Kontrolltermine im eigenen Kalender notieren.

Der Erfolg eines Gespräches wird verstärkt oder tritt überhaupt erst ein, wenn dieses richtig ausgewertet wird. Dabei sollte die Führungskraft die sachliche Umsetzung der im Gespräch vereinbarten Ziele überprüfen und zugleich eine psychologische Analyse vornehmen.

Bei der sachlichen Umsetzung geht es darum, die vereinbarten operativen Maßnahmen umzusetzen und – sofern sinnvoll – Folgekontakte (fortsetzende Gespräche, schriftliche Bestätigungen, Dankesbrief usw.) zu planen. Die psychologische Analyse, die bedauerlicherweise meistens nicht stattfindet, setzt sich mit den Verhaltensweisen der Gesprächsteilnehmer auseinander. Dabei sollte sich die Führungskraft mit den folgenden Fragen beschäftigen:

- Habe ich mein Gesprächsziel erreicht?
- Was ist gut, was ist schlecht gelaufen?

- Wie habe ich mich verhalten? Bin ich auf die Interessen meines Gesprächspartners eingegangen? Habe ich ihm Wertschätzung entgegengebracht? Habe ich den Partner ausreden lassen?
- Wie war das Gesprächsklima? Wie habe ich darauf Einfluss genommen?
- Welchen Eindruck hat der Partner vermutlich von mir bekommen?
- Welchen Eindruck und welche neuen Erkenntnisse habe ich von ihm aus dem Gespräch mitgenommen?
- Was sollte ich beim nächsten Gespräch mit diesem Partner beachten? Welche Interessen, Bedürfnisse und Wünsche hat er?
- Was habe ich aus diesem Gespräch für mich gelernt? Was sollte ich in Zukunft besser machen?

Wie werden Mitarbeitergespräche von erfahrenen Experten bewertet? In einer Gesprächsrunde der Akademie (vgl. Höhn/Pinnow/Rosenberger, 2003) hat sich ein Kollege folgendermaßen geäußert: „Die vielerorts praktizierten Mitarbeitergespräche laufen oft sehr krampfig ab, nach dem Motto: Jetzt setzen wir uns mal hin und der große Vorgesetzte erklärt dir, was für ein Mensch du bist. Dass es notwendig ist, diese Gespräche so stark zu institutionalisieren, zeigt gerade, wie schwer es für Führungskräfte ist, wirklichen Kontakt im Unternehmen herzustellen.“

Und ein anderer Diskussionsteilnehmer meinte: „Bei allen Instrumenten geht es letztlich darum, einen Raum zu schaffen, in dem man sich die Dinge sagen kann, die in der Hektik der modernen Wirtschaftswelt untergehen. Sich die Zeit zu nehmen, um die Faktenebene zu verlassen und darüber zu sprechen, wie die Zusammenarbeit gerade läuft. Wo es Ärger gibt, was gut ist und weniger gut, wo Tabus und heilige Kühe die Arbeit behindern oder wann es an der Zeit ist, Erfolge zu feiern. Bei etwas Routine, und wenn sich Vertrauen gebildet hat, wird es vielleicht sogar möglich, im Team öffentlich bilaterale Konflikte zu klären.“

In jedem Fall sollte die Initiative zum Mitarbeitergespräch vom Chef ausgehen. Er schafft den Rahmen für diese Art der Führungskommunikation. Dass es dann während der eigentlichen Unterredung oftmals an banalen Dingen hapert, ist wohl eine Tatsache. So sollte es wohl selbstverständlich sein, seinem Mitarbeiter während eines Gesprächs in die Augen zu schauen. Doch ist es gar nicht zu einfach, den Blickkontakt durchgängig zu halten. Ganz besonders dann, wenn man nicht derjenige ist, der spricht. Ein Kollege hat mir einmal erzählt: „Für mich ist es ein deutliches Zeichen der in vielen Unternehmen herrschenden Angstkultur, dass die Mitarbeiter dort alle mit gesenktem Blick herumlaufen.“ Ich glaube, er hat Recht.

Im „Handelsblatt“ habe ich folgende Aussage gelesen: „Genauso sollten Jahresgespräche nicht ablaufen: Chefs, die die sachliche Ebene verlassen, haben den Sinn dieses Instruments nicht verstanden.“ Und weiter heißt es: „Ebenso wenig sind die Gespräche dafür da, dem Mitarbeiter einmal im Jahr – wie bei einem Tribunal – alles, was sich aufgestaut hat, ungefiltert ins Gesicht zu sagen." (Reppesgaard, 2005). Der Autor bezog sich auf eine Studie der Unternehmensberatung Kienbaum, die beobachtet hat, dass sich vor allem in den Dax-30-Firmen, aber auch bei großen Mittelständlern das jährliche Mitarbeitergespräch „von der Pflichtübung zum wichtigen Personalführungs- und Motivationswerkzeug entwickelt habe".

Achtung, hier droht ein fundamentales Missverständnis: Natürlich geht es nicht um ein Tribunal, aber es geht darum, sich ungeschminkt (und wertschätzend) die Meinung zu sagen. Natürlich sollen sich Dinge nicht aufstauen, aber manchmal lässt der Führungsalltag es nur zu, längerfristige Themen in diesem Rahmen anzusprechen. Und natürlich – das ist mir besonders wichtig – müssen Chefs auch mal die sachliche Ebene verlassen. Das muss nicht mit Türknallen enden, aber eine Führungskraft kann nur dann eine gute Gesprächsatmosphäre erzeugen, wenn sie auf beiden Ebenen arbeitet: der Sach- und der Beziehungsebene. Oder anders formuliert: Ich werde meinen Mitarbeiter nur als Mensch erfahren, wenn ich selbst bereit bin, mich als Mensch (mit Gefühlen, Spekulationen, Befürchtungen u. a.) zu zeigen. In dem angesprochenen Artikel werden sich vermutlich viele Führungskräfte wiederfinden, doch leider wird hier ein falscher Eindruck erweckt.

In vielen Gesprächen reden die Partner aneinander vorbei – übrigens gerade, weil sie versuchen, nur sachlich zu bleiben. Es entwickeln sich unfruchtbare Diskussionen, die sich in die Länge ziehen, Verwirrung stiften, zu keinen produktiven Ergebnissen führen und Konflikte zwischen den vom Gespräch frustrierten Partnern erst recht heraufbeschwören. Diese Mängel können oftmals vermieden werden, wenn das Gesprächsthema eindeutig und verständlich vorgegeben wird, die Teilnehmer sich auf das Gespräch vorbereiten können und dies auch geschieht, das Gespräch einfühlsam und konsequent zugleich gesteuert wird, unklare Beiträge erläutert werden und alle Teilnehmer Gelegenheit erhalten und dazu ermuntert werden, ihre Gedanken einzubringen.

Besonders wichtig ist es, Ordnung in ein Gespräch zu bringen. Redefreudige Gesprächspartner müssen veranlasst werden, auf den Punkt zu kommen und möglichst nicht abzuschweifen. Ebenso wichtig ist es, zurückhaltende Gesprächsteilnehmer ausdrücklich anzusprechen. Um dies zu erreichen, ist ein Gespräch durch die Leitung gezielt zu steuern. Ein kleiner Tipp aus meiner Erfahrung: Wenn eine Diskussion beginnt, „in die Breite" zu gehen, sollte der Moderator oder die verantwortliche Führungskraft die Frage stellen: Was ist eigentlich das Thema?

### 2.1.2 Eine Frage der Technik

Wer fragt, der führt. Durch Fragen kann ein Gespräch geschickt gesteuert werden. Wer Fragen stellt, behält die Initiative und kann das Gespräch in die von ihm gewünschte Richtung lenken. Fragen bereichern und beleben ein Gespräch. Dies gilt besonders für Gespräche, in denen Probleme gelöst und Lösungen gefunden werden sollen. Das Ergebnis solcher Kreativgespräche hängt wesentlich von der Quantität und auch der Qualität der gestellten Fragen ab. Nicht umsonst heißt es: „Die richtige Frage ist bereits die halbe Antwort."

Viele Gespräche leiden darunter, dass zu wenige Fragen gestellt werden. Dieser Mangel kann verschiedene Ursachen haben: Unkenntnis über die Produktivität des Fragens, Gewohnheit, Bequemlichkeit, Lustlosigkeit, falsche Gesprächsroutinen, fehlende Gelegenheiten, tatsächlicher oder vermeintlicher Zeitdruck, Unsicherheit und Angst.

Das letztgenannte Motiv spielt eine große Rolle. Wer fragt, lässt erkennen, dass er (vermutlich) etwas nicht weiß. Und Unwissenheit wird vielfach als Schwäche angesehen. Aus dieser Einstellung heraus befürchten viele Führungskräfte, durch das Stellen von Fragen an Ansehen zu verlieren. Besonders Führungskräfte tun sich hier manchmal schwer. Aufgrund eines überzogenen Anspruchs an sich selbst („Der Chef weiß alles") meinen sie, dass sie ihrer Führungsrolle dadurch gerecht werden müssen, dass sie Antworten haben, keine Fragen.

Durch Fragen erhält man jedoch immer zusätzliche Informationen. Sie vermitteln einen Einblick in die Gedanken, Meinungen, Erwartungen, Hoffnungen, Befürchtungen und Handlungsmotive der Gesprächspartner. Außerdem ermöglichen sie es, am Wissen und der Kreativität anderer teilzunehmen und davon zu profitieren. Allerdings kann durch eine falsche Fragetechnik ein Gespräch auch belastet werden. Daher möchte ich mich diesem Thema noch etwas genauer widmen:

Zunächst muss eine Führungskraft überprüfen, ob die Frage für das betreffende Gesprächsthema überhaupt sinnvoll ist oder ob sie von diesem Thema wegführt.

Dann sollte eine Frage möglichst eindeutig und konkret formuliert werden. Auch sollte man nur eine Frage auf einmal stellen und zunächst die Antwort abwarten, bevor man fortfährt. Um weitere Fragen stets präzise anschließen zu können, muss man dem Gesprächspartner aufmerksam zuhören und sich voll konzentrieren. Und als letzte Grundregel gilt, dass man die jeweils angemessene Frageart verwendet.

Welche Fragearten gibt es überhaupt, und welche Vor- und Nachteile haben sie? Nachfolgend die fünf häufigsten Fragearten, die eine Führungskraft kennen und beherrschen sollte:

***Geschlossene Fragen:*** Auf diese Fragen wird üblicherweise mit einem „Ja" oder „Nein", möglicherweise jedoch auch mit „Ich weiß nicht" geantwortet. Ein Beispiel: „Haben Sie schon den neuen Kollegen kennen gelernt?" Diese Fragestellung ist wenig kommunikativ und erschwert die Fortsetzung des Gesprächs. Der wortkarge Gesprächspartner wird zu seiner Antwort keine weitere Erläuterung geben. Um das Gespräch weiterzuführen, muss erst nachgefragt werden. Oft entsteht der Eindruck der Bevormundung oder – bei einer Folge von geschlossenen Fragen – das Gefühl, hier handelt es sich um ein Verhör. Trotzdem: Geschlossene Fragen haben in bestimmten Situationen aber auch Vorteile. Sie sind einfach und konkret, sie sind im Allgemeinen leicht zu beantworten und sie bringen Dinge auf den Punkt.

***Offene Fragen:*** Auf diese Fragen kann die Antwort frei formuliert werden. Offene Fragen werden auch als W-Fragen bezeichnet, weil sie meist mit einem Fragewort (Wer, Was, Wo, Wann, Wie, Warum u. a.) beginnen. Wiederum ein Beispiel: „Welchen Eindruck hatten Sie von dem neuen Kollegen?“ Diese Fragestellung fördert die Kommunikation. Sie fordert zu einer längeren Antwort auf, bringt meist mehr Informationen und lässt auch ein stärkeres Interesse an der Kommunikation und damit auch am Gesprächspartner erkennen. Andererseits können offene Fragen den Gesprächspartner überfordern oder sogar in Verlegenheit bringen.

***Alternativfragen:*** Um diese Frage zu beantworten, ist zwischen zwei vorgegebenen Alternativen zu wählen. Beispiel: „Wollen wir uns mit dem neuen Kollegen heute Vormittag oder heute Nachmittag treffen?“ Mit solchen Fragen wird der Entscheidungsprozess vereinfacht und beschleunigt, sofern der Partner dem Vorgang gegenüber grundsätzlich positiv eingestellt ist. Bei negativer Einstellung kann leicht das Gefühl entstehen, manipuliert zu werden, was die Beziehungsebene stark belastet.

***Rhetorische Fragen:*** Sie werden gestellt, ohne dass eine ausdrückliche Antwort erwartet wird. Beispiel: „Wie schön, dass wir einen neuen tüchtigen Mitarbeiter gefunden haben. Ist das nicht so?“ Diese Frage bezieht den anderen stärker in das Gespräch ein, sie beugt damit dem Eindruck vor, dass ein Monolog gehalten wird. Andererseits kann der Gesprächspartner sich verschaukelt vorkommen, weil keine echte Antwort erwartet wird.

***Suggestivfragen:*** Sie sind eigentlich keine echten Fragen, denn sie legen dem Gegenüber die Antwort gleich in den Mund. Der Fragende nimmt dessen Antwort quasi allwissend vorweg und will auch keine anders lautende hören. Beispiel: „Sie finden den neuen Kollegen doch auch sehr nett, nicht wahr?“ Diese Fragestellung kann sinnvoll sein, wenn es darum geht, andere zu beeinflussen. Sie fördert allerdings nicht eine offene Kommunikation, in der Sachverhalte geklärt oder neue Ideen entwickelt werden sollen.

***Zirkuläres Fragen:*** Diese Frageart wird häufig in der systemischen Beratung angewandt. Dabei geht es darum, durch schöpferisches Fragen eine neue Wirklichkeitserkenntnis zu erhalten. Beispiel 1: Der Mitarbeiter A wird gefragt, wie der Vorgesetzte reagiert, wenn Mitarbeiter B und C ihren üblichen Streit in der monatlichen Teambesprechung austragen. Beispiel 2: Was glaubt A, wie D über den Streit der Mitarbeiter B und C denkt?

Gerade die systemische Führung lebt stark von kreativen Fragestellungen: Wir können paradox fragen, z. B.: „Wer hätte ein Interesse daran, dass das Projekt scheitert?“, oder: „Was müssen wir tun, um den Erfolg des Projekts zu verhindern?“ Wir können „Angenommen, dass ...“-Fragen stellen, z. B.: „Angenommen, Mitarbeiter B würde sich entscheiden, nicht länger auf eine Klärung seiner Arbeitsaufgaben zu verzichten, würde dies das Klima im Team eher verbessern oder eher verschlechtern?“ Fragen können in diesen Fällen helfen, interessante, neuartige Szenarien zu entwickeln, die zum Nährboden für lange vermisste Lösungen werden können.

Wer fragt, der führt. Gern wiederhole ich diesen häufig zitierten Leitsatz, weil er richtig ist. In einem guten Mitarbeitergespräch stellt der Vorgesetzte prägnante Fragen und der Mitarbeiter äußert sich. Die Gesprächsanteile sind zwischen Führungskraft und Mitarbeiter im Verhältnis 70 zu 30 Prozent verteilt. Lassen Sie mich dies wiederum an einem Beispiel verdeutlichen:

Nehmen wir an, in einem Mitarbeitergespräch geht es um das Thema Teamfähigkeit. Die Führungskraft interessiert sich dafür, ob ein Mitarbeiter sich selbst als teamfähig einschätzt. Zunächst muss sie wissen, welche Kriterien hinter diesem Beurteilungsaspekt stecken. Einige Punkte sind schnell benannt: den Gesprächspartner ausreden lassen, aktiv zuhören können und Achtung vor der Meinung des anderen haben. Fragen zu diesem Themenkomplex, die eine Führungskraft stellen könnte, wären: Was ist für die Zusammenarbeit in Teams wichtig? Was muss man tun, um ein gemeinsames Ziel möglichst schnell zu erreichen? Welche Rolle spielt Ihr Gruppenleiter? Wie läuft eine typische Teamsitzung bei Ihnen ab? Was gefällt Ihnen daran, was weniger? Ein wichtiger Hinweis: Achten Sie bei Ihren Fragen darauf, dass Sie sich vom Allgemeinen zum Speziellen vortasten, sprich: den Trichter immer enger machen. Nur so gehen Sie ziel- und lösungsorientiert vor.

Abschließend möchte ich Ihnen zum Thema Mitarbeitergespräch noch das „Fünf-Warum-Prinzip“ zur Analyse von Führungsproblemen vorstellen. Wenn Sie als Führungskraft nur eine grobe Vermutung von einer Sache haben, die Ihre Mitarbeiter umtreibt, dann können Sie mit dem „Fünf-Warum-Prinzip“ feststellen, was die eigentliche Ursache für ein beobachtetes Verhalten ist. Indem fünfmal nach dem „Warum“ gefragt wird, kann die Kausalkette bis zur Fehlerentstehung zurückverfolgt und nach wirklichen Verbesserungsmöglichkeiten gesucht werden. Hier das Beispiel eines Chefs, der eine untergebene Führungskraft, die in ihrem Bereich hohe Fehlzeiten zu verantworten hat, unterstützen will:

Frage 1: Warum ist die Fehlzeitenquote so hoch? Weil die Mitarbeiter mit ihrer Arbeit unzufrieden sind. Sie haben den Eindruck, dass ihr Fehlen nicht bemerkt wird.

Frage 2: Warum sind die Mitarbeiter unzufrieden? Die Mitarbeiter sind unterfordert und haben das Gefühl, dass ihnen keine Verantwortung für die Aufgabenbearbeitung übertragen wird.

Frage 3: Warum haben die Mitarbeiter keine Entscheidungsverantwortung? Die Führungskraft gibt keine Verantwortung ab und mischt sich zudem ständig in die Aufgabenbearbeitung der Mitarbeiter ein.

Frage 4: Warum mischt sich die Führungskraft ständig ein? Da die Führungskraft schlechte Erfahrungen mit der Delegation von Entscheidungen gemacht hat, traut sie den Mitarbeitern keine Verantwortungsübernahme zu.

Frage 5: Warum hat die Führungskraft schlechte Erfahrungen mit der Delegation gemacht? Da die Führung zwar Aufgaben delegiert, aber keine Kompetenzen eingeräumt hatte, kam es zu einer schlechten Aufgabenbearbeitung. Zusätzlich hat der Abteilungsleiter seine Mitarbeiter nur unzureichend informiert.

Als Ergebnis stellt der Chef der Führungskraft fest, dass die eigentliche Ursache für die hohe Fehlzeitenquote darin begründet liegt, dass nicht richtig delegiert wird.

## 2.2 Feedbackkultur

Feedback – dies ist ein Begriff, der heute in Unternehmen schon inflationär gebraucht wird. Jeder gibt jedem scheinbar permanent Feedback. Doch zeigt ein genauerer Blick darauf, dass es in den meisten Fällen nur um eine allgemeine Rückäußerung auf der sachlichen Ebene geht. Für mich ist Feedback jedoch etwas anderes. Dazu möchte ich im Folgenden einige Ausführungen machen.

Zu einer vertrauensvollen Zusammenarbeit gehört, dass die Partner sich gegenseitig verstehen und akzeptieren – möglichst sogar unterstützen und ermutigen. Ob dies gelingt, hängt wesentlich davon ab, wie sie jeweils das Verhalten des anderen aufnehmen und einschätzen. Je besser die Beteiligten wissen, wie sie zueinander stehen, desto besser kann die Zusammenarbeit gestaltet werden. Besonders wichtig ist es, Störungen in den zwischenmenschlichen Beziehungen auszuräumen, die unbeabsichtigt oder unbewusst verursacht worden sind. Oftmals gehen wir auf Abstand zueinander, ohne dass darüber ausdrücklich gesprochen wird. Manchmal merken wir es nicht einmal selbst.

Um Störungen dieser Art zu beheben, müssen wir uns von Zeit zu Zeit ein gegenseitiges Feedback über unser Verhalten geben. Dabei sollte das tatsächliche Verhalten im Vordergrund stehen. Äußerungen zu vermuteten Charaktereigenschaften oder Motiven sind dabei weniger sinnvoll und oft kontraproduktiv. Zur Rückmeldung gehört auch, nicht nur „Fehlverhalten“ zur Sprache zu bringen, sondern außerdem „richtiges“ Verhalten zu bestätigen und zur verstärkten Fortsetzung solchen Verhaltens zu ermuntern. Wenn es selbstverständlich ist, dass in Unternehmen auf diese Weise die Beziehungsebene gestärkt wird, dann beeinflussen wir über die Feedbackkultur auch die Unternehmenskultur.

### 2.2.1 Situationen und Strukturen verstehen

Das situative Feedback, das sich an den einzelnen Kommunikationsvorgang anschließt, ist vom strukturellen Feedback, das sich mit der Zusammenarbeit insgesamt beschäftigt, zu unterscheiden. In beiden Fällen geht es einerseits um die Klärung, wie die Beteiligten ihre bisherige Zusammenarbeit und ihre zwischenmenschlichen Beziehungen beurteilen und empfinden. Darüber hinaus sollten die Gesprächspartner auch jeweils vereinbaren, welche künftigen Verbesserungsmaßnahmen in diesem Zusammenhang getroffen werden sollen.

In der täglichen Praxis gehen wir oftmals wenig sensibel, wenn nicht sogar ungeschickt vor. Beim situativen Feedback handelt es sich um eine spontane kritische Äußerung zu einem einzelnen Verhaltensvorgang, den wir für falsch halten. Wir äußern unsere Kritik mehr oder weniger verbindlich verbal, begleitet von einer entsprechenden Körpersprache (ernstes Gesicht, Stirnrunzeln, erhobener Zeigefinger etc.). Gelegentlich fällt die Kritik auch derber aus. Dies ist besonders dann der Fall, wenn uns „der Kragen platzt" – und entsprechend erfolgt dann auch die Kritik mit dem Holzhammer. „Fallen Sie mir nicht ständig ins Wort. Lassen Sie mich doch einmal ausreden!" So oder so ähnlich klingt das dann. Von dieser Reaktion versprechen wir uns, dass der andere sein Verhalten in unserem Sinne ändern wird. Das Ergebnis ist jedoch häufig enttäuschend. Vielleicht bemüht sich der andere zwar im Moment mehr, in unserem Sinne zu handeln. Dies geschieht jedoch meist nicht aus Überzeugung und schon gar nicht mit Nachhaltigkeit.

Was die Situation noch verschlimmert: Die zwischenmenschlichen Beziehungen leiden möglicherweise unter der derben Kritik, wodurch die Zusammenarbeit unnötig erschwert wird. Wo liegt das Problem? Es liegt nicht im Feedback an sich begründet. Im Gegenteil: Um die Zusammenarbeit zu verbessern, ist sogar zu fordern, dass wir uns über unser bisheriges Verhalten aussprechen. Dies gilt besonders für Führungskräfte ihren Mitarbeitern gegenüber. Nein, das Problem liegt oft in der unangemessenen Form des Feedbacks.

Besonders wichtig ist daher auch das strukturelle Feedback, also eine regelmäßige und grundsätzliche Aussprache über die bisherige Zusammenarbeit, um eine produktive und störungsfreie Kommunikation sicherzustellen. Dies sollte mehrfach im Jahr erfolgen, z. B. auch im Rahmen von Mitarbeitergesprächen. Gerade dieses strukturelle Feedback unterbleibt nach meiner Erfahrung häufig. Gründe dafür sind unter anderem die fehlende Einsicht in die Zweckmäßigkeit des Feedbacks („Was soll dabei schon herauskommen?"), Zeitmangel („Wann soll ich das denn auch noch machen?"), fehlende Übung („Was soll der andere von mir denken, wenn ich damit jetzt anfange?") oder schlechte Erfahrungen („Warum soll ich das machen und mich damit erneut blamieren?").

### 2.2.2 Viele gute Gründe

Warum ist ein Feedback mit einer sich anschließenden Aussprache für eine effektive Kommunikation so wichtig? Hier eine Übersicht mit den wesentlichen Gründen:

- Wir lernen uns und den Partner besser kennen. Das Feedback macht uns bewusst, wie unser Verhalten auf andere wirkt.
- Wir können die Wirkungen unserer Verhaltensweisen besser einschätzen.
- Wir erkennen, worauf es bei unserer Zusammenarbeit ankommt.
- Wir sehen vor allem, wo Stolpersteine und Konfliktherde existieren.

- Wir sprechen darüber, wie wir unsere Verhaltensweisen verbessern und Störfaktoren abbauen können.
- Wir geben Verhaltensempfehlungen.
- Wir ermuntern unsere Partner, ihr „richtiges" Verhalten verstärkt fortzusetzen und ihr Fehlverhalten zu ändern.
- Wir gewinnen mehr Verhaltenssicherheit. Das gilt besonders für Mitarbeiter ihren Vorgesetzten gegenüber.
- Wir gehen mehr auf die Erwartungen und Anforderungen der anderen ein.
- Wir erkennen, dass wir unsere Erwartungen an die anderen möglicherweise korrigieren müssen.
- Wir tragen die Kritik (Enttäuschung, Ärger, Frust) an anderen nicht mit uns herum, sondern sprechen uns aus. Wir schlucken somit Missstimmungen nicht hinunter, sondern befreien uns (in angemessenem Ton und auf konstruktive Weise) von ihnen.
- Wir lassen den anderen mit seiner Vermutung nicht allein, dass auf der Beziehungsebene möglicherweise „irgendetwas" nicht stimmt. Die Kommunikation wird dadurch spannungsfreier und ungezwungener.
- Wir räumen Missverständnisse aus, die schnell zu Konflikten führen können.

Die Vorteile, die sich am Ende ergeben, liegen auf der Hand: Die sachliche Zusammenarbeit wird gestärkt, die zwischenmenschlichen Beziehungen werden (noch) besser, die Arbeitsmotivation steigt, die persönliche Weiterentwicklung wird gefördert und das Betriebsklima wird positiv beeinflusst. Kurz: Um das „Was" der Zusammenarbeit zu verbessern, muss zuerst das „Wie" der Zusammenarbeit hinterfragt werden. Rückmeldungen (Feedbacks) dienen somit zur Orientierung der Führungskraft und/oder des Mitarbeiters.

### 2.2.3 Ich-Botschaften statt Retour-Kutschen

In diesem Sinne muss die Rückmeldung gestaltet und aufgenommen werden. Bedauerlicherweise ist dies meistens allerdings nicht der Fall. Das Feedback klingt oft zu sehr nach Kritik oder wird zumindest vom Empfänger so empfunden. Mangelnde Ich-Stärke veranlasst uns, auch in einem wohlwollenden Rat eine verdeckte Attacke zu sehen. Entsprechend fällt die Reaktion aus: Sie besteht in einer Rechtfertigung oder sogar in einer „Retour-Kutsche" und nicht in einer produktiven Verarbeitung der Rückmeldung. Damit wird der Zweck des Feedbacks völlig verfehlt und möglicherweise das Gegenteil bewirkt. Die Verhaltensweisen bleiben unverändert, und die persönlichen Beziehungen werden zusätzlich belastet. Um dies zu vermeiden, ist das Feedback als Anregung und nicht als Angriff zu formulieren – und auch so zu verstehen. Im Grunde ist das Feedback eine Serviceleistung und ein Freundschaftsdienst. Wir sollten uns deshalb über ein (empfangenes) Feedback eher freuen als ärgern.

Damit die Rückmeldung so verstanden wird, müssen die zwischenmenschlichen Beziehungen zwischen Feedback-Geber und Feedback-Empfänger stimmen. Ist dies nicht der Fall, sind zunächst Belastungen und Störungen auszuräumen. Der Feedback-Geber muss vom anderen menschlich akzeptiert, wenn nicht sogar als Autorität anerkannt werden. Ohne diese Voraussetzung kann keine Rückmeldung glücken.

Danach kommt es entscheidend darauf an, die Rückmeldung richtig zu gestalten. Vor allem ist darauf zu achten, dass sensibel vorgegangen wird. Das „Wie" ist ebenso wichtig wie das „Was". Die Rückmeldung muss verbindlich bzw. wohlwollend formuliert und vorgetragen werden, denn das Selbstwertgefühl des Gesprächspartners kann sehr leicht verletzt und nur schwer wieder aufgebaut werden. Wird das Feedback als ungerechtfertigte Kritik oder als bloßes „Dampfablassen" aufgefasst, beeinträchtigt das nicht nur die Aufnahmebereitschaft des Gegenübers für unsere Anregungen, sondern belastet darüber hinaus unsere zwischenmenschlichen Beziehungen.

Das Feedback klingt weniger aggressiv, wenn es als Ich-Botschaft und nicht als Sie- oder Du-Botschaft formuliert wird. Mit der Ich-Botschaft drücke ich aus, wie sich das Verhalten des Gesprächspartners auf mich auswirkt. Dazu ein Beispiel: Stellen Sie sich einen dieser Zeitgenossen vor, die nur schlecht zuhören können und ihren Mitmenschen dauernd ins Wort fallen. Ungeschickt wäre es, wenn Sie antworteten: „Bitte unterbrechen Sie mich nicht ständig." Die richtige Ich-Botschaft könnte dagegen lauten: „Ich würde gern ausreden. Wenn Sie mich ständig unterbrechen, kann ich meine Gedanken nicht klar vortragen und laufe Gefahr, wichtige Punkte zu vergessen."

Oder nehmen Sie einen Mitarbeiter, der die ihm übertragenen Aufgaben nicht erledigt. Normalerweise folgt darauf eine Reaktion wie: „Sie (!) müssen Ihre Arbeit gewissenhafter erledigen." Der Vorgesetzte reagiert so, weil er sich durch das Verhalten des Mitarbeiters belästigt, verärgert oder frustriert fühlt, und will seinem Unmut Luft machen. Als Folge davon unterwirft sich der Mitarbeiter (oft nur vordergründig) oder rebelliert durch Nichtbeachtung oder Trotz. Im Gegensatz dazu sagt die entsprechende Ich-Botschaft etwas darüber aus, wie sich der Vorgesetzte angesichts des Mitarbeiterverhaltens fühlt bzw. wie es ihm damit geht: „Ich finde es anstrengend, Sie immer wieder an Ihre Arbeiten erinnern zu müssen."

Wie das Feedback auch immer formuliert wird – am Ende kommt es vor allem auf die verbindliche Form an. Wer sich im Ton vergreift, dem hilft auch die Formulierung seiner Kritik als Ich-Botschaft nichts. Der Ton macht die Musik. Wie behutsam vorgegangen werden muss, hängt wesentlich von der Autorität des Feedback-Gebers und der Sensibilität des Feedback-Empfängers ab. Beispielsweise sollten Jüngere besonders vorsichtig vorgehen, wenn sie mit Älteren sprechen.

Genauso falsch ist es allerdings, wenn aus lauter Vorsicht „um den heißen Brei" herumgeredet wird. Das macht alles nur noch schlimmer. Auch darf ein Fehlverhalten nicht verniedlicht werden („So schlimm ist es eigentlich ja auch wiederum nicht."). Bei dickfelligen Partnern muss sogar ein sehr deutliches Wort gesprochen werden. Ohne es zu übertreiben, gilt auch hier: „Auf einen groben Klotz gehört ein grober Keil." In jedem Fall ist aber zu beachten: Das Feedback muss unmissverständlich formuliert werden. Die richtige Feinabstimmung im Ton für den Einzelfall vorzunehmen, gehört zur praktischen Führungskunst.

### 2.2.4 Die eigenen Gefühle kanalisieren

Von der Kunst zum Handwerk: Führungskräfte müssen zur Etablierung einer Feedback-Kultur in ihrem Unternehmen nur wenige, einfache Regeln der Kommunikation beachten. So sollte sich die Kritik immer nur auf konkretes Verhalten des anderen beziehen, das dieser auch wirklich ändern kann. Außerdem sollte das Feedback konkret, mit Beispielen versehen und im Detail für den Gesprächspartner nachvollziehbar sein. Es muss um die Sache gehen, nicht um das Herabsetzen der Person.

Wichtig ist es auch, sich klar zu machen, was ein bestimmtes Verhalten bei einem selbst auslöst. Fühle ich mich gekränkt? Fühle ich mich wütend? Bin ich traurig? Moralische Bewertungen sollten vermieden, Gefühle dagegen zugelassen werden. Vor allem aber muss die Führungskraft zuhören und nicht sofort „zurückschießen", wenn der Standpunkt des anderen einem nicht gefällt. Feedback sollte man einfach stehen lassen und sich bedanken.

Zudem sollte das (situative) Feedback sofort, unmittelbar und zeitnah zur Bezugssituation erfolgen. Dabei müssen die richtige Gelegenheit gewählt und die Aufnahmebereitschaft des Gegenübers überprüft werden. Es ist immer subjektiv und auch aus diesem Grund sind „Ich"-Botschaften besonders empfehlenswert. Führungskräfte müssen immer auch daran denken, positive Aspekte der Zusammenarbeit mit einfließen zu lassen. Und behalten Sie immer im Auge: Das Feedback hat zwei Seiten. Das, was Sie mitteilen wollen, und das, was von Ihrer Aussage beim Gesprächspartner ankommt.

Der Feedback-Geber kann auf das eigentliche Verhalten abzielen („Wenn ich mit Ihnen spreche, reden Sie immer so schnell."), er kann die Auswirkungen thematisieren („Ich komme gar nicht mit, wenn Sie so schnell sprechen.") oder seine Gefühle artikulieren („Ich habe dann immer das Gefühl, dass Sie mich schnell loswerden wollen."). Die Facetten des Feedbacks können innerhalb der beschriebenen Regeln verschieden sein. Gefährlich ist allerdings, wenn persönliche Eigenschaften benannt werden („Ich habe den Eindruck, dass es Ihnen lästig ist, mit anderen zu sprechen."). In einem solchen Fall kann es passieren, dass der Feedback-Empfänger „dicht" macht und zum Gegenangriff bläst.

In meinen Führungsseminaren geben wir Teilnehmern stets auch konkrete sprachliche Hilfestellungen:

Wer Feedback geben will, kann seine Wahrnehmung beschreiben („Ich habe wahrgenommen …“), seine Gefühle sprechen lassen („Das löst bei mir … aus.“) und einen Wunsch äußern („Ich wünsche mir …“). Er kann aber auch – einem weiteren Muster folgend – Positives („Was mir gefällt, was ich schätze an dir/Ihnen ist, …“) mit kritischen Punkten („Was mich stört, mir fehlt an dir/Ihnen ist,…“) verbinden und mit einem konkreten Wunsch an den Gesprächspartner („Ich würde mir deshalb von Ihnen wünschen, dass …) schließen.

### 2.2.5 Feedback von unten nach oben – oder rundum?

Wenn die Führungskraft selbst Empfänger eines Feedbacks ist (und dies wünsche ich ihr möglichst oft), dann sollte sie Folgendes beachten: Sie sollte zunächst die eigene Aufnahmefähigkeit sicherstellen. Dann sollte sie gut und aktiv zuhören und bei Verständnisproblemen nachfragen. Wichtige Punkte darf sich auch eine Führungskraft ruhig notieren. In jedem Fall muss sie Rechtfertigungen vermeiden und sich auch nicht entschuldigen. Am Schluss des Feedbacks sollte sie sich bedanken und den anderen gegebenenfalls zur Fortsetzung ermuntern.

Feedback kann in mehrere Richtungen stattfinden: von der Führungskraft zum Mitarbeiter, von der Führungskraft zur Führungskraft, aber auch vom Mitarbeiter zur Führungskraft. In unserer von Anglizismen durchtränkten Managementsprache heißt dies „Upward Feedback“.

Zweimal pro Jahr bewerten zum Beispiel die Mitarbeiter von Sun Microsystems im Multiple-Choice-Verfahren die Führungsqualität ihrer Vorgesetzten, und zwar freiwillig und anonym. Die 26 Fragen, die online beantwortet werden, lauten etwa: Behandelt Ihr Chef Sie mit Würde und Respekt? Formuliert Ihr Chef klare Arbeitsanweisungen? Coacht er Sie ausreichend? Gibt er Feedback? Lässt er Ihnen genug Entscheidungsfreiheit? Der Personalchef der Firma hat dazu in einem Presseinterview gesagt: „Es geht um Verbesserung, nicht um Auslese.“ Die Führungskräfte sollen kritikfähig werden. Und immer wieder gibt es Überraschungen, weil die Fremdeinschätzung vom eigenen Eindruck abweicht.

Sie werden sich sicher fragen, ob dieses Feedback auch mündlich erfolgen kann. Ich meine, dies hängt stark vom Reifegrad der Organisation ab. Grundsätzlich ist ein solcher Austausch auch von Angesicht zu Angesicht möglich. Die Führungskräfte von Sun Microsystems sind jedoch der Meinung, dass die Online-Bewertung „wesentlich objektiver und offener“ ablaufe als das Einzelgespräch mit dem Vorgesetzten. Objektiver werde die Bewertung auf diese Weise, weil der beurteilende Mitarbeiter sich nicht vor den Reaktionen des Vorgesetzten scheuen muss.

Wichtig ist aber, dass die Führungskraft hinterher die Ergebnisse in einem Review-Gespräch aufbereitet und dass es zu sichtbaren Konsequenzen für die Mitarbeiter kommt. In diesem Gespräch darf die Führungskraft sich nicht rechtfertigen. Sie muss vor allem moderieren und durch Fragen führen. Bei Sun Microsystems sollen in einem derartigen Prozess primär die drei deutlichsten Stärken und Schwächen thematisiert werden. Wer die direkte Auseinandersetzung mit seinen Mitarbeitern scheut, kann sich zuvor bei einem Mentor Rat holen.

Eine besondere Form des situativen Feedbacks ist das so genannte „Blitzlicht". Es besticht durch seine Kürze und ist ein gutes Instrument, das Team-, Abteilungs- oder Bereichsleiter in regelmäßigen Besprechungen einsetzen können. Der Ablauf ist einfach, aber wirkungsvoll im Ergebnis: „Jeder Teilnehmer schildert zu Beginn der Zusammenkunft ganz einfach, wie es ihm in diesem Moment gerade geht und welche Gedanken ihm gerade durch den Kopf schießen, natürlich ohne Zwang. Das haben wir bei uns im Team dann einfach unkommentiert stehen lassen. Schon durch diese einfache Maßnahme haben wir den persönlichen Kontakt zueinander gestärkt und eine andere Art des Umgangs etabliert." So beschreibt es ein Teilnehmer unserer Akademie-Gesprächsrunde (vgl. Höhn/Pinnow/Rosenberger, 2003).

Manfred Kets de Vries berichtet von folgender Episode: Zwei Führungskräfte treffen sich auf dem Gang. Sagt der eine zum anderen: „Die Rundum-Beurteilung macht mir keine Angst, nur der Rundumschlag, der danach kommt." Ein einprägsamer Satz, denn in der Tat funktioniert ein Rundum-Feedback, auch 360-Grad-Feedback genannt, nur, wenn die Top-Manager auch mutig genug sind, sich unangenehme Dinge sagen zu lassen. Ich teile die Auffassung von Kets de Vries, dass zuvor systematische Trainings notwendig sind, damit Teilnehmer bereit sind, umfassend und ehrlich Feedback zu geben und auch zu nehmen. Die Methode wird vor allem in internationalen Konzernen angewandt. Beispiele dafür sind General Electric, Intel oder Nokia.

Kets de Vries berichtet auch, dass etwa zehn Prozent aller Führungskräfte sich selbst richtig einschätzen. Und von der neunzigprozentigen Mehrheit überschätzen sich nach Meinung von Kets de Vries zwei Drittel, während sich ein Drittel unterschätzt (vgl. Kets de Vries, 2002, S. 90). Es ist einfach eine Tatsache, dass viele Führungskräfte ihre Schwächen ignorieren und ihre blinden Flecken erst gar nicht erforschen wollen. Insofern können Feedbackrunden hier Abhilfe schaffen. Womit wir wieder beim Thema wären: Die Qualität der Führung und eine positive Unternehmensentwicklung sind stark abhängig von dem, wie eine Führungskraft sich mit sich selbst auseinander setzt. Quod erat demonstrandum.

Im Grunde sehnen sich alle Führungskräfte nach Widerspruch. Sie können alle das Lied von der Einsamkeit an der Spitze singen, und offene Kommunikation und offene Rückmeldungen würden ihnen mehr Sicherheit bei ihren Entscheidungen geben. Dennoch findet dies häufig nicht statt. Und das liegt natürlich nicht nur an den Mitarbeitern, sondern oftmals an der Führungskraft selbst: Wenn mein Vorgesetzter nicht offen ist, bin ich es als Mitarbeiter erst recht nicht. Gründe dafür sind Unsicherheit, Feigheit und Informationsdefizite. Häufig sind es auch selbst konstruierte Tabus, nach dem Motto: „Ich nehme an, dies ist nicht erlaubt – also ist es nicht erlaubt." Genau hier kann eine von oben initiierte oder zumindest gestützte Feedbackkultur ansetzen.

### 2.2.6 Keine Angst vor Feedback

Die Vorteile einer Feedbackkultur liegen also auf der Hand. Und dennoch gehört es zum Menschsein, dass wir ungern Dinge zu unserer Unvollkommenheit – und seien sie noch so elegant formuliert – hören wollen. Zwei amerikanische Personalexperten haben dies einmal folgendermaßen auf den Punkt gebracht: „Mitarbeiter haben schreckliche Angst davor, nur Kritik zu hören zu bekommen. Vorgesetzte ihrerseits fürchten, Untergebene würden sogar auf die leiseste Kritik abweisend, wütend oder mit Tränen reagieren. Die Folge? Jeder hält sich bedeckt und sagt so wenig wie möglich." (Jackman/Strober, 2003, S. 78).

Wenn wir nicht lernen, diese Angst zu besiegen, blockieren wir uns selbst. Die Neigung, sich von Feedback abzuschotten, kann problematische Auswirkungen haben: Wir verleugnen Probleme, sehen der Realität nicht mehr ins Auge oder schieben Dinge aus Unsicherheit hinaus. Wir reagieren mit Schwarzseherei, Selbstsabotage oder Eifersucht – und schaden damit letztlich uns selbst und der ganzen Organisation. Gerade das Beispiel Eifersucht zeigt dies: Wir vergleichen uns gern mit anderen. Das kann jedoch problematisch werden, wenn der Vergleich von Besitzgier, Neid oder Misstrauen dominiert ist. Leute, die eifersüchtig sind, neigen dazu, ihre Mitmenschen übertrieben positiv zu sehen. Dadurch werten sie sich selbst ab.

Feedback ist eine gute Methode, die Dinge realistischer zu sehen und zugleich die eigenen Unzulänglichkeiten nicht zu stark zu bewerten. Die eigene Angst vor Feedback ist oftmals unbegründet und wird umso größer, je seltener wir uns der Rückmeldung anderer stellen. Ich empfehle Ihnen daher: Gehen Sie von sich aus auf Ihre Vorgesetzten, Untergebenen und Kollegen zu und bitten Sie aktiv um Feedback. Fragen Sie nach und erkundigen Sie sich nach konkreten Beispielen, damit Sie das, was sie zu hören bekommen, auch hundertprozentig verstehen. Übernehmen Sie Verantwortung für sich selbst, indem Sie Ihre Wirkung auf andere besser einschätzen können.

## 2.3 Coaching

Was ist Coaching? Dabei handelt es sich um eine individuelle Beratung und Betreuung durch einen externen Experten, die berufliche und private Inhalte umfassen kann. Coaching regt den Klienten zur Entwicklung eigener Lösungen an. Ein Coach sollte über psychologische und betriebswirtschaftliche Kenntnisse sowie über praktische Erfahrungen verfügen. Coaching findet in mehreren Sitzungen statt und ist zeitlich begrenzt.

Coaching ist eine Beratung unter vier Augen, im Kontext der Rollen und Aufgaben einer Führungskraft. Erfolgreiches Coaching erweitert die Anzahl der Perspektiven und Handlungsmöglichkeiten. Vor allem Großunternehmen, die sich nach Fusionen oder Umstrukturierungen in gewaltigen Veränderungsprozessen befinden, setzen derzeit immer mehr auf Coaching.

Die Gründe für ein persönliches Coaching sind unterschiedlich. Manchmal geht es um die Unterstützung bei kniffligen Führungsentscheidungen, manchmal um die neue Rolle als Führungskraft ehemaliger Kollegen und häufig um einen gezielten persönlichen Lernprozess. Auch kann es darum gehen, als Chef mit Widerstand oder Blockaden zurechtkommen zu müssen. Immer geht es um ein Stück persönliche Entwicklung und Stärkung für den beruflichen Alltag.

Als Coaches achten wir darauf, wie die Dinge zusammenhängen: Wo und wie innere Glaubenssätze und Wahrnehmungs- und Verhaltensmuster ihre Wirkung entfalten, welche Rolle die Unternehmenskultur dabei spielt. Wir lassen die inneren Stimmen geordnet zu Wort kommen und helfen dabei abzuwägen, welche Argumente und Emotionen zählen sollen. Dazu drücken wir auf die Bremse, geben Gas und halten den Spiegel vor, geben Feedback und laden zum Ausprobieren ein.

Coaching hat nichts mit Monologen und belehrenden Vorträgen gemein. Es ist intensive gemeinsame Arbeit, die nachdenklich macht, Blickwinkel erweitert, Anliegen klärt und die persönliche Lösungskompetenz stärkt.

Eine beliebte Anforderung an Führungskräfte lautet: „Sei als Coach deiner Mitarbeiter tätig." Dieser Anforderung stehe ich zwiespältig gegenüber. Warum? Ich habe den Eindruck, dass viele Führungskräfte und Berater diesen Satz formulieren, weil er modern und schick klingt, ohne das in der Führungspraxis anzuwenden, was wirklich mit Coaching gemeint ist (siehe oben). Andererseits halte ich es für richtig, dass eine Führungskraft sich im Denken und Handeln an den Methoden eines Coaches orientieren kann.

Es bleibt aber richtig, dass eine Führungskraft nie selbst als Coach im eigentlichen Sinne tätig sein kann. Zwar kann sie Instrumente des Coachings einsetzen, wie z. B. das zirkuläre Fragen, doch muss ein Coach unabhängig sein. Kurzum: Ein Chef kann nie Coach seiner Mitarbeiter sein. Der Coach als „Funktionsträger" muss also von außen kommen. Er darf nicht korrumpierbar sein. Nur die externe Brille hilft wirklich weiter.

Die sechs Schritte des Mitarbeiter-Coachings:

1. **Präsentation des Problems:** Mitarbeiter schildert seine Sicht.
2. **Ausarbeitung des Problems:** Führungskraft fragt nach: Wer sieht das Problem genauso, wer anders? In welcher Situation tritt es auf, wann nicht? Wie ist es bisher gelungen, mit dem Problem fertig zu werden? Was soll so bleiben, wie es ist?
3. **Entwicklung neuer Ideen:** Szenario für Wunschbild: Was ist schlecht daran? Szenario für Schreckensbild: Was ist gut daran? Wie würden Sie erkennen, dass das Problem gelöst ist? Was müssten Sie tun, um das Problem zu verschlimmern?
4. **Entwicklung von Maßnahmen:** Aus den Erkenntnissen der Diagnose entwickeln Führungskraft und Mitarbeiter gemeinsam Änderungsvorschläge. Jeder Vorschlag

wird auf seine möglichen Folgen überprüft. Was würde passieren, wenn ...? Sind die Folgen unerwünscht, werden neue Maßnahmen gesucht.

5. **Durchführung der Maßnahme:** Der Mitarbeiter gibt Impulse, die Führungskraft bleibt zurück. Wichtig: Kleine Schritte zu Beginn, genaue Beobachtung der Veränderung, Anpassung der Maßnahmen an das System.
6. **Bewertung der Maßnahme:** Zurück zum Start: Was hat sich verändert? Ist das Problem noch da? Wurde es durch ein neues ersetzt?

Wie wird man eigentlich Coach? Coaching ist Beratung im Dialog. Ein Coach weiß im Prinzip nichts besser als sein Kunde, aber er weiß, mit welchen Methoden er seinen Kunden im Gespräch dazu verhilft, selbst die Lösung zu finden. Das klingt sehr einfach – und gerade deshalb findet man den Begriff „Coach" auf vielen Visitenkarten von freien Dienstleistern. Doch Vorsicht ist geboten: Angebote von seriösen Ratgebern und solche von Scharlatanen lassen sich nicht auf den ersten Blick unterscheiden. Der Begriff Coaching ist rechtlich nicht geschützt. Coaching kann man nicht studieren, Inhalte wie „Menschenkenntnis" oder „Gesprächsführung" sind an Hochschulen ohnehin kaum zu finden. Stattdessen hat sich ein privater Markt für Coaching-Ausbildungen etabliert – und der ist längst undurchschaubar geworden. Da ist es schwer, die Spreu vom Weizen zu trennen. Coaching deckt viele Aspekte ab: Personalfragen, Managementthemen, Job- und Karriereaspekte, Work-Life-Balance etc. Kein Wunder, dass unter den Coaches Organisationsberater, Kommunikationsexperten, Psychologen und Pädagogen und noch einige Fachrichtungen mehr vertreten sind.

Der einzige Rat, dem man einem zukünftigen Coach geben kann, ist die Suche nach Praxisbezug. Nur Ausbildungen, die die Möglichkeit bieten, erfahrenen Coaches über die Schulter zu schauen oder selbst unter Anleitung erste Erfahrungen zu sammeln, sind ihr Geld wert. Einer der größten Trümpfe, die ein Coach ins Spiel bringen kann, ist seine Lebenserfahrung. Keine Angst: Ein Coach muss nicht mehr erlebt oder erreicht haben als sein Gegenüber, aber er muss wissen, wie man mit erfolgreichen Menschen umgeht und welche Fallstricke im Coaching-Gespräch liegen. Und er muss lernen, sich selbst immer wieder zurückzunehmen. Auch das lernt man nicht durch Lektüre von Ratgebern oder den Besuch von Kongressen. Dass man als Coach allein durch geschickte Gesprächsführung Menschen wirklich helfen und ganze Organisationen beleben kann, macht diesen Beruf so reizvoll. Und für Führungskräfte ist es sinnvoll, dass sie Coaching-Elemente in ihre Arbeit integrieren.

Coachen heißt zunächst einmal, konstruktive Fragen zu stellen. Konstruktive Fragen sind solche, die den Mitarbeiter zu gedanklichen Konstruktionen anregen, eher lösungs- als problemorientiert sind und sich an der Zukunft ausrichten. Hierzu einige praktische Vorschläge, welche Fragen ich als Führungskraft in unterschiedlichen Phasen eines Coaching-Gesprächs stellen kann:

1. ***Zu Beginn des Gesprächs:*** Vorausgesetzt, dieses Gespräch hätte sich am Ende als nützlich erwiesen, woran werden Sie das merken? Was hätte sich geändert? Was

nähmen Sie mit? Woran merken Sie, dass das Ihr Problem ist? Wer leidet am meisten darunter? Wer profitiert am meisten davon?

2. ***Während der Problemanalyse:*** Wer sieht das Problem genauso, wer anders? In welcher Situation tritt es auf, wann nicht? Wie ist es bisher gelungen, mit dem Problem fertig zu werden? Was soll so bleiben, wie es ist? Was haben Sie bisher alles getan, um das Problem aus eigener Kraft zu lösen? Was hat bisher am meisten gebracht? Wann trat das Problem zum letzten Mal auf? Wie erklären Sie sich das Problem, woher kommt es? Wenn über Nacht ein Wunder geschehen würde und das Problem wäre verschwunden, woran würden Sie den Unterschied zuerst merken? Was wird sich außerdem ändern? Was wäre die beste, was die schlimmste Folge? Was müssten Sie tun, damit das Problem nicht schlimmer wird?

3. ***Während der Lösungsfindung:*** Wann wird Person A das Problem gelöst haben? Wer kann „A" dabei helfen? Sollte sich das Problem als unlösbar erweisen, wer wird sich am leichtesten damit abfinden? Glauben Sie, dass ich Ihnen helfen kann? Was könnte ich bestenfalls tun? Wie können Sie mir helfen, dass ich Ihnen helfen kann? Sollten wir eine treffendere Erklärung finden (als Ihre jetzige Vermutung), wird sich das für die Beratung eher günstig oder eher verlängernd auswirken? Zum Szenario für ein Wunschbild: Was ist schlecht daran? Zum Szenario für ein Schreckensbild: Was ist gut daran? Wie würden Sie erkennen, dass das Problem weg ist? Was müssten Sie tun, um das Problem zu verschlimmern? Zu allen Lösungsoptionen: Was würde passieren, wenn ...? Sind die Folgen unerwünscht, werden neue Maßnahmen gesucht.

4. ***Zum Abschluss des Gesprächs:*** Sollten noch viele Gespräche stattfinden? Gibt Ihnen das mehr Sicherheit, dass Sie sich selbst helfen können? Sollten wir die Beratung jetzt beenden, und Sie melden sich bei Bedarf? Was nehmen Sie sich für das nächste Mal vor?

Wichtig ist, dass zu Beginn der Mitarbeiter oder die Führungskraft, die gecoacht wird, ausführlich die eigene Sicht der Dinge darlegen kann und der Coach vor allem zuhört. Danach wird das Problem analysiert. Aus den Erkenntnissen der Diagnose entwickeln Coach und Coachee gemeinsam Änderungsvorschläge. Jeder Vorschlag wird auf seine möglichen Folgen überprüft. Die Lösungsfindung geschieht im Dialog und zielt im 1. Schritt auf die Entwicklung neuer Ideen und im 2. Schritt auf die Entwicklung neuer Maßnahmen. Wichtig: Kleine Schritte zu Beginn, eine genaue Beobachtung der Veränderung, ggf. weitere Anpassung der Maßnahmen an das System. Nach dem Coaching werden die Maßnahmen ausprobiert und in der nächsten Sitzung bewertet. Die Bewertung kann aufs Neue anhand von kreativen Fragen erfolgen:

- Was hat sich verändert?
- Ist das Problem noch da?
- Wurde es durch ein neues ersetzt?

## 2.4 Konfliktmanagement

Konflikte zwischen Problem und Chance – so lässt sich der Umgang mit Konflikten beschreiben. Ob Sach-, Beziehungs- oder Wertkonflikt – meistens schwanken Mitarbeiter und Führungskräfte zwischen Jammern, Drauflosschlagen, Therapieren und Resignation. Dabei haben Konflikte auch positive Seiten: Wir lernen daraus, wir kennen abweichende Ansichten, wir springen nicht zu schnell auf die nahe liegendste Lösung. Für Veränderungsprozesse sind Konflikte sogar essenziell, da nur mit ihnen Energien für den Wandel freigesetzt werden.

Konflikte sind in Unternehmen normal, sie gehören zum Unternehmensalltag. Wie ein Konflikt gelöst wird, entscheidet über die Stimmung der Mitarbeiter und in der Summe über die Qualität der Unternehmenskultur. Dieter Frey drückt es so aus: „Nicht der Konflikt ist das Problem, sondern wie man ihn austrägt." (Frankfurter Allgemeine Zeitung, 04.05.2005). Frey kritisiert, dass es in Unternehmen keine Konfliktkultur gibt. Viele Führungskräfte seien entweder konfliktscheu oder provozierten Konflikte zum unpassenden Zeitpunkt.

Ich teile diese Analyse im Grundsatz. Mir ist allerdings wichtig, dass Konflikte nicht nur als selbstverständlich, sondern auch als bereichernd empfunden werden. Solange Menschen sich noch mit Konflikten auseinander setzen, solange sind sie bei der Sache und noch nicht in der inneren Emigration. Ja, Konflikte sind das Salz in der Suppe. Eine Untersuchung der Akademie von 2002 hat gezeigt, dass Teams eher scheitern, wenn sie Konflikte verdecken. 90 Prozent aller befragten Führungskräfte sind dieser Meinung. Der offene Umgang mit Konflikten wird von weitaus weniger Personen (53 Prozent) als kritisch für das Scheitern von Teams angesehen (vgl. Akademie-Studie, 2002).

Die Voraussetzung für gute Konfliktaustragung in Unternehmen ist eine angstfreie Kommunikationskultur. Es muss möglich sein alles anzusprechen, ohne negative Folgen befürchten zu müssen. Das zeigt sich auch daran, wie Führungskräfte ein Kritikgespräch führen. An diesem Beispiel möchte ich den Umgang mit Konflikten noch etwas genauer betrachten.

Als Grundvoraussetzung für ein gelungenes Kritikgespräch sollten vier Aspekte gegeben sein: Führungskräfte sollten loben, loben, loben – nicht nur im eigentlichen Gespräch, sondern generell. Die Wertschätzung des kritisierten Mitarbeiters sollte stets im Vordergrund stehen. Fehler müssen von Führungskraft und Mitarbeiter als Chance begriffen werden. Schließlich muss das Feedback für den Mitarbeiter stets annehmbar sein.

***Loben, loben, loben:*** Kritik ist nur dann annehmbar, wenn vorher schon Lob ausgesprochen wurde. Vergessen Sie daher niemals, Ihre Mitarbeiter zu loben. Das kann eine Kleinigkeit zwischendurch sein („Gute Idee! Danke!") oder eine größere Angelegenheit (Sie erwähnen vor der gesamten Abteilung lobend die letzte Projektabwicklung des Mitarbeiters). Eine Faustregel besagt, dass das Verhältnis zwischen Lob und Kritik 4:1

betragen sollte, damit Kritik nicht als Abwertung erlebt wird. Probieren Sie das Führungsinstrument „Loben" doch einmal aus. Es ist in unserer Gesellschaft leider so, dass uns Kritik viel leichter von den Lippen geht als ein positives Wort. Durchbrechen Sie diesen Automatismus und loben Sie, wann immer Ihnen etwas Positives auffällt. Durch Loben machen Sie sich auch selbst das Leben leichter. Denn Leistung, die durch Druck erreicht wird, bedarf ständiger Kontrolle. Leistung hingegen, die durch Eigenmotivation der Mitarbeiter entsteht, braucht nicht kontrolliert zu werden. Loben Sie allerdings nur das, was wirklich eine Anerkennung verdient. Scheinlob wird oft als Demütigung verstanden. Oder als Ruhe vor dem Sturm, ganz nach dem Motto „Zuckerbrot und Peitsche".

***Wertschätzung des Mitarbeiters:*** Jedes Verhalten Ihrer Mitarbeiter basiert in der Regel auf einer positiven Absicht für die betreffende Person oder die Gruppe. Das gilt auch für Verhalten, das jemand bei sich oder bei anderen als „Fehler" bezeichnet. Wenn ein Mitarbeiter zum Beispiel dadurch auffällt, dass er ständig durch dumme Witze die Arbeitsabläufe stört, so möchte er vielleicht nichts anderes erlangen als Anerkennung und Aufmerksamkeit. Dafür nimmt er sogar die wachsende Unbeliebtheit in Kauf. Sie könnten nun den Störenfried „beseitigen" oder versuchen, ihn mit Druck von seinem Verhalten abzubringen. Sinnvoller hingegen ist es, die verborgenen Absichten seines Verhaltens herauszufinden und diese mit anderen Mitteln zu befriedigen. Wenn dieser Störenfried Aufmerksamkeit will, so geben Sie ihm diese durch ein gelegentliches Lob über seine Arbeit. Sein überzogenes Verhalten wird dann von allein aufhören.

***Fehler als Chance begreifen:*** Fehler sind im Arbeitsprozess nicht vermeidbar. Dies sollten sie auch gar nicht sein, denn Fehler sind immer eine Chance, mehr dazuzulernen, neue Ideen aufzugreifen, sich weiterzuentwickeln. Die größten Erfindungen der Menschheit sind „aus Versehen" geschehen, gewissermaßen aus Fehlern entstanden. Nur in Sabotagefällen geschehen Fehler aus einer bösartigen Einstellung heraus. Alle anderen Fehler geschehen aus Unwissenheit (d. h., die Führungskraft müsste den Mitarbeiter besser anlernen oder ihm mehr Zeit zum Üben geben), Müdigkeit (d. h., die Mitarbeiter sind überanstrengt und es bedarf einer neuen Arbeitsorganisation) oder Routine (d. h., die Mitarbeiter sind unterfordert und es bedarf einer Job-Anreicherung). Möglicherweise liegt der Fehler auch im Umfeld begründet: Der Arbeitsplatz ist zu laut, die Maschinen sind defekt, die Schutzvorrichtungen sind mangelhaft, die Lüftung ist schlecht oder das Betriebsklima negativ. Als Führungskraft ist es Ihr Job, den Ursachen für Fehlern nachzugehen. Damit liegt die Verantwortung immer auch ein Stück bei der Führung. Daran sollten Sie vor einem Kritikgespräch denken, um nicht alle Wut am Mitarbeiter auszulassen und ihn damit pauschal abzuwerten.

***Feedback muss annehmbar sein:*** Kritik sollte immer in zeitlicher Nähe zum störenden Verhalten stehen. Nutzen Sie nicht die Gelegenheit eines Gesprächs, um Probleme, die Monate zurückliegen, aufzurollen. Der Mitarbeiter bekommt sonst das Gefühl, ein Fehler wird ihm auf ewig nachgetragen. Die Kritik sollte immer auf ein Verhalten bezogen sein und nicht auf die Person des Mitarbeiters. Sagen Sie also lieber nicht: „Sie sind ein unpünktlicher Mitarbeiter", sondern: „Mir fällt auf: Zur Arbeit kommen Sie in letzter

Zeit oft unpünktlich." Werden Sie konkret und werten Sie nicht pauschal ab. Nur so kann der Mitarbeiter mit Ihrer Kritik etwas anfangen. Sagen Sie niemals: „Immer sind Sie unpünktlich", oder: „Ständig machen Sie Fehler", sondern benennen Sie die konkrete Situation. „Gestern gab es in Ihrer Produktion überdurchschnittlich viele Fehler."

Um Ihnen als Führungskraft für Kritikgespräche eine weitere Hilfestellung zu geben, können Sie sich an folgende Gliederung halten:

***Vorbereitung:*** Nehmen Sie sich die Zeit, einige Stichworte vorher schriftlich festzuhalten. Notieren Sie sich Ihr Gesprächsziel. Machen Sie sich über den Hintergrund des Mitarbeiters kundig. Steht er gerade in Scheidung? War er in letzter Zeit oft krank? Hat er vor diesem Vorfall gute Arbeit geleistet? Sorgen Sie für einen geeigneten Zeitpunkt, zu dem weder Sie noch der Mitarbeiter in Termindruck sind. Sie sollten während des Gesprächs möglichst nicht gestört werden. Kümmern Sie sich um eine entspannte Atmosphäre, und führen Sie Ihre Kritikgespräche nicht zwischen Tür und Angel.

***Aufwärmphase:*** Wenn Ihr Mitarbeiter zu Ihnen kommt, so sorgen Sie zunächst für eine entspannte Atmosphäre. Das wird nicht nur dem Mitarbeiter, sondern auch Ihnen nützen, denn auch Sie werden wahrscheinlich etwas aufgeregt sein. Bieten Sie am Anfang ruhig die berühmte Tasse Kaffee oder Tee an. Suchen Sie sich einen sanften Einstieg in das Thema, sodass Ihr Gesprächspartner die Gelegenheit erhält, sich an die Situation zu gewöhnen. Erkennen Sie die Qualitäten des Mitarbeiters an und sprechen Sie diese auch aus. Denken Sie daran, was ich bereits vorher erwähnt habe: Lob und Kritik müssen in einem gesunden Verhältnis zueinander stehen. Vermeiden Sie in Ihren Sätzen die „Ja, aber ..."-Variante. Wenn Sie nur aus taktischen Gründen ein Lob loswerden „müssen", um gleich darauf Ihrem Mitarbeiter den Tiefschlag zu versetzen, so wird es Ihr Gesprächspartner sofort merken.

***Soll-Ist-Vergleich:*** Ein Kritikgespräch wird zumeist dann stattfinden, wenn ein Ergebnis von einem erwarteten Ziel abweicht. Bringen Sie den Mitarbeiter durch Fragen auf diese Soll-Ist-Differenz, sodass er sie selber erkennt. Denken Sie daran, dass das Verhalten Ihres Mitarbeiters für sich oder die Gruppe im Normalfall Positives bewirkt. Nur in diesem (Einzel-)Fall ist das Verhalten so, dass es nicht zum Ziel führt. Also sollte die Kritik nicht pauschal erfolgen, sondern stets auf diese konkrete Situation bezogen sein. Wenn der Rückzug in störrisches Schweigen erfolgt oder ein Gegenangriff gestartet wird, müssen Sie einräumen, nicht hinreichend sensibel gewesen zu sein.

***Neue Verhaltensweisen gemeinsam erarbeiten:*** Lassen Sie Ihren Mitarbeiter an der Entscheidungsfindung für neue Verhaltensweisen teilnehmen. Nur so wird er das Engagement haben, eine Verhaltensänderung vorzunehmen. Betonen Sie noch einmal die Qualitäten des Gegenübers und bauen Sie auf diesen auf. Verlieren Sie dabei nicht das Ziel aus den Augen. Es wird aber immer viele Wege geben, die zum Ziel führen. Also sind nicht die Verhaltensweisen, die Ihnen angenehm sind, die besten, sondern die Verhaltensweisen, die den Qualitäten des Mitarbeiters entsprechen und dabei gleichzeitig zum Ziel führen. Die Verantwortung für die Umsetzung der Lösung sollte beim Mitarbeiter bleiben.

***Klare Vereinbarungen treffen:*** Sie sollten gemeinsam Vereinbarungen treffen, wann Sie sich wieder zusammensetzen und einen erneuten Soll-Ist-Vergleich vornehmen. Gehen Sie dabei ganz konkret vor. Vereinbaren Sie, was bis wann unternommen werden soll. Lassen Sie Ihrem Mitarbeiter auch hier die Verantwortung für sein Verhalten und arbeiten Sie mit Fragen statt mit Druck. Ziele sollten eindeutig definiert, realistisch und zeitlich begrenzt sein. Und denken Sie daran, dass große Ziele in kleine Etappenziele aufgegliedert werden sollten, um Ihre Mitarbeiter nicht zu überfordern. Nur so ist auch ein unmittelbares Feedback möglich, was wiederum die Voraussetzung dafür ist, dass der Mitarbeiter weiß, was er falsch (bzw. richtig) macht und was er ändern (bzw. beibehalten) sollte. Denken Sie daran, dass ein Mitarbeiter sein Verhalten nur dann ändern wird, wenn er begreift, dass dies für ihn von Nutzen ist. Wenn Sie also Konsequenzen besprechen, so besprechen Sie nicht nur die negativen Konsequenzen (Androhung von Kündigung, Abmahnung, Eintrag in der Personalakte, Kürzung der Bezüge etc.), sondern auch die positiven.

So kann er etwa bei erfolgreicher Abwicklung auch eine größere Verantwortung übernehmen, neue interessante Aufgaben zugeteilt bekommen oder einen Bonus erhalten.

***Runder Abschluss:*** Am Schluss des Kritikgesprächs sollte immer ein Lob stehen, um so einen positiven Ausgang der Unterredung zu gewährleisten. Sie können Ihrem Mitarbeiter zum Beispiel für das konstruktive Gespräch danken. Schicken Sie Ihren Mitarbeiter mit dem Gefühl weg,, dass Sie an ihn und seine Fähigkeiten glauben. Er wird das Problem schon erfolgreich meistern. Geben Sie ihm das Gefühl, dass schon mit diesem Gespräch ein gutes Stück der Bewältigung erfolgreich absolviert wurde. Dies entspricht auch der Wahrheit. Lassen Sie Ihrem Mitarbeiter das Gefühl, er war nicht in einem Kritikgespräch, sondern in einem „Mitarbeitergespräch".

Selbstverständlich beherrschen wir das Kritikgespräch nicht, wenn wir die theoretischen Kenntnisse besitzen und einige Fallbeispiele kennen. Ohne konsequentes Training und systematisches Üben wird das Wissen nicht zur Selbstverständlichkeit im Führungsalltag. Es zeigt sich, dass Führungskräfte immer wieder gegen die grundsätzlichsten Regeln verstoßen. Und damit sind wir wieder beim Thema Führungspersönlichkeit: Führen heißt vor allem eine Person zu führen: sich selbst.

## 2.5 Der Zielvereinbarungsprozess

Führen mit Zielen ist ein lange bekanntes Führungsinstrument. Schon Peter F. Drucker hat sich dazu geäußert (Management by Objectives). Allerdings hat sich die Idee immer noch nicht überall durchgesetzt. Nach wie vor wird in manchen Firmen autoritär und über Anwesenheitszeiten – statt durch Ziele und Vertrauen – geführt. Auch Zielvereinbarungen können systemisch betrachtet werden. Vor allem finde ich dieses Instrument interessant, weil sich damit harte und weiche Faktoren der Unternehmensführung verbinden lassen. Eine alte Weisheit besagt schließlich: „Wer vom Ziel nichts weiß, für den ist jeder Weg der gleiche."

Lassen Sie mich mit einem spannenden Beispiel einsteigen: Der ehemalige Bürgermeister von New York, Rudolph Giuliani, beschreibt in seinem im Jahr 2002 erschienenen Buch „Leadership", wie er die als unregierbar geltende Stadt in knapp acht Jahren geführt und verändert hat (vgl. Giuliani, 2002). Weltweit bekannt wurde Giuliani durch sein entschlossenes Handeln nach den Terroranschlägen vom 11. September 2001. In seiner Autobiografie zählt er auch eine Reihe von Führungsprinzipien auf, die ihm wichtig waren. Einige Kostproben, die nur scheinbar banal sind:

1. Erledige das Wichtigste zuerst.
2. Bereite dich gewissenhaft vor.
3. Jeder ist jederzeit verantwortlich.
4. Umgib dich mit erstklassigen Leuten.
5. Versprich wenig und halte viel.

Natürlich steckt in solchen Büchern immer eine Menge Selbstbeweihräucherung und Rechtfertigung. Dennoch kann man dort am persönlichen Beispiel und anhand zahlreicher Anekdoten sehen, in welchen Spannungsfeldern sich Führungskräfte oftmals bewegen. Besonders interessant fand ich, dass sich Giuliani auf seinen Schreibtisch ein Schild mit den Worten „I am responsible" hingestellt hatte, das ihn ständig an seine eigene Grundüberzeugung erinnerte.

Wörtlich schreibt Giuliani: „In meiner gesamten Laufbahn habe ich darauf gepocht, dass Rechenschaftspflicht und Verantwortlichkeit die Eckpfeiler jeder Tätigkeit in der öffentlichen Verwaltung sind und dass meine Administration jenen Rechenschaft schuldet, für die wir arbeiten. Und dieses Prinzip fängt bei mir selbst an." (Giuliani, 2002, S. 88).

Die Bilanz von Giuliani kann sich sehen lassen – etwas, was so manche Top-Führungskraft, die ein vollmundiges Rechtfertigungsbuch schreibt, nicht von sich behaupten sollte. Vor allem das, was er für die öffentliche Sicherheit von New York erreicht hat, ist der Erwähnung wert: Zwischen 1994 und 2001 gingen alle Straftaten um 57 Prozent zurück. Schlüsselt man diese Zahl weiter auf, so erfährt man, dass die Morde um 66 Prozent, die Schießereien um 75 Prozent und die Autodiebstähle um 68 Prozent zurückgegangen sind. Zugleich hat sich die durchschnittliche Zeit zwischen dem Notruf und dem Eintreffen der Polizei von 8,4 auf 7,3 Minuten verkürzt.

Warum ich dies so ausführlich schildere? Daran lassen sich zwei elementare Grundsätze von Zielvereinbarungen sehr gut erkennen. Erstens kommt es darauf an, dass die richtigen Kriterien und Kennzahlen herangezogen werden. Sonst produziert man Zahlenfriedhöfe und Artefakte, die keinem etwas nutzen – außer denjenigen, die diese

Datenkolonnen pflegen und dadurch ihren Arbeitsplatz sichern. Für die Bürger von New York ist wichtig, dass sie tatsächlich jetzt sicherer leben können. Dass die Behörden zuvor ihren Erfolg an der Zahl der Verhaftungen gemessen haben (statt am tatsächlichen Rückgang der Straftaten), ist dabei nur eine weitere interessante Anekdote, die der Autor beschreibt. Zweitens zeigt Giuliani, der in seiner Regierungszeit durchaus nicht nur Freunde hatte, dass diese Kriterien und Kennzahlen konsequent umgesetzt und „gelebt" werden müssen. Er selbst war dabei permanent Antreiber und kritischer Geist. Konkret: Wenn die Führungsspitze locker lässt, wird sich dies als Signal rasch ausbreiten, und das ganze System, mühevoll eingeführt und durchgesetzt, wird wieder in Frage gestellt.

Eine andere Sicht auf das Thema Zielvereinbarungen liefert Reinhard K. Sprenger. Er bezeichnet diese als „Vertrauensprothesen" und sieht darin Instrumente, die aus Misstrauen gegenüber den Mitarbeitern geboren sind: „Sie wurden erfunden, als man den Überblick verlor, keinen Sichtkontakt mehr hatte, nicht mehr kontrollieren konnte, ob der andere sich auch voll einsetzt. Oder weil man mit der Leistung eines Mitarbeiters unzufrieden war, weil man antreiben wollte, weil man etwas Schriftliches wollte, um besser belohnen und bestrafen zu können, oder, anders herum, weil man glaubte, sich gegenüber ‚willkürlichen' Vorgesetzten schützen zu müssen." (Sprenger, 2002b, S. 133).

Zunächst einmal: Sprenger hat sicher Recht, wenn er darauf hinweist, dass Zielvereinbarungen manchmal auch aus Misstrauen geboren sind. Ich glaube darüber hinaus, dass sie nicht immer mit der nötigen Gelassenheit, sondern eher technokratisch angewandt werden. Hauptsache, es stehen Ziele im Dokumentationsbogen, die wir halbwegs messen können. Mit Peter F. Drucker bin ich aber der Meinung, dass „Management by Objectives" dazu führt, individuelle und unternehmerische Ziele abzustimmen und möglichst in Einklang zu bringen. Insofern sind Zielvereinbarungen nicht von vornherein aus Misstrauen geboren, wie ich meine.

Der Autor Sprenger differenziert aber auch, was hier nicht verschwiegen werden soll: Er räumt zunächst ein, dass Zielvereinbarungen in Grenzen auch nützlich sein können. Dann betont er, dass es stark darauf ankomme, *wie* diese Ziele entstanden sind. Er unterscheidet dabei drei Szenarien:

- Wenn Ziele den Mitarbeitern von oben auferlegt werden, dann sollte man misstrauisch sein, ob der jeweilige Beschäftigte wirklich alles tut, um die Ziele zu erreichen.
- Wenn Ziele gemeinschaftlich verhandelt und dann vereinbart werden, sollte die Führungskraft, so Sprenger, dem Mitarbeiter auch vertrauen, dass die Wege zur Zielerreichung sinnvoll gewählt werden und die Ziele letztlich erreicht werden.
- Wenn bei Zielerreichung ein Bonus winkt, so das dritte Szenario, dann wird wiederum Misstrauen signalisiert und Vorsorge für den Fall der Nichterreichung der Ziele getroffen.

So oder so: „Zielvereinbarungen als Instrument werden niemals die Probleme von Misstrauen beseitigen." Der Grund: Ziele müssen verhandelt, vereinbart und überprüft werden – und dies setzt voraus, dass im Verhältnis von Führungskraft und Mitarbeiter davon ausgegangen wird, dass der andere es ernst und ehrlich meint. Doch dies kann nicht automatisch unterstellt werden, sagt Sprenger. Wörtlich heißt es bei ihm: „Nicht Zielvereinbarung schafft Verbindlichkeit, sondern Vertrauen." (Sprenger, 2002b, S. 134).

Hier meine ich, dass Sprenger das Kind mit dem Bade ausschüttet. Wenn in Gesprächen eine wirkliche Kontaktfähigkeit vorherrscht (und zugegebenermaßen kann dies heutzutage nur in der Minderheit aller Beziehungen zwischen Chef und Mitarbeiter unterstellt werden), dann dürfte es auch gelingen, eine „ehrliche" Atmosphäre im Rahmen von Zielvereinbarungen zu schaffen. Auch hier gilt: Der Ton macht die Musik. Auf keinen Fall sollten Führungskräfte den Anspruch, das Optimum aus Zielvereinbarungen herauszuholen, von vornherein aufgeben.

In einem anderen Punkt hat Sprenger aber Recht. Da Zielvereinbarungen mit ihren Regeln und Messgrößen klare Interpretationen und gute Anwendungsbedingungen brauchen und Märkte sich oftmals schnell verändern, benötigen wir Spielräume für entsprechende Gespräche zwischen Führungskraft und Mitarbeiter. Denn: „Die Realität ist reichhaltiger als Worte." (Sprenger, 2002b, S. 136).

Auf einen weiteren Punkt möchte ich noch hinweisen: In engem Zusammenhang mit unternehmerischen Zielvereinbarungen müssen auch Strategien entworfen werden. Kennzeichen der systemischen Führungsarbeit, wie ich sie hier vertrete, ist, dass selbst dieser „harte" Prozess nicht immer nur in geordneten und konventionellen Bahnen verlaufen muss. Also: Führungskräfte sollten nicht die immer gleichen Rituale pflegen und für die Strategiefindung z. B. ihre üblichen Meetings in Hufeisenform mit Powerpoint-Präsentationen abhalten. Es geht auch anders: mit Theateraufführungen und Verkleidungen, mit Spraydosen und Malstiften aus Wachs.

Einer meiner Kollegen hat sich hierzu einmal begeistert geäußert: „In manchen Strategie-Workshops skizzieren die Manager ihre Visionen für das Jahr 2010 an einer Pinnwand. Mit den Kollegen und ohne Diktafon. Was für ein Vorgang. Öffentlich Position zu beziehen, eine Vision zu sprayen, ohne dafür unzählige Strategiepapiere zu wälzen. Ganz abgesehen von dem unmittelbaren Feedback der Kollegen. Die Energie und Ernsthaftigkeit, die sich in diesem Moment einstellen, sind beeindruckend."

Das regelmäßige Zielvereinbarungsgespräch ist das Hauptinstrument, um einen systematischen Dialog über Ziele zwischen den Führungskräften auf allen Ebenen und ihren Mitarbeitern zu ermöglichen. Es ist außerdem der wichtigste Baustein eines umfassenden Führungskonzepts, das mit „Führen über Zielvereinbarungen" bezeichnet werden kann. Inhalt eines solchen Gesprächs, das zumindest einmal im Jahr zu führen ist, sind Sachziele, Verhaltensziele und persönliche Entwicklungsziele.

Zweck dieser Gespräche ist, dass über Ziele, also geplante Ergebnisse, gesprochen und nach Möglichkeit Einigkeit erzielt wird. Insofern ist auch zwischen Zielvorgaben und Zielvereinbarungen zu unterscheiden. Im Rahmen des Zielgesprächs ist außerdem eine Entscheidung über die Prioritäten bezüglich der einzelnen Ziele zu treffen. Ferner sind ggf. die Maßnahmen festzulegen, die zu ergreifen sind, um die vereinbarten Ziele zu erreichen. Auch mögliche Zielkonflikte und Lösungsszenarien sollten angesprochen werden.

Worin besteht nun der Nutzen von Ziel(vereinbarungs)gesprächen? Welche Argumente lassen sich dafür finden? Hier eine Liste für alle, die sich mit diesem Instrument beschäftigen bzw. beschäftigen wollen:

- Wer Ziele festlegt und verfolgt, konzentriert seine Kräfte; Konzentration erhöht die Schlagkraft, senkt die Kosten und verkürzt die Ausführungszeiten.
- Fundierte Zielplanung zwingt dazu, sich über gegenwärtige Situationen, künftige Szenarien, Chancen und Risiken des Marktes sowie Stärken und Schwächen des Unternehmens klar zu werden.
- Zielplanung ermöglicht eine Zielkontrolle, die Schwachstellen erkennen lässt und einen Lerneffekt auslöst.
- Ziele, die zugleich anspruchsvoll und realistisch sind, fordern zu hoher Leistung heraus.
- Die Mitarbeiter werden mit ihrem Sachverstand aktiv in den Planungsprozess einbezogen.
- Mitarbeiter werden zur Eigenverantwortung angehalten.
- Der Gedankenaustausch und die Diskussion zwischen Führung und Mitarbeitern werden gefördert.
- Gemeinsam erarbeitete Ziele erhöhen die Arbeitsmotivation, die weiter verstärkt wird, wenn die geplanten Ziele erreicht oder sogar übertroffen worden sind.
- Führung und Mitarbeiter erhalten über ihr bisheriges Verhalten eine Rückmeldung und werden sich so ihrer persönlichen und sozialen Fähigkeiten stärker bewusst.
- Die Entwicklung der Mitarbeiter wird entlang der Unternehmensziele systematisch vorangetrieben.
- Die Zusammenarbeit zwischen Führung und Mitarbeitern wird verbessert.

Diese Übersicht zeigt, dass durch „Führen mit Zielvereinbarungen" alle gewinnen: das gesamte Unternehmen, die Führung und die Mitarbeiter.

Die Zahl der Ziele ist auf das Machbare zu beschränken. Werden zu viele Ziele verfolgt, verpufft der Konzentrationseffekt der Zielplanung. Damit von einer Vereinbarung gesprochen werden kann, müssen die Mitarbeiter nicht nur ausreichend Gelegenheiten erhalten, sondern aufgefordert und ermuntert werden, ihre eigenen Vorstellungen einzubringen. Völlig verfehlt ist es, wenn Führungskräfte schon mit unverrückbaren Zielvorstellungen in das Gespräch gehen und nicht mehr verhandlungsbereit sind.

Mitarbeiter werden Ziele nur dann voll akzeptieren, wenn diese ihren persönlichen Zielen und ihrem persönlichen Wertsystem – zumindest grob – entsprechen. Ziele gewinnen zusätzliche Schubkraft, wenn sie in Bilder („Visionen") umgesetzt werden. Außerdem sind negative Formulierungen zu vermeiden, weil sie demotivierend wirken können. Falsch wäre also: „Unsere Besprechungen sollen nicht mehr so lange dauern." Richtig müsste es heißen: „Unsere Besprechungen werden auf eine Stunde begrenzt."

Gut formulierte Ziele müssen den Anforderungen der „SMART"-Formel genügen:

| | | |
|---|---|---|
| *S*pezifisch | ⇒ | Was soll konkret erreicht werden? |
| *M*essbar | ⇒ | Woran ist zu erkennen, dass das Ziel erreicht wurde? |
| *A*nspruchsvoll | ⇒ | Ist das Ziel eine Herausforderung? |
| *R*ealistisch | ⇒ | Ist das Ziel mit den vorhandenen Mitteln erreichbar? |
| *T*erminiert | ⇒ | Bis wann soll das Ziel erreicht werden? |

Wer diese Anforderungen nicht ernst nimmt, baut wesentliche Störquellen in das Konzept „Führen über Zielvereinbarungen" ein.

## 2.6 Delegieren

Aufgaben an Mitarbeiter zu übertragen, ist eine wichtige Bedingung, damit Führung überhaupt stattfindet. Auch die Facette, dass sich eine Führungskraft „entlasten" muss, ist hier von Bedeutung. Delegation ist Empowerment, sprich: Ermächtigung des Mitarbeiters durch Aufgabenübertragung.

Dabei wird der Prozess des Delegierens maßgeblich durch die Führungswerte des Vorgesetzten beeinflusst. Für die Führungswerte hat Peter Koestenbaum ein Modell entwickelt, das die vier Hauptdimensionen Weitblick, Mut, menschliches Verständnis und Sinn für Wirklichkeit enthält.

*Weitblick* hat, wer zukunftsgerichtet und innovativ denkt, sein langfristiges Ziel dauernd vor Augen hat und überzeugend handelt. *Mut* hat, wer zu seiner eigenen Meinung steht und auch dann die Initiative ergreift und Verantwortung übernimmt, wenn die Sache schwierig oder umstritten scheint. *Menschliches Verständnis* hat, wer anderen gegenüber feinfühlig, offen, ehrlich und gerecht ist und sie in ihrer Entwicklung unterstützt. *Sinn für Wirklichkeit* hat, wer die dauernden Veränderungen in seinem Umfeld wahrnimmt und sie sachbezogen berücksichtigt.

Empowerment – zu Deutsch „Ermächtigung" oder „Bevollmächtigung" – ist die tagtägliche Umsetzung dieser vier Dimensionen in konkretes Führungsverhalten. Weitblick, gepaart mit Sinn für Wirklichkeit, erlaubt uns, ehrgeizige und erreichbare Ziele zu definieren und anzusteuern. Im Führungsprozess muss der Vorgesetzte diese Ziele seinen Mitarbeitern vermitteln und ihnen dann die nötigen Mittel sowie den erforderlichen

Freiraum zur Verfügung stellen. Um diesen Freiraum zu gewähren, braucht es Mut und Vertrauen. Zuletzt muss der Vorgesetzte auch in der Lage sein, seine Mitarbeiter zu unterstützen, falls es Schwierigkeiten beim Erreichen eines Zieles gibt.

Empowerment stellt also eine Kombination dar aus Zielvereinbarung, Eigenständigkeit und Unterstützung. Dies ist der Weg, der den Erfolg eines Unternehmens bestimmt.

Lassen Sie mich nochmals Delegation definieren: Delegation ist die Übertragung deutlich abgegrenzter Aufgaben, der Bedürfnisse und Kompetenzen, die zur Erledigung dieser Aufgabe notwendig sind sowie der damit verbundenen Verantwortung. Warum sollte eine Führungskraft delegieren? Sie sollte dies tun, um Aufgaben zu verteilen, um Mitarbeiter nicht zu demotivieren, um Mitarbeiter zu fördern und herauszufordern, um Spezialisten heranzubilden und um sich als Führungskraft zu entlasten.

Dabei sollten Führungskräfte auch auf verschiedene Punkte achten. Sonst wird Delegation zum Bumerang. Hierbei ist Folgendes zu beachten:

1. Delegation ist nicht das Abschieben unliebsamer Aufgaben. Das heißt nicht, dass Sie nicht im Notfall eine unliebsame Aufgabe an einen Mitarbeiter abgeben können. Aber achten Sie dabei darauf, dass Sie deutlich machen, worum es geht, und dass Sie nicht immer denselben Mitarbeiter dafür nehmen.

2. Delegation soll im Zusammenhang mit sorgfältigen Überlegungen zur Personalentwicklung eines Mitarbeiters stehen. D. h., Sie sollten sich Gedanken machen, wohin Sie die Mitarbeiter fördern wollen und mit welchen Aufgaben Sie das im Besonderen tun können. Natürlich hat die Qualität der Erledigung der Aufgaben auch Auswirkungen auf deren Beurteilung durch Sie.

3. Nicht delegieren können Sie Führungsaufgaben und Führungsverantwortung.

Bevor eine Führungskraft ein Delegationsgespräch führt, sollte sie auch folgende Fragen bedenken: Welches Ziel liegt der Aufgabe zugrunde? Wie kann ich die Tätigkeit in einfachen Worten beschreiben? Welche Informationen und Unterlagen braucht der Mitarbeiter? Welche Kompetenzen muss ich übergeben?

Wenn das Gespräch dann stattfindet, geht es darum, folgende Aspekte zu behandeln: Wie sieht die Aufgabe genau aus? Warum soll gerade dieser Mitarbeiter die Aufgabe übernehmen? Ist der Mitarbeiter bereit, die Aufgabe zu übernehmen? Was fehlt ihm noch dazu (Einarbeitung, Schulungen etc.)? Welchen Zeitbedarf erfordert die Aufgabe? In welchem Zeitraum erfolgen Rückmeldung, Kontrolle und Rückgabe? Welche Mittel und Informationen stehen dem Mitarbeiter zur Verfügung?

Zugleich sollte die Führungskraft überlegen, welche Probleme es durch die Aufgabenübertragung geben kann. Auf Seiten des Mitarbeiters ist denkbar:

- Er fühlt sich überfordert, sagt es eventuell aber nicht.
- Er sagt, er sei überfordert (ist es aber nicht).

- Der Mitarbeiter wird dadurch tatsächlich überlastet, und trotzdem gibt es keine Möglichkeit, ihm kurzfristig andere Arbeit abzunehmen. Die übrigen Mitarbeiter sind neidisch, weil sie nicht gefragt wurden.
- Der Mitarbeiter gibt die Aufgabe unerledigt zurück, obwohl er ihr gewachsen ist (Rückdelegation).

Auf Seiten der Führungskraft besteht die Gefahr, dass sie alles selbst tun will und nicht „loslassen" kann. Eine weitere Schwierigkeit könnte darin bestehen, dass die Delegation keine wirkliche Delegation ist, weil sich die Führungskraft dauernd einmischt und dem Mitarbeiter kein Vertrauen schenkt. Zudem ist zu befürchten, dass das Delegationsgespräch nicht gründlich genug war und der Mitarbeiter nicht genau weiß, was er tun soll.

Anhand eines Delegations-Kontinuums kann beurteilt werden, um welche konkrete Entscheidungssituation es sich handelt und wie weitgehend die Delegation ist.

| Variante | Ich habe entschieden ... | ... und Sie können mit mir diskutieren |
|---|---|---|
| 1. | ... gar nichts | ... ob etwas gemacht werden soll |
| 2. | ... dass etwas gemacht werden soll | ... was gemacht werden soll |
| 3. | ... was gemacht werden soll | ... wann, wie, wo und von wem es gemacht werden soll |
| 4. | ... wann, wie, wo und von wem es gemacht werden soll | ... meine Beweggründe für meine Entscheidungen |
| 5. | ... alles | ... Konsequenzen, die für Sie damit verbunden sind |
| 6. | ... alles | ... gar nichts |

Quelle: Schwarz, Gerhard: Die „Heilige Ordnung" der Männer. Hierarchie, Gruppendynamik und die neue Rolle der Frauen, Wiesbaden 2005, S. 135

**Abbildung 17**: Wie delegiert man richtig?

## 2.7 Teamentwicklung

Teamarbeit ist beliebt und weit verbreitet, doch Teamarbeit ist kein Selbstläufer. Effektive Zusammenarbeit gelingt nur, wenn auf der Beziehungsebene Klarheit über das Miteinander besteht. Die Einberufung eines Teams ist nie die Lösung eines Problems, sondern der erste Schritt auf einem langen Weg. Eine Befragung von 376 Führungskräften, die in Teams arbeiten, zeigt, wo die Klippen auf dieser Reise liegen: Kommunikationsschwierigkeiten, eine unsaubere Auftragsklärung und unausgesprochene Konflikte sind die Achillesferse für die Arbeit in Projektteams (vgl. Akademie-Studie, 2002).

Maßgeblich für den Erfolg eines Teams ist dessen Zusammensetzung. Meredith Belbin (vgl. Belbin, 1996) hat acht typische Teamrollen unterschieden, die Menschen bewusst oder unbewusst aufgrund ihrer Charaktereigenschaften und Verhaltensmuster einnehmen, wenn sie mit anderen zusammenarbeiten: Macher, Umsetzer, Beobachter, Teamarbeiter, Wegbereiter, Chairman, Neuerer und Perfektionist. In deutschen Teams sind nach meinen Beobachtungen die überwachenden, koordinierenden und delegierenden Chairmen überproportional vertreten. Neuerer, die mit individuellen und kreativen Ideen aufwarten können, sowie Perfektionisten und Beobachter sind dagegen viel zu selten. Die Mischung macht es, doch in den seltensten Fällen erfolgt die Auswahl der Teammitglieder nach Belbins Typologie. Zumeist geben fachliche Kompetenz, hierarchische Strukturen oder die reine Verfügbarkeit den Ausschlag.

## Phasen der Teamentwicklung nach Kurt Lewin

Wer Teams verstehen will, muss ihre Dynamik verstehen. So lassen sich etwa unterschiedliche Phasen der guten Teamentwicklung unterscheiden. Nach dem Motto „Forming – Storming – Norming – Performing“ steht am Anfang die Orientierung (Forming) der einzelnen Personen, die nun zusammenarbeiten sollen. In dieser Phase sind die Teilnehmer höflich, freundlich, distanziert und im wahrsten Sinne des Wortes „gesellschaftsfähig“. Sie tasten sich ab und tragen Masken, ihr wahres Ich ist nur bedingt sichtbar. Die nächste Phase der Auseinandersetzung (Storming) ist davon geprägt, dass die Teilnehmer ungeduldig werden und sich gegenseitig (mehr unbewusst als bewusst) herausfordern, die reine Sachlichkeit hat ein Ende. Persönliche Animositäten und Antipathien zeigen sich, auch Emotionen treten offen zutage. Man fängt an, sich Konflikten zu stellen (vgl. Lewin, 1947).

Anschließend kommt es zur Phase der Ordnung (Norming): Beziehungskonflikte sind erkannt und werden soweit möglich geklärt. Noch dominiert allerdings das Ich statt das Wir. Man versucht zur Sacharbeit zurückzukehren. Man legt Rollen und Spielregeln für die Zusammenarbeit fest und legt los. Erst wenn diese Phasen von Arbeitsgruppen durchlaufen worden sind, kann die Phase der Integration und Leistungsfähigkeit (Performing) beginnen. In dieser Phase werden auch verdeckte Konflikte offen ausgetragen und Emotionen gezeigt und gelebt. Es gibt Feedback und Konfrontation, ein Wir-Gefühl entsteht. Oder anders: Wenn eine Arbeitsgruppe sich um die kritische Phase „Storming“ herummogelt, dann wird sie vermutlich nie zum Team werden und sich nicht integrieren können.

Ein Wort zur Führung von Teams: Grundsätzlich muss die Führungskraft dort zwischen Aufgaben- und Erhaltungsrollen unterscheiden und diese je nach Situation zeigen. Aufgabenrollen sind u. a. Initiative ergreifen, Ziele definieren, Methoden vorschlagen, Ideen koordinieren, Struktur geben. Erhaltungsrollen sind u. a. ermutigendes und unterstützendes Verhalten, Bearbeiten von Konflikten ohne Verlierer, Einbindung aller Teilnehmer, Meinungen integrieren, offene Kommunikation ermöglichen.

Ich sehe drei grundlegende Erfolgsfaktoren für die Arbeit im Team:

1. Die Vielfalt der Persönlichkeiten: Oft wird ein freundschaftliches Verhältnis der Mitglieder als ideale Basis der Teamarbeit gesehen – das ist ein Denkfehler, denn ein Team braucht nicht nur in fachlicher Hinsicht Vielfalt und Abwechslung, sondern auch in personeller Hinsicht. Wer sich gleicht, kann sich auch nicht ergänzen.

2. Eine klare Auftragsformulierung und klare Spielregeln: Ein Teamleiter muss nicht nur Ziele und Fristen festsetzen, sondern auch Spielregeln definieren: Wer wird wann informiert? Wann wird was wie entschieden? Gute Teams beginnen ihre Arbeit, indem sie diese Regeln selbst definieren. Dazu benötigen die Mitglieder einen Freiraum, in dem sie erfahren können, dass offene Konflikte nicht tödlich sind und dass es viel besser ist, sie kreativ und mit Leidenschaft auszutragen, als unterirdisch weiter zu intrigieren. Nur wenn jedes Teammitglied weiß, dass die gemeinsame Arbeit nicht nur für das Unternehmen, sondern auch für die eigene Entwicklung förderlich ist, bringt es sich wirklich mit voller Kraft ein.

3. Einen guten Teamleader: In vielen Unternehmen erleiden Teams Schiffbruch, weil ihnen ein Kapitän fehlt. Es gehört zu den Mythen des Managements, dass Teamarbeit und Führung Gegensätze seien. Leistungsfähige Teams brauchen eine klare Führung, die die Richtung vorgibt, die Rahmenbedingungen setzt und die Verantwortung übernimmt. Die Aufgabe eines guten Teamleaders ist es, die Stimmungen in der Gruppe wahrzunehmen, zu steuern und zu nutzen, ohne dabei das Heft aus der Hand zu geben. Die Einrichtung von Teams und Arbeitsgruppen ist kein Freibrief für Führung nach dem Laisser-faire-Stil – im Gegenteil.

Den Sprung von der Arbeitsgruppe zum Power-Team schaffen Führungskräfte nur, wenn es ihnen gelingt, diese drei Erfolgsfaktoren zu beherzigen, die Aufgabe mit der persönlichen Entwicklung der Mitglieder zu verbinden und zugleich eine sowohl emotionale als auch sozial inspirierende Atmosphäre zu schaffen. Power-Teams – ich übernehme einmal diesen etwas reißerisch klingenden Begriff – haben ein offenes und authentisches Verhältnis untereinander, das von viel Auseinandersetzung und regelmäßigen Feedbacks geprägt ist. Konflikte werden nicht unter den Teppich gekehrt, sondern sind der Ausgangspunkt für weitere Verbesserungen im Sinne der besten Lösung.

# 3. Ist gute Führung messbar?

Lobt man in ruhiger See vor allem das Schiff mit seiner hervorragenden Technik, so gilt im Sturm alle Aufmerksamkeit dem Kapitän. Alles blickt auf ihn und hofft auf rettende Anweisungen und Signale. Führung ist nie unwichtig, doch in Krisenzeiten steigt das Bewusstsein für die Bedeutung der Führungskraft. Das neu erwachte Interesse am „Faktor Führungskraft" ist dabei alles andere als blinde Heldenverehrung.

Zugleich ist in den letzten Jahren das Interesse bei Unternehmen gewachsen, den Wert ihres „Humankapitals" genauer einschätzen und messen zu können. Führung ist hierbei in aller Regel – wenn überhaupt – nur einer von vielen Bestandteilen. Initiativen wie der Human Capital Club (vgl. www.human-capital-club.de) oder Messgrößen wie die Balanced Scorecard (vgl. Kaplan/Norton, 1996) zeugen von diesem Interesse.

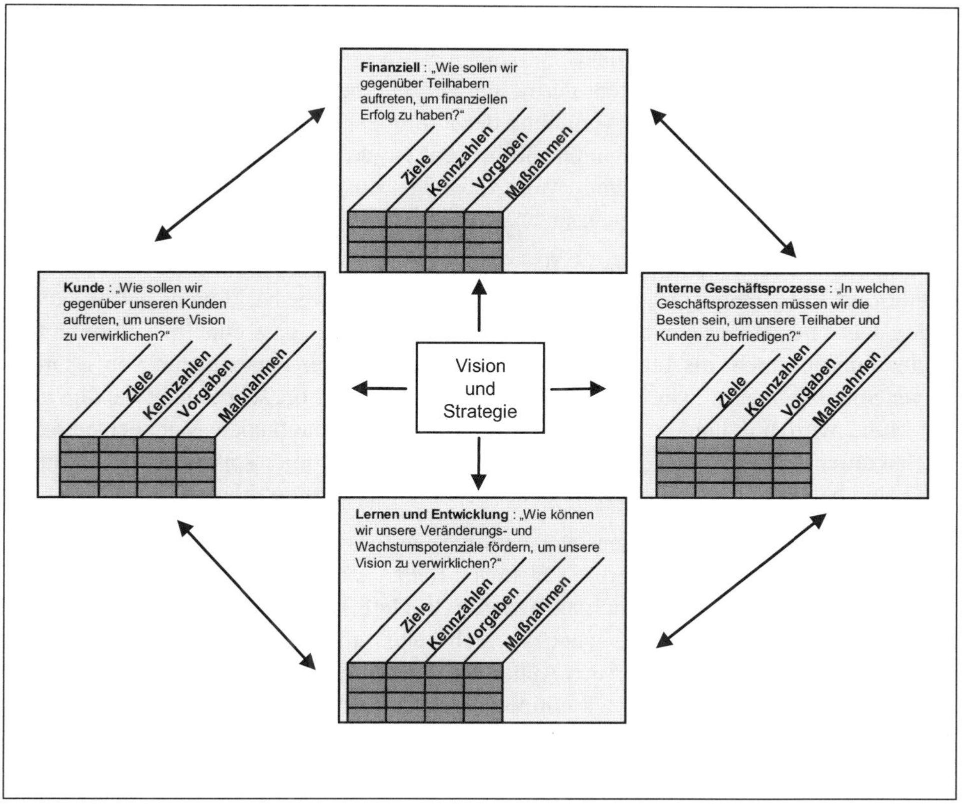


Quelle: Kaplan, Robert S./Norton, David P.: The Balanced Scorecard, Boston 1996
**Abbildung 18:** Die Balanced Scorecard

Nimmt man diese beiden Trends zusammen, dann kann man fragen, ob gute Führung messbar ist. Und vor allem ist die Frage zu stellen: Wie kann man sie messen? Puristen würden sagen, gute Führung ist eine Voraussetzung und misst sich immer am Ergebnis. Doch eine eindeutige Zurückführung des Ergebnisses im Sinne einer monokausalen Ableitung ist so nicht möglich. Ist also gute Führung messbar? Diese Frage möchte ich am Ende meiner Abhandlung stellen und – in Grenzen – beantworten.

Gehalt, Tantiemen, Entscheidungen, Kommunikations- und Führungsstile – alles steht auf einmal im Mittelpunkt des Interesses und nicht selten in der Kritik. Immer mehr Menschen fragen sich: Wie viel (Geld) ist gute Führung wert? Welchen Anteil hat der Grad der Führungsqualität am Unternehmensgewinn? Welchen Ausschlag kann Führung geben? Macht Führung einen Unterschied? In den USA haben Berater die passende Rechenmethode entwickelt: Analog zur Erfolgsgröße „Return on Investment“ (ROI) soll nun die Messgröße „Return on Leadership“ (ROL) Aufschluss über die Rentabilität der Unternehmensführung geben.

Wie entscheidend ist der Faktor Führung wirklich für den Unternehmenserfolg? Die Unternehmensberatung Hewitt Associates hat dazu 320 US-Firmen in zwei Gruppen eingeteilt, solche mit zweistelligen und solche mit einstelligen Wachstumsraten. Spannend ist, dass mehr als 70 Prozent der besten 20 Unternehmen detaillierte Konzepte für die Auswahl, Entwicklung und Vergütung der Führungskräfte haben. Unter den weniger erfolgreichen Unternehmen haben nur 38 Prozent ein derartiges Konzept. Interessant ist auch, dass alle Top 20-Unternehmen die Leistungsbeurteilung als selbstverständliches Instrument zur Karriereplanung einsetzen.

In Unternehmen mit schwächerem Wachstum geschieht dies nur zu 64 Prozent. Der „Return on Leadership (Development)” scheint also nachweisbar. Leider hat es sich in vielen deutschen Unternehmen noch nicht herumgesprochen, dass eine Investition in den Faktor Führung mehr als Lippenbekenntnisse erfordert. Der Personalchef von L’Oréal, Oliver Sonntag, meint: „Die Führungskräfteentwicklung ist oft sehr zeitaufwändig, aber die Mühe wird mit jungen und bereits erfahrenen, internationalen Managementnachwuchskräften belohnt.“ Der Mann scheint zu wissen, wovon er spricht: L’Oréal wurde 2003 zum besten europäischen Arbeitgeber gewählt (vgl. Handelsblatt, 22.10.2004).

Doch der ROL greift zu kurz, denn Personalführung funktioniert nicht nach dem Schema „Befehl empfangen – ausgeführt – Ergebnis“. Selbst wenn Führungsqualität sich nicht messen lässt, spüren lässt sie sich auf jeden Fall. Gute Führungskräfte wissen, dass sie Systeme nur gestalten können, wenn sie sich selbst als Teil des Systems und seiner immanenten Kräfte verstehen. Auch Außenstehende erkennen schnell, welchen Einfluss eine Führungskraft auf die Alltagsroutinen der Mitarbeiter nimmt: Ob sie bloß auf Anweisungen oder auf der Basis vertrauensvoller und wertgeschätzter Zusammenarbeit handeln. Ist die Angst, den Job zu verlieren, die Motivation zur Arbeit oder die Überzeugung, dass es außer dem Gehalt noch etwas anderes gibt, wofür man sich einhundertprozentig einbringt?

Weiß der Chef, was seine Mitarbeiter brauchen, was sie antreibt, was sie bewegt? Spüren die Mitarbeiter, dass ihre Führungskraft in Kontakt mit ihnen steht? Ein wichtiger Indikator ist, ob beide Seiten nicht nur über Ergebnisse sprechen, sondern auch über mögliche und tatsächliche Wege. Ein wichtiger Faktor ist ebenfalls, dass alle Mitarbeiter wissen, welche Potenziale sie wertvoll machen, welche noch auf Entdeckung warten und welche trainiert werden müssen. Wenn Wertschätzung und Vertrauen das Klima bestimmen, werden Stimmungssignale von allen Beteiligten rechtzeitig wahrgenommen, bevor sich eine lähmende Glocke aus Misstrauen und Angst über alle Aktionen legt.

Gerade weil sich diese Faktoren nicht mit einer Kennzahl kontrollieren lassen, sondern nur zu erspüren sind, beginnt die Erfolgsmessung für Führungskräfte bei ihnen selbst, bei ihrer Persönlichkeit und ihren Werten und Motiven. Und genau hier setzen auch die Seminare zur „Systemischen Führung“ der Akademie an.

## Fazit: Mit Führungsinstrumenten zur Kundenzufriedenheit

Eine gute Führungskraft muss sich selbst überflüssig machen. So hieß vor einigen Jahren noch die Parole. Inzwischen weiß man, dass gute Führung einen Unterschied macht. Der „Return on Leadership“ ist gegeben, wenn auch nicht leicht messbar. Dies sollte jedoch keine Führungskraft verleiten, das Thema zu unterschätzen. Im Gegenteil: Man kann es kaum überschätzen. Vielleicht hilft es in diesem Zusammenhang nochmals, auf den Vater aller Management-Gurus zu verweisen: Nach Peter F. Drucker ist der Erfolg eines Unternehmens – und damit seiner Führung – letztlich nicht an internen Kriterien zu messen, sondern ausschließlich an der Zufriedenheit seiner Kunden (vgl. Drucker, 2000). Kluge Führungskräfte haben dies längst erkannt.

# Schlusswort
# Oder: Wohin die Reise weitergeht

***„Keine Zukunft vermag gutzumachen,***
***was du in der Gegenwart versäumst."***
***Albert Schweitzer***

Wie schon mehrfach erläutert, heißt Führung für mich, eine Welt zu gestalten, der andere gern angehören wollen. Ich bin davon überzeugt, dass die „weichen" Faktoren von Führung in Zukunft an Bedeutung gewinnen werden, da ihre Auswirkungen auf den wirtschaftlichen Unternehmenserfolg immens sind. Wenn die Kursänderung bei der Führungskräfteentwicklung und in der alltäglichen Führungsarbeit in den Unternehmen wirksam wird – wir wissen, dass Kurskorrekturen bei großen Schiffen immer erst nach einer gewissen Strecke, also bei großen Konzernen erst nach ein paar Jahren, greifen –, wird Führung anders verstanden werden als heute. Und Deutschland erlebt durch die zunehmende Internationalisierung und Digitalisierung hier auch einen heilsamen Schub, der die letzten wilhelminischen Traditionen von Führung verschwinden lassen wird – hin zu Netzwerkbildung, Vertrauen und emotionaler Intelligenz.

Grundlegende Führungswerkzeuge werden immer zum Rüstzeug einer guten Führungskraft gehören, und wir müssen daran arbeiten, diese Werkzeuge weiter zu verbessern und den neuen Erfordernissen anzupassen. Ihre Anwendung darf nicht nur in der Theorie vermittelt werden, sondern muss noch stärker als heute ein Learning by Doing sein – das aber nicht erst in der Chefetage beginnen (und schon gar nicht dort enden) darf, wo jeder Fehler der Führungskraft verheerende Folgen für die ganze Organisation und für die Führungskraft selbst hat. So gibt es keinen nachhaltigen Lernerfolg. Insofern stimme ich in Fredmund Maliks Klage über die mangelhafte praktische Ausbildung von Führungskräften ein und setze meine Hoffnungen auf die Zukunft.

Aber eine gute handwerkliche Ausbildung genügt nicht. Schon bei der Auswahl des Führungskräftenachwuchses wird in Zukunft nicht mehr primär der IQ zählen, sondern auch der EQ. Authentizität wird wichtiger sein als ein bestimmter schablonenhafter Führungstyp oder -stil, und die Fähigkeit zur Selbstreflexion und zum Beziehungsmanagement werden mehr Bedeutung haben als eine möglichst dicke Mappe mit Business-School-Abschlüssen. Dass zunehmend auch „weiche" Faktoren beim Führen eine Rolle spielen, bedeutet nicht den Rückfall in die kuschelige „Wir-haben-uns-alle-lieb"-Mentalität. Wenn ich provokant behaupte, führen heißt auch lieben, meine ich damit harte Arbeit. Sich selbst und die Menschen um sich herum wirklich wahr- und anzunehmen, ihre Stärken zu fördern, ihnen Selbstverantwortung und Selbstbestimmung zu ermöglichen, sie loszulassen und auf ihre individuelle Leistungsfähigkeit und ihre intrinsische Motivation zu vertrauen, als Führungskraft Macht auszuüben, Orientierung und ein Vorbild zu bieten und sich dabei trotzdem zurückzunehmen – das alles erfordert Mut, Anstrengung, permanentes Lernen, Selbstkritik, Konfliktfähigkeit, Ausdauer und Kraft. Führen ist Leistung.

Und auf diese Leistung wird es in den kommenden Jahren und Jahrzehnten im härter werdenden globalen Wettbewerb ankommen. Viele Führungskräfte, die in den Schwindel erregenden Höhen der modernen Chefetagen die Bodenhaftung verloren haben, vergessen nur allzu schnell und allzu gern, dass auch ihre Leistung in Ergebnissen gemessen wird, nicht in Arbeitsstunden, angehäuften Urlaubstagen der vergangenen Jahre oder in der Windgeschwindigkeit der operativen Hektik, die sie verbreiten, wenn sie einmal durch die Abteilungen „ihres" Unternehmens rauschen.

Es werden neue Modelle entwickelt werden, mit denen man versuchen wird, den „Return on Leadership" in harten Zahlen mess- und kalkulierbar zu machen. Ich bezweifle, dass das gelingen wird, doch wenn es dazu beiträgt, das Bewusstsein von Mitarbeitern und Führungskräften, von Vorständen und Shareholdern für die Relevanz und den Nutzen beziehungsorientierter Führung, die die „Ressource Mensch" wirklich wertschätzt, zu schärfen, mögen solche Modelle ruhig erdacht und auf den Prüfstand der Unternehmenswirklichkeit gestellt werden.

Lassen Sie mich dieses Buch mit zehn zentralen Thesen abschließen:

1. Die ideale Führungskraft gibt es nicht.
2. Führung fängt bei der eigenen Person an.
3. Führung ist vor allem Selbst- und Beziehungsmanagement.
4. Führung ist ein ständiger Lernprozess.
5. Führung heißt Menschen lieben.
6. Führung ist erlernbar, aber gewisse Eigenschaften muss die Führungskraft mitbringen – vor allem Initiative und Einfühlungsvermögen.
7. Führung erfordert die Integration von individuellen Bedürfnissen und organisatorischen Zielen.
8. Führung ist die Kombination von Management und Leadership.
9. Führung ist in Grenzen messbar.
10. Führung ist ein Jahrtausendthema.

# Literaturverzeichnis

## Bücher, Aufsätze, Artikel

**B**artlett, Christopher: Standpunkt: Christopher Bartlett, in: Campus Management Band 1, Frankfurt/Main 2003, S. 425-427.

Bartlett, Christopher A./Ghoshal, Sumantra: Der Einzelne zählt. Ein Managementmodell für das 21. Jahrhundert, Hamburg 2000.

Baumgarten, Reinhard: Führungsstile und Führungstechniken, Berlin/New York 1977.

Belbin, Meredith: Team Roles at Work, Oxford 1993.

Belbin, Meredith: Managementteams. Erfolg und Misserfolg, Wörrstadt 1996.

Bennis, Warren/Nanus, Burt: Führungskräfte. Die vier Schlüsselstrategien erfolgreichen Führens, New York 1985, München 1996.

Bennis, Warren: Standpunkt: Warren Bennis, in: Campus Management, Band 1, Frankfurt/Main 2003, S.199-201.

Berglas, Steven: Führungskräfte-Coaching. Wenn der Trainer falsche Tipps gibt, in: Harvard Business Manager, 1/2003, S. 98-105.

Blake, Robert R./Mouton, Jane S.: Verhaltenspsychologie im Betrieb. Das neue Grid-Management-Konzept, Düsseldorf/Wien 1980.

Boyens, Friedrich/Gerhardt, Tilman: Mit Worten und Taten Vertrauen schaffen, in: Harvard Business Manager, 12/2003, S. 100-105.

Bruch, Heike/Ghoshal, Sumantra: Drache und Prinzessin, in: Wirtschaftswoche, 32/2004, S. 62-65.

Buckingham, Marcus/Coffman, Curt: Erfolgreiche Führung gegen alle Regeln – wie Sie wertvolle Mitarbeiter gewinnen, halten und fördern, Frankfurt/Main 2001.

**C**ampus Management Band 1, Frankfurt/Main 2003.

Campus Management Band 2, Frankfurt/Main 2003.

Charan, Ram/Drotter, Stephen/Noel, James: The Leadership Pipeline. How to Build the Leadership-Powered Company, San Francisco 2001.

Clarke, Boyd/Crossland, Ron: Die Kommunikationskluft überwinden, in: Executive Excellence, 53/2003, S. 8-9.

Csikszentmihalyi, Mihaly: Good Business. Leadership, Flow and the Making of Meaning, London 2004.

Doppler, Klaus/Lauterburg, Christoph: Change Management. Den Unternehmenswandel gestalten, Frankfurt/Main 2002.

Drucker, Peter F.: Die Zukunft der Industriegesellschaft, Düsseldorf 1942.

Drucker, Peter F.: Die Praxis des Managements, Düsseldorf 1956.

Drucker, Peter F.: Die ideale Führungskraft, Düsseldorf 1967.

Drucker, Peter F.: Erfolgreiches Management in Krisenzeiten, München 1984.

Drucker, Peter F.: Die Kunst, sich selbst zu managen, in: Harvard Business Manager 5/1999a, S. 9-19.

Drucker, Peter F.: Management im 21. Jahrhundert, München 1999b.

Drucker, Peter F.: Die Kunst des Managements, München 2000.

Drucker, Peter F.: Was ist Management? Das Beste aus 50 Jahren, München 2004.

Fayol, Henri: Administration Industrielle et Générale, Paris 1916.

Fiedler, Fred E.: A Theory of Leadership Effectiveness, New York 1967.

Flaherty, John E./Drucker, Peter F.: Shaping the Managerial Mind, Düsseldorf 1999.

Foerster, Heinz von: Einführung in den Konstruktivismus, München 2002.

Galford, Robert/Seibold-Drapeau, Anne: Die Feinde des Vertrauens, in: Harvard Business Manager, 5/2003, S. 96-106.

Ghoshal, Sumantra: Standpunkt: Sumantra Ghoshal, in: Campus Management Band 1, Frankfurt/Main 2003, S. 220-222.

Ghoshal, Sumantra: Die strategische Ressource Mensch, in: Handelsblatt, 16./17.01.2004.

Ghoshal, Sumantra/Bartlett, Christopher A.: Mythos globaler Manager, in: Harvard Business Manager, 11/2003, S. 84-102.

Giuliani, Rudolph W.: Leadership – Verantwortung in schwieriger Zeit, München 2002.

Gloger, Svenja: Systemische Organisationsberatung. Eine irritierende Leistung, in: Manager Seminare, 1/2004, S. 62-71.

Goffee, Robert/Jones, Gareth: Warum sollte sich jemand gerade Sie zum Chef wünschen?, in: Harvard Business Manager, 6/2001, S. 50-61.

Goleman, Daniel: Emotionale Intelligenz, München 1996.

Goleman, Daniel: Der Erfolgsquotient, München 1999a.

Goleman, Daniel: Emotionale Intelligenz – zum Führen unerlässlich, in: Harvard Business Manager, 3/1999b, S. 27-36.

Goleman, Daniel: Durch flexibles Führen mehr erreichen, in: Harvard Business Manager, 8/2000, S. 27-38.

Goleman, Daniel/Boyatzis, Richard/McKee, Annie: Die Gefühlslage des Chefs – sie bewirkt Wunder oder Unheil, in: Harvard Business Manager, 3/2003, S. 75-87.

Gosling, Jonathan/Mintzberg, Henry: Die fünf Welten eines Managers, in: Harvard Business Manager, 4/2004, S. 46-59.

Graen, George: Role-Making Processes within Complex Organizations, in: Dunnette, Marvin D. (Hrsg.): Handbook of Organizational Psychology, Chicago 1976, S. 1201-1246.

Guserl, Richard/Hofmann, Michael: Das Harzburger Modell. Idee und Wirklichkeit und Alternative zum Harzburger Modell, Wiesbaden 1976.

**H**andy, Charles: Understanding Organizations, London 1993.

Handy, Charles: Die Fortschrittsfalle. Der Zukunft neuen Sinn geben, Wiesbaden 1995.

Handy, Charles: Gods of Management: The Changing Work of Organizations, Oxford University Press, 11/1996.

Handy, Charles: Gute Egoisten. Die Suche nach Sinn jenseits des Profitdenkens, München 1999.

Harvard Business Manager: Führung Spezial. Was gutes Management ausmacht, 4/2004.

Harvard Business Manager: Führung und Organisation, Band 8.

Harvard Business Manager: Führungskräfte- und Personalentwicklung, Band 1 und 2.

Harvard Business Review: Breakthrough Leadership: It's Personal, Special Issue, 12/2001.

Heifetz, Ronald A./Linsky, Marty: Wie Top-Manager Krisen überleben, in: Harvard Business Manager, 6/2002, S. 18-32.

Heinen, Edmund: Betriebswirtschaftliche Führungslehre. Grundlagen, Strategien, Modelle, Wiesbaden 1998.

Hersey, Paul/Blanchard, Kenneth H./Dewey, Johnson E.: Management of Organizational Behavior. Utilizing Human Resources, Upper Saddle River 1996.

Herzberg, Frederick: The Motivation to Work, New York 1959.

Herzberg, Frederick: Was Mitarbeiter in Schwung bringt, in: Harvard Business Manager, 4/2003, S. 50-62.

Hilb, Martin (Hrsg.): Management der Human-Ressourcen. Neue Führungskonzepte im Praxistest, Neuwied/Kriftel 1998.

Hinterhuber, Hans H./Friedrich, Stephan A./Krauthammer, Eric: Leadership als Lebensstil, in: Frankfurter Allgemeine Zeitung, 05.02.2001.

Hinterhuber, Hans H.: Leadership. Strategisches Denken systematisch schulen von Sokrates bis Jack Welch, Frankfurt/Main 2005.

Höhn, Alexander/Pinnow, Daniel F./Rosenberger, Bernhard (Hrsg.): Vorsicht: Entwicklung! Was Sie schon immer über Change Management und Führung wissen wollten, Leonberg 2003.

Höhn, Alexander/Bernhard Rosenberger: Unternehmens-Coaching – ein Praxisbeispiel. Nachwuchs fördern bei Hubert Burda Media, in: Management & Training, 6/2002, S. 22-25.

Höhn, Reinhard: Führungsbrevier der Wirtschaft, Bad Harzburg 1980

Huy, Quy Nguyen: Ein Loblied auf die mittleren Manager, in: Harvard Business Manager, 2/2002, S. 72-81.

Jackman, Jay M./Strober, Myra H.: Keine Angst vor Feedback, in: Harvard Business Manager, 7/2003, S. 78-87.

Jumpertz, Sylvia: In turbulenten Zeiten führen, in: managerSeminare, Heft 71, 11-12/2003, S. 36-43.

Kaplan, Robert S./Norton, David P.: The Balanced Scorecard, Boston 1996.

Katzenbach, Jon R.: Muss auf der Chefetage ein Team agieren?, in: Harvard Business Manager, 3/1998, S. 9-17.

Kets de Vries, Manfred: Das Geheimnis erfolgreicher Manager. Führen mit Charisma und emotionaler Intelligenz, München 2002.

Kets de Vries, Manfred: Dysfunctional Leadership, Insead, Working Paper Series, S. 1-11.

Kets de Vries, Manfred: Chefs auf die Couch, in: Harvard Business Manager, 4/2004, S. 62-73.

Kieser, Alfred/Reber, Gerhard/Wunderer, Rolf (Hrsg.): Enzyklopädie der Betriebswirtschaftslehre. Handwörterbuch der Führung, Band 10, Stuttgart 1995.

Kim, Chan W./Mauborgne, Renée: Warum rücksichtsvolle Chefs erfolgreicher sind, in: Harvard Business Manager: Führung und Organisation, Band 8, S. 17-26.

Königswieser, Roswita/Exner, Alexander: Systemische Interventionen, Stuttgart 1999.

Kotter, John P.: Erfolgsfaktor Führung. Führungskräfte gewinnen, halten und motivieren, Frankfurt/Main 1989.

Kotter, John P./Heskett, James L.: Die ungeschriebenen Gesetze der Sieger. Erfolgsfaktor Firmenkultur, Düsseldorf 1993.

Kotter, John P.: Leading Change, Harvard Business School Press, Boston/Mass. 1996.

Kotter, John P.: On What Leaders Really Do, Harvard Business School Press, 3/1999a.

Kotter, John P.: Wie Manager richtig führen, München 1999b.

Kotter, John, P.: Mit Ideen und Konsequenzem gegen den Zynismus, in: Handelsblatt, 7/2004.

Kouzes, Jim: Standpunkt Kouzes, in: Campus Management Band 1, Frankfurt/Main 2003, S. 148-150.

Kouzes, Jim: The Leadership Challenge, San Francisco 2002.

Kratz, Hans-Jürgen: Delegieren – aber wie?, Offenbach 1999.

Kühl, Stefan: Die Grenzen des Vertrauens, in: Harvard Business Manager, 4/2003, S. 112-113.

Kühl, Stefan/Schnelle, Thomas/Schnelle, Wolfgang: Kooperation: Führen ohne Führung, in: Harvard Business Manager, 1/2004, S.112-80.

Lemper-Pychlau, Marion: Führung mit offenem Visier: Das Lernziel „Authentizität", in: Personalführung, 12/2001, S. 20-25.

Lewin, Kurt: Frontiers in Group Dynamics, i. Concept of Group Life: Social Planning and Action Research, New York 1947.

Luhmann, Niklas: Soziale Systeme, Frankfurt 1984.

Luhmann, Niklas: Organisation und Entscheidung, Wiesbaden 2000.

Maccoby, Michael: Die neuen Chefs, Reinbek 1977.

Manzoni, Jean-Francois: Heikle Themen geschickt ansprechen, in: Harvard Business Manager, 2/2003, S. 73-81.

Malik, Fredmund: Strategie des Managements komplexer Systeme. Ein Beitrag zur Management-Kybernetik evolutionärer Systeme, Bern/Stuttgart/Wien 1984.

Malik, Fredmund: Führen, Leisten, Leben. Wirksames Management für eine neue Zeit, Stuttgart/München 2001.

Malik, Fredmund: Wider den Reduktionismus, in: Campus Management Band 1, Frankfurt/Main 2003, S. 266-269b.

Maslow, Abraham. H.: A Theory of Human Motivation, Psycological Review, New York 1943.

Mayo, Andrew: Humankapitalrechnung, in: Campus Management, Band 1, 2003, S. 440-443.

McClelland, David C./Burnham, David H.: Macht motiviert, in: Harvard Business Manager, 4/2003, S. 84-95.

McGregor, Douglas: The Human Side of Enterprise, New York 1960.

Mintzberg, Henry/Ahlstrand, Bruce/Lampel, Joseph: Strategy Safari. Eine Reise durch die Wildnis des strategischen Managements, München 2002.

Mintzberg, Henry: Standpunkt Mintzberg, in: Campus Management Band 1, Frankfurt/Main 2003, S.44-46.

Mintzberg, Henry: Profis bedürfen sanfter Führung, in: Harvard Business Manager, 3/1999, S. 9-16.

Moss Kanter, Rosabeth: When Giants Learn to Dance, London 1989.

Moss Kanter, Rosabeth: Bis zum Horizont und weiter. Management in einer neuen Dimension, München/Wien 1998.

Müller, Hans-Erich: Wie Global Player ihre Mitarbeiter führen, in: Harvard Business Manager, 6/2001, S. 16-26.

Müller, Uwe Renald: Machtwechsel im Management, Freiburg 1997.

Neuberger, Oswald: Das Mitarbeitergespräch, Leonberg 2001.

Neuberger, Oswald: Führen und führen lassen: Ansätze, Ergebnisse und Kritik der Führungsforschung, Stuttgart 2002.

Nicholson, Nigel: Keine Angst vor schwierigen Mitarbeitern, in: Harvard Business Manager, 4/2003, S. 22-37.

Peters, Thomas J., Robert H. Waterman: In Search of Excellence, New York 1982.

Pinnow, Daniel F.: Wechsel?, in: Management Guide 2000, Bad Harzburg 9/1999.

Pinnow, Daniel F.: Woran erkennt man einen Leader?, in: Management Guide 2001, Bad Harzburg 9/2000.

Pinnow, Daniel F.: Führen Fühlen, in: Management Guide 2001, Bad Harzburg 9/2000.

Pinnow, Daniel F.: Führen und fühlen, in: Frankfurter Allgemeine Zeitung, 06.06.2001.

Pinnow, Daniel F.: Ich – Team – Organisation, in: Management Guide 2002, Bad Harzburg 9/2001.

Pinnow, Daniel F.: Zu wenig Zeit für Beziehungen, in: Personalwirtschaft, 11/2001.

Pinnow, Daniel F.: Führen – Lieben – Wachsen, in: Management Guide 2003, Bad Harzburg 9/2002.

Pinnow, Daniel F.: Teamarbeit in deutschen Unternehmen, in: Personalwirtschaft, 11/2002.

Pinnow, Daniel F.: Return of Leadership, in: Management Guide 2004, Bad Harzburg 9/2003.

Pinnow, Daniel F.: Führen – Macht – Sinn, in: Management Guide 2004, Bad Harzburg 9/2003.

Pinnow, Daniel F.: Leadership 2004: Führen im Gespräch, in: Personalwirtschaft, 1/2004.

Pinnow, Daniel F.: 100 Tage Einsamkeit, in: Frankfurter Allgemeine Zeitung, 28.02.2004.

Pinnow, Daniel F.: Führen in Verantwortung, in: Management Guide 2005, Bad Harzburg 9/2004.

Pinnow, Daniel F.: Entscheidungen treffen, in: Management Guide 2006, Überlingen/Bad Harzburg 8/2005.

Probst, Gilbert J. B./Gomez, Peter (Hrsg.): Vernetztes Denken. Ganzheitliches Führen in der Praxis, Wiesbaden 1991.

Prusac, Laurence/Cohen, Don: Soziales Kapital macht Unternehmen effizienter, in: Harvard Business Manager, 6/2001, S. 27-37.

Reiter, Ludwig/Brunner, Ewald/Reiter-Theil, Stella (Hrsg.): Von der Familientherapie zur systemischen Perspektive, Berlin/Heidelberg 1991.

Rieckmann, Heijo: In turbulenten Zeiten führen, in: managerSeminare 71, 11-12/2003.

Reppesgaard, Lars: Jahresgespräche sind meist eine Farce, in: Handelsblatt, 19.08.2005

Rosenkranz, Hans: Von der Familie zur Gruppe zum Team. Familien- und gruppendynamische Modelle zur Teamentwicklung, Paderborn 1990.

Rosenstiel, Lutz von (Hrsg.): Führung von Mitarbeitern: Handbuch für erfolgreiches Personalmanagement, Stuttgart 2003.

Rühli, Edwin: Unternehmensführung und Unternehmenspolitik, Bern/Stuttgart 1996.

Satir, Virginia: Meine vielen Gesichter. Wer bin ich wirklich?, München 1988.

Satir, Virginia: Selbstwert und Kommunikation, München 2002.

Sattelberger, Thomas: Die lernende Organisation. Konzepte für eine neue Qualität der Unternehmensentwicklung, Wiesbaden 1991.

Schlippe, Arist von/Schweitzer, Jochen: Lehrbuch der systemischen Therapie und Beratung, Göttingen 1999.

Schrijvers, Joep P. M.: Das Ratten-Prinzip. Mit List und Raffinesse erfolgreich sein, München 2004.

Schulz von Thun, Friedemann: Miteinander reden. 3 Bände, Reinbek bei Hamburg 2003.

Schwarz, Gerhard: Die „Heilige Ordnung" der Männer. Hierarchie, Gruppendynamik und die neue Rolle der Frauen, Wiesbaden 2005

Seiwert, Lothar J.: Das neue 1x1 des Zeitmanagement, München 2002.

Senge, Peter M.: Die fünfte Disziplin. Kunst und Praxis der lernenden Organisation, Stuttgart 1996.

Shope Griffin, Nathalie: Talente gezielt fördern, in: Harvard Business Manager, 6/2003, S. 79-89.

Simon, Herman: Integrative Strategie, in: Campus Management, Band 1, Frankfurt/Main 2003, S. 277-281.

Sprenger, Reinhard K.: Mythos Motivation. Wege aus einer Sackgasse, Frankfurt/Main 1999.

Sprenger, Reinhard K.: Führung und Kooperation in der globalisierten Wirtschaft, in: Personalführung, 12/2000, S. 18-24.

Sprenger, Reinhard K.: Führung muss neu gedacht werden, in: Personalführung, 6/2001, S. 82-83.

Sprenger, Reinhard K.: Das Prinzip Selbstverantwortung. Wege zur Motivation, Frankfurt/Main 2002a.

Sprenger, Reinhard K.: Vertrauen führt. Worauf es im Unternehmen wirklich ankommt, Frankfurt/Main 2002b.

Sprenger, Reinhard K.: Mitarbeiter brauchen Freiheit, in: Harvard Business Manager, 4/2003a, S. 107-111.

Sprenger, Reinhard K.: Der sichere Weg, Zweiter zu werden, in: Handelsblatt, 11/2003b.

Sprenger, Reinhard K.: Feiern sie feste, in: Handelsblatt 8/2004a.

Sprenger, Reinhard K.: Vom Mythos der guten Führungskraft, in: Handelsblatt 08/2004b.

Staehle, Wolfgang H.: Management. Eine verhaltenswissenschaftliche Perspektive, 4. Auflage, München 1989.

Taylor, Frederick W.: Die Grundsätze wissenschaftlicher Betriebsführung, München 1913.

Thommen, Jean-Paul/Achleitner, Ann-Kristin: Allgemeine Betriebswirtschaftslehre, Wiesbaden 2001.

Tushman, Michael/O`Reilly, Charles: Unternehmen müssen auch den sprunghaften Wandel meistern, in: Harvard Business Manager, Band 8, S. 78-89.

Ulrich, Dave: Strategisches Human Resources Management, München/Wien 1999.

Vroom, Victor H./Philip W. Yetton: Leadership and Decison Making, Pittsburgh 1973.

Wagner, Gert G.: Besserer Nachwuchs für das Management, in: Harvard Business Manager, 3/2003, S. 108-109.

Watzlawick, Paul/Beavin, Janet H./Jackson, Don D.: Menschliche Kommunikation. Formen, Störungen, Paradoxien, Bern 2000.

Watzlawick, Paul: Wie wirklich ist die Wirklichkeit? Wahn – Täuschung – Verstehen, München 2004.

Weber, Max: Wirtschaft und Gesellschaft, Köln/Berlin 1919.

Weber, Max: Wirtschaft und Gesellschaft. Grundriss der verstehenden Soziologie, Tübingen 1972, S. 140 ff.

Weinert, Ansfried B.: Organisationspsychologie. Ein Lehrbuch, 4. Auflage, Weinheim 1998.

Wiersema, Margarethe: Auf die Auswahl kommt es an, in: Harvard Business Manager, 6/2003, S. 58-70.

Wunderer, Rolf: Führung und Zusammenarbeit. Beiträge zu einer unternehmerischen Führungslehre, Stuttgart 1997.

Wunderer, Rolf: Mitarbeiter als Mitunternehmer. Grundlagen, Förderinstrumente, Praxisbeispiele, Neuwied/Kriftel 1999.

Wunderer, Rolf: Unternehmerische Kompetenz: Aufgabe auch in eigener Sache, in: Personalführung, 8/2000, S. 58-60.

Wunderer, Rolf: Führe global und lokal, in: Personalwirtschaft, 9/2002, S. 40-45.

Zohar, Danah: Spirituelles Kapital, in: Campus Management, 2003, S. 50-53.

## Studien

Akademie-Studie 1999: Warum Veränderungsprojekte scheitern.

Akademie-Studie 2001: Beziehungsweise, Führung und Unternehmenskultur.

Akademie-Studie 2002: Mythos Team auf dem Prüfstand.

Akademie-Studie 2003: Führen in der Krise – Führung in der Krise? Führungsalltag in deutschen Unternehmen.

Akademie-Studie 2004: Zur Leistung (ver)führen. Leadership und Leistung in deutschen Unternehmen.

## Internetseiten

Conger, Jay: Can We Really Train Leadership? (1996). URL: http://www.strategy-business.com

Dobiey, Dirk, Wargin, John J.: Führung in der digitalen Ökonomie: Management und Leadership. URL: http://www.galileobusiness.de/artikel/gp/artikelID-90

Frey, Dieter: Auf dem Weg zu Spitzenleistungen: Unternehmen als Center of Excellence. URL: http://www.lmupd.de/kongress/kongressource/pdfs/frey.pdf

Habbel, Rolf W.: The Human Factor: Nurturing a Leadership Culture. In: Faktor Menschlichkeit 2001. URL: http://www.strategy-business.com E

Kongress „Leaderhip meets University" (26.06.2003). URL: http://www.lmu-pd.de

Mintzberg, Henry: Why I Hate Flying, and Other Tales of Management (2001). URL: http://www.strategy-business.com

Mohn, Reinhard: Neue Ziele in der Welt der Arbeit. In: Menschlichkeit gewinnt, 2000, S.153-196. Download-Dokument neuezieleweltderarbeit.pdf URL: http://www.competence-site.de/personalmanagement

Probst, Gilbert J. B.: Veränderungen im Unternehmen: Führen statt Verwalten. URL: http://www.knightgianella.ch/D/d-DOWNLOADS/d-PDF/d_leadership/LS-1-2000.pdf

Rosenstiel, Lutz v.: Change Management – Mitarbeiter für Veränderungen motivieren. URL: http://www.lmu-pd.de/kongress/kongressource/pdfs/rosenstiel.pdf

Rüegg-Stürm, Johannes: Kulturwandel in komplexen Organisationen. pdf-Dokument Diskussionsbeitrag 49, 04/2003. URL: http://www.ifb.unisg.ch/

Simon, Hermann: Freiheit und Sinnstiftung: Führung im 21. Jahrhundert (2001). URL: http://www.competence-site.de

Sprenger, Reinhard K. & Heuser, Uwe: Online-Debatte „Führung neu denken? (25.05.2001). URL: http://www.changeX.de

URL: http://www.competence-site.de/personalmanagement

URL:http://www.handelsblatt.com/pshb/fn/relhbi/sfn/buildhbi/cn/GoArt!200014204614, 776841/SH/0/depot/0/

# Stichwortverzeichnis

## M



## N



## O



## P



## R



## S

# Der Autor

Daniel F. Pinnow ist seit 1997 Geschäftsführer der Akademie für Führungskräfte der Wirtschaft GmbH. Er war Mitglied des Vorstandes der Cognos AG und hat langjährige Führungs- und Managementerfahrung in internationalen Konzernen. Der studierte Wirtschafts- und Sozialwissenschaftler lehrt Personalführung und HR-Management an der „Elite-Uni" Technische Universität München und ist Associate Professor für Leadership an der renommierten staatlichen Capital University of Economics and Business in Peking.

Daniel F. Pinnow ist erfahrener Top-Management-Berater und Führungskräfte-Coach sowie Autor zahlreicher Publikationen. Das vorliegende Buch hat sich in kurzer Zeit als Standardwerk im Themenbereich Führung und HR-Management etabliert und wurde als eines der ersten deutschen Management-Bücher auch in China veröffentlicht.

Der Begründer der systemischen Führung zählt zu den namhaften Führungs- und Management-Experten im deutschsprachigen Raum.

www.daniel-pinnow.de / www.die-akademie.de